Bibliothèque Albin Michel
Idées

À LA CROISÉE DES TROIS MONOTHÉISMES
Une communauté de pensée au Moyen Age

Roger Arnaldez
de l'Institut

À LA CROISÉE DES TROIS MONOTHÉISMES

Une communauté de pensée au Moyen Age

Ouvrage publié avec le concours
du Centre national des Lettres

Albin Michel

22, rue Huyghens, 75014 Paris

ISBN 2-226-06638-1

Introduction

Aux diverses époques de l'histoire, juifs, chrétiens et musulmans se sont opposés à travers de vives controverses, parfois dans des guerres, et même par des persécutions. Certes, ces rencontres hostiles, si elles ont eu lieu sous les yeux de Dieu qui voit tout, n'ont certainement pas attiré sur elles un regard bienveillant. Il est vrai, comme on l'a dit, que le Tout-Puissant tire parfois un bien d'un mal, et, sans nous prononcer sur cette croyance, il nous faut bien constater que, mis à part les persécutions qui sont un mal pur, les guerres, offensives ou défensives, saintes ou non, peuvent avoir eu des effets heureux : elles ont au moins eu l'avantage de mettre des hommes en contact – quoique brutalement ; elles ont permis des échanges de tous ordres ; elles ont pu faire connaître, voire estimer l'adversaire. C'est pourquoi, sans nous appesantir sur ces rencontres violentes, nous ne les écarterons pas ; mais nous nous limiterons à leur aspect positif, quand il a existé, pour l'histoire de la civilisation occidentale. Si nous parlons de civilisation occidentale, c'est qu'à la différence des civilisations d'Orient, indienne et chinoise, elle est en définitive née de la pensée et de la réflexion d'hommes qui étaient juifs, chrétiens ou musulmans. C'est qu'elle est apparue et qu'elle s'est développée primitivement autour du bassin de la Méditerranée, à l'ouest de l'Asie orientale.

Les rencontres des trois monothéismes ont été fructueuses sous le regard de Dieu, quand elles ont été inspirées par une certaine communauté d'aspirations, spirituelles et intellectuelles, par des conceptions concordantes sur Dieu, sur le monde, sur l'homme, sur les rapports de l'homme au monde et à Dieu, en liaison avec les inévitables problèmes que pose la connaissance de la vérité et du bien, de l'origine de l'homme, de sa fin ici-bas dans la société et dans l'au-delà, en un mot de la valeur et du sens de sa vie. Toutes les réflexions, toutes les recherches suscitées par ces problèmes sont essentiellement inspirées par la croyance en l'existence d'un Dieu unique, également partagée par tous ces penseurs. C'est pourquoi on peut légitimement considérer que les rencontres des théologiens, des mystiques, des philosophes et des savants juifs, chrétiens et musulmans, sont à l'origine de la formation de l'homme occidental moderne, de sa culture, de sa civilisation. Sans doute voit-on se développer aujourd'hui, en Europe et en Amérique héritière de l'Europe, des conceptions qui s'attaquent à cet humanisme. Juifs, chrétiens et musulmans s'uniront-ils pour résister et faire prévaloir les valeurs qu'ils ont apportées au monde au cours des siècles passés, en les faisant s'épanouir dans les difficiles conditions de nos sociétés actuelles emportées par un « progrès » et un « modernisme » effrénés? C'est la question qui se pose à notre temps et qui intéresse tous les hommes, puisqu'une certaine civilisation tend à s'étendre sur la terre entière. Peut-être est-ce cette question angoissante pour les croyants qui, ressentie plus ou moins obscurément, les pousse actuellement à tenter de nouvelles rencontres, quelles qu'en soient les difficultés. Les exemples du passé pourront ici apporter quelque lumière et de sérieux encouragements, tout en instruisant sur les dangers à éviter.

Certes, la situation est de nos jours plus complexe, bien qu'elle ne soit pas absolument nouvelle, du fait que les communications entre les différents points du globe se sont considérablement intensifiées et que la civilisation occidentale ne peut plus s'enorgueillir d'être unique ou se croire absolument supérieure aux autres. Toute civilisation a ses motivations; toute culture a ses valeurs. L'homme d'Occident ne peut plus l'ignorer et il doit s'ouvrir aux autres hommes. Dans quelle mesure de tels contacts sont-ils capables de l'enrichir; jusqu'à quel point peut-il assimiler des modes de pensée qui lui sont parfaitement étrangers, c'est un grave problème. Quoi qu'il en soit, ce qui est possible et souhaitable, c'est de faire effort pour comprendre, *mais d'une compréhension véritable et en profondeur*, ce qui n'est pas facile. De toute façon, avant de comprendre autrui, avant de dialoguer avec lui, il faut se comprendre soi-même et savoir ce qu'on est. C'est là la condition *sine qua non* pour que s'établissent entre les hommes des relations dans la vérité et l'authenticité.

Notre recherche proprement dite ne commencera qu'avec l'apparition de l'islam, parce que ce qui nous intéresse ce sont les rencontres entre les trois monothéismes. Mais nous ne pouvons ignorer les rencontres antérieures entre les juifs et les chrétiens, d'autant moins qu'elles exerceront une influence considérable au moment où la pensée islamique entrera en scène. Sans doute le judaïsme et le christianisme se sont-ils surtout rencontrés pour s'opposer, en particulier aux premiers siècles de notre ère. Néanmoins, ces rencontres n'ont pas été purement négatives, loin de là.

Que le christianisme soit sorti du judaïsme, c'est ce qu'on ne saurait nier. Qu'il s'en soit séparé parce qu'il s'est tourné vers les « païens » comme on le croit souvent quand on parle de saint Paul comme de l'Apôtre des gentils, c'est là un point de vue qu'il faut complètement réviser. En effet, le judaïsme palestinien ne doit pas faire oublier celui de la Diaspora qui eut une extension considérable tant en Orient et dans les villes grecques qu'en Afrique et à Rome. Les juifs se trouvaient donc en présence de populations qui parlaient en général grec. Ils apprirent cette langue et certains oublièrent même l'hébreu biblique. C'est pour eux que la Bible fut traduite en grec : telle est la traduction dite des Septante (LXX). Elle date, selon ce que nous apprend la *Lettre d'Aristée*, du règne de Ptolémée Philadelphe (285-247 avant J.-C.), en ce qui concerne le texte du Pentateuque. La traduction des autres livres se poursuivit et, vers la fin du second siècle avant J.-C., on disposait en grec de la Loi, des Livres des Prophètes et des Livres des Scribes, qui constituent les trois parties du canon juif, ainsi qu'en témoigne le Prologue de l'Ecclésiastique. L'auteur de ce prologue, qui était allé en Égypte en la 38e année du règne de Ptolémée Evergète (143-116 avant J.-C.), avait, dit-il, traduit l'ouvrage de son aïeul, Jésus fils de Sirach, parce qu'il avait constaté que les juifs de ce pays avaient une instruction religieuse très insuffisante. Mais il fait, pour ses lecteurs, une importante remarque au sujet de son travail : « Vous êtes invités à en faire la lecture avec bienveillance et application, et à montrer de l'indulgence dans ceux des passages qui ont fait l'objet d'un effort laborieux d'interprétation (ἑρμηνεία) et où nous pouvons sembler avoir manqué de force pour rendre certaines expressions. Car ce qui est dit ici et va de soi en hébreu n'a pas la même force quand on le transpose dans une autre langue. D'ailleurs ce n'est pas seulement cet écrit-ci, mais également la Loi elle-même, les Prophètes et les autres livres qui présentent en eux une différence non négligeable. » Ces remarques s'appliquent à toute espèce de traduction. Dans le cas présent, on relève dans les LXX des altérations diverses, adjonctions, approximations, voire modifications du texte primitif. Sans doute le sens général est-il, pris en gros, conservé. Mais dans le détail, si on médite de près chaque mot, chaque construction, comme le firent les commentateurs qui fouillèrent le texte pour des fins apologétiques, théologiques ou spirituelles, on trouve dans le grec des suggestions que l'hébreu ignore, et inversement des expressions qui laissent échapper des valeurs de signification qui sont essentielles dans une langue sémitique. La langue grecque porte en elle des caractères et véhicule une culture qui ne peuvent que trahir ce qui est le propre d'une langue et d'une culture sémitiques.

Dans le milieu religieux et monothéiste de la Bible, les mots hébreux se chargent de valeurs religieuses qui sont absentes des mots grecs correspondants, et ces mots grecs orientent la pensée tantôt vers des visions mythologiques, d'ailleurs souvent intégrées aux religions à mystères, tantôt vers des conceptions philosophiques représentées essentiellement à cette époque par le platonisme, l'aristotélisme, le stoïcisme et surtout par un syncrétisme fait du mélange de tous ces systèmes, qui a trouvé ses moyens d'expression dans cette forme de la langue grecque appelée *koinè*, c'est-à-dire langue commune.

Ainsi la traduction de la Bible en grec, même faite avec soin, ne pouvait être véritablement qu'une transposition, et par suite, elle n'était pas innocente, ainsi que nous allons le voir. Notons néanmoins qu'il ne faut pas exagérer la disparité : si l'expression grecque a parfois infléchi les concepts hébraïques, inversement, la langue des Grecs n'a pas été sans recevoir, grâce aux traductions, des influences qui ont modifié et enrichi ses possibilités sémantiques, voire syntaxiques. C'est ainsi, et il ne faut pas l'oublier, que le grec a pu devenir un moyen d'expression du message biblique, puis évangélique. Les mots grecs ont été peu à peu retirés de leurs contextes culturels d'origine et ont revêtu des significations et des valeurs nouvelles. Ainsi quand Philon d'Alexandrie parle des « oracles » de Moïse, personne ne les prend comme analogues aux oracles de la Pythie, et les *Oracles sibyllins* eux-mêmes, bien qu'ils conservent dans la forme une certaine saveur païenne, en intégrant des tours poétiques et des images qui évoquent le vieil Hésiode, gardent à travers ce langage une portée qui en fait des œuvres juives ou chrétiennes. Il s'est ainsi formé peu à peu un grec biblique, et le plus qu'on puisse dire raisonnablement, c'est qu'il faut le lire en se référant plutôt aux sources hébraïques qu'aux textes des diverses productions littéraires de la Grèce.

La traduction des LXX fut donc faite d'abord pour permettre l'instruction des juifs de la Diaspora qui n'entendaient plus l'hébreu; elle fut même utilisée pour les lectures à la synagogue. Mais elle servit aussi naturellement à la formation des prosélytes, car le judaïsme de la fin de l'Antiquité fut animé par le désir de se répandre parmi les gentils. Une telle activité « missionnaire » supposait une version des Livres saints qui leur fût compréhensible et qui pût servir de base à une entreprise de formation de la pensée selon une démarche qui consistait à montrer que l'enseignement de la Bible représentait, sous une forme parfaitement pure, les valeurs de vérité que les philosophes grecs avaient découvertes ou aperçues. Pour Philon, d'ailleurs, ces philosophes ont été instruits originairement par les prophètes. L'accord qu'on cherche à démontrer par des commentaires ne se réalise pas au terme de la démarche philosophique, mais il existe dès l'origine et il suffit de le redécouvrir. Cette idée fera son chemin, et elle se retrouve chez les philosophes musulmans.

Notons d'ailleurs que le processus d'hellénisation du judaïsme ne se limita pas à la Diaspora. Sous l'Empire romain, il toucha les juifs de Palestine eux-mêmes, non sans être en certaines périodes exposé à de vives réactions. L'histoire de la Judée à partir de la dynastie des Séleucides jusqu'aux conquêtes de l'Empire romain est, sur les plans de la religion et de la culture, pleine de ces alternatives d'avancée et de recul de l'hellénisme dans le monde juif. Ainsi, quand le grand prêtre Onias III fut destitué par Antiochus IV qui nomma à sa place son frère Jason (Josué), on vit se répandre des modes de vie et de pensée sur le modèle grec.

On lit à ce sujet au second livre des Maccabées (ch. IV, *passim*) : « Josias, frère d'Onias, accéda par fraude au pontificat; [...] il établit des coutumes nouvelles contraires à la Loi [...] La vogue de l'hellénisme et la montée du paganisme grâce à l'extrême imprudence de Jason, impie et non grand prêtre! furent telles que les prêtres, n'ayant plus aucun zèle pour le service de l'autel, dédaignaient le sanctuaire, négligeant les sacrifices et s'empressant de participer dans la palestre aux jeux contraires à la Loi. » L'opposition à l'hellénisme se situe ici au niveau du vécu et du respect de la Loi révélée. Notons d'ailleurs que cette opposition strictement religieuse ne cessera jamais et qu'on la retrouve sous des formes plus ou moins vives, même dans les milieux juifs culturellement hellénisés. Les apports grecs ne peuvent être reçus et assimilés que dans la mesure où ils ne heurtent pas la Loi, mais au contraire l'explicitent en des expressions rationnelles qui l'universalisent : car un grand souci des juifs hellénisés sera de présenter la révélation mosaïque avec une portée et une valeur universelles.

Dans son ouvrage *Le monde des juifs à l'heure de Jésus*, André Paul, après avoir rappelé « le combat impitoyable d'Alexandre Jannée contre les cités hellénistiques et sa volonté d'imposer [...] l'élément juif dans toute la Palestine » (p. 180), écrit à la page suivante : « On saisit combien Pompée sut profiter de la faiblesse soudaine de l'état hasmonéen à la mort d'Alexandre (Jannée) pour remettre les choses à la place qui était pour lui la bonne [...]. En quelque sorte, il refit à l'envers la démarche de Jannée, l'anti-Occidental. Le vide que ce dernier avait créé par ses destructions rendait la tâche d'autant plus aisée jusque dans son caractère de radicalité dans l'aménagement culturel des cités [...]. Le terrain pour le règne particulièrement hellénistique d'Hérode le Grand, le futur " roi " des juifs, avait été ainsi efficacement préparé. » On peut donc dire qu'à l'époque où allait naître Jésus-Christ, le monde juif hellénisé était pratiquement coextensif à l'empire romain. Les problèmes qu'il avait rencontrés au contact de la civilisation païenne gréco-romaine, le christianisme va les trouver à son tour; plusieurs des solutions qu'il y avait apportées vont être reprises et exploitées par les penseurs chrétiens.

Commençons donc par examiner ce que fut la production littéraire des juifs hellénisés avant l'apparition du christianisme.

Alexandre Polyhistor, compilateur grec (85-35 avant J.-C.), est la source à laquelle ont été puisés des fragments de quelques historiens juifs de langue grecque conservés par des écrivains chrétiens : Clément d'Alexandrie, Père de l'Église grecque né à Athènes vers 150, mort entre 211 et 216, dans le premier livre des *Stromates*, et Eusèbe, évêque de Césarée (265-340), au livre X de la *Préparation évangélique*. Le premier de ces historiens est Démétrios qui vécut sous le règne de Ptolémée IV Philopatôr (221-204). Il s'est surtout intéressé à la chronologie relative à la vie des Patriarches et de leur descendance. Comme elle est conforme à la chronologie conservée par la version des LXX, on a pensé que Démétrios avait étudié sous des maîtres qui avaient collaboré à cette traduction, et même qu'il avait pu être l'un d'eux. Mais il n'y a pas de raison de croire qu'il écrivait pour les Gentils; il ne s'adressait vraisemblablement qu'aux juifs de langue grecque qui étudiaient la Bible. Certains passages conservés de son livre donnent à penser qu'il pratiquait l'exégèse des textes sacrés en cherchant à trouver la solution des problèmes que posait la lettre des récits bibliques. Il les traitait dans la forme de l'exégèse alexandrine, pratiquée par les maîtres grecs de l'École à propos de leurs anciens auteurs (Homère, Hésiode, etc.), en définissant d'abord l'aporie (ἀπορία), puis en cherchant la solution (λῦσις), selon la méthode préconisée par Aristote au livre B de la *Métaphysique* (1-995 a, 24-995 b, 1).

Eupolémos est un historien juif de langue grecque très intéressant. Ce qu'on sait de lui permet de le considérer comme identique à cet Eupolémos, fils de Jean, fils d'Accos, que Judas Maccabée envoya à Rome « pour proposer aux Romains l'amitié et l'alliance » (I Macc., VIII, 17). Il écrivit un livre sur les Rois de Juda. Mais sous son nom sont conservés des textes qui ne peuvent relever tous du même auteur : on considère que les fragments relatifs à Abraham, marqués par un penchant prononcé en faveur des Samaritains, doivent être attribués à un *Pseudo-Eupolémos*.

Eupolémos ne se contente pas de reproduire la Bible. Selon la coutume des chroniqueurs de son temps, il réécrit, voire enjolive l'histoire du passé à la lumière du présent et en rapport avec les situations dans lesquelles il vit. Il doit beaucoup à la version des LXX; néanmoins il ne la suit pas à la lettre : ainsi prend-il soin de rendre en grec plusieurs termes techniques qui avaient été simplement translittérés. En outre, il est le premier historien juif qui ait fait des emprunts à des sources autres que bibliques, ce qui est très important : par exemple il tire parti d'Hérodote et de Ctésias de Cnide, qui vécut de 405 à 398, et qui, ayant été médecin de Cyrus le Jeune et d'Artaxerxès II, avait pu compiler les archives royales de Suse ; il fut célèbre pendant toute l'Antiquité par ses deux ouvrages, les ***Persika*** et les ***Indika***. Relevons, d'après Eusèbe (***Prép. évang.***, IX, ch. 26), que, selon Eupolémos, « Moïse fut le premier sage, le premier qui donna l'alphabet aux juifs ; les Phéniciens le reçurent des juifs et les Grecs des Phéniciens. Moïse rédigea également des lois pour les juifs ». Cet Eupolémos semble avoir vécu en Palestine. À l'opposé du style simple de Démétrios, il tenta d'imiter la rhétorique maniériste des écrivains hellénistiques. Mais les critiques soulignent qu'il n'en avait pas les moyens, et ils sont tous, anciens et modernes, très sévères sur les faiblesses de son grec, la pauvreté de son vocabulaire, la lourdeur de ses constructions. Il n'en est pas moins un témoin intéressant de l'existence de la littérature judéo-grecque au second siècle avant J.-C.

Tandis que cet Eupolémos fils de Jean montre une grande dévotion pour Jérusalem et son Temple, le Pseudo-Eupolémos suit une tradition samaritaine syncrétiste qui allait d'ailleurs favoriser le développement du syncrétisme sur le plan des idées religieuses, comme il s'était déjà développé dans l'histoire de la pensée grecque, entre le platonisme, l'aristotélisme, le stoïcisme et d'autres écoles encore. C'est d'après le Pseudo-Eupolémos qu'Eusèbe rapporte (*ibid.*, IX, ch. 17) qu'Abraham naquit dans la ville babylonienne de Camarina, que certains appellent Ourié (Ur). Camarina signifie la ville des Chaldéens (plus précisément il s'agit en fait de la ville des prêtres et des sages chaldéens appelés en hébreu *Kômârîm*). « Abraham surpassait tous ses contemporains par la naissance et la sagesse. Il est l'inventeur de l'astrologie et de la méthode astronomique des Chaldéens ; il plut à Dieu par l'ardeur qu'il apporta dans la piété. Selon les ordres de Dieu, il alla s'établir en Phénicie où, ayant enseigné aux Phéniciens les révolutions du soleil et de la lune, il gagna la faveur du roi. » Il rencontra Melchisédech, roi ainsi que prêtre du Temple d'*Argarisin* (= *Har Garizim* : le Mont Garizim, que l'auteur traduit à tort par *Mont du Très-Haut*, en quoi percent ses sentiments pro-samaritains). Puis il se rendit en Égypte où il enseigna la science des astres dont il fut l'inventeur. Les Babyloniens, ajoute notre auteur, font remonter cette science à Hénoch alors, dit-il, que « les Grecs prétendent que c'est Atlas qui a inventé l'astronomie. Mais Atlas est le même qu'Hénoch. Hénoch eut pour fils Mathusalem qui apprit toutes choses de l'enseignement des anges, et c'est ainsi que nous les avons apprises nous-mêmes à la suite » (*ibid.*).

On trouve une vision identique de l'histoire de la science chez Flavius Josèphe (37-100) : « Il leur fit le généreux présent de la science arithmétique et il leur fit don de l'astronomie, car avant le séjour d'Abraham en Égypte, les Égyptiens se trouvaient dans l'ignorance en ces matières » (*Antiquités jud.*, I, 9). Josèphe cite ici le témoignage de cet Eupolémos qu'il prend pour un Grec, afin de prouver la supériorité des juifs sur les savants de la Grèce.

Ce qui caractérise ces citations, c'est d'abord l'idée que toutes les sciences viennent de l'enseignement de Dieu, par l'intermédiaire des anges et des prophètes; cette idée fera son chemin. Ensuite, c'est la volonté de faire correspondre aux Patriarches bibliques des héros, voire des dieux grecs. Cet effort de concordisme s'est d'ailleurs étendu aux rois et héros légendaires de la Perse. Il y a là un syncrétisme que l'historien jugera sévèrement et à juste titre, comme le pur produit d'une fantaisie arbitraire. Néanmoins, il n'est pas déraisonnable de discerner dans de telles tentatives l'intention de mettre en communication toutes les traditions de tous les peuples, en un mot de fonder une histoire universelle qui, quelque fabriquée qu'elle soit en dehors de toute critique à partir de mythes et de faits légendaires, peut être considérée comme une première ébauche de la mythologie comparée, voire de l'histoire comparée des religions. Ce rapprochement des diverses civilisations groupées autour du bassin méditerranéen en un ensemble concertant a incontestablement créé, à la fin de l'Antiquité et au début de notre ère, un sentiment de parenté entre les hommes de ces régions, voire le vague pressentiment d'appartenance à un destin commun, sur quoi allait s'édifier un très remarquable humanisme. C'est ce que nous allons voir peu à peu se dessiner.

Un troisième historien cité est Artapanos (second siècle avant J.-C.). Il est l'auteur d'un ouvrage sur les juifs. Il cherche, lui aussi, à montrer que la culture égyptienne repose tout entière sur des fondements posés par Abraham, Jacob, Joseph et Moïse. Abraham enseigna l'astrologie; Jacob fonda le temple égyptien d'Héliopolis. Quant à Joseph « qui l'emportait sur tous en intelligence et en sagesse », ayant deviné que ses frères conspiraient contre lui, il fit appel aux Arabes, « car les rois des Arabes sont descendants d'Ismaël, fils d'Abraham, frères d'Isaac ». Cette remarque est à noter : la parenté de race entre les juifs et les Arabes sera souvent évoquée, en particulier par des auteurs chrétiens, et surtout par le Prophète Muḥammad qui se rattachera à Abraham par Agar et Ismaël. Joseph fut le premier à diviser les terres de façon à rendre plus équitable la répartition des biens; il rendit à la culture les terrains en friche; enfin il inventa les mesures.

Le plus excellent de tous ces maîtres inspirés est, selon Artapanos, le prophète Moïse qu'il identifie à Musée, le maître d'Orphée, et à Hermès-Thot, le dieu égyptien qui inventa l'écriture. Car c'est à Moïse qu'est attribuée l'invention des hiéroglyphes. Il divisa la cité en quartiers et assigna à chacun un dieu protecteur. Il fonda le culte du Dieu Apis et d'Isis. Son prestige excita la jalousie du roi qui tenta, mais en vain, de le mettre à mort. Alors Dieu ordonna à Moïse de faire sortir les Hébreux d'Égypte. Ici Artapanos suit le récit biblique de l'Exode, tout en l'embellissant. On se reportera pour tous les détails de cette histoire d'Artapanos à Eusèbe de Césarée (*Prép. évang.*, IX, 29) et à Josèphe (*Antiquités jud.*, 2, 242 sq.). Comme Hérodote et Platon, Artapanos voit dans la civilisation égyptienne l'origine de toute civilisation, mais il considère que Moïse est le père de la civilisation universelle.

Dans son article de l'*Encyclopædia judaïca*, Abraham Schalit note qu'il peut sembler étrange qu'un juif ait attribué à Moïse l'introduction en Égypte de rites idolâtriques. Mais, dit-il, Artapanos envisage Moïse avant tout comme un « bienfaiteur », un « évergète » au sens hellénistique du mot qui désigne un homme « qui fait du bien à l'humanité entière, sans distinction de nationalité ou de croyance. En ce sens, Artapanos voulait montrer que le Législateur des juifs ne nourrissait aucune haine des hommes contrairement à ce que prétendaient les ennemis du peuple juif ». Cette explication met justement l'accent sur le désir de jeter les bases d'une communauté humaine universelle ainsi que nous l'avons suggéré. Néanmoins, on reste surpris et la seule réponse qui pourrait satisfaire serait de supposer qu'Artapanos pressentait que les dieux du paganisme pouvaient être considérés, ainsi qu'on l'a fait plus tard, comme des puissances du Dieu unique. Mais ce n'est là qu'une hypothèse.

On parle aussi d'un certain Cléodémos Malchos (second siècle avant J.-C.). Josèphe le cite (*Antiquités jud.*, I, 238-41). Mais on ne sait rien de lui, et certains pensent qu'il n'était pas juif. Il en va de même de Philon l'Ancien, cité par Josèphe (*Contre Apion*, I, 218) et par Clément d'Alexandrie (*Stromates*, I, 141). On ne sait s'il faut l'identifier au poète du même nom, auteur d'une épopée intitulée *Jérusalem*, qu'on peut comparer avec l'œuvre de Théodotos (IIIe siècle avant J.-C.), écrivain samaritain, qui est l'auteur d'un poème épique, l'*Enlèvement de Dina*, d'après le récit du chapitre 34 de la Genèse. Théodotos s'inspire d'Homère et paraphrase parfois ses vers. Eusèbe de Césarée a conservé des passages de cette épopée, d'après Alexandre Polyhistor (*Prép. évang.*, IX, 22). On a pu penser que Théodotos s'était livré au syncrétisme comme l'avait fait le Pseudo-Eupolémos, parce que la leçon du manuscrit porte que Sichem, l'auteur du rapt, avait pour père Hermès. En réalité, il s'agit de Hémor, nom que lui donne la Bible, et la correction s'impose.

Dans le même genre de littérature, un autre écrivain juif de langue grecque ressort : c'est Ezéchiélos, vers la fin du IIIe siècle avant J.-C., qui porta sur la scène la sortie d'Égypte. Eusèbe (*ibid.*, IX, 28) en a conservé quelque 270 vers. A. Lods a écrit, dans son *Histoire de la littérature hébraïque et juive* (p. 894), qu'il y a « dans cet essai de création d'une littérature dramatique juive [...] l'expression peut-être la plus typique de la largeur du judaïsme alexandrin ». L'auteur suit de très près le texte de l'Exode. Son vocabulaire reflète celui de la traduction des LXX. Mais on a signalé quelques éléments empruntés à la *aggada*. Quoi qu'il en soit, l'auteur écrit couramment le grec et manie les vers avec aisance. Clément d'Alexandrie a cité la tragédie d'Ezéchiélos dans ses *Stromates*.

Toute cette abondante production qui nous a été surtout conservée, quoique partiellement, par des écrivains chrétiens, est un témoignage de l'attrait et de l'influence que la culture grecque a exercés sur les juifs de Palestine autant que de la Diaspora. Néanmoins, l'esprit grec en a inspiré la forme plutôt que le fond.

Il nous faut maintenant examiner des œuvres qui touchent à la pensée et aux doctrines. Nous commencerons par dire un mot de la *Lettre d'Aristée*.

Cette lettre traite des événements plus ou moins légendaires qui ont entouré la traduction des LXX. C'est un apocryphe datant de la fin du second siècle avant J.-C., censé avoir été composé à Alexandrie sous le règne de Ptolémée Philadelphe (283-246). L'auteur supposé suggère au roi de s'adresser, pour faire ce travail, à de sages vieillards de Palestine qui, connaissant bien la Loi de leurs pères et maîtrisant autant le grec que l'hébreu, soient capables d'effectuer une version exacte. Ce souci d'exactitude (ἀκρίβεια), remarque A. Pelletier, éditeur et traducteur du texte, « semble caractéristique des milieux pharisiens » et il renvoie aux *Actes des Apôtres* (22, 3), où saint Paul dit : « Je suis Juif [...] élevé [...] aux pieds de Gamaliel selon l'exactitude de la Loi de nos pères ». On voit par là que la culture grecque en milieu palestinien était répandue.

On constate au passage, dans cette lettre, que l'évhémérisme pratiqué par les exégètes païens dans l'interprétation philosophique de leur mythologie était connu des juifs. On avait déifié des personnages supposés avoir fait des inventions utiles à l'humanité, ce qui est vain et sans valeur. « En effet, aujourd'hui encore, il y a des hommes qui sont, par rapport à ceux qui les ont précédés, d'une capacité d'invention beaucoup plus grande et d'une bien plus vaste étendue de connaissances, et devant lesquels c'est à peine si on s'inclinerait. » Cette méthode d'Evhémère devait mettre sur la voie d'une interprétation allégorique de la Loi.

Suit un éloge des qualités du peuple juif, dues aux sages dispositions de leur législateur que Dieu a formé à la connaissance de toutes choses : « Il nous a entourés de retranchements sans fissures et de remparts de fer afin que nous ne nous mélangions en rien avec aucun des autres peuples, demeurant absolument purs et de corps et d'âme, affranchis des opinions vaines, vénérant le Dieu unique et puissant, au-delà de tout l'ensemble de la création. » C'est pourquoi, bien que du point de vue de la nature des choses, tous les êtres soient sur le même plan puisqu'ils ont été organisés par une seule et même Puissance, certains ont été déclarés d'un usage interdit. Il s'agit là en particulier des interdictions alimentaires. Elles ont une signification symbolique. Ainsi

(Lévitique, 11, 3), il est permis de manger de tout animal qui a le pied fourchu et qui rumine. En cela « est clairement exposé pour ceux qui réfléchissent ce qui concerne la mémoire ». Ce genre d'explication par le symbole se retrouve chez Philon d'Alexandrie, et chez Théodoret, évêque de Cyr (393?-466?), qui écrit dans les *Questions sur le Lévitique* (11, 189) : « Selon moi, avoir le pied fourchu signifie le discernement des actions bonnes et de leurs contraires et, par suite de cela, le fait de vivre non seulement pour la vie présente, mais aussi pour la vie à venir : attribuer à la première ce qui est nécessaire matériellement, mais tout attribuer à la seconde, l'âme, le corps et ce qui concerne le corps. La rumination désigne le soin qu'on prend des oracles de Dieu. De même que le bétail et animaux semblables remâchent continuellement la nourriture, l'homme bien conditionné et ami de Dieu élève ses cris vers le Dieu de l'univers. " Combien j'aime Ta Loi! Elle est tout le jour ma méditation " (Psaume 119, 97). »

Le roi offre un banquet aux soixante sages et pose à chacun une question. Les réponses qu'il reçoit le satisfont. Beaucoup d'entre elles touchent aux devoirs des princes et relèvent d'un genre de littérature politique et morale qui était alors très cultivé et devait l'être jusqu'en Perse et en Iran musulman. Certaines sont nettement marquées par une sagesse toute grecque quoique nuancée par les valeurs religieuses du monothéisme juif. Comment le roi doit-il procéder en toute affaire? En observant constamment le juste et en sachant « que toute pensée intime est manifeste pour Dieu : en partant du principe de la crainte de Dieu, tu ne pourras en rien tomber mal ». Il faut imiter Dieu qui agit avec indulgence envers les hommes. Ici est cité Ménédème d'Erétrie, philosophe grec mort vers 265 avant J.-C., qui tenait ses idées de la pensée socratique, mais vue à travers les tendances de l'École de Mégare. Son habileté dans l'art de la dialectique était appréciée, mais il l'enseignait à ses élèves en leur proposant un but moral. Il disait : « Puisque tout est gouverné par une Providence et qu'on pense justement que l'homme est une créature de Dieu, il s'ensuit que toute puissance et toute beauté de pensée tirent leur principe de Dieu. » Ce penseur grec était donc connu des juifs, peut-être en raison du rôle qu'il joua dans son pays en pratiquant une politique de conciliation avec les princes macédoniens au pouvoir menaçant, et en assurant ainsi pour quelque temps à l'Erétrie une liberté relative.

De ces nombreuses maximes données en réponse aux questions du roi, retenons la définition de la philosophie, comme ce qui fait qu'on n'est pas emporté par les désirs et qu'on arrête son attention aux dommages qui résultent des passions; qu'on exécute ce qui est convenable au moment voulu en gardant la mesure qu'il faut. Il y a une disposition de l'âme qui provient de la puissance divine et qui consiste à recevoir tout ce qui est beau et à se détourner du contraire. On reconnaît là plusieurs traits de la conception stoïcienne de la sagesse, le dieu impersonnel du Portique étant aisément remplacé pas le Dieu unique de la Bible.

Telle est en gros cette *Lettre d'Aristée,* qui marque d'une part la tendance profonde des juifs à se distinguer radicalement des autres peuples pour garder la pureté de leur foi, et d'autre part leur intention de communiquer au monde grec la vérité et la Loi qu'ils ont reçues de leur Dieu. Il y aura, jusqu'à la victoire définitive du christianisme, un va-et-vient, voire un tiraillement entre ces deux pôles de leurs aspirations. Le P. Lagrange a dit que la *Lettre d'Aristée* était « un rare monument de la prétention des juifs à faire l'éducation des Grecs ». Éducation religieuse, sans aucun doute. Mais à leurs yeux, c'était elle qui devait donner à toute la culture de la Grèce sa forme parfaite. Aussi voit-on Flavius Josèphe, dans le *Contre Apion*, s'attacher à rabaisser les prétentions des Grecs. Un auteur chrétien, saint Justin Martyr, fera de même en se rattachant à cette tradition. C'est cet état d'esprit que nous avons rencontré chez les historiens qui considéraient que les patriarches étaient les éducateurs des Égyptiens et, par eux, de tous les peuples civilisés.

On s'est demandé si la littérature sapientiale, canonique comme l'Ecclésiaste, ou deutérocanonique comme le Livre de la Sagesse, avait été influencée par les idées grecques. Il faut remarquer que les aphorismes sur la sagesse peuvent fort bien se ressembler d'un peuple à l'autre, sans qu'il y ait rapport d'influence. Un certain bon sens pratique se retrouve chez tous les hommes de tous les temps. Quoi qu'il en soit, les historiens modernes, à l'inverse de ce que pensaient les écrivains juifs dont nous venons de parler, considèrent que la Grèce fut héritière d'une antique sagesse dont les origines sont égyptiennes et babyloniennes, et qui s'était répandue dans tout l'Orient. Elle était cultivée dans le pays d'Edom, au sud de la Palestine, l'Idumée des temps hellénistiques, avant même l'arrivée des Hébreux dans la région. Par suite, il n'est pas étonnant qu'il y ait eu, entre les traditions juives et les traditions grecques, une parenté qui a pu faciliter l'hellénisation de l'enseignement sapiential de la Bible.

Peut-on découvrir des relations plus précises? Certains ont vu dans l'Ecclésiaste, qui date vraisemblablement des années 250 à 200 avant J.-C., des traces d'une influence grecque en Palestine à cette époque, et ils font des rapprochements avec la pensée d'Héraclite. Certes on trouve ponctuellement des idées communes assorties du même sentiment sceptique et pessimiste de l'équivalence du bien et du mal, de la vie et de la mort, du sage et du fou. « Il n'y a rien de nouveau sous le soleil » et « tout est vanité » dit l'Ecclésiaste; Héraclite parle un même langage : « Cet ordre du monde, le même pour tous les êtres, aucun des dieux ni des hommes ne l'a fait, mais il a toujours été, et il est, et il sera » (*Frgt*, 30) ce qui correspond exactement au verset (1, 9) : « Ce qui a été, c'est ce qui sera; ce qui s'est fait, c'est ce qui se fera. » Mais il serait risqué de tirer de là l'idée d'un éternel retour ou de cycles à la manière des stoïciens. Notons encore qu'il y a, pour l'Ecclésiaste, un niveau de sagesse qui consiste à se limiter à l'acceptation de ce qui existe et est donné, bon ou mauvais, car il est vain de compter sur ses efforts et son travail pour être sûr d'obtenir le résultat espéré, puisque tout est « poursuite du vent » (2, 11). Dans ces conditions, la sagesse est de se contenter de jouir des biens qu'on peut saisir au passage. D'ailleurs Héraclite disait : « Il n'en vaudrait pas mieux pour les hommes qu'arrivât ce qu'ils désirent » (*Frgt*, 110). Mais on pourrait également faire un rapprochement avec Pyrrhon (mort vers 265 avant J.-C.) qui pensait que la sagesse consiste à ne rien choisir, ce qu'il exprimait par sa maxime : οὐδέν μᾶλλον : il n'y a rien qui vaille mieux qu'autre chose. On pense aussi au *carpe diem* d'Horace. Épicure (341 – 270 avant J.-C.) n'écrivait-il pas à Ménécée : « La connaissance de ce fait que la mort n'est rien pour nous permet de jouir de cette vie mortelle »? Or l'Ecclésiaste qui, comme Héraclite, est hanté par la pensée de la mort, ne croit pas plus que lui à une survie personnelle : pour le second, l'âme, sortie de l'humide, y retourne et en renaîtra; pour l'autre, elle ira dans le schéol « où il n'y a ni œuvre, ni intelligence, ni science, ni sagesse » (9, 10).

C'est un leitmotiv de l'Ecclésiaste que le sort du sage est le même que le sort du méchant : tous deux meurent, et ici-bas, « la mémoire du sage n'est pas plus éternelle que celle de l'insensé » (2, 16); et même, « il y a des justes qui sont traités selon l'œuvre des méchants, et il y a des méchants qui sont traités selon l'œuvre des justes » (9, 14). Or on lit dans les fragments d'Héraclite : « Bien et mal sont tout un [...]. La voie droite et la voie courbe, c'est une seule et même voie. Le chemin vers le haut et le chemin vers le bas, c'est un seul et même chemin » (*Frgt*, 58, 59, 60).

Dans le texte biblique, il est dit que la recherche de la sagesse est vaine : « J'ai mis mon cœur à connaître la sagesse et à connaître la folie et la sottise; et j'ai compris que cela aussi est poursuite du vent. Car avec beaucoup de sagesse on a abondance de chagrin, et celui qui augmente sa science augmente sa douleur » (1, 17-18). Néanmoins l'Ecclésiaste ne nie pas la valeur de la sagesse, la vraie, celle que Dieu donne avec la science et la joie (2, 26). Il faut savoir que c'est le même Dieu qui a fait le jour de bonheur et le jour de malheur (7, 14). Mais c'est là précisément ce qu'on ne peut comprendre : « J'ai vu toutes les œuvres de Dieu : l'homme ne pourra pas découvrir l'œuvre qui est faite sous le soleil » (8, 17). Ainsi qu'il est dit dans Job (9, 12), on ne demande pas à Dieu compte de ses actes. La sagesse est donc pour l'homme dans la crainte de Dieu.

Héraclite, de son côté, souligne que les hommes ne comprennent pas le *Logos*, bien que tout se produise par lui. Il écrit : « La sagesse consiste en une seule chose : connaître la Pensée qui gouverne tout et partout » (*Frgt*, 41), et encore : « La loi, c'est d'obéir à la volonté de Dieu » (*Frgt*, 33). Or c'est là accepter ce qui est, car l'homme ne peut comprendre les actions de Dieu, puisque « pour Dieu, tout est beau et bon et juste, alors que les hommes tiennent certaines choses pour justes et d'autres pour injustes » (*Frgt*, 102). Mais quel est ce Dieu?

Pour Héraclite, il semble bien que ce soit le *Logos* entendu dans un sens proche de celui que lui donne le stoïcisme, la raison qui gouverne l'univers (cf. *Frgt*, 72). Or il est aussi dans chaque être : il appartient à tous, mais « le vulgaire n'en vit pas moins comme si chacun avait une intelligence particulière » (*Frgt*, 2).

Par suite, la fin religieuse de l'homme, qui s'identifie avec la sagesse, consiste à fondre la pensée individuelle dans la Pensée universelle. Nous sommes loin du Dieu de la Bible. Il faut précisément remarquer que le saint Nom de Dieu que représente en hébreu le tétragramme YHWH, ne se trouve pas dans le livre de l'Ecclésiaste, où il n'y a que le mot *Elohim* régulièrement traduit en grec par *Théos*. Or nous constatons que ce dernier nom sert, chez un penseur comme Philon d'Alexandrie, pour désigner le Créateur, qui gouverne par ses lois cosmiques et qui donne aux créatures ce qui leur est nécessaire pour être ce qu'il veut qu'elles soient. Au contraire le mot *Kurios* désigne, comme traduction du nom *Adonaï* que la piété juive substitue au tétragramme, le Seigneur qui prend un soin particulier des hommes, les corrige, les ramène dans la voie droite et les soutient dans les épreuves de la vie. Or le Dieu dont parle l'Ecclésiaste n'a aucune relation d'intimité spirituelle avec l'homme : il est vraiment la Loi personnifiée, la Toute-Puissance devant laquelle il n'y a qu'à s'incliner, en fonction d'une sagesse qui consiste justement à reconnaître qu'il n'y a rien d'autre à faire qu'à obéir, non sans profiter, quand l'occasion s'en présente, des « dons de Dieu », qu'il répartit selon une règle d'ailleurs incompréhensible. Ce Dieu de l'Ecclésiaste se rapproche donc nettement du Dieu du stoïcisme, peut-être à travers Héraclite. Il est vrai que dans le détail du texte on signalerait bien des nuances qui sont destinées à éviter toute rupture trop radicale avec la foi profonde des juifs. On a même supposé que le texte primitif avait été retouché dans un esprit plus religieux, ce qui n'est pas impossible. Quoi qu'il en soit des influences grecques décelables, il paraît évident que le texte de l'Ecclésiaste offre une certaine ouverture sur une pensée de type grec, et qu'en ce sens, il a pu jouer un rôle dans l'hellénisation de la théologie monothéiste proprement juive.

Le livre qui porte le titre de Sagesse de Salomon semble avoir été écrit à une époque où la domination des Gentils risquait de mettre en péril la foi des juifs. L'auteur se propose de conforter les croyants et de ramener les apostats. La Sagesse, représentée comme un attribut divin personnifié, a toujours été et reste pour Israël un guide et un refuge. Cet ouvrage est en rapport avec un autre livre sapiential, les Proverbes, qui, sur la possibilité d'acquérir la sagesse, a un point de vue optimiste, à la différence de l'Ecclésiaste.

Le Livre de la Sagesse prend position contre la morale épicurienne qui se dégage de certains versets de l'Ecclésiaste : « Ils se sont dit en eux-mêmes en raisonnant de travers : – Brève et triste est notre vie, venez donc et jouissons des biens présents » (2, 1 et 6). A. Guillaumont (*La Bible, Ancien Testament*, II, p. 1656, note 1) écrit qu'on a pu voir dans la Sagesse une réponse intentionnelle à l'Ecclésiaste : « De fait la Sagesse apporte une solution au problème de la vie que Qohéléth avait désespérément cherché à résoudre, en affirmant l'immortalité du juste ». En effet : « les âmes des justes sont dans la main de Dieu... Leur espérance est pleine d'immortalité » (3, 1 et 4). C'est que ce livre s'inspire de la pensée platonicienne : l'homme est essentiellement une âme, et on peut déduire la préexistence des âmes du verset (8, 19) : « J'avais reçu en partage une âme bonne..., j'étais entré dans un corps sans souillure ». Cela fait penser au mythe du *Phèdre*. Mais le corps en soi est un mal : « Le corps corruptible [...] alourdit l'âme ». Il est comparé à une hutte de terre (9, 15), ce qui évoque encore Platon et son identification du corps avec un tombeau (σῶμα σῆμα).

La création a lieu à partir d'une matière informe (11, 17), et ne se fait pas *ex nihilo*, à la différence de ce qui est affirmé en II Maccabées (7, 28). Quant aux anciens « physiciens » grecs, qui ont été incapables de reconnaître l'Artisan, Celui qui est, à partir de ses œuvres, ils sont vivement critiqués : « Imbéciles ont été par nature tous les hommes [...] qui ont regardé le feu, ou le souffle, ou l'air léger, ou l'ordre des étoiles, ou la violence des eaux, ou les luminaires du ciel comme des dieux gouverneurs du monde » (13, 1-2). En revanche, on peut voir une idée stoïcienne dans le verset (7, 24-25) : « Car la Sagesse est plus mobile que tout mouvement, elle traverse et passe à travers tout à cause de sa pureté, parce qu'elle est un effluve de la puissance de Dieu et une émanation (ἀτμὶς καὶ ἀπόρροια) pure de la Gloire du Tout-Puissant ». En effet la raison des stoïciens est non seulement une Loi transcendante qui gouverne l'ensemble du monde; elle est aussi une raison qui pénètre tous les êtres et les dirige de l'intérieur, une raison qui est immanente, le *logos endiathétos*, qui sera repris par Philon. Néanmoins l'idée d'une émanation de la Gloire (*kâb^{h}ôd^{h}*), qui, selon les systèmes kabbalistiques, est une *s^{e}p^{h}îra* émanée de Dieu, montre qu'il peut y avoir une autre interprétation de ce texte, selon les grands schèmes de la pensée juive ésotérique, bien qu'ici il ne semble pas que ce soit expressément le cas.

Dans la forme, A. Guillaumont a relevé l'emploi d'un sorite, ou syllogisme composé qu'aimaient les Stoïciens. C'est à propos de l'argumentation des versets (6, 17-20) : « Le principe de la Sagesse est le désir de l'instruction – le souci de l'instruction est l'amour –, l'amour est la garde de ses lois – l'observation des lois est l'assurance de l'incorruptibilité –, et l'incorruptibilité fait qu'on est près de Dieu. Donc le désir de la Sagesse conduit au Royaume ». De même A. Guillaumont signale une palinodie là où les méchants qui avaient dit (2, 13) : « Opprimons le juste qui est pauvre » seront amenés à se rétracter en gémissant « c'était lui que jadis nous tournions en dérision et dont nous faisions un sujet de blâme, insensés que nous étions! » (5, 4). Ce procédé était utilisé par les Grecs. Il semble donc certain que dans ce livre, une influence diffuse de l'esprit grec sur le fond comme dans la forme est décelable en plusieurs versets. Mais les comparaisons qu'on peut faire, si nombreuses soient-elles, ne portent que sur des textes particuliers et épars : elles sont ponctuelles et ne permettent pas de conclure qu'il y a eu imprégnation profonde par un système, voire des systèmes philosophiques déterminés, à la différence de ce qui se passe avec les penseurs dont nous allons parler et qui sont véritablement des philosophes juifs de langue et de culture grecques, tout en restant des « disciples de Moïse » comme le disait Philon.

L'apocryphe, connu sous le nom de quatrième livre des Maccabées, fut attribué à tort à Josèphe. Mais en réalité, il se distingue par des traits tout à fait particuliers : d'abord, il se présente avant tout comme un « discours authentiquement philosophique »; ensuite, il n'a recours à l'histoire que pour en tirer des exemples moraux. Ces deux caractères ne correspondent pas du tout à ceux de l'œuvre de Josèphe. L'auteur était un juif hellénisé formé à la philosophie alexandrine. On discute sur la date de composition du livre. Certains pensent au premier siècle après J.-C, à une date antérieure à la persécution de Caligula en l'an 40. Mais d'autres retiennent plutôt le premier siècle avant J.-C. Ce qui est sûr, c'est que l'ouvrage se réfère à des faits qui sont rapportés dans le second livre des Maccabées, en particulier aux chapitres 6 et 7. Il donne en exemple aux juifs victimes de la tyrannie le martyre volontaire du scribe Eléazar et celui de sept frères arrêtés avec leur mère, torturés à mort pour avoir refusé de manger de la viande de porc. Eléazar dit : « En offrant maintenant ma vie courageusement, je laisserai aux jeunes gens un exemple héroïque en mourant d'une belle mort, spontanément et héroïquement, pour la défense des lois sacrées et saintes » (6, 27-28). Et en effet, conclut le chapitre, il laissa « non seulement aux jeunes gens, mais à l'ensemble de la nation, un exemple d'héroïsme et un mémorial de vertu » (*ibid.*, 31). Voilà exactement ce que se propose de rappeler par son exhortation l'auteur du quatrième livre. En effet, dit-il, ces martyrs « admirés en raison de leur force et de leur endurance, non seulement de tous les hommes, mais aussi de leurs bourreaux, sont devenus la cause qui réduisit à néant la tyrannie qui pesait sur le peuple ». Mais avant de passer à l'histoire, l'auteur déclare qu'il va d'abord examiner la thèse qu'il veut développer, c'est-à-dire faire précéder les exemples concrets d'une étude philosophique de ce qui fonde chez ces hommes un comportement aussi exemplaire.

Ce fondement c'est « la raison pieuse ». La raison, dit-il, « c'est l'intelligence qui, selon une réflexion correcte, choisit la voie de la sagesse; quant à la sagesse, elle est la connaissance des choses divines et humaines ainsi que de leurs causes. Cette sagesse est la formation obtenue par la Loi, grâce à laquelle nous apprenons ce qui est divin d'une manière digne, et ce qui est humain d'une manière profitable. Les espèces de la sagesse sont représentées par la prudence, la justice, la force et la tempérance ». Ce sont là les vertus cardinales du stoïcisme. La plus excellente est la prudence : « C'est par elle que la raison domine les tendances naturelles. » Parmi elles, il y a fondamentalement les tendances liées au plaisir et à la souffrance, et c'est d'elles que naissent toutes les autres qui sont des passions, soit du corps, soit de l'âme. « La jardinière universelle qu'est la raison, les émonde, ou les taille, ou les enveloppe, ou les arrose, ou en détourne l'eau : ainsi elle améliore la nature des dispositions et des inclinations. Car la raison est la conductrice des vertus, mais elle est la souveraine qui règne sur les tendances naturelles. » Puis l'auteur prend l'exemple de la domination de la tempérance sur les désirs, et parle à ce propos des aliments qui sont interdits par la Loi et que les fidèles repoussent en dépit de l'attrait qu'ils exercent sur eux. Cette morale est certainement inspirée, du fait qu'elle se veut inspiratrice d'héroïsme, par la radicalité de l'ancien stoïcisme. Néanmoins, on trouverait aisément des rapprochements avec la morale moins sévère de Sénèque. Sans doute lisons-nous dans la *Lettre à Lucilius* (I, 11, 1) : « Les vices naturels du corps (et de l'âme) ne peuvent être écartés par aucune sorte de sagesse : ce qui est fixé en nous et inné peut être atténué, mais non vaincu. » Et encore : « Comme je l'ai dit, aucune sagesse ne peut les chasser, sinon elle aurait la nature sous sa domination, au cas où elle arracherait tous les vices. » Néanmoins, bien que l'homme ne puisse refaire sa nature, il peut en triompher dans ses décisions et ses actions, et c'est ce que pense l'auteur du quatrième livre des Maccabées. Sénèque écrit en effet (*ibid.*, III, 29-30) à propos de la vertu : « C'est quelque chose de grand, même si elle se replie en elle-même étant chassée de partout; elle est en effet d'un souffle grand et noble, d'une prudence consommée, d'une justice qui ne dévie pas. Aussi est-elle également heureuse, car ce qui est heureux est situé en un lieu unique, dans la pensée même, ample, stable, tranquille, ce qui ne peut se réaliser sans la connaissance des choses divines et humaines. » Sans doute le sage ne saurait dans certains cas échapper au trouble. « Mais il lui restera toujours la même conviction : qu'il n'y a dans tous ces cas aucun mal et rien qui mérite qu'une raison sainc y succombe. Tout ce qu'il doit faire, il le fera avec audace et sans délai. »

Passons maintenant aux philosophes proprement dits. Aristobule de Panéas vécut dans la première moitié de second siècle avant J.-C. à Alexandrie, et dédia à Ptolémée VI Philomêtôr (185-146) une exposition allégorique du Pentateuque, inaugurant l'école alexandrine d'exégèse, dont devait plus tard s'inspirer l'école chrétienne d'Alexandrie. Les écrivains chrétiens le considèrent comme rattaché à la philosophie d'Aristote, bien qu'on relève chez lui des influences platoniciennes et stoïciennes. En fait, il appartient au mouvement syncrétiste qui s'est développé à la fin de l'Antiquité et qui a dominé la pensée de cette époque. On a signalé dans les passages de ses dialogues avec le roi Ptolémée, conservés par Clément d'Alexandrie, le reflet de l'enseignement d'Antisthène le Cynique (444-365), disciple de Socrate; converti de la rhétorique à la philosophie, il mit l'accent sur la vertu libératrice de l'ascèse et du travail pénible; il présentait Héraclès comme un modèle et commentait Homère selon la méthode allégorique en se servant de la mythologie comme d'un moyen d'instruction morale. Pour lui, la compréhension de l'être du cosmos se fonde sur le principe de l'unité de Dieu, idée qui a marqué Aristobule et se retrouve chez Philon.

À ce que rapporte Clément, Aristobule, dans le premier de ses livres à Ptolémée Philomêtôr, écrivait : « Platon a suivi de près la législation qui est la nôtre [...] de même que Pythagore, lui aussi, a rapporté, dans la constitution de sa doctrine, de nombreuses idées qui viennent de chez nous ». Et Clément ajoute ici : « Numénius, le Pythagoricien, écrit sans détour : Qui est donc Platon, sinon un Moïse qui parle le grec attique? » Numénius vivait au second siècle avant J.-C. Il fut un précurseur de Plotin. L'idée d'un Platon qui aurait été chrétien avant la lettre a été répandue d'une façon durable chez plusieurs des Pères de l'Église et chez leurs successeurs.

Eusèbe de Césarée, qui écrivait avant le Concile de Nicée, examine, dans la *Préparation évangélique* (8, ch. 12), l'unité de Dieu comme premier principe de la théologie, passe en revue les doctrines des philosophes grecs, et poursuit en ces termes : « Quant aux Hébreux, après l'essence inengendrée et sans commencement du Dieu de l'univers, essence qui est sans mélange et au-delà de toute saisie, ils introduisent une seconde essence, une puissance divine qui est principe de tous les êtres engendrés et qui existe la première, née de la Première Cause, Logos, Sagesse et Puissance de Dieu ». Puis il cite Job (28, 20) : « Et la Sagesse, d'où vient-elle et quel est le lieu de l'Intelligence? Elle a été cachée aux yeux de tout vivant, et à l'oiseau des cieux elle a été dissimulée. » Après avoir dit un mot de la doctrine de Philon, il en vient à ce qu'écrit Aristobule : « Toute lumière vient de la Sagesse. C'est pourquoi certains penseurs de l'École péripatéticienne ont dit qu'elle tient la place d'un flambeau : la suivant sans cesse, ils se situent tout au long de leur vie dans la tranquillité de l'âme [cf. l'*ataraxie* des stoïciens]. Un de nos Pères, Salomon, a dit très clairement et excellemment que la Sagesse a existé avant le ciel et la terre. » (Il s'agit du Salomon auquel était attribué le Livre de la Sagesse.) Cela concorde avec ce qui vient d'être dit de la doctrine péripatéticienne. « Ne serait-ce donc pas là, de tous les discours, celui qui est le plus digne de Dieu, à savoir celui qui attribue à la puissance rationnelle et parfaitement sage de Dieu, ou plutôt à la Sagesse elle-même et au Logos même de Dieu, le principe de la constitution ontologique de l'univers, au lieu de l'attribuer à des éléments sans âme et sans raison? »

Voici quelques exemples de l'exégèse allégorique d'Aristobule (Eusèbe, *ibid.*, 8, ch. 10) : « Je veux t'exhorter à prendre en un sens physique les modes de l'interprétation, à te rendre maître de la conception qui s'applique adéquatement à Dieu, à ne pas déchoir jusqu'à un point de vue mythique et anthropomorphique, car souvent ce que notre législateur Moïse veut exprimer en parlant d'autres choses, choses qui ne correspondent qu'à des apparences superficielles, c'est ce qui fait connaître des dispositions de la nature physique et l'organisation de réalités grandioses. Ceux qui ont le don de bien penser admirent la Sagesse dont notre législateur est entouré, et l'Esprit divin selon lequel il a aussi été proclamé prophète. Parmi eux, il y a les philosophes dont nous venons de parler et beaucoup d'autres; il y a des poètes qui ont pris en lui de grands élans, ce qui fait qu'ils sont remplis d'admiration. Quant à ceux qui n'ont pas de part à la puissance de penser et à l'intelligence, mais qui s'en tiennent à ce qui est écrit, il ne leur semble pas que Moïse fasse voir clairement quelque chose de grand. » Cela étant, Aristobule prend l'exemple des mains de Dieu. « Les mains sont comprises en un sens évident et assez courant parmi nous. Quand, étant roi, tu envoies des forces avec l'intention de leur faire exécuter une opération, nous disons que le roi a une « grande main » (μεγάλη Χείρ), et ceux qui nous entendent sont conduits à penser qu'il s'agit des forces dont tu disposes. Par conséquent, les mains sont comprises dans le sens de Puissance de Dieu. En effet, on peut penser que chez les hommes toute la vigueur et toutes les forces sont dans les mains. Aussi le législateur a-t-il bien fait de rendre par une métaphore cette réalité grandiose en disant que tout ce qu'elle exécute à la perfection est l'œuvre des mains de Dieu. » Voici d'autres exemples : « On peut fort bien parler du repos divin [στάσις : stabilité en un lieu] en un sens de majesté, en indiquant par là l'organisation du monde; en effet, Dieu est au-dessus de toutes choses; tout lui est soumis et a reçu la stabilité, de sorte que les hommes comprennent que ces choses sont immobiles : je veux dire par là que le ciel ne devient jamais la terre; ni la terre, le ciel; que le soleil ne devient jamais la lune brillante; ni la lune, à son tour, le soleil; que les fleuves ne deviennent jamais la mer; ni la mer, des fleuves. On en dira autant des animaux : l'homme ne sera jamais bête; ni la bête, homme. Il en va de même de tout le reste, plantes et autres êtres. Tout est invariable; tout trouve en soi son propre développement et sa propre destruction. C'est en cela qu'on peut parler du repos divin. »

Autre exemple : « Il est dit qu'il y a eu une descente de Dieu sur la montagne (Exode, 19, 18-20), pour écrire la Loi selon laquelle Il donna une législation juste. C'est afin que tous contemplent la Puissance de Dieu, car cette descente est claire. Il y aurait donc là à faire une exégèse du même type, pour qui voudrait respecter le langage qu'il faut employer au sujet de Dieu. Car il est indiqué que la montagne était complètement en flammes, ainsi que le dit le Législateur [Moïse] : du fait de la descente de Dieu, il y avait sans discontinuer des sons de trompettes et un feu ardent. La foule au complet comptait pour le moins des centaines et des centaines de milliers de personnes, et le périmètre de la montagne ne faisait pas moins de cinq jours de marche. Et pourtant, en quelque point qu'ils fussent pour regarder, tous, campés comme ils étaient à l'entour, voyaient le feu ardent. Par suite, la descente n'est pas descente en un lieu, car Dieu est partout. Mais la puissance du feu, chose merveilleuse par-dessus tout, du fait qu'elle consume tout, Moïse la montre, toujours ardente, mais incapable de détruire, à moins que le principe actif ne lui soit ajouté d'auprès de Dieu. Les plantes qui poussaient sur cette montagne pouvaient être consumées; aucune ne le fut : toutes gardèrent leur verdure sans être touchées par le feu. Quant au son des trompettes, on l'entendait très fort, associé à l'éclat fulgurant du feu, sans qu'il y ait aucun instrument de cette sorte, ni aucun joueur de trompette : mais tout cela se produisait par l'ordonnance de Dieu. Aussi est-il clair par là que la descente divine se produisit de par la perception que les spectateurs avaient de chaque chose selon sa valeur significative, sans que le feu ait brûlé quoi que ce soit, et sans que le son des trompettes ait été produit par une activité humaine ou par une mise en place d'instruments : c'est Dieu qui, sans rien d'autre, manifeste à travers toutes choses sa propre majesté. »

Aristobule admettait que Pythagore, Socrate et Platon avaient connu le récit biblique de la création : l'écho de l'harmonie des sphères qu'ils entendaient en pénétrant profondément dans l'être du cosmos, c'était la voix de Dieu qui, dans le récit de la Genèse, est la manifestation de la Puissance divine dans l'établissement de l'ordre et de l'harmonie du monde.

La méthode d'Aristobule a certainement influencé le plus grand des penseurs qu'il nous reste à évoquer : Philon d'Alexandrie qui est né entre 20 et 13 avant J.-C., et est mort vers 50 après. Il a fait l'objet d'un nombre considérable de travaux. Ses œuvres sont maintenant accessibles en français. Il n'est pas possible de présenter sa pensée en quelques mots. Rappelons simplement que, comme plusieurs de ses prédécesseurs ou contemporains, il écrivit en grec pour les juifs de la Diaspora, mais aussi pour convaincre les Gentils de la valeur philosophique, morale, politique, en un mot humaine de la Révélation mosaïque. Il est célèbre par son *Commentaire allégorique des saintes Lois*, et son *Exposition de la Loi*. Il écrivit aussi des traités sur des sujets purement philosophiques, tel le *De Aeternitate Mundi*. Il prit une part active, étant d'une famille riche et influente, aux problèmes religieux et politiques qui se posaient aux juifs alexandrins, et il nous reste de ces activités le témoignage de deux ouvrages, l'*In Flaccum*, et la *Legatio ad Caium*.

On a beaucoup discuté sur le sens et la portée de l'œuvre de Philon. Sans nous engager dans une longue controverse, il semble qu'on puisse considérer qu'il a profité du syncrétisme philosophique de son temps, mais qu'il y a mis de l'ordre, en assignant à l'apport de chaque système une place déterminée dans sa propre synthèse, à la lumière de l'enseignement de la Loi telle qu'il l'interprétait. Tout se passe à ses yeux comme si l'unité de la vérité révélée au prophète Moïse avait été brisée par la multiplication et la diversité des conceptions des philosophes. Il lui fallait donc retrouver cette unité, hors de laquelle il n'y a pas de vérité. C'est ainsi que les doctrines épicuriennes, voire hédonistes, offrent une riche matière à la spéculation sur les passions; la pensée stoïcienne trouve une application dans la morale quotidienne, l'éthique politique et d'une façon générale dans l'enseignement propédeutique; le platonisme au contraire ouvre l'âme aux réalités intelligibles dans lesquelles l'homme trouve sa perfection et sa fin au terme de sa progression vers Dieu.

Sans entrer dans le détail de cette vaste pensée, rappelons que l'allégorie transforme les personnages du récit biblique en expressions des divers états ou situations de l'âme, si bien que leur « histoire » devient une sorte d'itinéraire vers Dieu, ou, au contraire, de marche vers l'abîme. Il ne semble pas douteux, bien qu'on l'ait contesté, que l'orientation de la pensée de Philon conduise, au-delà d'une simple mystique intellectualiste telle qu'on peut la tirer de la philosophie de Plotin, jusqu'à une véritable mystique religieuse d'union à Dieu. Philon a un sens très profond de la transcendance divine; mais si l'intelligence humaine ne peut connaître son essence, l'homme peut devenir « homme de Dieu », c'est-à-dire vivre de la vie que Dieu a voulue pour lui et dans laquelle, comme Seigneur, Il se rapproche de lui en le rapprochant de Lui-même.

Dans tout ce mouvement vers Dieu, que la Loi de Moïse décrit et qu'elle permet d'effectuer, parce qu'elle n'est, si on la comprend bien, rien d'autre que la loi que le Créateur a donnée à la nature et à l'univers des êtres créés, Philon donne un rôle essentiel au Logos. Il est engendré avant les autres créatures : il est le modèle intelligible de la création, le κόσμος νοητός, le monde intelligible image exemplaire de la *Cosmopolis*, la Cité de l'univers, et en ce sens il transcende le monde sensible comme Dieu lui-même, ou comme le Dieu-raison des stoïciens. Mais, comme le Logos, stoïcien également, il pénètre tous les êtres, c'est-à-dire, selon Philon, toute la création. Il est pour l'homme, dans sa marche vers Dieu, le *guide* (ἡγεμών) et la *lumière*.

Nous avons vu que les auteurs chrétiens des premiers siècles ont eu une connaissance précise des œuvres des juifs hellénisés. Ce fut évidemment le cas pour Philon d'Alexandrie dont la méthode allégorique exerça une profonde influence, en particulier sur Clément d'Alexandrie (150-216) et sur Origène (185-254). Mais par Origène, cette influence s'étendit, quoique indirectement, à ses disciples. Il faut néanmoins noter qu'étant chrétiens, ils donnent sur le Logos une doctrine qui peut s'inspirer de celle de l'Alexandrin, mais qui ne saurait coïncider avec elle. D'ailleurs, là où il y a des emprunts précis, ils sont ponctuels. L'importance de Philon n'en reste pas moins très grande. On signale également son influence chez saint Ambroise de Milan (340-397) qui, sans le citer en général par son nom, le reproduit souvent. Dans les *Prolégomènes* à l'édition des *Œuvres complètes* de Philon, L. Cohn signale tout le profit qu'il a pu tirer des citations et des allusions qu'on trouve chez ces auteurs et d'autres encore. D'Ambroise de Milan, il écrit qu'en certains de ses écrits « on pourrait l'appeler un Philon latin. » On trouvera à la fin de ces *Prolégomènes* une série de textes chrétiens suivis de leur correspondance avec des passages d'ouvrages de Philon. Il nous suffit de savoir qu'ils existent pour nous convaincre de la réelle influence que le penseur juif a exercée sur les auteurs chrétiens.

Sans doute ne faudrait-il pas croire que le système philonien est passé tout entier et tel quel dans la pensée des Pères de l'Église. Il a surtout donné à l'interprétation des textes sacrés une orientation et des principes qui se sont révélés très fructueux pour le développement de la pensée théologique spéculative et mystique. Contrairement à ce que beaucoup se représentent, l'activité du commentateur, quand elle est nourrie par des doctrines éclairantes, débouche souvent sur la découverte de vérités importantes, ou tout au moins d'idées qui ne sont pas à négliger. Le principe fondamental de Philon, qui a été admis même par des exégètes qui sont hostiles à l'explication allégorique, tel saint Basile de Césarée, c'est qu'il faut interpréter chaque fois que la lettre d'un texte ne donne pas un sens satisfaisant. Par suite les problèmes posés par la compréhension littérale deviennent de très forts excitants pour l'esprit.

Nous pourrions nous étendre encore sur cette période si riche de l'histoire de notre culture. Pour ne pas être incomplet, signalons l'existence des *Livres sibyllins*, les uns juifs, les autres chrétiens, qui ont surtout un intérêt de curiosité : écrits en grec, ils introduisent les « prophéties » d'une sibylle qu'ils ont empruntée à une tradition grecque et païenne, et dont le rôle est de prédire des événements attendus ou redoutés par les membres des communautés religieuses pour lesquelles elle parle. Le syncrétisme entre les traditions païennes et les traditions bibliques est très marqué et rappelle celui dont nous avons parlé plus haut. Les visions eschatologiques sont fréquentes. Ici encore, il y a eu rencontre entre chrétiens et juifs, au moins dans leur goût commun pour ce genre de littérature, comme il y avait eu un goût commun pour le genre apocalyptique. Dans la tradition chrétienne, il suffit de rappeler le chant du *Dies irae : Teste David cum Sibylla*. Ce texte d'un moine du XIIIe siècle montre que le souvenir des oracles sibyllins devait durer longtemps.

C'est aussi pour mémoire que nous évoquerons la littérature ésotérique et gnostique qui s'est développée conjointement dans l'hellénisme païen, le judaïsme et le christianisme. Là aussi il y eut rencontre. Mais en tous les siècles, dans tous les pays et dans toutes les religions, on voit apparaître et se développer des gnoses, plus ou moins fantastiques, mais toujours en leur fond désespérément monotones. Elles témoignent de l'attrait permanent qu'exerce sur les hommes tout ce qui se donne comme doctrine secrète, de l'intérêt qui s'attache à l'initiation et au mystère. Cette tendance ne disparaît jamais et parvient à s'insinuer dans les doctrines philosophiques ou théologiques et mystiques sous le nom de théosophie. Sans jamais insister sur de telles doctrines, car elles restent en réalité marginales par rapport à ce qui caractérise notre civilisation, nous ne pouvons les passer sous silence. Certes la gnose est un réel terrain de rencontre, mais de rencontres entre initiés sans plus.

Au cours des premiers siècles de notre ère, juifs et chrétiens furent en conflit, car, cherchant également à faire du prosélytisme parmi les Gentils, ils étaient rivaux les uns des autres. La prise de Jérusalem par Titus en 70 et la destruction du Temple n'eurent pas les conséquences désastreuses qu'on aurait pu imaginer, précisément parce que les cérémonies cultuelles qui faisaient de la Ville sainte le centre unique du judaïsme n'étant plus possibles, la Diaspora prit pour ainsi dire la relève avec une importance nouvelle, et le culte synagogal se développa, étant devenu le seul praticable. Les activités de la Synagogue et de l'Église poursuivent en s'opposant les deux mêmes buts : gagner les Gentils à leur foi et se garder des divisions intérieures. De ce point de vue, les rencontres, sur les plans religieux et politiques, dans les rapports des deux communautés avec l'Empire romain, ne furent ni sereines ni tolérantes. Les écrivains chrétiens font des traités contre les juifs sur un ton généralement très violent. Les rabbins, de leur côté, voient dans le christianisme un ennemi aussi haïssable, sinon plus, que la gentilité. L'existence des groupes judéo-chrétiens qui tenaient à rester fidèles à la Loi de Moïse et celle des ébionites, ouvertement hostiles à l'enseignement de saint Paul, compliquaient encore la situation. En sens inverse, des hérésies comme celle de Marcion (85-160), marquée par la gnose, qui considérait que le dieu de la Bible n'était qu'un démiurge responsable du mal dans ce monde, tentaient de détacher complètement la religion chrétienne de ses sources juives et de la Bible. Néanmoins, au milieu de cette situation troublée, dont Marcel Simon a écrit l'histoire dans *Verus Israël*, juifs et chrétiens se rencontrèrent sur le plan de la culture intellectuelle dans l'hellénisation de la pensée religieuse monothéiste où les premiers précédèrent d'ailleurs les seconds plus tard venus, mais tout prêts à accueillir et à recueillir cette immense richesse. Ils y étaient sans doute déjà disposés par l'enseignement de saint Paul, et celui d'Apollos dont il est question dans les Actes des Apôtres (18, 24; 19, 1) et dans la première Épître aux Corinthiens (I; III). Apollos était un juif d'Alexandrie, marqué sans doute par la pensée paulinienne, mais qui néanmoins dans son enseignement se sépara moins nettement du judaïsme (on a pensé qu'il était l'auteur de l'Épître aux Hébreux) et fit une place plus grande à la philosophie alexandrine. On peut donc affirmer que les juifs hellénisés ont été les premiers fondateurs de notre civilisation occidentale, dont nous allons maintenant poursuivre les développements, grâce à d'autres fructueuses rencontres, encore que traversées malheureusement par des périodes de guerres, de conflits de toutes sortes, de haine, d'intolérance et d'incompréhension.

CHAPITRE I

Rencontre de Muḥammad avec les juifs et les chrétiens

1. *Muḥammad et le Coran*

Si on s'en tient à un article fondamental de la foi musulmane, le Coran, étant la Parole éternelle descendue « d'auprès de Dieu » sur le Prophète par l'envoi de l'ange Gabriel, n'est pas l'œuvre de Muḥammad, mais de Dieu Lui-même qui le révèle en une « langue arabe claire ». Il n'y a donc pas lieu de chercher à ce livre des sources humaines comme le font les historiens pour tout écrit, en le livrant à la critique. Le Prophète était *ummî*, terme coranique entendu par les docteurs de l'Islam dans le sens d'*illettré*, ce qui implique qu'il ignorait tout ce qui lui est révélé et qu'il n'aurait pu le transmettre sans une instruction divine. D'ailleurs Dieu le dit au verset (96,7) : « Ton Seigneur [...] ne t'a-t-il pas trouvé égaré? et il t'a guidé. »

Néanmoins l'Envoyé de Dieu a vécu à une époque donnée, dans un certain milieu; on sait qu'il a voyagé pour faire du commerce; il ne pouvait pas ne pas voir ce qui l'entourait et surtout ne pas entendre ce qui se disait et se racontait dans une civilisation orale où la parole jouait le plus grand rôle. Donc, sans préjuger de ce qu'est le Coran pour le croyant musulman, on peut sans heurter sa foi présumer que Muḥammad, quand il reçut la Révélation, n'était pas une pure table rase. Il était, dit le Coran, un homme comme les autres, et ce qui le distinguait, c'est uniquement qu'il avait été choisi pour annoncer la Parole de Dieu. Mais, puisqu'il était un homme, sa vie humaine, ses expériences, ses contacts ne sauraient être indifférents. D'ailleurs, dans le *hadîth*, les propos qui sont rapportés de lui, même si leur vérité est garantie par Dieu, sont bien de lui. On ne peut donc pas faire abstraction de sa personne. D'ailleurs les commentateurs musulmans admettent que plusieurs versets coraniques ont été révélés à l'occasion d'événements de la vie du Prophète : c'est ce qu'ils appellent les « circonstances de la révélation » *(asbâb al-nuzûl)*. En ce qui concerne directement le problème que nous avons à examiner, Dieu parle, dans le Coran qui est sa propre Parole, des juifs et des chrétiens. C'est en général pour les critiquer, pour dénoncer les erreurs de leurs croyances, pour déclarer que les premiers ont « falsifié » la Torah qu'avait reçue Moïse – c'est l'accusation de *taḥrîf* (falsification) que les commentateurs tenteront de préciser –, et que les seconds avaient oublié l'enseignement véritable de Jésus, si bien que la notion de *taḥrîf* leur fut par extension également appliquée. Juifs et chrétiens avaient donc eu un message, un « Livre », qu'on doit se représenter comme descendu d'auprès de Dieu comme le Coran, et que ce Coran déclare d'ailleurs confirmer. C'est pourquoi ils sont appelés « Gens du Livre » (*ahl al-Kitâb*); mais les Écritures qu'ils ont entre les mains ont été altérées. C'est donc la mission de la prophétie de Muḥammad de rétablir la vérité du message primitif qu'elles contenaient. Aussi le véritable judaïsme, le véritable christianisme, la véritable histoire des patriarches, de Moïse, de Jésus, c'est le Coran qui les révèle, et il ne faut pas les chercher dans la Bible ou dans les Évangiles. Autrement dit, quand le Coran parle de la Torah et de l'Évangile (au singulier : *injîl*), il ne s'agit pas des Livres sacrés que lisent les juifs et les chrétiens. C'est d'ailleurs là un sens qu'on peut donner au qualificatif d'illettré donné par le Coran au Prophète : en effet, il semble certain qu'il n'avait lu ni la Bible, ni les Évangiles, et en ce sens, ce qu'il prêche ne pouvait être qu'une révélation divine directe, et non le souvenir qu'il aurait gardé de ses lectures.

Mais quoi qu'il en soit, quand Dieu lui parlait des juifs et des chrétiens, de la Torah et de l'Évangile, il fallait bien que le Prophète comprît de qui et de quoi il s'agissait, sinon la Parole révélée n'aurait eu pour lui aucun sens. On peut donc légitimement se demander, sans porter atteinte à la foi des musulmans, ce que Muḥammad savait de ces deux religions et de leurs adeptes, quels types de croyants il avait trouvés sur sa route : où vivaient-ils, quels étaient leurs dogmes, quelles traditions rapportaient-ils, que savait-il d'eux? Nous tenterons de trouver des réponses à ces questions, afin d'éclairer ce que dit le Coran sur les deux monothéismes qui ont précédé l'Islam, en nous appuyant sur ces *asbâb al-nuzûl* que furent, ou qu'ont pu être, les rencontres historiques du Prophète avec les groupes religieux qui se trouvaient alors en Arabie.

2. *Les juifs d'Arabie à l'époque du Prophète*

On sait par plusieurs passages de la Bible que les Hébreux avaient des relations commerciales avec les pays d'Arabie, depuis Edom jusqu'au sud de la péninsule. Il suffit de rappeler l'histoire du roi Salomon et de la reine de Saba. On lit, au premier Livre des Rois (X, 11) : « Les vaisseaux de Hiram, qui apportaient de l'or d'Ophir, amenèrent aussi d'Ophir une grande quantité de bois de santal et de pierres précieuses »; et dans le Livre de Job (II, 11) on a le témoignage de liens plus personnels : « Or trois des amis de Job apprirent tout ce malheur qui avait fondu sur lui et ils vinrent chacun de son pays. C'était Eliphaz de Teyman, Bildad de Shouakh et Sophar de Naamah. » La ville de Teyman est dans le pays d'Edom; Shouakh est le pays de l'encens en Arabie; quant à Naamah, on pourrait la situer dans le Djabal al-Na'mah, au nord-ouest de l'Arabie. Les différents rapports qu'entretenaient juifs et Arabes ont un écho dans la littérature datant du Second Temple et dans les Talmuds. Beaucoup de juifs vivaient alors en Babylonie, dans le proche voisinage du pays des Lakhmides habité par des Arabes. Mais il y eut aussi des établissements juifs en Arabie même.

Sur la présence des juifs au Hedjâz, on n'a pas de documents anciens. En revanche, il ne manque pas de légendes qui ont été recueillies par des écrivains arabes tardifs. D'après l'une d'elles, la première installation remonterait à la guerre de Moïse contre les Amalécites. Selon une autre, le roi David aurait pénétré en Arabie pour combattre les idolâtres de Yathrib, la future Médine musulmane. On raconte aussi qu'après la destruction du premier temple par Nabuchodonosor en 587 avant J.-C., quatre-vingt mille prêtres rejoignirent leurs coreligionnaires déjà fixés dans la péninsule. Enfin quelques inscriptions suggèrent que des juifs se fixèrent à Taymâ' quand le roi de Babylone Nabonide, sans doute d'origine araméenne, fit de cette ville sa capitale, de 552 à 542, en se retirant en Arabie pour des raisons religieuses. Quoi qu'il en soit, on peut penser que l'établissement de juifs au Hedjâz est très ancien, bien qu'on ne puisse en avoir de confirmation incontestable qu'à partir du moment où, comme le montre Charles C. Torrey (*The Jewish Foundation of Islam,* 1933), arrive une population qui porte des noms nettement juifs et sont désignés comme tels dans les inscriptions araméennes et nabatéennes, c'est-à-dire vers le premier siècle avant J.-C.

Nous avons de plus nombreux renseignements sur les juifs d'Arabie du Sud, bien que les traditions relatives à leur première immigration soient loin d'être authentiques. On peut penser que dès la période du Second Temple, il y eut des relations commerciales régulières. Des marchands se fixèrent dans le pays et fondèrent les premières communautés juives. On a aussi considéré comme possible que certains des soldats qui avaient fait partie des troupes mises par Hérode à la disposition d'Aelius Gallus, pour son expédition contre l'Arabie Heureuse (cf. Strabon, II, 118) en 25 avant J.-C., soient restés dans la région à la suite de la défaite subie près de Najrân. Ce sont ces juifs ainsi établis, et non des « missionnaires » venus de Babylonie ou de Palestine, qui firent du prosélytisme avec un notable succès, pour la raison que voici.

La tribu de Himyar était importante et parvint si bien à s'étendre qu'elle réussit à fonder le dernier royaume indépendant avant l'arrivée de l'islam. Vers la fin du IIIe siècle de notre ère, le puissant roi Shamir Yuhar'ish (305-315) prit le titre de « Roi de Saba, du territoire de Raydan, du Hadramaout et du Yamanat » : toute l'Arabie du Sud était sous le contrôle des Himyarites. Mais après leur conversion au christianisme vers 327, les Abyssins commencèrent à envoyer des missions dans le pays. On sait par l'écrivain chrétien Philostorge, que les juifs firent une vive opposition à cette propagande religieuse. Ce document renseigne donc sur une présence juive qui remontait vraisemblablement au temps de l'expédition d'Aelius Gallus. Cette résistance des juifs au danger d'une infiltration abyssine amena les habitants à se serrer autour d'eux, à s'intéresser à leurs coutumes et à leurs croyances, car ils ne sentaient de leur part aucune menace politique. Le roi Abkarib As'ad (385-420) se convertit au judaïsme. Il s'engagea dans de vastes opérations, conquit le Hedjâz et fit le siège de Yathrib. Le dernier roi himyarite, Yûsuf Ash'ar Dhû Nuwâs, juif également, se signala par les persécutions qu'il fit subir aux chrétiens de Najrân. Il engagea le roi de Hîra, al-Mundhir, qui faisait campagne contre les Byzantins dans le désert syrien, à exterminer tous les chrétiens qui ne renieraient pas leur foi. Dhû Nuwâs fut renversé par les Éthiopiens venus venger leurs coreligionnaires. D'après certaines traditions, Abraha, qui était chrétien, aurait été placé sur le trône par le roi abyssin Elesbaas qui est habituellement identifié avec Hellestheaios dont parle l'historien byzantin Procope (mort vers 562). Mais leur désaccord avec les inscriptions qui constituent la documentation essentielle ne permet pas de les considérer comme historiques. Nous aurons à reparler d'Abraha.

Il y eut donc d'importantes communautés juives dans l'Arabie du Sud et leur propagande fut active. Les conversions ne cessèrent pas. Mais au cours du IVe et du Ve siècle, le déclin économique amena certaines tribus, les Aws, les Khazraj, à remonter vers le nord. Elles s'installèrent aux environs de Yathrib, et c'est avec elles que Muḥammad allait entrer en conflit.

Quelle pouvait être la formation religieuse de ces juifs? Le prosélytisme ne se conçoit pas sans enseignement. Mais quel enseignement? Aucun document ne permet de répondre. On trouve dans certaines traditions que le roi Abkarib As'ad se serait converti en raison d'influences rabbiniques et qu'il aurait amené dans son pays deux sages docteurs. Il est évident que ces communautés, ne pouvant pas être privées de maîtres, comptaient des rabbins parmi elles. Comprenaient-elles l'hébreu, lisaient-elles la Bible dans le texte? C'est ce qu'on ne saurait dire. Le plus probable est qu'elles recevaient une formation orale, à l'aide de cette méthode d'exégèse appelée *midrash aggada*, qui, avec le *midrash halakha*, « recherchait » les significations qui pouvaient être tirées de la lettre des textes bibliques. Mais alors que la *halakha* est une déduction de la « loi orale » à partir de la loi écrite, la *aggada* se présente comme une amplification du contenu des textes, faite de récits légendaires où l'imagination joue un grand rôle, reprenant parfois de vieux mythes, et appuyée sur des commentaires allégoriques. Mais il s'agit toujours d'instruire en développant la lettre des

Écritures, de façon à fixer l'attention des auditeurs. En effet, tandis que la *halakha* est sobre et austère, la *aggada* ne craint pas la couleur et le piquant en poursuivant son but d'édification. La méthode du *Midrash* a été décrite de façon imagée par le Talmud (Sanhédrin, 34 b) : « Le Midrash est un marteau qui réveille en une lumière brillante les étincelles endormies dans la roche ». Il est donc certain que la *aggada* devait faire une forte impression sur l'imagination des simples fidèles et s'inscrire profondément dans leur mémoire. Déjà en 1833, A. Geiger montrait que cette littérature orale eut une influence sur les idées que Muḥammad a pu se faire (ajoutons : en dehors de toute révélation) sur Dieu et sur l'histoire de l'humanité vue à travers la trame des récits bibliques. Il pense aussi qu'elle a marqué les *ḥanîf*-s, terme qui est coranique, mais dont on n'a pu déterminer s'il s'applique à des groupes réellement existants qui, en Arabie, auraient professé des idées monothéistes, sans pour autant se rattacher au judaïsme ou au christianisme. Dans le Coran, il est un qualificatif d'Abraham « qui n'était ni juif, ni chrétien, mais *ḥanîf* et *muslim* » (3, 67); Dieu demande de suivre la religion d'Abraham « en *ḥanîf* » (4, 125). Le pluriel *ḥunafâ'* désigne ceux qui n'associent aucune divinité à Dieu, c'est-à-dire qui ne sont pas polythéistes (22, 31). Ce terme a été utilisé par les chrétiens pour désigner les musulmans. W. Montgomery Watt (*E.I.²*, III, pp. 168-170) pense que ce mot vient du syriaque *ḥanpê* au sens de « païens », terme qui, dans certains cercles araméens, aurait fini par désigner des penseurs de culture hellénistique qui croyaient néanmoins en un Dieu unique. Mais cet usage est tardif.

On ne saurait donc admettre qu'il existait avant l'Islam des hommes religieux qui auraient été désignés du nom de *ḥunafâ'*, et qui auraient été particulièrement disposés à recevoir le message coranique. On ne peut donc s'arrêter à l'allusion que Geiger fait à leur existence. Mais ce qu'il dit de Muḥammad reste vrai. Les juifs étaient, nous l'avons vu, assez nombreux en Arabie, surtout sur les routes commerciales, pour que le futur prophète ait pu entrer en contact avec eux et les écouter parler de leurs croyances et raconter les récits de leur *aggada*. C'est, à n'en pas douter, auprès d'eux surtout qu'il entendit formuler la profession de foi en un Dieu unique qui devait faire sur lui une si profonde impression. En effet, avant même d'avoir reçu la première révélation, on sait qu'il faisait retraite pour méditer, et sa méditation ne pouvait que se rapporter à ce qu'il avait entendu dire par les croyants monothéistes. Nous sommes là en présence de faits purement humains. Il se retirait un mois par an dans une caverne du Mont Hirâ' où il s'adonnait à la pratique du *tahannuth*, terme d'origine hébraïque qui désigne des exercices de piété. C'est là que l'ange lui apporta la première révélation.

Si telle est la situation, on peut se demander pourquoi Muḥammad n'a pas embrassé purement et simplement le judaïsme. La réponse est simple : c'est qu'au début de sa prédication, il était persuadé qu'il annonçait à ses contribules et aux polythéistes d'Arabie la pure foi des juifs en un Dieu unique, créateur, bienfaiteur de ses créatures, exigeant d'elles qu'elles lui rendent à lui seul un culte d'adoration et d'actions de grâce. Conforté par les révélations qui lui furent faites, Muḥammad ne cessa d'être pénétré d'un esprit œcuménique très simple, trop simple sans doute, qui peut être exprimé par cette formule : un seul Dieu, une seule foi, une seule Loi, un seul culte, une seule communauté des croyants. Cette formule pouvait effectivement être acceptée par tous les monothéismes; mais chacun l'interprétait à sa manière, car la question était justement de savoir qui était ce Dieu unique, quelle était la foi révélée, quelles étaient les prescriptions de la Loi et les obligations du culte. C'est pourquoi cette rencontre si importante et si marquante avec les juifs ne pouvait, malgré ce qui en résultait de fondamental, se poursuivre sans heurts. L'Islam se définit, et dans le Coran même, contre le judaïsme des juifs, comme d'ailleurs également contre le christianisme des chrétiens. Les futures rencontres auront lieu entre tenants de trois monothéismes nettement différenciés. Elles n'en ont pas moins porté des fruits dans la construction d'un humanisme qui caractérise notre civilisation et notre culture occidentales.

3. Les chrétiens en Arabie avant l'Islam

En 1912, le Père Louis Cheikho a publié en arabe à Beyrouth un ouvrage sur *Le christianisme et la littérature chrétienne en Arabie avant l'Islam.* Nous en suivrons les grandes lignes dans ce chapitre.

L'auteur s'appuie sur les documents chrétiens du premier siècle de notre ère, en particulier sur les Évangiles, les Actes et les Épîtres, pour montrer que les Arabes furent touchés par la prédication de la foi chrétienne dès ses débuts. Il remonte même jusqu'aux Mages. En effet, les présents qu'ils apportent à l'Enfant Jésus sont tous des produits d'Arabie. Saint Justin, au second siècle, dans son *Dialogue avec Tryphon* (*PG* 6, col. 660), parle des « Mages venus d'Arabie, qui n'étaient pas retournés auprès d'Hérode ». D'autres témoignages anciens sont cités. Mais on trouvera, dans le *Dictionnaire d'archéologie chrétienne*, un article de H. Leclercq qui soutient la même thèse. D'ailleurs, disons tout de suite que l'Arabie chez les auteurs anciens est mal définie ; elle relève de ce qu'on appelle d'un terme général « l'Orient ». Elle est parfois même confondue avec l'Inde, et cette confusion persistante se retrouve jusque sous la plume de saint Jean Damascène aux VIIe-VIIIe siècles. C'est ainsi qu'on a pu considérer que c'est en Arabie que saint Thomas a prêché l'Évangile. D'autre part, les pays habités par des Arabes s'étendaient bien au nord de la péninsule proprement dite, et comprenaient entre autres la Syrie avec les villes de Bostra (Bosra, au sud de Damas, qui fut la capitale de la province romaine d'Arabie, et dont dépendaient de nombreux évêchés : Adraa, Canatha, Chrysopolis, Esbous, etc.), de Gerasa (Djerash, dans l'actuelle Jordanie). On édifia dans ces deux villes de nombreuses et belles églises dont il reste d'imposantes ruines. Il y avait des évêques jusque dans de petits villages, et certains même vivaient sous la tente avec les bédouins.

Quoi qu'il en soit, les Actes des Apôtres signalent qu'au jour de la Pentecôte, des Arabes étaient présents parmi ceux qui entendirent la prédication des Apôtres (2, 11). Déjà auparavant, L. Cheikho ne doute pas que parmi les foules qui suivaient Jésus et venaient d'Idumée et de Transjordanie (Marc, 3, 8), il y eût des Arabes. Dans l'Épître aux Galates (1, 16,17), Paul écrit qu'il se retira en Arabie après que Dieu l'eut choisi pour annoncer le Christ aux Gentils. Peut-être s'agit-il de la région habitée par les Nabatéens au sud de Damas. Néanmoins les Actes ne parlent pas d'une évangélisation de Paul en cette contrée. La démonstration de L. Cheikho repose donc sur ce point sur une simple hypothèse. Tout ce qu'on peut en retenir, c'est qu'il est très vraisemblable que des Arabes, nomades ou sédentaires, furent touchés par la prédication chrétienne dès le premier siècle, ne fût-ce qu'en raison des relations commerciales qu'ils avaient avec des régions où le christianisme était prêché.

On ne saurait non plus tirer de certitude, au sujet du christianisme arabe, des déclarations qu'a recueillies L. Cheikho chez différents auteurs ecclésiastiques de diverses époques, à commencer par saint Paul qui rend grâces à Dieu de ce que la foi des chrétiens de Rome « est renommée dans le monde entier » (Rom., 1, 8). De même saint Cyrille de Jérusalem (315-386) écrivait dans sa *Catéchèse*, 18 (*PG* 33, col. 1044) : « Elle est appelée catholique (l'Église), parce qu'elle est répandue sur toute la terre habitée (l'*œkoumène*), d'une extrémité à l'autre, et qu'elle enseigne universellement et continuellement tous les dogmes qui sont utiles pour arriver à la connaissance des hommes. » Saint Irénée de Lyon (130-202) en dit autant presque dans les mêmes termes (*Contre les hérésies,* I, ch. 10; *PG* 7 [1], col. 549). Et de même saint Cyprien, mort martyr en 250, dit dans son traité *Sur l'unité de l'Église* (*PL* 4, col. 502) : *« Sic et ecclesia Domini luce perfusa per orbem totum radios suos porrigit »* (L'Église du Seigneur, inondée de lumière, étend ses rayons à travers le monde entier). Saint Justin (100-165) est un peu plus précis. Dans son livre *Contre Tryphon le juif* (*PG* 6, col. 748-750), il écrit : « Généralement parlant, il n'y a pas même une seule espèce d'hommes, soit Barbares, soit Grecs, soit de quelque nom qu'on leur donne, vivant dans des chariots (comme les Scythes), ou sans maisons, ou sous des tentes comme éleveurs de troupeaux, qui ne prient au nom de Jésus crucifié, et ne rendent grâces au Père, Créateur de l'univers ». Dans ce nombre, il pourrait bien y avoir des Arabes. Mais il est inutile de multiplier ces sortes de citations, car elles n'empêchent pas le même Irénée, dans son *Commentaire sur Matthieu* (traité 28), de reconnaître que de son temps il y a encore beaucoup de nations qui ne connaissent pas l'Évangile. Il y a donc là certainement des exagérations pieuses qui relèvent de l'apologétique. D'ailleurs les juifs, de leur côté, tenaient un langage analogue sur l'étendue de leur rayonnement.

Nous noterons une indication plus précise chez l'historien du IVe siècle Sozomène : il signale dans son *Histoire ecclésiastique* (Livre 7; *PG* 67, col. 1476), après avoir énuméré plusieurs nations, que « dans d'autres populations, il arrive qu'il y ait des évêques consacrés même dans des villages, comme c'est le cas parmi les Arabes ».

L. Cheikho se tourne alors vers des faits historiques plus contrôlables. « La première tribu qui gouverna la région syrienne (al-Shâm) au nom de Rome fut celle de Quda'a. Puis elle fut supplantée dans le pouvoir par celle de Salîh. Après elles, vint la tribu de Ghassân, d'origine yéménite, qui resta en place jusqu'à l'arrivée de l'Islam. » Sur ces tribus, on a les témoignages concordants de plusieurs auteurs arabes qui, quoique tardifs, peuvent être considérés comme appuyés sur des traditions solides. Ainsi Ya'qûbî (mort vers 905), qui avait consulté des sources syriaques et recueilli de nombreux renseignements, consacra la première partie de son œuvre historique à l'Arabie antéislamique. Il écrit : « Quant aux tribus arabes qui se convertirent au christianisme, il faut citer [...] celles des Tayy, des Bahrâ', des Salîh, des Tanûkh, des Ghassân et des Lakhm. » Les Bahrâ', les Salîh et les Tanûkh étaient rattachés comme sous-groupes (*ahyâ'*) à la grande tribu des Quda'a. Toutes ces populations avaient émigré du sud vers le nord de la péninsule, jusqu'en Syrie et en Mésopotamie. Si on trace un triangle dont le sommet serait situé dans les environs de Ninive, et dont la base irait de Gaza au fond du golfe persique, on aura la répartition suivante du nord au sud : les Taghlib entre le Tigre et l'Euphrate, qui furent sans doute les premiers chrisautianisés; puis, toujours entre les deux fleuves, les Lakhm et en dessous d'eux les Tanûkh, sur le côté oriental du triangle; puis à l'ouest, les Ghassân; enfin, juste au-dessous de la base, les Tayy.

L. Cheikho cite encore un texte intéressant, quoique très tardif, du polygraphe Suyûtî (mort en 1505), « un chercheur qui avait tout lu », comme le dit, non sans malice, son élève Ibn Iyâs. Dans son ouvrage *al-Muzhir*, consacré aux « sciences philologiques », il écrit : « La langue arabe ne fut pas prise de différentes tribus, ni des Quda'a, ni des Ghassân, ni des Iyâd, cela en raison de leur voisinage avec les peuples de Syrie dont la plupart étaient chrétiens et s'exprimaient en *hébreu* », c'est-à-dire, précise Cheikho, « en syriaque palestinien ». Les Iyâd dont il est ici question formaient une tribu qui s'était d'abord installée dans la Tihâma, le long de la côte, au sud de La Mecque; puis ils s'étaient emparés de la Ka'ba, mais ayant été chassés, ils avaient émigré au Bahrayn et contribué à former la confédération des Tanûkh. On les trouve enfin en Irâq, dans la riche région du Sawâd. Certains se fixèrent à al-Hîra, se sédentarisèrent et devinrent chrétiens, tandis que les autres restaient des bédouins. Mais leur christianisation est peut-être antérieure à cette époque.

Les Ghassânides furent les alliés arabes de Byzance. Chrétiens, ils étaient monophysites et défendirent leur Église avec constance. C'est grâce à eux qu'elle se releva après la persécution déclenchée par l'empereur Justin Ier, ardent partisan de l'orthodoxie chalcédonienne. Le roi al-Hârith, aidé de l'impératrice Théodora, fit sacrer vers 540 deux évêques monophysites, Théodore et Jacques Barodée (Baroddaï), disciples de Sévère, patriarche d'Antioche de 512 à 518, qui avait été déposé par l'empereur Justin. C'est à Sévère qu'on a rattaché le monophysisme dit « verbal », car il reposait sur l'emploi du mot nature (φύσις) là où les chalcédoniens orthodoxes disaient « hypostase » ou « personne ». Le Christ avait donc une seule nature. Mais tandis que les eutychiens l'entendaient en ce sens que la nature divine et la nature humaine étaient mêlées ou confondues dans cette nature unique, ou qu'elles formaient par leur union un *tertium quid*, Sévère maintenait la distinction du divin et de l'humain à l'intérieur de cette unité de nature qui était donc synonyme de l'unité hypostatique des chalcédoniens, et on ne pouvait dire que ce monophysisme « verbal » fût hétérodoxe, encore que la formule employée fût dangereuse. Quoi qu'il en soit des condamnations que les deux partis se jetaient à la tête sans bien considérer le fond des doctrines et en s'en tenant aux formules entendues au gré de leurs passions, c'est grâce à Jacques Barodée que l'Église monophysite de Syrie, appelée d'après son nom « jacobite », fut constituée, en opposition à l'Église fidèle au concile de Chalcédoine. Mais en réalité, ce monophysisme « verbal » n'est pas en lui-même une hérésie : il est un schisme, un refus d'adhérer à certaines formulations de la foi arrêtées par le concile. C'est ce qu'a parfaitement noté saint Jean Damascène dans son livre sur les hérésies. D'ailleurs quand on constate que les empereurs, voire les impératrices, intervenaient dans ces questions de foi; quand on pense aux rivalités de sièges et de personnes; quand on sait combien les hommes s'attachent aveuglément à ceux qu'ils considèrent comme les représentants de leur particularisme (et c'était alors le cas des évêques); quand enfin on comprend que le peuple chrétien était bien incapable de saisir les nuances subtiles qui opposaient les hérésiarques les uns aux autres autant qu'aux orthodoxes, on se persuade que ce qui créait essentiellement les divisions, c'était plus le schisme que les hérésies. C'est là une remarque importante, car si, comme beaucoup le pensent, c'est en rencontrant des monophysites que Muḥammad a entendu parler du christianisme, on peut à juste titre se demander ce qu'il a pu en comprendre et en retenir.

Les rois al-Hârith et son fils, al-Mundhir eurent aussi à défendre leur monophysisme contre des divisions intérieures, en particulier contre ce qu'on a appelé le trithéisme. Mais ici encore il est évident que cette dénomination est due à ceux qui attaquaient la doctrine, car, à la lettre, il s'agirait de la croyance en l'existence de trois dieux, et non de trois personnes dans la Trinité, ce qui est du pur polythéisme impensable pour des chrétiens quels qu'ils soient. Il est vrai que Denys d'Alexandrie, au IIIe siècle, dans son opposition au sabellianisme qui supprimait dans l'unité de l'essence divine la distinction des trois personnes de la Trinité, accentua leur altérité au point d'introduire entre elles une différence d'essence, ce qui avait un relent de trithéisme. Le pape Denys, dans une lettre à ce sujet aux chrétiens d'Alexandrie, dénonce ceux qui « prêchent *en quelque façon* trois dieux, divisant la Sainte Trinité en trois hypostases étrangères entre elles et entièrement séparées ». Il faut bien remarquer les termes qui nuancent la condamnation : *« en quelque façon »,* car le pape attire l'attention sur une formulation qui pourrait être comprise comme trithéiste, mais ne considère pas pour autant que ceux qui l'emploient croient réellement à l'existence de trois divinités dans la Trinité. Mais ce sont les formules qui se transmettent et se retiennent. Aussi est-il possible que Muḥammad ait eu vent de ce qu'on appelait alors trithéisme, à travers de telles formules polémiques et déformantes. Qu'en est-il exactement?

En 566, Jacques Barodée avait ordonné deux prêtres, Eugène qui devint métropolite de Séleucie d'Isaurie, et Conon qui fut évêque de Tarse en Cilicie. Ils adhérèrent au trithéisme qui avait, dit-on, pris naissance en Syrie en 557 avec Jean Aqusnagès, originaire d'Apamée, et dont le plus célèbre représentant fut Jean Philoponos. Ce Jean, appelé aussi le Grammairien, qui fut connu des Arabes musulmans sous le nom de Yahyâ al-Nahwî, vécut au VIe siècle. Il était monophysite et, formé à la philosophie d'Aristote dont il commenta de nombreuses œuvres, il pensait que les dogmes pouvaient et devaient être explicités au moyen des concepts de la pensée péripatéticienne. C'est ainsi qu'il s'avisa de répondre à une objection que les orthodoxes faisaient aux monophysites en leur demandant pourquoi ils n'employaient pas le mot nature, en parlant de la Trinité, comme ils l'employaient en parlant du Christ. Si dans le Christ, l'unité de la nature signifie pour eux l'unité de la personne, pourquoi ne pas dire que les trois personnes de la Trinité sont trois natures? Et c'est là qu'il y aurait trithéisme. Jean Philoponos releva le défi et répondit qu'effectivement il entendait bien l'existence des trois personnes en ce sens. En effet, ainsi que l'enseigne Aristote, il y a une nature commune à tous les êtres qui participent à son essence. Mais, en tant que commune, elle n'existe que dans la pensée comme concept abstrait. Ce qui existe en dehors de la pensée, ce sont des natures particulières, individuelles et distinctes les unes des autres dans leur être et leur substance. Tel est le cas des trois personnes, ou trois natures qui constituent la Trinité.

Ici encore, il semble bien que tout soit question de mots, car ni Philoponos, ni ses partisans, n'ont admis l'existence de trois dieux au sens où le polythéisme l'entend. Quoi qu'il en soit, les oppositions, les rivalités, les divisions parmi les disciples du Christ déchiraient la chrétienté et il semble bien que, tout compte fait, c'est cette multiplicité de sectes qui s'anathématisaient, plus que les dogmes qu'elles professaient, qui a frappé le Prophète de l'Islam quand il eut pris contact avec les milieux chrétiens. Et, pour parler comme les musulmans, Dieu lui confirmera son impression en lui révélant dans le Coran non seulement l'hostilité réciproque des juifs et des chrétiens, mais celle qui dressait les chrétiens les uns contre les autres.

Les Ghassânides furent d'actifs missionnaires dans le nord de l'Arabie, mais aussi vers le sud. C'est ainsi qu'ils évangélisèrent Najrân qui devint un important centre chrétien. Le Prophète fut en rapport avec les habitants de cette ville auxquels il proposa une ordalie, à laquelle le Coran fait allusion, et qui fait l'objet d'une étude de L. Massignon. Il est donc certain qu'à une époque de sa vie, Muḥammad fut en contact étroit avec des monophysites.

Les Ghassânides furent aussi de grands bâtisseurs d'églises et de couvents. Hamza al-Isfahânî, philologue et historien du

VIIᵉ siècle, qui est célèbre pour sa vaste érudition, écrit dans son *Histoire des rois de la terre et des prophètes*, que le second roi de Ghassân, ʿAmr b. Jafna, construisit en Syrie de nombreux monastères : Dayr Hind, Dayr Hâlî et Dayr Ayyûb (Job), entre autres; et que Ibn al-Hârith b. Jabala, frère du roi al-Mundhir, construisit Dayr Dakhm et le couvent de la Prophétie.

D'ailleurs, les monophysites de Ghassân, avec leurs sectes et leurs querelles, n'étaient pas les seuls chrétiens de cette région. À l'est s'étendait un autre État, inféodé à la Perse, celui des Lakhmides, avec Hîra pour capitale, et une population en majorité chrétienne nestorienne. La christologie de Nestorius était exactement à l'opposé de celle du monophysisme, et était, au moins en apparence, plus facile à comprendre. Il y a, dans le Christ, deux natures, la nature divine et la nature humaine, ce qui veut expliquer la doctrine orthodoxe que le Christ est vrai Dieu et vrai homme. Mais pour Nestorius, la nature divine du Verbe ne fait que revêtir la nature humaine qui reste, après l'union, totalement subsistante par elle-même. Toutes deux concourent dans la vie du Christ sans s'unir réellement, chacune demeurant ce qu'elle est : ce concours est ce qui est appelé ἐνανθρωπήσις, et ce n'est que lui qui représente l'union en ce que Nestorius continue à désigner comme *prosôpon* (persona), mais qui en fait est complètement dépourvu de réalité ontologique et qui a été critiqué comme étant purement fantomatique. Dans le *Livre d'Héraclide de Damas,* Nestorius développe l'image du vêtement qui a sa propre nature et qui cependant accompagne toujours celui qui le porte, et également l'image du temple : « Le temple est passible, mais non Dieu qui le vivifie ». Une ardente polémique s'éleva contre ces thèses. Saint Cyrille de Jérusalem au IVᵉ siècle s'y illustra. On a du moine Jean Cassien (360-432) un rapport qui expose ainsi la doctrine de Nestorius : « Jésus-Christ, né de la Vierge, est un homme sans plus (*homo solitarius*); ayant pris le chemin de la vertu, il a obtenu par sa vie pieuse et religieuse, par la sainteté de son existence, que la Majesté divine s'unît à lui; sa dignité lui vient, non pas de la splendeur de son origine, mais des mérites qu'il s'est acquis ». Quand, en 430, le pape Célestin 1ᵉʳ condamnait le nestorianisme, il ne dénonçait que l'interprétation donnée à certaines formules, telles que *homo solitarius*, doctrine qui désignait le Christ « tantôt comme un homme pur et simple (*solum hominem*), tantôt comme en société avec Dieu, dans la mesure pourtant où il en était digne ». On reconnaît la présentation de Cassien.

Muḥammad a dû rencontrer des nestoriens de la région de Ḥîra. Mais ce qui est très probable, c'est qu'il en a entendu parler par les monophysites qui étaient en guerre ouverte avec eux, sur le plan religieux autant que sur le plan politique (car les Ghassânides luttèrent contre les Lakhmides et restèrent vainqueurs). Mais ce qu'il faut noter, c'est que la polémique contre le nestorianisme cherchait à l'envelopper dans la condamnation de la théologie de Paul de Samosate qui avait été évêque d'Antioche au IIIe siècle. Dans son étude sur cet hérésiarque, F. Loofs a prétendu que sa doctrine n'était rien d'autre que l'expression du christianisme primitif. En fait, elle a été considérée comme novatrice. Mais comme elle ne tient pas compte des problèmes compliqués que posait la christologie aux divers théologiens, elle a pu paraître plus proche de la simplicité originelle. Pour Paul de Samosate, seul le Père est Dieu ; le Christ est un homme dans la nudité de son humanité. Il ne juge pas que le Verbe de Dieu ait été en lui, en quoi il diffère de Nestorius qui l'admet. En outre Nestorius ne s'est pas trompé sur la Trinité, tandis que Paul de Samosate a appelé Verbe la Parole divine qui ordonne et prescrit : en d'autres termes, Dieu commande ce qu'il veut par l'intermédiaire de cet homme qu'est le Christ, et il le réalise par lui. Quant à l'Esprit Saint, c'est la grâce qui est venue sur les Apôtres et les a inspirés. Néanmoins le Christ est supérieur à tous les prophètes parce qu'il est particulièrement uni à la Sagesse, ce qui lui confère « une disposition différente de la nôtre ». Nous avons suivi l'exposé de Léonce de Byzance (*De Sectis*, *PG* 86, col. 1213-1216) qui cherche bien à distinguer Nestorius de Paul de Samosate, ce qui prouve qu'on avait tendance à les confondre.

Mais le christianisme entra aussi au Yémen par des missions venues du nord, avec les caravanes qui allaient et venaient entre l'Irâq et le Yémen. Assémani, dans sa *Bibliothèque orientale*, signale que la langue et l'écriture syriaques s'étaient introduites dans plusieurs régions yéménites, ce qui suppose que le nestorianisme y avait pris pied. Rappelons d'autre part que le monophysisme avait été implanté par les Ghassânides à Najrân, et qu'il s'était certainement répandu au-delà de cette importante ville.

Nous avons déjà fait mention du roi chrétien Abraha. Son règne est entouré de légendes. Il aurait dirigé une expédition contre La Mecque vers 570, année de la naissance de Muḥammad. Mais on dispose de quelques données historiques, grâce aux inscriptions qui ont été découvertes et déchiffrées, en particulier celle de la digue de Ma'rib gravée à l'occasion de la répression d'une révolte en faveur de l'ancien roi Esimiphaios qui, mis sur le trône par le Négus, avait été renversé et remplacé par Abraha. Le texte de Ma'rib commence ainsi : « Par la puissance, la faveur la miséricorde de Dieu et de son Messie et de l'Esprit Saint. » Cette formule a une saveur nestorienne et peut laisser supposer qu'Abraha avait de la sympathie pour cette Église. Au contraire, Esimiphaios, vraisemblablement monophysite comme le souverain abyssin, emploie une formule différente : « Au nom de Dieu et de son Fils, le Christ vainqueur et de l'Esprit Saint. »

Nous noterons encore que l'évêque Gregentius, à qui est attribuée la rédaction des lois des Homérites, demanda, dans sa controverse avec Herban, en quoi les juifs s'estiment supérieurs aux chrétiens, à quoi Herban répondit que c'était à cause de la grandeur de Moïse et de l'abondance des faveurs que Dieu a faites à son peuple. Remarquons à ce sujet que Dieu, dans le Coran, fait allusion à cette prétention à la faveur exclusive de Dieu que juifs et chrétiens se renvoient : « Les juifs disent : Les chrétiens ne se fondent sur rien; et les chrétiens disent : Les juifs ne se fondent sur rien » (2, 113), ou encore : « juifs et chrétiens disent : Nous sommes les enfants de Dieu et ses amis » (5, 18). Signalons aussi que Herban accuse les chrétiens de trithéisme. Il ne serait pas étonnant que Muḥammad ait eu quelque écho de discussions de ce genre, ce qui illustrait pour lui l'enseignement qu'il recevait directement de Dieu.

Mais nous ne pouvons pas laisser ce texte sans dire un mot des lois des Homérites. Évidemment la monogamie est proclamée. Mais si l'homme n'est pas forcé de se marier quand il est trop pauvre, il doit se garder de la fréquentation des débauchées. La fornication, dans le cas de la femme et dans celui de l'homme, est punie de cent coups de fouet. S'il y a récidive, on coupera l'oreille droite des coupables. L'homme qui commet l'adultère avec une femme mariée se verra amputé du membre avec lequel il a péché et on coupera le sein gauche de la femme. Mais on lui coupera l'oreille au lieu du sein, si son mari consent à la reprendre et à cohabiter avec elle. Les voleurs et receleurs subiront intégralement la peine de cinquante coups de fouets à double lanière; à la récidive, ils seront marqués d'un signe infamant, comme une marque au fer rouge sur le front; puis une fois signalés ainsi au public, ils seront relâchés dépouillés de leur tunique. Si après cela, ils sont repris pour le même délit, on les conduira devant le magistrat et on leur coupera le tendon du pied gauche, de sorte que, s'ils veulent encore voler, leur pied demeurant inerte, ils ne puissent se déplacer.

Aucune créature de Dieu n'a le droit d'en frapper une autre en dehors de l'application des peines légales. L'homme n'a pas le droit de battre sa femme. S'il a à s'en plaindre, il fera appliquer la loi. L'homme est le chef de la femme et lui est supérieur. Si une femme insulte les hommes, on lui coupera les cheveux par derrière la tête. Si elle persiste, on lui coupera le bout de la langue, et on ira, le cas échéant, jusqu'à lui couper la main.

Il serait aventureux de faire des comparaisons avec la législation coranique correspondante. Mais on peut remarquer que ces prescriptions de Gregentius témoignent, sinon d'un état de fait, du moins d'une mentalité que le Prophète a pu connaître par les contacts qu'il avait, à défaut d'avoir eu connaissance du texte, dont l'authenticité, répétons-le, n'est pas garantie. Et dans ce cas, il aura été à même de comprendre mieux le sens et la portée de la Loi que Dieu le chargeait de transmettre aux hommes.

Ainsi, quand on se demande ce que Muḥammad a pu savoir du christianisme, on voit que les sources d'information ne lui manquaient pas. Elles étaient même trop nombreuses et discordantes, et on admettra facilement que l'expérience qu'il a pu en tirer lui ait inspiré, tout convaincu qu'il ait été de la valeur du monothéisme, l'idéal d'une religion plus simple, moins livrée par ses dogmes à la spéculation des hommes, celle que précisément l'ange Gabriel allait lui révéler.

Rappelons que le Coran (5, 116) accuse les chrétiens d'adorer Marie. On a cru qu'il faisait allusion à la secte de collyridiens qui offraient des gâteaux à la Vierge, en reprenant une vieille coutume païenne. C'est tout à fait improbable et ce serait d'ailleurs infondé. En effet, cette secte fut condamnée comme suspecte, voire dangereuse pour la foi, bien qu'aucun de ses adeptes n'ait jamais soutenu que la Vierge était une déesse. Ils réagissaient simplement et naïvement à l'attitude des *antidicomarianites*, qui disaient que Marie n'était pas restée vierge et qu'elle avait eu des enfants de Joseph après la naissance de Jésus. Cette secte aurait également apparu en Arabie.

Selon Renan, les chrétiens que Muḥammad avait connus étaient des judéo-chrétiens. Il s'appuie sur le fait que le mot arabe et coranique qui les désigne est *naṣârâ,* terme qui désigne étymologiquement les nazaréens. Or effectivement, les judéo-chrétiens comprenaient deux sectes, celle des nazaréens orthodoxes, et celle des Ébionites hétérodoxes. Mais rien ne prouve que le mot arabe ait cette signification restreinte. Ce qui est sûr, c'est que tous les chrétiens de langue arabe, quels qu'ils soient, s'appellent et se sont toujours appelés *naṣârâ.*

Au IVe siècle, époque de saint Épiphane, l'Ébionisme s'était modifié sous l'influence d'une secte gnostique, celle des elkésaïtes, dont parle Renan. Dès la fin du second siècle et au troisième, on trouve des sectes judéo-chrétiennes qui prétendaient posséder un Livre mystérieux, qu'un sage nommé Elchesaï aurait apporté du pays des Parthes, le tenant d'un certain Sobas, lequel l'aurait reçu d'un ange grand comme une montagne, qui était Fils de Dieu, et était accompagné d'un autre ange semblable à lui, mais de sexe féminin, le Saint-Esprit. C'est là que s'enracine la croyance en un Christ-Ange, le *Christos angelos* des gnostiques, qui est une créature, le Seigneur des anges, le Grand Roi. Il n'est pas identifié avec Jésus de Nazareth, mais il s'est manifesté plusieurs fois sous forme humaine, à commencer par Adam. Il est d'ailleurs tout à fait improbable que Muḥammad ait entendu parler de ces sectes gnostiques.

L'Arabie par sa position et ses déserts avait été un lieu d'asile pour tous ceux qui étaient l'objet de persécutions ou de condamnations, soit de la part du pouvoir impérial romain, soit de la part des défenseurs de l'orthodoxie religieuse. C'est pourquoi, comme le remarque saint Épiphane, « l'Arabie est fertile en hérésies ». Muḥammad ne fut donc pas seulement entouré d'idolâtres qui n'avaient à lui opposer que leurs coutumes ancestrales, comme le rappelle le Coran (11, 109) : « Ne sois donc pas dans le doute sur ce qu'adorent ces gens-là (les idolâtres) : ils ne font qu'adorer ainsi qu'ont adoré leurs pères auparavant ». Persuadé de la vérité du monothéisme, le Prophète se trouvait plongé dans un milieu d'une complexité extraordinaire. Il est peut-être vain de chercher à déterminer quelles sectes il a connues, comme s'il avait été à l'école de l'une d'elles. En réalité il a dû entendre, et sans doute écouter, un ensemble hétéroclite de doctrines qui lui parvenaient pêle-mêle, au hasard des rencontres. Or, de la part d'hommes qui se déclaraient adorateurs d'un même et unique Dieu, il ne pouvait comprendre l'existence d'un tel pullulement de théories contraires. Il a certainement pensé que ce n'étaient là que des opinions humaines, et il a cru que le seul moyen de les clarifier et de les unifier était de se mettre à l'écoute de Dieu. Nous avons vu que les révélations qu'il a reçues correspondent aux impressions qu'il avait pu recevoir de ses rencontres. Mais loin d'apporter la paix religieuse, sa prédication ne fit que raviver les querelles et les controverses. Elles allaient donner lieu à de nouvelles rencontres dont les résultats furent plus positifs.

L. Cheikho a cherché à découvrir s'il y eut des écrivains et des poètes chrétiens arabes avant l'Islam, quels ils furent et quelles œuvres ils ont laissées. Sa méthode consiste à déterminer les noms propres qui, par leur nature, ne pouvaient appartenir qu'à des chrétiens. Il a ainsi établi une liste assez importante. Mais les résultats de cette méthode sont sujets à caution. Il n'est pas du tout sûr que les poètes qu'il présente comme chrétiens l'aient été réellement, et les spécialistes ont émis plusieurs doutes. D'ailleurs ceux de leurs vers qui ont été conservés n'ont souvent rien de religieux. C'est le cas de 'Alqama b. 'Abada, compté comme chrétien à cause de la présence de *'Abada* dans son nom, en quoi L. Cheikho voit une forme de *'Abd Allâh*, « serviteur de Dieu », qualification qui ne pouvait désigner avant l'Islam qu'un Chrétien. L'argument est faible. Il en va de même de 'Abd Allâh b. al-Ziba'râ, qui sans doute écrivit des vers contre Muḥammad, mais n'en est pas pour autant chrétien. Que dire de 'Abd Allâh b. Rawâha? Outre son nom, on peut considérer qu'il était une des rares personnes qui aient su écrire avant l'Islam. Or L. Cheikho pense, non d'ailleurs sans raison, que l'écriture venait de tribus chrétiennes et était l'apanage des chrétiens. Ce poète fut secrétaire du Prophète qui estimait ses vers dans lesquels il s'attaquait à l'incrédulité des qurayshites. Mais d'après le peu qu'on sait de sa poésie, elle n'était pas de nature à apporter un témoignage sur la pensée chrétienne.

D'ailleurs on sait que Muḥammad n'avait que peu d'estime pour les poètes et le Coran confirme que les versets qui lui sont révélés n'ont rien à voir avec leur art. Néanmoins il finit par comprendre que la poésie avait en elle une force dont il pouvait se servir pour soutenir son action de prédicateur. Par la suite, il entretint de très bonnes relations avec ʿAbd Allâh b. Rawâha, Hassân b. Thâbit, Ka'b b. Mâlik. Mais on peut être à peu près certain qu'il ne s'est pas tourné vers les poètes chrétiens pour se renseigner sur le christianisme, ni avant ni après l'arrivée de la révélation.

4. Conclusion

Telles sont les considérations qu'on peut faire sur la présence des juifs et des chrétiens en Arabie avant l'Islam. Telles sont les hypothèses, plus ou moins fondées, quoique toujours plus ou moins justifiables, qu'on peut formuler, à la suite de ces considérations, sur ce que le Prophète de l'Islam a pu connaître des deux monothéismes. Mais ce qui est certain, c'est que, s'il a entendu parler des doctrines orthodoxes de la Grande Église, ce qui est peu probable, ou des doctrines monophysites, ou des doctrines nestoriennes, il n'en a retenu que leur affirmation de l'existence d'un Dieu unique qui était à ses yeux l'essentiel. Tout le reste lui paraissait vraisemblablement ratiocinations humaines et sujets de controverses dans lesquels il voyait des querelles de mots qui se substituaient à la Parole de Dieu. Il n'avait pas tout à fait tort, nous l'avons vu. Mais il n'a pas été sensible aux problèmes réels que recouvraient ces disputes et ces oppositions. Surtout il n'a pas aperçu le substrat philosophique qu'elles impliquaient. La pensée hellénique assumée par le judaïsme et le christianisme, les services qu'elle a rendus aux efforts d'explicitation de la foi, l'appel qu'elle faisait à une raison logique normative, qui ne se contentait pas des simples constatations de bon sens, voilà ce qui l'a laissé indifférent, si toutefois il l'a soupçonné. Avec la simplicité de son dogme, la révélation coranique allait donc dans le sens de l'expérience personnelle que

Muḥammad avait pu faire à la suite de ses rencontres avec les tenants du monothéisme dans l'Arabie de son temps.

Mais l'homme est l'homme; les problèmes qu'il se pose ne sont pas tous de faux problèmes et il en est qu'il ne saurait éluder. Si on les chasse d'un côté, ils reviennent de l'autre. C'est ce qui est arrivé en Islam : la théologie, le *kalâm*, l'a envahi, en dépit des protestations de certains docteurs, surtout parmi les *ḥanbalites*, mais aussi chez certains *ash'arites*, qui répudiaient toute recherche d'ordre spéculatif, et prétendaient réduire le rôle de l'intelligence à la compréhension du texte coranique. La logique d'Aristote, après avoir été bannie, a fini par trouver droit de cité, avec une autorité reconnue, quoique à des degrés divers selon les écoles. La théologie, admise d'abord timidement comme purement défensive contre les erreurs des novateurs, est devenue une pensée constructive qui a en partie rejoint la philosophie grecque traduite en arabe, la *falsafa*. C'est que le texte coranique, si simple soit-il, n'en pose pas moins à toute réflexion humaine qui refuse la foi du charbonnier des problèmes importants et graves. Il était dès lors inévitable que les penseurs musulmans se rencontrent avec des penseurs juifs et chrétiens qui s'étaient heurtés, à l'intérieur de leurs fois respectives, aux mêmes difficultés, ou du moins à des difficultés analogues. Ce sont ces nouvelles rencontres, de plus en plus fructueuses, que nous allons maintenant étudier.

CHAPITRE II

La naissance des sectes en Islam

1. La pensée mu'tazilite et ses rapports avec la pensée chrétienne des Pères grecs

L'idéal d'une unité de la Communauté musulmane ne pouvait résister à la pression des circonstances. Dès la mort du Prophète, qui n'avait laissé aucune règle concernant sa succession à la tête des croyants, on vit des ambitions s'opposer : rivalités de clans et de personnes. En outre, ceux qui avaient suivi Muḥammad dès le début de sa prédication, à La Mecque d'abord, puis à Médine, qui avaient été touchés par son esprit religieux, sa foi en l'unicité de Dieu, et qui vivaient conformément à l'exemple qu'il avait donné, dans le respect profond de la Loi révélée, se trouvaient en présence de convertis récents, anciens ennemis déclarés, mais séduits par les avantages qu'ils pensaient tirer du succès de la nouvelle religion. Les premiers voyaient surtout dans la Loi un guide offert aux hommes pour les rapprocher de Dieu; les autres y puisaient les principes d'une politique grâce à laquelle ils comptaient légitimer leur autorité et affirmer leurs pouvoirs. Ainsi, dès les origines, deux tendances se firent jour : l'une tournée vers une conception spirituelle de l'islam, l'autre tournée vers un légalisme mis au service d'une organisation politique et sociale. Par suite, l'équilibre que Dieu voulait entre les affaires de ce monde et les affaires de la « Vie dernière » fut très tôt rompu, et seuls quelques croyants sincères se préoccupèrent de le rétablir et de le sauver.

Mais la cause qui fit éclater la Communauté en diverses sectes est tout entière d'ordre politique et liée au problème de la succession du Prophète. Nous n'en suivrons pas les péripéties, et nous ne retiendrons de ces événements que ce qui a amené les penseurs à réfléchir à leur signification, et ce faisant, à créer ce qui allait devenir la théologie avec ses différentes écoles, le *kalâm*.

'Alî, le cousin du Prophète, qui avait épousé sa fille Fâtima et en avait eu deux fils, Hasan et Husayn, n'accéda au califat qu'après Abû Bakr, 'Umar et 'Uthmân. Il eut à combattre un parti animé par 'A'isha, la plus jeune épouse de Muḥammad, jalouse de Fâtima et de sa famille. En outre la situation était troublée en raison du meurtre de 'Uthmân par un musulman : ce calife s'était rendu impopulaire par son népotisme en faveur des membres de son clan umayyade, riche et influent, converti de la dernière heure. Or il est dit dans le Coran (4, 92, 93) : « Il n'est pas permis à un croyant de tuer un croyant si ce n'est par erreur... Quiconque tue un croyant intentionnellement a pour salaire l'enfer où il restera éternellement; la colère de Dieu pèse sur lui; Dieu le maudit et lui prépare un châtiment énorme ». Certains faisaient courir le bruit que 'Alî avait trempé dans le complot. Mu'âwiya, un umayyade, gouverneur de la Syrie, se dressa contre lui dans une lutte armée. Par suite, un groupe de musulmans se trouva engagé dans une guerre où il avait à combattre d'autres musulmans. Il en résulta pour beaucoup d'esprits religieux une grave crise de conscience : lequel des deux partis fallait-il tenir pour être fidèle à l'islam, et alors devait-on considérer le parti adverse comme formé d'infidèles? Problème difficile, sinon impossible à résoudre. Pis encore, quand Mu'âwiya eut remporté la victoire, il se forma une dissidence, un véritable schisme qui regroupait les partisans de 'Alî et devait devenir le shî'isme, tandis que le gros des croyants ralliés à Mu'âwiya constituaient le sunnisme. Signalons enfin qu'au cours de ce conflit, un troisième groupe de croyants, d'abord attachés à 'Alî, s'étaient séparés de lui quand il avait accepté un arbitrage perfidement proposé par Mu'âwiya : ils alléguaient qu'un calife en titre, et comme tel garanti par Dieu, n'avait pas à se soumettre au jugement d'arbitres humains : ce furent les kharijites. Cette situation historique inextricable posait le problème du gouvernement divin : comment Dieu conduisait-Il les affaires de ce monde? Dans quels rapports les croyants en particulier, et les hommes en général, se trouvaient-ils être avec le Seigneur, du fond de ces ténèbres où les vicissitudes de la vie d'ici-bas les plongeaient?

Chacune des trois sectes qui divisaient ainsi l'Islam eut ses réponses et par suite sa théologie. Nous n'en retiendrons pour le moment que les solutions qui furent apportées au problème que posait la guerre entre musulmans, car c'est à cette occasion que naquit la première école théologique de l'Islam, celle des mu'tazilites qui a le double intérêt d'avoir été en relation avec la pensée chrétienne melkite représentée par saint Jean Damascène et Théodore Abû Qurra, et d'avoir influencé de nombreux docteurs du judaïsme, en particulier parmi les karaïtes.

Comment est-il possible qu'ait pu se déchirer l'unité de la Communauté du Prophète, alors que Dieu avait révélé qu'elle était caractérisée par un « juste milieu », un équilibre entre les devoirs de la vie d'ici-bas et ceux de la Vie Dernière, et qu'Il avait garanti qu'elle ne tomberait jamais dans une erreur, à la différence de ce qui s'était produit dans le judaïsme et le christianisme, ainsi que le rapporte un *hadîth?* Mais on a fait valoir un autre *hadîth*, probablement forgé pour cette circonstance; le Prophète aurait dit : « Les juifs se sont divisés en soixante et onze sectes; les chrétiens en soixante-douze sectes; ma Communauté se divisera en soixante-treize sectes ». Selon une autre tradition voisine, il aurait ajouté : « Toutes iront en enfer, sauf une ». On lui demanda laquelle; il répondit : « Celle à laquelle j'adhère, moi avec mes Compagnons ». Par suite, en théorie, on pouvait juger que, parmi les musulmans qui se battaient entre eux, ceux-là seuls étaient de vrais croyants qui suivaient l'enseignement et l'exemple que Muḥammad avait donnés par sa conduite et son comportement, sa *sunna*, et c'est en partie pour cette raison que ceux qui pensent être fidèles à cette *sunna* ont pris le nom de sunnites. Mais ce qui est important dans ces *hadîth*, c'est qu'ils affirment que Dieu sait de toute éternité qu'il se produira dans la Communauté du Prophète des divisions et qu'Il a décrété que ceux qui tomberont dans l'erreur, et qu'Il connaît, seront envoyés en enfer.

Ainsi est posé, à partir d'une situation historique et concrète, le si délicat problème de la prédestination, auquel se font écho plusieurs versets coraniques, par exemple (2, 7) : « Dieu a mis un sceau sur leur cœur et sur leurs oreilles, et sur leurs yeux un bandeau ». Cette conviction que l'Omniscience et la Toute-puissance de Dieu entraînent un déterminisme total de la vie et de la destinée des hommes s'est développée dans l'œuvre de certains théologiens pour aboutir à la doctrine de la création des actes humains. C'est à l'encontre de telles conclusions que s'est dressée l'école mu'tazilite. De nos jours encore, beaucoup de musulmans se réclament d'elle pour affirmer que l'islam n'est pas fataliste.

Ce qui caractérise fondamentalement le mu'tazilisme, c'est son refus de l'alternative en vertu de laquelle les membres de la Communauté qui se font la guerre sont nécessairement ou fidèles ou infidèles. Ils ont admis un moyen terme qu'ils appellent « la demeure entre les deux demeures (*manzila bayna'l-manzilatayn*) ». Ils affirmaient par là que celui qui commet une faute grave (*kabîra*) reste croyant tant qu'il a la connaissance de l'existence des prophètes et des livres révélés, et tant qu'il admet que tout ce qui vient d'auprès de Dieu est vrai; il est alors simplement un impie (*fâsiq*), et cette impiété (*fisq*) n'empêche pas qu'on puisse le considérer comme croyant et musulman. Certes il n'est pas vraiment fidèle; mais on ne peut pour autant le déclarer infidèle. Cette thèse était destinée à écarter l'accusation d'infidélité qui, portée contre un musulman, entraînait sa condamnation à mort, pratique suivie sans ménagement dans les premiers temps de l'Islam, par une secte kharijite particulièrement violente, celle des azraqites. Mais Wâsil b. 'Atâ', l'un des fondateurs de l'école mu'tazilite, n'admettant pas qu'il pût y avoir coexistence de la foi et de l'impiété, considérait que l'impiété était différente et de la foi et de l'incroyance et il en faisait un état intermédiaire.

Il est donc possible qu'un homme ne soit ni croyant ni incroyant; il en résulte pour lui une indétermination qui ne peut être que voulue par Dieu. Mais dans ces conditions, un tel homme est libre. Or n'est-ce pas là une situation qui est celle de l'humanité tout entière? Plus tard, des théologiens ont fait remarquer, sans aucun doute en vertu d'une influence mu'tazilite, que les hommes se situent entre le monde des anges et celui des animaux, des végétaux et des êtres inanimés. Les anges ont une fonction (*wazîfa*) déterminée : ils glorifient sans cesse Dieu. Les créatures qui sont au-dessous de l'homme obéissent à des lois de la nature et de l'instinct qui fixent nécessairement leurs actions. L'homme seul est dépourvu de fonction arrêtée. Déjà les anciens moralistes de la Grèce et de Rome avaient signalé qu'à la différence des animaux, les hommes doivent se servir de leur raison pour régler leur conduite. C'est la même idée qui se retrouve ici. Par conséquent, les mu'tazilites vont se présenter comme les défenseurs de la liberté et de la raison en Islam.

Il est indéniable que ces penseurs pouvaient arriver à leurs conclusions sans avoir besoin d'aucune influence extérieure. Néanmoins leurs discussions avec ceux de leurs coreligionnaires qui soutenaient la thèse de la prédestination montrent qu'un de leurs soucis était de prouver que l'islam n'est pas fataliste. Or il n'est pas douteux que cette accusation de fatalisme venait de la controverse menée par les chrétiens. Par suite on peut à juste titre considérer que les rapports avec la pensée chrétienne ont eu un rôle dans l'élaboration de la théologie mu'tazilite. Nous avons d'ailleurs un témoignage de l'attention que ces penseurs musulmans ont portée aux idées chrétiennes. Il semble en effet qu'ils ont soutenu que le Coran était une Parole créée, pour éviter de tomber dans une théologie du Verbe divin, analogue à celle qui se fonde sur le dogme trinitaire. Ibn al-Nadîm (mort en 995), dans son catalogue appelé *Fihrist* (achevé en 987), rapporte qu'un mu'tazilite de Basra, 'Abbâd b. Sulaymân (mort vers 864), discutant avec 'Abd Allâh b. Muḥammad b. Kullâb al-Qattân, partisan des anthropomorphistes littéralistes (*hashwiyya*), l'accusait de partager la doctrine des chrétiens du fait qu'il soutenait que la Parole de Dieu est Dieu. D'après Ibn al-Nadîm, il aurait tenu cette formule d'un penseur chrétien nommé Phytion, qui, interrogé sur ce qu'il disait du Christ, répondait : « J'en dis ce que les sunnites disent du Coran ».

C'est donc pour une grande part contre la doctrine chrétienne de la Trinité que les mu'tazilites ont soutenu avec une particulière vigueur le dogme de l'unicité de Dieu (*tawhîd*) qui est d'ailleurs fondamental en Islam et par conséquent commun à tous les musulmans. On ne comprendrait pas autrement qu'ils en aient fait le premier de leurs principes, s'ils n'avaient vu dans la doctrine du Coran incréé, défendue par la majorité des docteurs de l'Islam, une menace contre l'affirmation de l'absolue unité de Dieu, la Parole qu'est le Coran devenant ainsi, comme le Verbe du dogme chrétien, un être coéternel à Dieu.

Mais en insistant sur le *tawhîd*, les mu'tazilites s'exposaient en revanche à mettre l'accent sur le caractère absolu du décret divin, Dieu, en son unicité, étant parfaitement transcendant et « dominateur » (*qahhâr*), ainsi que le dit le Coran en six versets où, précisément, l'adjectif *qahhâr* est associé à *wâhid* (unique), par exemple en (13, 16) : « Dis : Dieu est le Créateur de toutes choses; Il est le Dominateur, l'Unique ». C'est pourquoi, plus ils défendaient le *tawhîd*, plus les mu'tazilites étaient contraints d'argumenter pour sauver la liberté humaine. Ils trouvèrent un moyen terme qui leur permit de passer de la transcendance du Créateur Tout-puissant à l'immanence des créatures libres. Ce moyen terme est l'idée que Dieu ne veut et ne fait que le Bien. Quant au mal, lié aux vicissitudes de la vie humaine, il ne résulte que de la liberté de l'homme.

Dans les arguments que vont développer les théologiens de cette école, nous allons découvrir de curieux parallélismes avec les démarches de deux grands penseurs chrétiens, saint Jean Damascène et Théodore Abû Qurra. Il serait sans doute aventureux de parler d'influences directes. Mais il faut, pour comprendre ce qu'a pu être la vie intellectuelle après la conquête musulmane, ne pas s'imaginer que les vainqueurs ont refoulé complètement les vaincus, ne gardant avec eux que des relations de maîtres à inférieurs méprisés. On sait, par exemple, que sur le plan des institutions administratives, l'Islam conserva et adopta les règlements et les structures qu'il trouvait en place. La langue grecque ne fut pas tout de suite remplacée par l'arabe qui dut d'abord s'adapter pour répondre aux besoins d'une vie sociale et politique différente de celle de l'Arabie, et en tout cas plus complexe. Chrétiens et juifs restèrent donc en contact avec les musulmans qui avaient besoin d'eux en diverses matières. C'est ainsi que leurs médecins en particulier, mais d'une façon générale tous leurs savants, furent recherchés et honorés pour les services que leurs connaissances rendaient aux nouveaux maîtres. En outre, leur qualité de protégés (*dhimmî*-s), si elle les situait à un rang inférieur, avait du moins l'avantage de leur permettre de conserver leur religion, leurs coutumes et leurs lois, et par conséquent de parler et d'écrire, tant que cela ne dérangeait pas l'ordre établi par l'islam. Par suite, des relations entre les individus pouvaient s'établir, et des entretiens, voire des discussions (tant qu'elles restaient privées) ont pu avoir lieu. C'est ainsi que des docteurs de l'islam ont eu la possibilité de connaître, au moins en gros, la pensée de leurs contemporains chrétiens.

Saint Jean Damascène (675-749), dont le nom arabe était Yahyâ al-Mansûr, appartenait à une riche famille de fonctionnaires au service du calife. Il succéda à son père dans l'exercice de hautes fonctions administratives, jusqu'à ce qu'il entre, vers l'an 700, au monastère de Saint-Saba, au sud-est de Jérusalem, où, ordonné prêtre, il passa presque entièrement le reste de sa vie en se consacrant à l'étude, à la composition d'ouvrages, à la prédication, tout en pratiquant un rigoureux ascétisme.

Saint Jean Damascène se trouvait, en présence de plusieurs textes de la Bible et du Nouveau Testament, dans la même situation que les docteurs de l'Islam devant certains versets du Coran. Par exemple il lisait dans l'Épître aux Romains de saint Paul (9, 18-21) : « Ainsi Dieu fait miséricorde à qui Il veut et Il endurcit qui Il veut. Tu me diras : De quoi donc Dieu se plaint-Il? Car qui peut s'opposer à Sa volonté? Mais plutôt, ô homme, qui es-tu pour contester avec Dieu? [...] Le potier n'est-il pas maître de son argile pour faire de la même masse soit un vase d'honneur soit un vase d'ignominie? » On croirait lire le Coran : « Dieu donne Sa miséricorde exclusivement à qui Il veut » (3, 74); « C'est pour avoir rompu Notre alliance que Nous les avons maudits et que Nous avons endurci leur cœur » (5, 13); « On n'interroge pas Dieu sur ce qu'Il fait; ce sont eux [les hommes], qui seront interrogés » (21, 23); « C'est Lui [Dieu] qui vous a façonnés dans le sein de vos mères comme Il l'a voulu » (3, 6). On pourrait citer de nombreux versets dans le même sens.

Saint Jean Damascène est donc obligé, dans son *De Fide orthodoxa* (ch. 19), de montrer « que Dieu n'est pas la cause du mal ». Voici son explication : « Il faut savoir que la divine Écriture a l'habitude d'appeler action de Dieu la permission qu'Il donne, car Il est Celui qui fait tout, puisqu'Il est le seul agent qui produit toutes choses. Pourtant ce n'est pas lui qui les dispose en tant qu'elles sont ou honorables ou déshonorantes, mais c'est le libre choix propre à chaque homme. Aussi est-il clair que la purification [du mal] est un acte volontaire. » Un passage de la Seconde Épître à Timothée (2, 20-21) en est le témoin. Il y est écrit : « Dans une grande maison, il y a non seulement des vases d'or et d'argent, mais aussi de bois et de terre, les uns pour servir à honorer, et les autres pour des usages ignominieux. Donc, si quelqu'un s'est gardé pur de ces choses-là, il sera un vase d'honneur, sanctifié, utile à son maître, préparé pour servir à toute œuvre bonne. » Se garder pur suppose une liberté.

La réponse de saint Jean Damascène est classique. En effet, des actions purement humaines sont souvent rapportées à Dieu comme à leur auteur, et, dans le Coran également, on peut lire par exemple (64, 32) : « C'est Dieu [...] qui a mis à votre service le bateau pour qu'il aille sur la mer par Son ordre », alors qu'évidemment ce sont les hommes qui ont inventé et construit les bateaux. Mais l'action divine consiste en une disposition que Dieu a prise et qui permet à des navires de voguer sur l'eau. Saint Jean Damascène poursuit : « Si le vase n'est pas purifié, il sera un vase d'ignominie, inutile pour son maître et digne d'être brisé. Mais aucune de ces expressions ne doit être prise en ce sens que Dieu serait la cause agente de toutes ces actions, mais en ce sens qu'Il donne permission pour cette raison que ce qui est beau est indépendant et hors de toute contrainte. Par conséquent Dieu n'impose pas le bien, car agir selon le bien implique de la part du sujet qui agit une dignité inséparable de la liberté. »

Le terme grec, traduit ici par « permission », signifie exactement le fait de se retirer pour laisser sa place libre. Par conséquent l'action de Dieu consiste à ne pas intervenir pour faire place à la liberté de l'homme, auquel il laisse le libre choix entre devenir un vase d'honneur et devenir un vase d'ignominie. Et si celui qui a choisi l'ignominie se plaint à Dieu des conséquences de son choix, il ne fera rien d'autre que de Lui demander compte du don de la liberté qu'Il lui a fait. Or bien qu'on n'interroge pas Dieu, Il répondrait à cette question : « C'est que la liberté est un bien, et que Je ne fais que le bien. »

Mais saint Jean Damascène ne s'en tient pas là, et il s'arrête sur des textes qui semblent, à la lettre, condamner complètement son point de vue. Le Seigneur n'a-t-il pas dit (Isaïe, 45, 7) : « Je crée le malheur (*bôrê hôshek*^{h}) »? On lit de même dans *Amos* (3, 6) : « Y a-t-il un mal (*râ'âh*) dans une ville que le Seigneur n'ait produit? » Ces versets « n'indiquent pas que Dieu est la cause des maux, car le nom de mal est un nom ambigu qui signifie deux choses différentes : tantôt il indique le mal qui touche la nature et qui est opposé à la vertu et à la volonté de Dieu; tantôt il indique le mal qui est une peine pour notre sensibilité, c'est-à-dire tout ce qui accable et jette dans la détresse; en ce dernier sens, il nous semble qu'il s'agit de maux puisqu'ils s'accompagnent de souffrances, mais en réalité ce sont des biens, car ils deviennent pour ceux qui les rencontrent des ouvertures sur la conversion et le salut. C'est pourquoi l'Écriture dit que ces maux arrivent par Dieu. Mais il faut savoir que nous en sommes responsables, car des maux volontaires engendrent des maux que nous ne voulons pas ». Donc les malheurs qui sont rapportés à l'action de Dieu résultent, sans être voulus par Lui, du mal que les hommes font librement. Pourtant ils peuvent servir au bien en donnant aux coupables l'occasion de se reprendre et de s'amender.

Mais pourquoi Dieu, connaissant d'avance ceux qui pècheront sans se repentir, les a-t-Il néanmoins créés? Voici la réponse : « Par Sa bonté, Dieu amène du néant à l'existence les êtres qui naissent, et Il connaît avant de les créer ceux qui viendront à exister. S'ils n'avaient pas à exister, ils n'auraient pas à devenir mauvais et ils ne seraient pas non plus connus par avance, car ce sont les existants qui sont objets de connaissance, et ce sont les êtres qui existeront de quelque manière que ce soit, qui sont objets de prescience. En effet, ce qui est premier, c'est le fait d'exister, puis vient alors le fait d'être bon ou mauvais. Si donc des êtres, appelés à exister de par la bonté de Dieu, en étaient empêchés parce qu'ils sont appelés à être mauvais de par leur libre arbitre, le mal sortirait vainqueur de la bonté de Dieu. Par conséquent, tout ce que Dieu fait, Il le fait en tant que c'est bon; puis chacun devient bon ou mauvais de par sa propre liberté de choix. Quand le Seigneur dit (Marc, 14, 21) : " Il eût mieux valu pour cet homme qu'il ne fût pas né ", ce n'est pas Sa propre création qu'Il blâme comme mauvaise, c'est la marque du mal qui a été apposée à Sa création par le libre arbitre et la légèreté [de l'homme] » (*ibid.*, ch. 21).

L'idée fondamentale est que, du côté de Dieu, l'existence est un bien absolu, et que, de toutes façons, créer, c'est-à-dire donner l'existence, est un acte essentiellement bon. Quand Dieu connaît les êtres qui existeront, Il voit d'abord leur existence et c'est sur elle que porte fondamentalement et en premier lieu Sa prescience. Qu'ensuite certains hommes fassent mauvais usage de ce bien qu'ils ont reçu ne saurait détourner Dieu du bien qu'est le don de l'existence, alors même qu'il sait d'avance que les méchants tireront de cette existence un mal.

Cela étant, saint Jean Damascène se demande ce qui est au pouvoir de l'homme. « De tout ce qui vient à exister, dit-il, on dit que la cause est Dieu, ou la nécessité, ou le destin, ou la nature, ou la fortune, ou le hasard. » Puis il définit chacune de ces causes. Par exemple : « L'œuvre de Dieu, c'est le don de l'être et la providence; l'œuvre de la nécessité, c'est le mouvement des choses qui se comportent toujours de la même manière; l'œuvre de la nature, c'est la génération, la croissance, la corruption, la production des plantes et des animaux. » Puis il demande « à laquelle de ces causes on devra rapporter les actions humaines, si toutefois ce n'est pas l'homme qui est cause et principe de l'action ». Toutes les différentes causes énumérées sont alors éliminées, et dès lors « il reste que l'homme qui agit et opère est principe de ses propres œuvres, et principe indépendant ». Ici Jean Damascène fait cette importante remarque : « En outre, si l'homme n'était le principe d'aucune action, ce serait en vain qu'il posséderait la faculté de délibérer en soi-même : en vue de quoi, en effet, aurait-il recours à la délibération, s'il n'est le maître d'aucune action? Que ce qu'il y a de plus beau et de plus précieux en l'homme se révèle comme superflu, voilà ce qui serait le comble de l'absurdité. Ainsi donc, si on délibère, c'est en vue d'agir. Toute délibération est le fait d'une action en vue d'une action ». S'il y a des choses qui ne dépendent pas de notre libre choix, en revanche sont en notre pouvoir celles que nous pouvons faire ou ne pas faire, « et d'une manière générale, celles qui sont accompagnées de blâmes et de louanges, et qui tombent sous des exhortations et des lois. »

Mais pourquoi avons-nous reçu le libre arbitre? C'est qu'il va de pair avec la raison qui distingue l'homme des bêtes. La faculté rationnelle est soit théorique, soit pratique. Théorique, elle est celle qui connaît les êtres tels qu'ils sont; pratique, elle est celle qui délibère et définit la voie droite pour la conduite des actions. La première est appelée sagesse; la seconde, prudence. Or il est évident que la sagesse et la prudence n'auraient aucun sens pour des êtres entièrement soumis à la nécessité et déterminés dans leurs pensées et leurs actions.

Quant à la Providence, elle est le soin que Dieu prend des êtres créés, ou encore « la volonté de Dieu, grâce à laquelle tous les êtres reçoivent un mode d'existence bien adapté ». Et Jean

Damascène poursuit : « Si la Providence est la volonté de Dieu, de toute nécessité tout ce qui vient à exister de par la Providence est, au jugement de la droite raison, parfaitement bon et tout à fait digne de Dieu, de telle sorte qu'il n'est pas possible qu'il existe rien de meilleur. Car il est nécessaire que le Dieu créateur soit le Dieu Providence Lui-même [...]. Dieu est donc et Créateur et Providence; Sa puissance créatrice, Sa puissance conservatrice et Sa puissance providentielle ne sont que Sa volonté du Bien. Or personne ne résiste à Sa volonté [...]. Il veut que le monde soit, et le monde est; tout ce qu'Il veut est réalisé. Dieu seul est bon et sage par nature. En tant qu'Il est bon, Il est Providence, car celui qui ne pourvoit pas au bien n'est pas bon; en tant qu'Il est sage, Il a soin de faire ce qu'il y a de meilleur. » Cependant, la Providence de Dieu, dans le gouvernement des choses qui ne dépendent pas de nous, nous paraît parfois injuste « parce qu'elle nous est inconnaissable et insaisissable ». Ce qui dépend de nous ne relève pas de la Providence, mais de notre indépendance. On notera ici tout ce que cette argumentation doit à la pensée stoïcienne. La Providence divine gouverne l'univers dont l'homme fait partie. Mais grâce à sa raison, l'homme comprend cet univers et il a le pouvoir de discerner et de déterminer ce qui dépend de sa volonté rationnelle.

Sur cette question, Jean Damascène reprend une idée que nous avons déjà rencontrée chez lui. Certains effets de la Providence sont directement bons et jugés comme tels; d'autres sont simplement permis dans la mesure où un bien peut sortir d'un mal. Voici, entre autres, un exemple de cette conduite providentielle de Dieu : « Un homme s'enorgueillit de ses vertus et de ses bonnes actions. Dieu permet qu'il tombe dans la débauche afin que, grâce à cette chute, il arrive à sentir sa faiblesse, qu'il fasse acte d'humilité et qu'il s'approche en suppliant pour confesser sa faute au Seigneur. »

Saint Jean Damascène se rencontre avec Philon d'Alexandrie qui distingue en Dieu deux puissances, celle qui est liée au nom de Dieu comme cause universelle de tout bien, et celle qui est liée au nom de Seigneur qui châtie ici-bas les pécheurs pour les redresser et les ramener au bien. Dans le même sens, Jean Damascène écrit : « Il faut savoir que Dieu veut primordialement que tous les hommes soient sauvés et qu'ils aient part à Son Royaume.

Car ce n'est pas pour nous châtier qu'Il nous a formés, mais pour participer à Sa Bonté, et cela parce qu'Il est bon. Mais Il veut que les pécheurs soient punis parce qu'il est juste qu'il en soit ainsi. C'est pourquoi on dit qu'il y a une volonté première et principale qui veut le Bien, car elle a sa source en Dieu; et une volonté seconde qui vient ensuite, qui permet [le mal] et qui résulte de notre mise en accusation. La volonté divine est donc double : l'une qui est organisatrice et éducatrice en vue du salut, l'autre qui suspend le bien en vue d'un châtiment complet. »

En conclusion, « il faut savoir que Dieu connaît tout d'avance, mais qu'Il ne prédétermine pas tout. En effet, Il connaît d'avance ce qui dépend de nous, mais Il ne le prédétermine pas, car Il ne veut pas que le mal se produise et que la vertu souffre violence. La prédestination est l'œuvre du commandement de Dieu et de Sa prescience; Dieu détermine par avance en fonction de Sa prescience ce qui ne dépend pas de nous. En effet, en fonction de Sa prescience, Dieu choisit toutes choses par préférence, selon Sa bonté et Sa justice ».

Dans la *Discussion entre un musulman (sarrasin) et un chrétien*, Jean Damascène s'attaque à la doctrine qui veut que, de par Son Décret, Dieu soit la cause du mal. Cette thèse a été soutenue en Islam par plusieurs écoles théologiques, en particulier par les hanbalites et les ash'arites aux IXe et Xe siècles. Mais on voit qu'elle était déjà répandue au VIIIe siècle, à la date de cette discussion, et il est probable qu'elle remonte au début de l'islam, du moins à l'état de tendance.

Le représentant de ce point de vue argumente en demandant qui est celui qui forme l'embryon dans le ventre de la femme adultère, et comme il estime que c'est Dieu, le Créateur, il conclut : « Eh bien! Dieu est un auxiliaire du débauché et du séducteur ». Donc il crée le mal dans l'homme. Le chrétien réplique en s'appuyant sur la lettre des textes sacrés : « Nous ne trouvons absolument pas dans l'Écriture qu'il soit rapporté qu'après les sept premiers jours qui sont ceux de la création du monde, Dieu ait rien façonné et créé [...]. Par conséquent, c'est l'homme qui engendre l'homme, ainsi que le dit la divine Écriture : *Adam engendra Seth* [...]. Et elle ne dit pas : Dieu forma le corps de Seth [...] Eh bien, moi aussi, qui suis libre et indépendant, quand je répands ma semence, que ce soit dans ma propre femme ou dans une autre, faisant usage de cette liberté qui est mienne, cette femme développe un germe et se trouve soumise à l'ordre primordial que Dieu a décrété [c'est-à-dire à une loi de la nature], sans que Dieu soit à l'œuvre maintenant encore pour façonner ce corps jour après jour. » En termes philosophiques, cette réponse signifie qu'il existe des causes secondes qui agissent réellement, et dans le cas de l'homme, librement, tout en tenant compte des lois naturelles que Dieu a imposées une fois pour toutes à l'ensemble de Sa création.

Une autre objection formulée par le chrétien contre la doctrine de la prédestination consiste à demander : « Quand Dieu commande de ne pas voler, de ne pas commettre l'adultère, de ne pas tuer, est-ce qu'Il veut que nous volions, que nous commettions l'adultère et que nous tuions? » Le musulman répond : « Que non! S'il le voulait, Il ne parlerait pas ainsi ». Alors le chrétien rend grâces à Dieu de ce que son adversaire soit tombé d'accord avec lui sur ce point. Mais sa réponse signifie que si Dieu ne veut pas le mal, Il ne le crée pas.

Relevons encore dans une autre discussion un passage qui est directement en relation avec la question précédente. Le chrétien dit au musulman : « Selon ce que tu soutiens, Dieu se trouvera être injuste, ce qu'Il n'est pas. En effet si, comme tu le prétends, Dieu a attribué au débauché la débauche, au voleur le vol, au meurtrier le meurtre, ces hommes-là sont dignes d'estime puisqu'ils font la volonté de Dieu. Tes légistes se révéleront être des menteurs, et tes livres des faux, quand ils ordonnent que le débauché et le voleur soient durement châtiés alors qu'ils font la volonté de Dieu ».

Il est très vraisemblable que les penseurs musulmans ont connu des critiques de ce genre et qu'ils ont été informés des idées et des arguments dont saint Jean Damascène se fait le héraut. Quoi qu'il en soit, on constate un parallélisme frappant entre le contenu des textes que nous venons de parcourir et les écrits ou témoignages qui nous sont parvenus des théologiens mu'tazilites. Mais avant de les examiner, nous évoquerons rapidement la pensée et l'œuvre d'un grand disciple de saint Jean Damascène, Théodore Abû Qurra.

Né à Edesse vers 740, Théodore Abû Qurra mena d'abord une vie monastique au couvent de Saint-Saba. Vers 795, il fut sacré évêque melkite de Harran. Il fit de nombreux voyages, en particulier en Égypte et en Arménie, discutant avec les chrétiens des églises non chalcédoniennes et avec les musulmans. De retour à Harran, il prit part à un échange d'idées avec des ulémas en présence du calife Ma'mûn. Il écrivit en grec, en syriaque et en arabe, et il fit des traductions du grec. Sa renommée s'étendit jusqu'à Bagdad, dans les milieux religieux et intellectuels de la capitale du monde musulman d'alors. Il est l'auteur de nombreux ouvrages; certains s'adressent aux chrétiens, d'autres aux musulmans, soit pour défendre les dogmes du christianisme qu'ils attaquaient (tel le *Traité de la Trinité et de l'Unité*), soit pour débattre de questions qui intéressaient autant le *kalâm* islamique que la théologie chrétienne (tel le *Traité de la liberté*). Dans cet ouvrage, Théodore Abû Qurra attaquait les jabrites, théologiens musulmans partisans de la prédestination, et donnait des armes aux qadarites, partisans de la liberté humaine dont relèvent les mu'tazilites. Il montrait qu'on ne peut ni nier la liberté humaine au nom de la prescience divine, ni nier la prescience au nom de la liberté. Nous nous arrêterons à un passage du *Traité de l'existence du Créateur et de la vraie religion*, dont le texte arabe a été édité par le Père Ignace Dick, avec une introduction et un apparat critique.

Dans ce texte, Théodore Abû Qurra parle des attributs de Dieu, d'une part en employant les mêmes termes que le Coran, d'autre part en les présentant comme le font plusieurs docteurs mu'tazilites, à qui ils ont posé un grave problème, car ils risquaient d'introduire une multiplicité en Dieu. Sans doute rien n'est semblable à Dieu. Cependant, remarque Abû Qurra, il y a dans l'homme des côtés négatifs qui sont des manques et des imperfections; mais il y a aussi des côtés positifs qui, sans être absolument sans défauts, n'en sont pas moins des valeurs telles que dans leur mouvance, nous pouvons avoir un aperçu, un soupçon, de ce qu'elles sont en Dieu. Les mu'tazilites ont dit qu'il faut les entendre en un sens « subtil » (*latîf*). En effet, disent-ils, Dieu est savant, en ce sens qu'Il n'est pas ignorant; mais Il est savant comme ne l'est aucun autre savant. On affirme la même chose du Dieu Puissant, du Dieu Vivant. Science, puissance, vie, et tous les autres attributs qui, remarque Théodore Abû Qurra, sont chacun l'un des deux termes d'un couple de contraires, justifient qu'on rapporte à Dieu celui qui a une valeur positive, mais en le portant à l'extrême limite de la perfection, et qu'on nie de Lui celui qui a une valeur négative et ne saurait appartenir qu'à l'homme. Enfin la multiplicité de ces qualifications n'enlève rien à l'unité absolue de Dieu. Sans doute ne les comprenons-nous que sous l'aspect imparfait qu'elles prennent quand nous les trouvons en nous. « Mais il n'y a en l'homme aucune valeur (*fadîla*) dans laquelle on ne puisse voir Dieu, et on voit ces valeurs en Dieu, puisqu'elles viennent de Lui jusqu'à nous. » Ainsi dans l'existence d'Adam, « nous voyons se profiler au loin (*absarnâ*) l'existence de Dieu, mais une existence sans commencement et sans fin ». Et nous entrevoyons de même, à partir de notre vie, la vie de Dieu, mais exempte de décrépitude, de mort et d'anéantissement. Si nous sommes savants, Dieu qui nous a donné la science l'est *a fortiori*, mais d'une science qui n'est pas, comme la nôtre, tirée des sens ou de l'enseignement. Et Théodore Abû Qurra en dit autant de la sagesse (*hikma*), de la vue (*basar*), de l'ouïe (*sam'*), de la force (*quwwa*), de la miséricorde (*rahma*), de la justice (*'adl*). « Si l'homme peut être conforme à ces valeurs, Celui qui l'en a rendu capable est sans aucun doute sage (*hakîm*) et puissant (*qawiyy*), voyant (*basîr*) et entendant (*samî'*), miséricordieux (*rahîm*), juste (*'âdil*). » Ces qualificatifs qu'emploie ici Théodore Abû Qurra se trouvent dans le Coran. Par là, il pouvait toucher et intéresser des musulmans. En conclusion, tout ce qui est dans l'homme une perfection ajoutée à une autre entre dans l'unité de la Perfection divine absolue.

Sur un autre point, Abû Qurra a mis le doigt sur un grave problème qu'il pose aux docteurs de l'islam : celui de la justice divine. C'est ainsi qu'il examine les lois relatives au mariage selon le Coran et il prend l'exemple suivant : « Supposons deux serviteurs d'un même maître qui sont équipés pour un voyage au loin. L'un a reçu du maître l'autorisation de revêtir autant de manteaux qu'il voudra. À l'autre est donné l'ordre exprès de ne porter qu'une seule tunique. Puis le maître prescrit la loi suivante : " Quel que soit celui des deux qui sera surpris par le froid, il subira une flagellation de quatre-vingts coups de fouet ". Un tel maître qui leur aurait imposé une telle loi te semble-t-il juste ou injuste, surtout si celui à qui il a été commandé de ne porter qu'une seule tunique est le plus faible des deux? » Le musulman répond qu'il sera injuste. « Vous accusez donc Dieu d'injustice », reprend le chrétien, « en disant qu'Il a institué la loi qui veut que la femme, plus prompte à glisser dans la passion, n'ait pour sa part que le quart d'un homme, et que l'homme, qui a une très grande résistance, puisse jouir de quatre femmes sans compter la troupe des concubines, outre que le châtiment de l'adultère est pour l'un comme pour l'autre de quatre-vingts coups de fouet. Que pourrait-il y avoir de plus injuste que cette injuste loi? » Abû Qurra se réfère au Coran (24, 2), qui d'ailleurs prescrit cent coups de fouet.

N'insistons pas sur le caractère polémique de ce passage. Ce qui importe c'est que la plupart des docteurs musulmans répondent que Dieu fait ce qu'Il veut, et que ce qu'Il veut est juste et bon parce qu'Il le veut. Mais pour les mu'tazilites qui font une place importante au jugement de la raison humaine et qui pensent que certaines lois révélées sont aussi des lois rationnelles, pour eux surtout qui ont fait de la justice de Dieu (*'adl*) le second de leurs principes fondamentaux, la question posée par Théodore Abû Qurra, qu'ils ne pouvaient ignorer, avait du poids. Aussi se sont-ils appliqués à démontrer que la législation de Dieu, là où elle ne découle pas de la raison, n'en est pas moins toujours justifiable rationnellement : il suffit d'en chercher les motifs.

Dans la question de savoir si Dieu est à la fois Créateur du bien et du mal, Abû Qurra reprend presque mot pour mot l'argumentation de Jean Damascène. Si Dieu fait que le voleur est voleur, cet homme en volant fait ce que Dieu veut et devrait en être récompensé. Nous nous arrêterons à un autre problème posé par le chrétien au musulman, à propos des combattants tués au cours de la guerre sainte, qui, selon le Coran (3, 169), ne sont pas morts, mais qui sont des martyrs, comblés au Paradis de tous les bienfaits de Dieu. Si un croyant a un frère tué dans ces conditions par un ennemi, faudra-t-il qu'il rende grâces à cet ennemi pour le bien qu'il a fait sans le vouloir, puisqu'il n'y a pas de plus grand bien que d'être auprès de Dieu au paradis? Le musulman répond qu'il cherchera par tous les moyens à venger son frère. D'un mal peut donc sortir un bien, mais le mal volontaire reste un mal que n'efface pas le bien involontaire qui peut en résulter. Il est juste que celui qui le commet soit puni, et c'est ainsi que Dieu agit. Abû Qurra prend un autre exemple.

Si tu as, dit-il, un abcès à l'œil qui mette tes jours en danger, et qu'un ennemi, voulant te porter un coup mortel, n'arrive par hasard à ne toucher que ton œil, de sorte que le pus s'écoule et que tu es guéri, considéreras-tu cet homme comme ton bienfaiteur? Le musulman répond que non, parce qu'il n'a pas eu l'intention de lui faire du bien. Les mu'tazilites ont été sensibles à des problèmes de ce genre, et ils ont conçu à leur propos la doctrine du *tawlîd* ou *tawallud*, selon laquelle il arrive que des actes s'ordonnent les uns aux autres, de telle sorte que l'un est « engendré » par l'autre. Par suite l'agent qui est volontairement cause du premier n'est qu'indirectement cause du second, puisqu'il y a un intermédiaire, et par conséquent, on ne peut rattacher la production du second à l'influence de l'agent qui a voulu le premier. Les théologiens ash'arites, sur ce point comme sur la plupart des autres, s'opposent aux mu'tazilites. Pour eux, chaque action a un commencement et tout ce qui commence est dû à l'acte de Dieu. Par suite, selon ce point de vue, c'est Dieu qui, dans les deux exemples donnés, produira d'abord un mal, puis produira un bien à la suite. Il est la cause directe du bien qui sort du mal. Dans ce cas, il n'y a pas de problème. Mais il se peut qu'un mal cause un second mal; ou un mal plus petit, un mal plus grand. Alors Dieu aura été la cause de deux maux, sans compensation d'aucun bien, ce que les mu'tazilites ne sauraient accepter.

La théorie du *tawlîd,* qui supprime la responsabilité directe de l'agent quant aux conséquences involontaires possibles de ses actes délibérés, tient également Dieu pour étranger aux suites, bonnes ou mauvaises, des actes libres de l'homme. Un peu comme le pensera plus tard Malebranche, Dieu a établi des lois générales, bonnes en elles-mêmes, qui néanmoins laissent place à une certaine contingence dans leurs applications particulières, du fait qu'elles sont infléchies par les interventions de la liberté humaine. Mais Dieu ne fait que le bien. On voit donc que les observations faites par Abû Qurra, si elles ont laissé imperturbables les théologiens musulmans partisans de la prédestination, trouvent une réponse appropriée dans la pensée des mu'tazilites, partisans de la liberté de l'homme et de la justice de Dieu en accord avec la raison. Il est fort possible, voire probable, que les critiques des chrétiens, adressées surtout aux adversaires des mu'tazilites, aient joué un rôle non négligeable dans la réflexion de ces théologiens qui ont voulu arracher l'islam à l'emprise du fatalisme et le réhabiliter ainsi aux yeux de ses détracteurs.

Examinons maintenant de plus près l'attitude du mu'tazilisme face à la Révélation d'un Dieu Omniscient et Tout-puissant. D'abord il faut noter que les tenants de cette école admettent deux types d'argumentation, comme le faisaient les chrétiens : l'argumentation traditionnelle (*naqlî*) à partir des textes du Coran et des *hadîth* du Prophète, et l'argumentation rationnelle (*'aqlî*). Ils s'appuyaient d'ailleurs, pour défendre la cause de la raison, sur les nombreux versets où Dieu s'adresse à ceux qui sont capables de raisonner. Certaines lois révélées sont d'ailleurs, comme pour Jean Damascène, des lois de la raison. Il va de soi que là où Dieu donne des prescriptions que la raison humaine est capable de ratifier, on a la preuve que l'homme n'est pas devant la Loi comme un robot conditionné, mais qu'il est libre. C'est en outre grâce à cette même raison qu'il sera possible de comprendre les ordres qu'elle ne saurait tirer d'elle-même, mais qu'elle a les moyens de justifier, si bien que la théologie mu'tazilite est en partie une théodicée qui s'applique à prouver que Dieu est juste et qu'Il ne fait que le Bien.

Un problème a particulièrement absorbé l'attention de ces docteurs : c'est celui de la connaissance divine. Ils ont bien vu que Dieu, à la différence de l'homme, ne connaît pas les êtres créés *a posteriori*, c'est-à-dire une fois qu'ils existent. Mais Il ne les connaît pas non plus par des Idées de type platonicien, qui seraient dans Sa pensée comme des modèles auxquels les créatures participeraient; en effet, par leur multiplicité serait détruite l'unité du Dieu unique, qui est le premier des principes fondamentaux de l'École. Plusieurs solutions ont été données à ce problème. Sans entrer dans le détail, relevons que tous les mu'tazilites sont d'accord sur le fait que Dieu se connaît Lui-même de toute éternité. Cela étant, en se connaissant, il connaît la puissance qu'Il a de créer en général, et Sa volonté de créer tels et tels êtres en particulier. Les objets de Sa puissance (*maqdûrât*), ce sont les possibles (*mumkinât*). La question qui s'est posée alors est de savoir si Dieu crée tous les possibles ou s'il n'en crée que quelques-uns. Dans le premier cas, Il connaît tous les êtres qui ont été, sont et seront; dans le second cas, Il connaît aussi des êtres qui n'ont pas été, ne sont pas et ne seront jamais. Mais alors Il connaît Sa volonté comme libre de créer les uns et de ne pas créer les autres. Par suite, étant donné qu'il y a dans le monde du mal et des hommes mauvais, faut-il dire que Dieu a voulu les faire exister tels qu'ils sont, alors qu'Il a le pouvoir de les créer ou de ne pas les créer? Nous retrouvons ici le problème posé par Jean Damascène. Comment pouvons-nous prétendre que Dieu est bon?

Or si, pour tous les mu'tazilites comme pour la majorité des théologiens musulmans, la Toute-puissance et la Volonté de Dieu sont les fondements de l'ontologie puisque tout ce qui existe en dépend, il y a une exception aux yeux des mu'tazilites : celle de l'existence des valeurs, si bien que l'ordre ontologique est orienté vers des fins qui relèvent d'un ordre axiologique, car Dieu, étant juste, ne fait que le Bien. Sa volonté veut le Bien; Sa puissance est tournée vers le Bien; et le Bien n'est pas tel parce que Dieu le veut et le fait, comme le pensent beaucoup de docteurs en islam; mais Dieu le veut et le fait parce que c'est le Bien. Dans ces conditions, n'y aura-t-il pas dans la pensée divine une Idée exemplaire du Bien analogue à celle que Platon plaçait « au-delà de l'être »? Ce serait contraire à l'esprit du mu'tazilisme qui, nous venons de le voir, est hostile à tout exemplarisme divin. Ce qui est vrai, c'est que Dieu connaît le Bien, non comme un principe distinct de Lui concourant avec lui à son œuvre créatrice, mais comme une valeur fondée en Lui. Dieu existe : Il ne donne rien de Lui-même à Ses créatures, car aucune chose n'est semblable à Lui; mais Il leur donne d'exister. Or créer, pour les mu'tazilites, c'est donner l'existence, et l'existence est un bien. Tout ce qui va dans le sens de l'existence est bon; le mal, c'est le non-être et tout ce qui y mène.

Al-Nazzâm pensait que « Dieu n'a pas le pouvoir de faire à Ses serviteurs, les hommes, autre chose que ce en quoi il y a un bien (*salâh*) pour eux ». Cela ne signifie pas qu'il y ait en Lui la moindre impuissance, car Il est Tout-puissant; mais qu'Il fît le mal serait en contradiction avec ce qu'Il est : Il ne peut faire le mal, de même qu'Il ne peut pas ne pas être, ou ne pas être unique. Al-Nazzâm disait encore : « Dieu n'a pas le pouvoir de rendre aveugle un homme clairvoyant, d'infliger une mauvaise santé à un homme bien portant, d'appauvrir un riche, quand Il sait que la vue, la santé et la richesse sont meilleures (*aslah*) pour eux. Mais il ne peut pas non plus rendre la santé à un malade ou enrichir un pauvre quand il sait que la maladie, la mauvaise santé et la pauvreté sont meilleures pour eux. » On voit ainsi l'usage qui est fait de la notion de « meilleur » que nous avons déjà trouvée dans l'argumentation de Jean Damascène. D'une façon générale, on peut encore relever cette déclaration d'al-Nazzâm, que « Dieu n'a pas le pouvoir de créer un serpent, un scorpion, ou un corps quelconque, alors qu'Il sait qu'il serait meilleur (*aslah*) de créer autre chose. »

Il est vrai que certains docteurs de l'École, surtout parmi les basriens, se sont demandé comment Dieu peut connaître l'infidélité et l'infidèle s'Il n'a ni le pouvoir, ni la volonté de les créer. Aussi ont-ils jugé que « celui qui a le pouvoir d'exercer la justice a nécessairement celui d'exercer l'injustice », et d'une façon générale, que « le pouvoir sur une chose entraîne nécessairement le pouvoir sur son contraire ». L'intérêt de cette thèse est de montrer que Dieu peut connaître le mal, l'infidélité, la révolte contre Ses commandements à travers le pouvoir qu'Il a de les créer. Or c'est un fait qu'Il les connaît, puisque dans le Coran Il menace les infidèles, les hypocrites et les rebelles de durs châtiments. Il les connaît donc à travers son pouvoir de les créer, bien qu'il sache qu'Il n'a pas la volonté de leur donner l'existence en tant que tels, puisqu'Il ne fait jamais que le meilleur. Il a créé des hommes, et c'est un bien; il les a créés raisonnables et par conséquent libres, et c'est un bien. Ce sont eux qui, avec leur liberté, ont fait mauvais usage de leur raison et qui sont tombés dans le mal. Certes le meilleur pour eux n'est pas d'être réprouvés dans l'au-delà par la justice divine, mais le meilleur pour Dieu est de les avoir créés raisonnables et libres.

Évidemment, le meilleur qui est relatif n'est pas le bien qui est absolu. Par conséquent, si Dieu fait le meilleur possible, c'est qu'Il ne peut pas faire le Bien purement et simplement. La raison essentielle en est qu'Il ne peut donner à des créatures l'existence parfaite qui est la sienne. Mais il y a des raisons particulières à chaque être, à chaque cas. C'est qu'il y a des biens matériels distincts des biens spirituels, comme il y a des maux matériels et des maux spirituels. L'homme, étant libre, réagit diversement aux uns et aux autres. Dieu le sait, et comme Il est bon, Il peut envoyer un mal matériel dont il résultera un bien spirituel. Il faudra donc distinguer, au niveau de l'homme au moins, ce qui favorise l'existence matérielle et ce qui favorise l'existence spirituelle. Or, que l'existence de l'âme ait plus de prix que l'existence du corps, c'est évident. Donc Dieu peut se servir des maux du corps en vue des biens de l'âme.

Nous illustrerons cette dialectique par une citation du grand écrivain de Basra, Al-Jâhiz (775-872), qui fut un chef mu'tazilite important et qui s'est appliqué à prouver, dans son *Livre des animaux*, que tout est pour le mieux dans le meilleur des mondes (et en effet, en lisant les auteurs de cette École, on ne peut s'empêcher de penser à Leibniz).

« Sache que l'avantage en ce qui touche l'origine du monde jusqu'à la consommation de sa durée, c'est le mélange du bien et du mal, de ce qui est dommageable et de ce qui est utile, de ce qui est repoussant et de ce qui est attirant, de la bassesse et de l'élévation, de l'abondance et du dénuement. S'il n'y avait que le mal pur, la création périrait; s'il n'y avait que le bien intégral, l'épreuve disparaîtrait; les raisons de réfléchir seraient supprimées, et avec l'absence de réflexion, il y aurait absence de sagesse. Quand le choix s'en va, le discernement s'en va. Il n'y a plus pour l'être connaissant d'occasion de prendre une position ferme, de persévérer dans la recherche et de s'instruire [...] Quel est celui qui serait heureux d'être le soleil, la lune, le feu, la glace, ou une étoile du zodiaque, ou une traînée de nuages, ou la voie lactée tout entière, ou encore une mesure d'eau ou une quantité d'air? Toutes les choses du monde sont pour l'homme, pour tout être doué d'expérience et de libre choix, pour ceux qui ont l'intelligence et la puissance d'agir, qui sont capables de compréhension lucide et d'observation attentive. »

Ainsi tout est disposé dans le monde pour que l'homme développe ses facultés, ses forces et ses moyens de vivre, en un mot, pour que la valeur de son existence ici-bas s'accroisse. En outre, non seulement Jâhiz aime à s'extasier sur les merveilles des créatures (*'ajâ'ib al-makhlûqât*), mais il s'applique à montrer que toutes les productions qui pourraient paraître néfastes, comme les catastrophes naturelles, les animaux réputés nuisibles et les bêtes sauvages, ont l'avantage d'amener l'homme à les étudier et à les connaître pour s'en garder, ou pour les maîtriser, ou même pour en tirer profit. La création est soumise à un déterminisme qui est indispensable pour assurer à l'homme l'exercice de sa liberté. Comme l'a montré Théodore Abû Qurra, la liberté humaine interfère avec les lois déterminées par lesquelles Dieu gouverne l'univers : loin de se combattre et de s'exclure, elles s'articulent et s'harmonisent.

Le souci principal des mu'tazilites n'est d'ailleurs pas de montrer que le mal qui apparaît dans le monde n'est pas, en tant que tel, l'œuvre de Dieu, et par conséquent n'est pas un mal pur d'où ne sort aucun bien. Il est d'expliquer, à l'encontre des partisans de la prédestination, que le Seigneur ne crée pas l'infidélité des infidèles, la débauche des débauchés, le mensonge des menteurs, etc. Qu'Il ait ou non la puissance de le faire, ce qui fait l'acuité du problème en cette matière n'est pas là. Elle est dans l'influence que peut exercer la science que Dieu a, et ne peut pas ne pas avoir, de ce que sera chaque homme en tant qu'il est soumis à la Loi révélée. Car il semble évident que Dieu ne peut pas ne pas faire ce qu'Il sait devoir être, ni faire ce qu'Il sait devoir ne pas être. Mais qu'en est-il en réalité? À cette question, les mu'tazilites donnent plusieurs réponses.

La première consiste à nier que la puissance de Dieu soit subordonnée à Sa science. L'erreur des adversaires est de penser que la connaissance que Dieu a de la fidélité ou de l'infidélité d'un homme est en Lui indépendante et première dans l'ordre de la raison, de sorte que Sa puissance de créer doive être conforme à la connaissance qu'il a de ce que sera l'état de cet homme. Or s'il en était ainsi, et si la connaissance que Dieu a de l'absence de foi empêchait la foi, il en résulterait que Dieu, de par Sa science, n'aurait puissance sur rien : ce dont il connaît la réalisation se réaliserait nécessairement, et ce dont il connaît la non-réalisation ne se réaliserait d'aucune façon. « Contre le nécessaire, aucune puissance ne prévaut ». Admettre une telle conséquence serait pure impiété. Mais ce que Dieu connaît au principe de toutes Ses connaissances, c'est Lui-même, et en particulier Sa puissance et Sa volonté. Par conséquent, quand Il sait que Zayd ne sera pas fidèle, ce n'est pas cette science qui fait que Zayd sera nécessairement infidèle. En effet, ce qu'Il sait, c'est qu'un Zayd infidèle est possible et qu'Il peut le créer tel. Mais le veut-Il d'une volonté de décret, c'est-à-dire inexorablement déterminante? Dans ce cas, Dieu voudrait le mal pour le mal, ce qui est contraire au principe de la justice proclamé par les mu'tazilites. D'autre part, Dieu, connaissant qu'un Zayd infidèle est possible et qu'Il a le pouvoir de le créer tel, sait du même coup qu'un Zayd fidèle est possible et qu'Il a le pouvoir de le créer tel. Sinon Dieu ne serait pas libre dans Sa création. Zayd peut donc être ou bien fidèle, ou bien infidèle. Et c'est en effet en cela que consiste la possibilité par opposition à la nécessité. Nous touchons alors ici à l'alternative qui est au fond de tout le problème : ou bien Zayd n'étant nécessairement en lui-même ni fidèle ni infidèle va pouvoir se déterminer librement, ou bien c'est Dieu qui le déterminera, par la nécessité de Son décret, à être l'un à l'exclusion de l'autre, de sorte que l'infidélité ou la fidélité possibles du côté de Zayd deviendront nécessaires par la décision de Dieu. Or pour les mu'tazilites, ce que Dieu veut, c'est créer un être doué de raison et de liberté, capable de recevoir une Loi et d'y obéir sans contrainte. S'il n'en était pas ainsi, la révélation d'une Loi n'aurait aucun sens; la promesse (*wa'd*) de récompenses, et la menace (*wa'îd*) de châtiments seraient vaines et sans objet. Il serait absurde que Dieu ordonnât de croire à des hommes qu'Il aurait prédestinés à ne pas croire. Les théologiens ont été ainsi amenés à distinguer deux volontés en Dieu : la *mashî'a*, ou volonté du Décret qui a des effets inéluctables, et l'*irâda* ou volonté de bienveillance qui s'adresse à la volonté et à l'intelligence créées des hommes. Mais cela étant, quelle sorte de connaissance Dieu peut-Il avoir de la fidélité ou de l'infidélité d'un homme qui se détermine librement?

Il connaît évidemment la liberté de Zayd puisqu'Il l'a créée en lui. Mais peut-Il connaître de ce fait l'usage libre que Zayd fera de sa liberté sinon à la suite de l'usage qui en aura été fait, c'est-à-dire *a posteriori ?* Or il est inconcevable qu'Il ignore le choix que fera Zayd avant que ce choix soit fait. Il faut ici rappeler que plusieurs penseurs mu'tazilites ont soutenu que Dieu connaît de toute éternité la création qui est Son acte, mais non les créatures qui ne sont connaissables en tant que telles, c'est-à-dire séparées de l'acte créateur, qu'une fois qu'elles ont reçu l'existence. C'est par exemple la thèse de 'Abbâd b. Sulaymân (mort vers 864). Par conséquent, Dieu ne connaît pas les créatures en dehors de l'acte qui les crée, à la différence de l'homme qui les atteint telles qu'elles se présentent en elles-mêmes une fois réalisées et détachées de l'acte divin créateur. C'est ainsi que nous savons que Zayd est infidèle, en restant extérieur au choix libre par lequel il est devenu tel. Mais ce n'est pas le cas de Dieu. Il connaît l'infidélité de Zayd dans la mouvance de la liberté qu'Il lui a donnée précisément pour qu'il choisisse sans contrainte. Il la connaît donc de l'intérieur. Ce type de connaissance, intermédiaire entre une connaissance *a posteriori* nécessitée, et une connaissance *a priori* nécessitante, peut faire penser à la *scientia media*, cette « science moyenne des futurs contingents », que des théologiens comme Fonseca et Molina devaient introduire au XVIIe siècle et que Leibniz a combattue.

Un autre argument avancé par les mu'tazilites est que la foi et l'infidélité étant des possibles, Dieu doit les connaître comme possibles, si bien qu'il y aurait contradiction si la connaissance qu'Il en a les rendait nécessaires. En effet la science, pour être vraie, doit saisir ses objets tels qu'ils sont. Si elle en modifie la nature en les connaissant, elle devient ignorance. Certains allaient même jusqu'à prétendre qu'une connaissance du possible doit elle-même être une connaissance possible, ce qui n'est pas concevable dans le cas de la science divine qui est éternelle. Quoi qu'il en soit, l'argument prend pour accordé ce qui est précisément en cause, car la question est justement de savoir si la foi et l'infidélité possibles en soi et connues comme telles sont rendues nécessaires par prédestination. En outre, quand on soutient que Dieu sait que Zayd sera infidèle, on ne parle pas de sa possibilité de l'être, mais du fait qu'il l'est devenu réellement. On retombe alors dans l'alternative précédemment signalée : ou bien c'est Dieu qui a fait passer cette possibilité à l'existence réelle, ou bien c'est l'homme par son libre choix.

On voit tout le parti que l'École mu'tazilite a su tirer des critiques faites par les chrétiens à des conceptions musulmanes qui poussaient la théorie de la prédestination jusqu'à un véritable fatalisme. On voit comment elle y a répondu en se rencontrant avec une théologie chrétienne de la liberté dont les grands représentants à cette époque étaient saint Jean Damascène et Théodore Abû Qurra.

Mais si les mu'tazilites ont subi l'influence de la pensée des Pères grecs, en ce qui touche au problème de la liberté, ils se sont violemment opposés à leurs arguments en faveur de la Trinité au nom de leur principe fondamental du *tawhîd*. Parmi tous les attributs de Dieu, les théologiens chrétiens d'alors pensaient qu'il y en avait trois qui entretenaient entre eux des rapports tels qu'ils devaient être hypostasiés en trois Personnes. C'étaient les attributs de Puissance, de Science et de Vie. En effet, ils s'unissent sans se réduire les uns aux autres. Les musulmans n'ont jamais admis qu'ils soient ainsi privilégiés à l'exclusion des autres. Mais, on l'a vu à propos de la Parole de Dieu, les mu'tazilites n'admettent pas d'attributs qui, en Dieu, Lui seraient coéternels et rompraient l'unité absolue de l'essence divine. Aussi ont-ils réduit les attributs à l'essence partout où ils se présentent comme une qualification de l'essence de Dieu; et ils les ont distingués des attributs de l'action qui ne qualifient que les modes de l'agir divin. Il n'est pas ici utile d'entrer dans le détail des procédés de raisonnement par lesquels ils ont tenté, à la lumière de ces principes, de rendre compte de tous les Noms divins que le Coran révèle. Les solutions varient avec les docteurs. Mais d'une manière générale, les mu'tazilites sont les hérauts de la pure doctrine de l'unicité et de l'unité de Dieu.

2. Les juifs et la pensée musulmane

Dès l'époque du Prophète, la Loi mosaïque et les coutumes juives ont eu une influence sur l'islam naissant. Peu à peu Muḥammad prit ses distances parce que la majorité des juifs qu'il tentait d'amener à sa foi résistèrent à sa prédication. Mais ce qui resta commun aux deux religions, c'est l'idée que la révélation est essentiellement celle d'une Loi. Quand des juifs se furent convertis à l'islam, non seulement ils apportèrent, pour commenter certains passages du Coran relatifs à des personnages et à des événements dont parle la Bible, des matériaux tirés des Targums et des récits de la *Aggada,* mais ils fournirent aussi des règles de méthode pour dégager des textes révélés une législation adaptée à toutes les circonstances de la vie publique et privée. On a ainsi pu signaler de nombreux parallélismes entre le droit talmudique déjà constitué, et le droit musulman qui commençait à prendre corps (ce qui n'exclut pas non plus évidemment toutes les ressemblances qui ont été relevées avec le droit romain). N'oublions pas que le Talmud a été conçu et rédigé en Orient : on distingue celui de Jérusalem et celui de Babylone. La partie appelée *mishnâh*, qui est une étude de la Loi accompagnée des décisions rabbiniques, est l'œuvre de « sages » qui vivaient en Palestine avant la destruction du second Temple (70 après J.-C.) jusqu'à environ un siècle et demi plus tard. La *gemârâ* (d'une racine qui signifie « compléter ») en est le commentaire; elle est l'œuvre des *amôrâ'im*, docteurs de la Loi postérieurs. Le judaïsme connaissait la Loi écrite (*tôrâh she bi- khtob*^{h}) et une loi orale (*tôrâh she-b*^{e}*-'al-peh*) à laquelle est consacré le Talmud. En effet, en dehors du Pentateuque et des Livres des Prophètes, la Bible comporte d'autres livres, dits « des scribes », les Hagiographes, qui donnent de nombreux renseignements sur les coutumes et les lois en usage dont la Torah ne dit rien. Par suite ces deux aspects de la Loi étaient pour les juristes juifs d'une certaine manière analogues à ce qu'étaient pour les *fuqahâ'* musulmans les textes du Coran et de la *sunna*. Deux problèmes se posaient aux uns et aux autres : trouver une méthode, d'une part pour mettre les différents textes en accord, et d'autre part pour étendre la législation à des cas nouveaux. Ainsi entre autres exemples, chez les juifs, un apocryphe, le Livre de Tobie, dont on ne sait s'il fut rédigé avant ou après l'ère chrétienne, exerça une influence certaine sur les rédacteurs du Talmud : or il y est dit que Raguel ayant accordé à Tobie la main de sa fille Sara, « ils prirent du papyrus et rédigèrent l'acte de mariage » (7, 14). On avait là le témoignage de l'existence d'une coutume, celle de la rédaction des contrats, qui pouvait servir de base à un développement de la législation.

De son côté, le Coran a jeté les bases d'un droit contractuel en stipulant qu'il faut recourir en certains cas à des engagements écrits. Les juristes musulmans ont fait de la théorie des contrats, dont les conditions sont garanties par la Loi de Dieu, le fondement essentiel des *mu'âmalât*, la partie du droit coranique qui traite des relations entre les hommes et des « transactions ». On trouve des développements semblables dans les œuvres des « scribes », les *sôp*^{h}*erim*, dont le but était d'adapter les lois aux exigences d'une société nouvelle.

On pourrait multiplier les exemples d'un parallélisme entre les problèmes, les méthodes, l'esprit de la recherche juridique dans le judaïsme et dans l'islam. Sans doute serait-il exagéré, et en tout cas aventureux, de dire que les *fuqahâ'* ont copié les *amôrâ'im*, dont il est tout à fait invraisemblable qu'ils aient connu directement les œuvres. Mais comme nous le suggérions, les convertis ont pu en cette matière exercer une influence, et le fait du voisinage, voire d'une certaine convivialité, dans la cité musulmane, entre les tenants de l'Islam et les *dhimmî*-s juifs ne pouvaient pas laisser les uns tout à fait ignorants des autres.

En revanche ce qui est sûr, c'est que vers cette époque (xe siècle) des penseurs juifs subirent l'influence du *kalâm* mu'tazilite. Il est normal que ce soit d'abord la doctrine de l'unicité et de l'unité de Dieu qui les ait intéressés. Mais ils furent aussi sensibles au problème de la justice. Jusqu'alors, à la suite de la victoire du christianisme, les juifs s'étaient repliés sur l'étude du Talmud qui préservait leur identité et les assurait d'une récompense dans l'autre monde. Bien que les écoles babyloniennes de Sura et de Pumbeditha aient encore connu des moments de prospérité, la production littéraire des « rabbanites » orthodoxes avait considérablement perdu de son importance. C'est en fait quand la théologie musulmane eut pris son essor que des rabbins et leurs disciples commencèrent à s'ouvrir à une spéculation sur le sens et la valeur qu'ils pouvaient donner à leur foi.

Il faut avant tout signaler l'œuvre de Saadia Gaon, le premier philosophe juif du Moyen Age (882-942). Né au Fayyum en Égypte, il prit une part active dans un conflit concernant le calendrier. Il attaqua le fondateur du karaïsme 'Anân ben David. Nommé *gâ'ôn* (Éminence, titre donné aux présidents des acadamies juives à Babylone) de Sura, puis démis de cette fonction, nommé enfin une seconde fois en 938, il se distingua par une foule de travaux divers : commentaires de textes sacrés, traduction d'une grande partie de la Bible en arabe, travaux sur la grammaire et la langue, sur des questions de droit (*responsa*) et de liturgie. Il faut noter que Saadia connaissait les pensées de Platon, d'Aristote et des stoïciens et qu'il sut en tirer parti dans ses œuvres philosophiques. Mais nous nous bornerons à relever, dans son *Livre des opinions et croyances* (en arabe *Kitâb al-amânât wa'l-i'tiqâdât*, version hébraïque sous le titre *Emûnôt^h v^e-dê'ôt^h*), les points qui témoignent d'une influence mu'tazilite. Dans la préface, Saadia examine le doute et ses remèdes, en montrant quelles sont les quatre sources de la connaissance : perception sensible, principes évidents par eux-mêmes dans l'intuition rationnelle, inférences logiques, et enfin traditions dignes de confiance. On voit l'importance reconnue à la raison, le donné traditionnel ne recevant que la dernière place comme chez les mu'tazilites. Le système de Saadia repose sur la raison, mais il admet que la raison s'accorde avec la révélation. Le croyant a le devoir de confirmer sa foi par une recherche rationnelle, si bien que la philosophie serait plutôt la maîtresse que la servante de la théologie, dans la mesure où elle la commande. Le « rationalisme » de Saadia semble d'ailleurs plus radical que celui des mu'tazilites qui mettent parfois sur un plan d'égalité l'argument rationnel et l'argument traditionnel, mais il résulte d'une même inspiration et entraîne les mêmes conséquences.

Cela étant, Saadia démontre l'existence d'un Dieu créateur *ex nihilo*. Ce Dieu est absolument un, quoique décrit par une infinité d'attributs, parmi lesquels il faut compter principalement la Science, la Puissance et la Vie. Mais il s'oppose à l'argument que les chrétiens tirent de ces trois attributs en faveur du dogme de la Trinité. La multiplicité des attributs n'introduit aucune multiplicité en Dieu : ils ne font qu'exprimer la richesse de la nature divine, car la connaissance humaine ne saurait traduire cette richesse dans l'unité d'un seul mot qui l'envelopperait tout entière. Les Noms que Dieu se donne dans la Bible sont donc relatifs à l'enseignement que la Révélation apporte aux hommes, à la mesure de la capacité de leur compréhension.

On peut donc rapprocher ce point de vue de celui de 'Abbâd b. Sulaymân qui disait que les attributs ne sont que des noms, chacun d'eux ayant pour l'homme une signification différente; par suite dire que Dieu est Omniscient, ce n'est pas dire qu'Il est Tout-puissant. Mais cela n'entraîne aucune différenciation en Dieu. Dans un sens voisin, d'autres mu'tazilites considéraient que « les Noms et les Attributs ne diffèrent les uns des autres qu'en raison de la différence des informations utiles qui se présentent à nous ». Les analogies avec la thèse de Saadia sont évidentes.

Enfin Saadia insiste sur la justice de Dieu et la liberté de l'homme. La Bonté du Créateur implique Sa Providence en toutes choses; mais elle se manifeste surtout par l'envoi d'une Loi qui est un guide pour l'humanité. Cette Loi comprend des commandements généraux qui sont d'ordre rationnel, et des préceptes particuliers qui relèvent de la « tradition ». On retrouve donc ici une distinction importante déjà faite par les mu'tazilites entre ce qui est *'aqlî* et ce qui est *naqlî*. La raison qui a été octroyée à l'homme et qui fait de lui la fin de la création requiert de la justice de Dieu qu'il soit libre. Et il l'est en effet. D'abord, il a conscience d'avoir une liberté d'action par le fait qu'en délibérant et en suivant ses propres décisions, il ne sent aucune contrainte. Ensuite, s'il doit obéir à la Loi et être responsable de ses actes, il faut qu'il soit libre, et c'est en outre cette liberté qui permet à Dieu de le rétribuer avec justice. Enfin, la Prescience de Dieu n'entraîne pas la prédestination et ne supprime pas la liberté des actions : en effet, connaître par avance qu'une chose sera, ce n'est pas en causer l'existence. On voit que tous ces arguments sont mu'tazilites.

Dans la perspective de la justice divine, arrêtons-nous, pour terminer, au délicat problème de la souffrance des justes, auquel un penseur juif est forcément d'autant plus sensible qu'il est nettement posé dans la Bible, surtout dans le Livre de Job et dans l'Ecclésiaste. Les mu'tazilites répondaient simplement, comme d'ailleurs les théologiens chrétiens dont nous avons parlé, que Dieu fait sortir un bien d'un mal. Sur ce point, Saadia propose une autre solution : les souffrances des justes sont des « souffrances d'amour » (*yissûrîm shel ahb^{h}âh*) qui recevront une compensation dans l'autre vie.

D'autres « rabbanites » seraient à citer. Mais il faut surtout faire une place aux représentants de la secte des karaïtes (*qarâ'îm*), qui ont été profondément marqués par les idées mu'tazilites. 'Anân b. David, leur fondateur, s'opposait aux rabbanites par son rejet de la Mishna et du Talmud. Il renvoyait à la « lecture » (*q^{e}rî 'âh*, d'où le nom de la secte) de la Bible dont il réclamait la libre interprétation, en même temps qu'il s'en tenait à la Loi écrite. On peut déjà, dans cette prise de position, constater une convergence avec le point de vue des mu'tazilites qui, de leur côté, s'appuyaient sur le Coran seul, en refusant le recours au *hadîth* (que l'on peut considérer comme jouant un rôle équivalent à celui de la Loi orale des juifs).

Les karaïtes se sont tenus pendant tout le Moyen Age à cette forme de théologie inspirée du *kalâm* mu'tazilite. Parmi les docteurs les plus importants, nous citerons, au XIe siècle, Joseph b. Abraham al-Basîr et son disciple Jeshua b. Judah. Selon eux, il y a une connaissance rationnelle de Dieu qui doit précéder la foi dans la Révélation. En effet la raison est capable d'établir que Dieu existe, qu'Il est Sage, Tout-puissant et qualifiable par les autres attributs. Leur multiplicité ne peut nuire à l'unité divine puisque c'est la raison humaine qui les reconnaît comme devant qualifier le Dieu dont elle a elle-même démontré l'existence et l'unité. La vérité de la Révélation est alors garantie par les conclusions de la recherche rationnelle. Dans les domaines de la morale et de la Loi, la raison joue également un rôle de premier plan : non seulement elle commande le devoir de faire le bien, d'éviter le mal, d'être véridique, etc., mais elle justifie les prescriptions de la Loi. Ce rationalisme est poussé si loin que la Loi morale est conçue comme s'imposant non seulement à l'homme, mais à Dieu Lui-même.

On voit donc que, dans les premiers siècles de l'islam, une rencontre tout à fait remarquable s'est produite entre des docteurs des trois monothéismes, sur les problèmes fondamentaux de la liberté humaine, de la justice divine et des rapports entre l'homme et Dieu. On ne peut nier qu'un tel consensus soit des plus significatifs dans la formation d'un humanisme qui ne cessera de se développer parmi tous les hommes qui se réclament d'Abraham, en dépit des controverses hostiles et haineuses, au-delà des guerres et des persécutions qui les ont divisés en ce monde d'injustices; mais aussi en dépit des résistances souvent acharnées que les uns et les autres ont trouvées dans leur propre camp de la part d'esprits bornés et fanatiques.

3. La gnose et le problème des influences gnostiques

On peut considérer la gnose comme une tendance de l'esprit humain qui à toutes les époques, dans toutes les civilisations religieuses ou profanes, vient comme parasiter les diverses formes que prend la culture. L'histoire de la gnose nous ferait certainement remonter dans la nuit des temps, et partout où il y a eu des hommes, il y a eu des gnoses : par suite, quand on en voit paraître une quelque part, il est bien difficile de dire si elle y est née spontanément, ou si elle a été influencée par une autre, issue d'un milieu différent.

On sait qu'il y eut une gnose juive, une gnose hellénistique, une gnose manichéenne, une gnose en milieu chrétien, une gnose en milieu musulman (imâmite et ismaïlienne). On serait tenté de penser que la plus ancienne a exercé son influence sur les plus récentes, d'autant plus facilement qu'elles ont toutes eu pour centre le bassin méditerranéen, voire la partie orientale de ce bassin. Mais rien n'est moins sûr, et la raison en est que les conceptions gnostiques sont tellement simplistes et stéréotypées, si on met à part les fioritures d'une imagination fantastique et débridée, qu'elles n'exigent rien d'autre pour se faire jour que la tendance générale dont nous parlions. En effet ce qui caractérise toutes les gnoses, comme l'a bien vu Plotin dans la critique qu'il en a faite, c'est le goût qui les pousse à multiplier les intermédiaires entre un Premier Principe et le monde d'ici-bas, d'en faire des manifestations qui sont de pures entités et dont les actions, les influences sur l'homme et sa destinée ne sont découvertes que par une Connaissance initiatique à des mystères au-delà de tout ce que peuvent saisir la raison et l'intelligence humaines. Dans ces conditions, on comprend que les gnoses naissent spontanément là où elles apparaissent, sans avoir besoin d'influence extérieure.

Mais puisque nous recherchons de simples rencontres, il ne nous est pas besoin de dresser une généalogie des diverses gnoses qui se sont greffées sur chacun des trois monothéismes. Il nous suffira de constater qu'elles ont existé, parfois même coexisté, de telle sorte que des conceptions fondamentales semblables ou analogues peuvent être partout signalées. Or notons que la nature de la gnose est capable de créer chez tous les gnostiques un sentiment très fort de parenté « ésotérique », quelle que soit la religion « exotérique » à laquelle ils appartiennent : en effet, ils sont tous des « initiés ». De là vient, pour beaucoup d'esprits, la tentation de croire qu'au-delà de la formulation « extérioriste » de dogmes qui s'opposent, il existe une signification « intérioriste » que seule découvre l'herméneutique des grands maîtres, et qui révèle la Vérité unique. En fait, s'il y a des thèmes communs entre toutes les gnoses, elles sont loin de s'identifier l'une à l'autre, car, ainsi que nous l'avons fait remarquer, sur ces thèmes communs, l'imagination incontrôlée et incontrôlable brode des variations à l'infini.

Sans remonter dans la nuit des temps à la recherche d'influences de gnoses païennes ou de mythes archaïques, on peut assurer que la gnose juive a précédé celles qui se sont introduites dans les deux autres monothéismes, non parce que le judaïsme est chronologiquement antérieur, mais parce que les tendances ésotériques y sont apparues à la suite d'un mouvement de pensée qui lui appartient en propre, qui y est né et s'y est développé en fonction d'une réflexion sur la foi en la révélation de la Torah et en l'enseignement des prophètes. Cela n'exclut d'ailleurs pas, loin de là, que ces tendances au gnosticisme aient été en rapport avec des doctrines de même nature, professées dans les milieux environnants. Aussi pourra-t-on toujours signaler des analogies avec elles. Mais qu'est-ce qui pouvait bien orienter la pensée juive vers la gnose? D'abord, semble-t-il, la conception même d'un Dieu absolument transcendant, caché (*mustatir*), qui ne pouvait être en relation avec le monde que par des manifestations de son essence, mais non par son essence même. C'est donc par Ses « épiphanies » intermédiaires qu'Il va créer et gouverner l'univers; c'est par elles qu'Il va conduire l'humanité et en particulier Son Peuple, Israël, et c'est sur une telle vision religieuse que repose la conception de la *Sh^{e}khînâh*, la Présence divine qui n'est pas Dieu Lui-même, car Dieu n'est en aucun lieu. Mais selon une interprétation audacieuse de Genèse, 24, 1, où il est dit : « Le Seigneur avait béni Abraham en tout (*ba-kol*) », il a été entendu que l'acte divin de bénédiction accompagne le patriarche *partout*, et on retrouve ainsi une sentence du Talmud : « La *Sh^{e}khînâh* est en tout lieu ». Ainsi ce que les théologiens considéreront comme l'attribut divin d'*immensité* se trouve réalisé par cette manifestation intermédiaire qu'est la *Sh^{e}khînâh*. Il est vraisemblable qu'à l'origine, cette notion n'avait pas encore une signification vraiment gnostique : elle était une expression qui sauvait la transcendance de Dieu. Mais avec l'idée de manifestation et d'intermédiaire, elle ouvrait la porte à tous les développements de la gnose.

Un autre élément biblique a certainement joué un rôle déterminant : c'est l'idée de la création par la Parole, à laquelle s'ajoute l'idée d'une Loi gravée par la main de Dieu sur les tables (Exode, 31, 18; Deutéronome, 10, 1-4), après avoir été enseignée à Moïse par cette même Parole. De là s'est aisément formée l'idée de l'existence de Tables célestes, dont il est à plusieurs reprises question dans le Livre des jubilés. Puisque Dieu parle, puisqu'Il écrit, il est normal de penser que la langue, avec les lettres qui la composent, voire avec la valeur numérique de ces lettres, joue un rôle primordial dans l'acte créateur et dans la formulation de la Loi considérée comme le principe du gouvernement divin universel. De là sont nées les spéculations sur les lettres et les nombres qui portent le nom de *gematria*, corruption du grec *geometria*. Sur ce point, la pensée juive pouvait utiliser des modèles grecs, en les adaptant à la langue hébraïque et à l'alphabet hébreu. L'usage de la *gematria* semble avoir été introduit chez les juifs pendant la période du second Temple. Dans la littérature rabbinique, la *gematria* numérique apparaît chez les *tannaim* du second siècle.

Les lettres grecques représentent également des nombres et elles étaient utilisées dans le monde hellénistique comme moyens d'interprétation des noms et des événements : c'est en particulier de cet usage que relève ce qui était appelé *isopsêphon*, c'est-à-dire l'équivalence de signification attribuée aux mots dont les lettres, prises selon leur valeur numérique, donnaient le même total. Il ne fait pas de doute que l'arithmétique pythagoricienne a exercé sur ce point une grande influence; elle était fondée en partie sur une conception de la nature qualitative des nombres (par exemple les nombres parfaits, égaux à la somme de leurs parties aliquotes, comme 6 = 1 + 2 + 3), de leurs proportions (arithmétique, géométrique, harmonique), de leur représentation géométrique (nombres triangulaires, carrés, pentagonaux, pyramidaux, etc.), toutes ces qualités étant censées commander la nature des choses. Ces idées furent répandues à l'époque hellénistique en Palestine par Nicomaque de Gerasa, auteur d'une *Introduction arithmétique* (IIe siècle après J.-C.), et Jamblique de Chalcis en Coelésyrie (IIIe-IVe siècle), auteur de livres sur la *Science mathématique générale*, sur l'*Arithmétique de Nicomaque*, sur *Les Principes théologiques de l'arithmétique*. (Il écrivit aussi un *De Mysteriis* qui est un traité théurgique sur les mystères égyptiens.) Mais Philon d'Alexandrie, quoique parfaitement étranger aux idées gnostiques, avait déjà utilisé cette méthode, en particulier pour commenter la numérotation des jours de la création, dans le *De Opificio Mundi*. Avec la littérature juive, c'est dans le *Sep^her Yeṣîrâh* (le Livre de la création), que l'œuvre du Créateur est expliquée à partir des nombres de la décade et des lettres de l'alphabet. Cet ouvrage, très obscur, est difficile à dater; on peut en situer la rédaction entre le IIIe et le VIe siècle de l'ère chrétienne. Les savants en discutent. Graetz (*Gnosticismus und Judentum*, 1846) a relevé dans ce texte des analogies avec les vues de Markos, représentant de la gnose valentinienne, ce qui supposerait des rencontres avec les gnostiques d'origine chrétienne.

Mais on a signalé également de nombreuses correspondances avec le mysticisme né du syncrétisme grec. Au second siècle après J.-C., Numenius d'Apamée, un néo-pythagoricien, relevait des emprunts faits aux livres juifs par cette forme de la pensée grecque que marquaient des influences orientales, et qui devait s'épanouir dans le néoplatonisme. « Cette mystique syncrétiste », écrit J. Salem (*Dictionnaire des philosophes,* II, p. 1956), « ne se nourrit pas seulement d'éléments empruntés au pythagorisme, au platonisme et à la théologie hébraïque, mais elle puise aussi aux sources orientales : Numenius ne fut pas seulement initié aux mystères éleusiniens, mais aussi à ceux du culte égyptien de Sérapis; il parle volontiers de brahmanes et d'hermétisme, de magie et d'astrologie ».

Quoi qu'il en soit, c'est le Livre de la Création qui a mis sur la voie d'une vision émanatiste de l'univers, fondée sur l'idée des *s^{e}p^{h}îrôt^{h}*. Ce terme signifie « nombre ». Mais vu le rôle qu'on fait jouer aux nombres dans l'œuvre créatrice, et vu que Dieu, de par Sa transcendance, reste, quant à Son essence, sans contact avec les choses, il était normal que les *s^{e}p^{h}îrôt^{h}* fussent conçues comme des entités intermédiaires entre le Créateur et les créatures. Si cette conception n'est pas encore nettement affirmée dans le Livre de la Création, elle le deviendra avec la Kabbale, et son caractère gnostique apparaîtra alors clairement.

Enfin, au tableau du développement des idées gnostiques dans le judaïsme, il faut faire figurer la mystique de la Merkaba. Elle sort d'une méditation de la vision qu'a eue Ezéchiel de quatre êtres vivants (*hayyôt^{h}*, mot qui signifie aussi « animaux ») à face d'homme, de lion, de taureau et d'aigle. « Et je regardai les êtres vivants, et voici : une roue (*ôp^{h}*an) était à terre à côté des êtres vivants [correspondant] à la face de chacun ». Cela fait donc quatre roues, d'où la vision d'un char (*merkâb^{h}âh*). « Quand ils s'élevaient de terre, les roues s'élevaient avec eux... » Ainsi s'est développée l'idée d'une ascension vers Dieu. Gershom G. Scholem (*Les origines de la Kabbale*, p. 29) parle d'un voyage de l'homme en extase, « à travers les sept Cieux et les sept Palais ou Temples,

Hekalot, par lesquels la mystique de la Merkaba arrive jusque devant le Trône de Dieu ». Ces espaces parcourus sont des intermédiaires où se manifestent la gloire et la Force du Dieu créateur. « Le monde de la Merkaba [...] est étroitement apparenté au monde du plérome des textes grecs gnostiques. Toutefois, à la place de notions abstraites personnifiées en éons, nous y voyons paraître les objets du monde du Trône, tels qu'ils sont passés de la vision d'Ezéchiel dans cette tradition » (*ibid.*, p. 31). Et Scholem de conclure : « L'historien de la religion est en droit de considérer la mystique de la Merkaba comme un des rameaux juifs de la gnose » (*ibid.*, p. 30). Mais il n'en est pas moins certain que la source de toute cette pensée gnostique est vraiment juive. Citons encore Scholem sur ce point : « J'ai entrepris de démontrer qu'un lien de tradition authentique et ininterrompue rattache ces écrits à la doctrine ésotérique du Talmud. En grande partie, cette littérature appartient encore à la période talmudique elle-même... » (*ibid.*, p. 28).

Cette pensée ésotérique s'est d'ailleurs chargée de croyances astrologiques, alchimiques et magiques. D'après une tradition que rapporte l'historien grec du ve siècle Zosime, les juifs auraient pris aux Égyptiens les secrets de la « puissance sacrée ». On voit donc que la gnose juive, si elle est née en milieu juif de problèmes d'exégèse biblique, comme nous venons de le voir, a récolté et roulé avec elle sur sa route une masse d'idées qui avaient en commun de se rapporter toutes à des « sciences » mystérieuses et initiatiques. De ce point de vue, on pourra la rapprocher des gnoses hellénistiques qui se sont développées dans l'hermétisme, les Oracles chaldéens, les doctrines importées de l'Égypte et dont on a un témoignage dans le *De Iside et Osiride* de Plutarque. Sans doute de telles croyances et de telles pratiques ont-elles été condamnées par les rabbins et par plusieurs penseurs juifs. Mais ceux qui les défendaient trouvaient dans la Bible des textes qui pouvaient les légitimer. C'est ainsi, entre autres exemples, que Beséléel fut considéré comme un alchimiste instruit par Dieu, d'après l'Exode (31, 3-5) où le Seigneur dit : « Je l'ai rempli de l'esprit de Dieu, d'intelligence, de sagesse et de savoir pour toutes sortes d'ouvrages : pour faire des inventions, pour travailler l'or, l'argent et l'airain ». Il est certain que cette pensée ésotérique céda parfois à des tendances extrémistes, ainsi que l'a remarqué

G. Vajda qui parle d'une « floraison malsaine » de syncrétismes et d'ascétismes « d'inspiration manichéenne ou bouddhique ». Mais, ajoute-t-il, ces excès « ne connurent guère de lendemain ». En effet le judaïsme « sous sa forme rabbinique [...] possède une cohésion interne qui a toujours suffi à maintenir l'unité des croyances ». Néanmoins l'infiltration des doctrines relatives à la métempsycose, bien qu'elle n'ait touché que des penseurs isolés, a gardé une influence durable dans certaines doctrines de la Kabbale.

C'est donc surtout dans le judaïsme que les idées gnostiques se sont le mieux acclimatées et ont pu se développer. La pensée théologique et philosophique n'a donc pu les ignorer, et par suite, nous les retrouverons. Si elles doivent quelque chose aux gnoses chrétiennes des premiers siècles, celles de Basilide et de Valentin, elles ne constituent pas avec elles ce qu'on pourrait appeler un ensemble culturel. Et c'est là un fait remarquable : les gnoses ont pu s'implanter dans diverses cultures, mais elles y ont toujours été marginales et parasitaires. Le manichéisme lui-même qui connut une très grande extension, de l'Europe jusqu'à la Chine, et qui subsista en Orient jusqu'à la fin du Moyen Age, n'a inspiré aucune pensée capable de s'intégrer dans quelque culture que ce soit. Les gnoses désintègrent et ne s'intègrent pas. Notons d'ailleurs que les relations des gnoses dites chrétiennes avec le judaïsme furent loin de servir à créer une unité quelconque. En effet, pour expliquer le mal et en rendre le Premier Principe irresponsable, plusieurs gnoses supposent qu'une dégradation se produit d'un niveau de l'émanation au suivant; certaines vont jusqu'à penser qu'une des entités émanées commet une faute. C'est le cas dans la gnose de Valentin : le dernier des éons, Sophia, oubliant que les éons ne sont engendrés et n'engendrent que par couple, voulut, comme le Père, engendrer seule; mais elle ne put produire qu'une substance amorphe; le plérome des éons supplia le Père d'avoir pitié de Sophia et c'est ainsi que Christ et Esprit Saint furent émis pour donner une forme à l'avorton de Sophia. Dans un livre qui date vraisemblablement de la fin du IIIe siècle, *Pistis Sophia*, les supplications de Sophia sont identifiées avec certains psaumes de pénitence. Pour Marcion, c'est le Dieu créateur de la Bible qui devient le Démiurge, auteur de tout le mal qui règne ici-bas. Il va de soi que de telles conceptions sont irrecevables pour la pensée juive : tout ce qui émane de Dieu et Le manifeste est bon. Le mal ne se situe qu'au niveau de l'homme avec son expulsion du Paradis, premier *exil* de l'humanité, qui sera suivi de l'exil historique du peuple juif, source d'une profonde méditation religieuse liée au messianisme. Par conséquent, la gnose juive, tout en présentant les caractères essentiels de toutes les gnoses, ne pouvait garder avec elles que des analogies de structure, sans s'y laisser réduire quant au fond. C'est sans doute pourquoi, à la différence de gnoses nées dans le monde chrétien, elles n'ont pas été radicalement marginalisées dans le judaïsme.

La gnose qui, avec la Kabbale, s'est développée sur les bases que nous venons de considérer, a exercé plus tard une influence sur certains courants gnostiques chrétiens. Mais ils ne sont pas représentatifs de la pensée strictement chrétienne. En revanche, la question se posera des relations possibles, et en tout cas des analogies, entre les gnoses qui sont apparues en Islam et des systèmes kabbalistiques tels que celui du *Zohar*. Quoi qu'il en soit, et quelle qu'ait pu être l'importance de ces divers mouvements ésotériques, on ne peut en conclure qu'ils aient représenté une rencontre fructueuse : ils n'ont fait que continuer, à travers les trois monothéismes, de vieilles traditions qui sont, apparemment, liées à des archétypes ancestraux de la pensée humaine et qui ne disparaissent jamais complètement d'aucune civilisation, sans en être pour autant des éléments constitutifs.

4. Les ennemis communs : le dualisme mazdéen et le manichéisme

Si, à l'origine, les monothéismes eurent à lutter contre toutes les formes de l'idolâtrie polythéiste qui n'avaient qu'une existence sociologique, et n'avaient jamais dépassé le stade de la mythologie pour créer une véritable théologie, il n'en fut pas de même des religions dualistes représentées par le mazdéisme. Dans les affrontements qui eurent lieu, d'abord de la part des rabbins, dès l'époque talmudique, mais surtout à l'époque gaonique et musulmane, le mazdéisme fut souvent, sinon confondu, du moins combattu avec le manichéisme, sous le nom commun de dualisme que les auteurs musulmans désignent par le terme de *zandaqa*. Mais en Islam, il faut noter que, dénoncé comme *zindiq*, plus d'un doctrinaire fut condamné sans que la doctrine qu'il professait soit clairement définie. Le terme prit une très large extension et devint le simple outil d'une polémique dont le seul but était de stigmatiser des adversaires politiques ou religieux. En gros, le *zindiq* est d'abord un dualiste, puis un homme qui fait profession d'athéisme et d'immoralisme. Mais sous cette forme, la lutte contre la *zandaqa* et les persécutions que les califes *'abbâsides* déclenchèrent contre les *zanâdiqa* ne concernent que l'histoire de la communauté musulmane. Nous n'avons à considérer, quant à nous, que les positions théologiques prises dans les trois monothéismes face au dualisme mazdéen et au manichéisme.

Le zoroastrisme se présente comme une réforme profonde du polythéisme indo-iranien proche de la religion védique. Zoroastre avait rejeté le culte des *asura* (iranien *ahura*) à l'exception d'Ahura Mazda (le Sage Seigneur). Les *Gathas*, la partie la plus ancienne de l'Avesta, présentent donc un système fondamentalement monothéiste. Voici comment un auteur arabe bien informé du xe siècle, Ibn Hazm de Cordoue, expose cette doctrine telle qu'il pouvait la connaître de son temps : « Le Créateur, étant resté longtemps dans la solitude, devint morose, et, étant devenu morose, il eut une sombre pensée qui prit corps et se changea en ténèbre; de cette ténèbre naquit Ahriman qui est Iblis (le démon). Alors le Créateur voulut l'éloigner de Lui, mais Il ne le put. Il se préserva donc de lui en créant les choses bonnes, et Ahriman s'engagea dans la création du mal. En cela se produisit pour eux beaucoup de confusion (c'est-à-dire des mélanges de biens et de maux) ». Mais Ibn Hazm n'ignore pas que les Mages ne s'en tinrent pas à cette doctrine d'un seul Dieu de qui serait né un principe mauvais : pour eux Ormuzd (Ahura Mazda) et Ahriman sont deux principes coéternels, l'un qui est le créateur du Bien, l'autre le créateur du Mal. Tel est le dualisme mazdéen. (Notons que de nos jours, des découvertes récentes apportent des détails et des précisions qu'Ibn Hazm ne connaissait pas. Mais ce qu'il rapporte reste exact en gros).

Le manichéisme est beaucoup plus complexe, car il est avant tout un syncrétisme. Son fondateur Mani (ou Manès, 215?-275?), né en Perse, prétendit apporter la vérité totale que les prophètes antérieurs n'avaient révélée que partiellement; il compte parmi eux Adam, Enoch, Bouddha et Jésus, et pense ainsi toucher tous les hommes. Sa doctrine est marquée par un dualisme radical du Bien et du Mal. Mani se proclama le Sceau des Prophètes, titre que le Coran devait donner à Muḥammad; de même que les docteurs de l'islam l'ont cru à propos de Muḥammad, il prétendit être le Paraclet annoncé dans l'Évangile de Jean et se présenta même comme une incarnation de l'Esprit Saint. Le fait qu'il dénonçait les livres des juifs et des chrétiens comme altérés, ainsi que devait également le faire l'islam, le dressa en ennemi du judaïsme et du christianisme. D'une façon générale, son gnosticisme prononcé mettait nettement la doctrine manichéenne en marge des trois religions abrahamiques qui se trouvèrent d'accord pour engager la lutte contre lui et ses partisans.

Sans doute la part d'ésotérisme que la pensée juive avait conservée, ainsi que nous l'avons vu, permet de relever des analogies, au moins dans le vocabulaire, entre cette pensée et le manichéisme. Gershom G. Scholem les a signalées. Ainsi en est-il, par exemple, de la « colonne de la splendeur » qui est, chez les manichéens, identique à l'Homme parfait : « Elle est en même temps l'Arbre de vie, par lequel [...] les âmes des justes montent, après la mort, du monde inférieur au paradis de lumière d'où elles sont originaires. N'est-ce pas d'une façon tout analogue que dans le midrash juif *Konen* les âmes des justes s'élèvent aux cieux, le long de cet arbre [...]? » (*Les origines de la Kabbale*, pp. 166-167). Néanmoins les concordances de détail qu'on peut relever au niveau des images et des expressions symboliques ne permettent pas de considérer qu'il y ait eu réellement la moindre rencontre entre le manichéisme et la Kabbale, *a fortiori* entre le manichéisme et le judaïsme en général. Les inspirations religieuses sont totalement opposées : là même où la matière des symboles est comparable, les significations symboliques qui en sont tirées diffèrent profondément.

On peut noter des concordances dans les réfutations que les trois monothéismes ont faites de la doctrine de Mani. Mais elles ne sont pas contemporaines. Notons d'abord que le dualisme manichéen posait aux monothéismes un très grave problème : le problème du mal. Puisque le Dieu unique est absolument bon et Tout-Puissant, comment expliquer l'existence du mal dans le monde, non seulement du mal moral dont on peut dire que l'homme est responsable, mais de tous les maux physiques, maladies, cataclysmes, épidémies? On peut se demander s'il y a une réponse possible en partant des postulats monothéistes. L'hypothèse de l'existence d'un dieu bon et d'un dieu mauvais résout cette question, d'une façon radicale sans doute, mais qui n'en présente pas moins de nombreuses difficultés sur un autre plan. Il se peut que l'existence du mal soit pour l'homme un mystère impénétrable. Aussi ne faut-il pas s'étonner que les penseurs juifs, chrétiens et musulmans n'aient pas été capables d'apporter de solution rationnelle satisfaisante. Ils se sont donc contentés d'attaquer le dualisme et la représentation du monde et de l'homme qu'il entraîne, en soulignant de nombreuses incohérences. Saint Augustin serait le premier à citer, car c'est chez lui qu'on trouve les réfutations les plus poussées. Mais notre examen respectera l'ordre d'apparition des trois religions et nous commencerons par le judaïsme.

Les juifs ont sans doute été davantage au contact du mazdéisme que du manichéisme. Mais le problème qui est posé par ces deux religions dualistes est le même. Ce n'est rien de moins que le problème, ou le mystère du mal. Les démons, nombreux dans les pratiques magiques du paganisme qui se proposaient de faire obstacle à leurs maléfices, ne pouvaient jouer un rôle indépendant à l'intérieur du strict monothéisme juif; *a fortiori* devait être éliminée l'hypothèse d'un dieu mauvais. Calamités naturelles et maladies provenaient du Seigneur Tout-puissant : « Survient-il un malheur dans une ville, sans que l'Éternel en soit l'auteur? » (*Amos*, 3, 6). Dieu se sert à cet effet d'esprits qualifiés de mauvais, mais qui restent sous son contrôle. Ainsi est-il dit, en 1 Samuel 16, 14, que l'Esprit de l'Éternel s'étant retiré de Saül, « un esprit mauvais (*rû^{a}h râ'âh*), venu du Seigneur, fondit sur lui ». On a d'ailleurs fait remarquer qu'il est souvent impossible de savoir si ces démons font partie du dogme, ou s'ils ne relèvent que d'un langage littéraire traditionnel (cf. *Encyclopædia judaïca*, art. *« Devils »* : l'auteur renvoie à Lév. 16, 10, où il est question du prince des démons Azazel; et à 1 Rois, 22, 22-23 : « L'Éternel a mis un esprit de mensonge, *rû^{a}h s^{h}eqer*, dans la bouche de tous les prophètes présents »).

La Bible a donné à certains de ces démons des noms spécifiques qui sont en réalité des substantifs qui signifient des calamités naturelles et qui désignent aussi des divinités étrangères. Ainsi en est-il de *deb^{h}er* (la peste) du Psaume 91, 6, souvent joint à *qeteb^{h}* (l'anéantissement, la destruction, la pestilence). Dans le commentaire du Livre de Job de Yosep^{h} Qara', rabbin français du XIIe siècle (édité par Moshé M. Ahrend, thèse de 3e cycle, université de Nancy II), on lit à propos de Satan : « C'est lui qui, revenant à la charge, se changea en un feu brûlant qui vint consumer le petit bétail et les jeunes gens, et c'est lui-même encore qui [...] se transforma en un vent qui fit s'écrouler la maison sur ses fils et sur ses filles. » Par conséquent, les catastrophes physiques ont pour cause l'action de Satan et des démons; ils agissent sur l'ordre de Dieu qui, par ce moyen, punit les hommes ou les met à l'épreuve. Citons encore, à propos du verset 5, 7 : « Car l'homme naît pour la peine, et les fils de la foudre portent haut leur vol », le commentaire qu'en fait Yosep^{h} Qara' en notant que le mot *reshep^{h}* (la foudre) est compris comme le nom d'un démon : « L'homme est né enclin au mal : c'est un homme qui est né pour faire le mal, puisque le mauvais penchant (*yeser ra'*) le domine [...] Et les fils de Reshep^{h} volent haut : les démons (*ha-shêdîm*) qui volent haut au-dessus de la terre sont chargés par Dieu de punir les enfants du pécheur. Ainsi trouvons-nous que, lorsque les hommes commettent des péchés, les fils de Reshep^{h} sont prêts [...] à les punir : c'est ce que dit l'Écriture (Deut. 32, 24) : " Ils seront exténués par la faim, consumés par Reshep^{h} et Qeteb^{h} Merîrî (la très amère pestilence) ". » Ce texte confirme ce qu'on peut appeler la réduction du mal en général, comprenant les maux physiques, à un mal particulier qui est le mal moral. La distinction dans l'homme d'un penchant au mal et d'un penchant au bien (*yeser tôb^{h}*) est fondamentale dans la pensée juive. Peu à peu les démons furent conçus comme ayant pour rôle de tenter les hommes, et non plus de provoquer des catastrophes et des calamités naturelles. On peut même se demander alors s'ils ont une existence extérieure, ou s'ils ne se réduisent pas à la tendance intérieure au mal, le *yeser râ'* dont nous venons de parler.

La croyance populaire aux démons a d'ailleurs varié en fonction de l'environnement des communautés juives. Ainsi peut-on noter que, dans le Talmud de Babylone, il est question de plusieurs d'entre eux qui étaient ignorés à Jérusalem. Quant aux doctrines de la Kabbale concernant le « côté gauche » de l'émanation où se situent dix *sep^{h}îrôt^{h}* mauvaises, correspondant aux dix bonnes, elles présentent un dualisme mitigé qui n'apparaît qu'au niveau des manifestations de Dieu; c'est une tentative pour rendre compte de l'existence du mal, mais Dieu reste unique, au principe de tous les êtres. Le manichéisme est donc exclu.

Quoi qu'il en soit, la discussion des thèses dualistes va se centrer sur les conséquences qu'elles ont relativement à l'âme humaine. À première vue, c'est une solution radicale que celle qui sépare le principe du bien et le principe du mal : au premier, on rapportera tout ce qui est bien, moral, physique ou métaphysique, dans le monde; au second, on rapportera tout ce qui est mal. Mais une telle séparation n'existe pas réellement dans notre monde : le bien et le mal s'y trouvent inextricablement confondus, et c'est le problème posé par la cause et la nature d'un tel mélange (mélange d'où résulte d'ailleurs ce monde) qui fait les plus grosses difficultés. Nous laisserons de côté les détails fantastiques extrêmement compliqués de la cosmogonie de Mani. Mais nous examinerons simplement ce que devient l'unité de l'être humain et surtout de l'âme personnelle de l'homme, dans un tel pot-pourri d'éléments issus du principe bon et d'éléments issus du principe mauvais. Sur cette critique, les docteurs des trois monothéismes sont parfaitement d'accord.

Dans le judaïsme, il faut essentiellement citer Saadia Gaon, et nous commencerons par lui, pour respecter l'ordre d'apparition des trois monothéismes. Il écrit, dans son *Livre des croyances et opinions*, que les hommes qui professent le dualisme sont les plus dépourvus de sens. Un de leurs arguments est qu'il est impossible que deux actions opposées proviennent d'un même agent. Cela ne s'est jamais vu. Ils déclarent : « Nous constatons que toute chose contient des éléments bons et mauvais, nuisibles et bienfaisants. Le bien qui est en elle dérive donc nécessairement d'un principe qui est entièrement bon, tandis que le mal qui est en elle dérive d'un principe qui est entièrement mauvais. » La source du bien est illimitée dans cinq directions : le haut, l'est, l'ouest, le sud et le nord, tandis qu'elle a une limite vers le bas où elle touche la source du mal. Il en va de même de la source du mal, illimitée dans cinq directions, dont celle du bas, mais limitée vers le haut où elle touche la source du bien. Ces deux principes, à l'origine séparés, vinrent à se mélanger et de ce mélange résultent les substances corporelles. Mais il y a des divergences sur la cause de ce mélange : les uns soutiennent qu'il est dû au fait que le Bien fut soucieux d'infléchir la lisière du Mal qui lui était contiguë; les autres qu'il est dû au Mal qui désira jouir de tout ce qui est plaisir dans le Bien. Tous s'accordent à dire que ce mélange est destiné à ne durer qu'un certain temps et que, dans cette lutte des deux principes, la victoire restera au Bien.

Là contre, Saadia Gaon fait d'abord valoir les arguments classiques en faveur de la création *ex nihilo* de tous les corps par Dieu; puis il montre que deux actes contraires peuvent provenir d'une seule et même personne : par exemple, on se fâche et on s'irrite, puis on s'apaise et on se réconcilie. Cela étant, si c'est le Bien qui, en elle, se réconcilie, c'est aussi ce qui, en elle, était irrité; si c'est le Mal qui se réconcilie, il fait alors une bonne action. Dans les deux cas, les deux actes opposés proviennent d'une seule et même personne. De même nous voyons un homme commettre un meurtre ou un vol, puis avouer son crime ou son méfait et se repentir. Si c'est le Mal en lui qui avoue et se repent, il est dans le vrai et la véracité est un bien; si c'est le Bien, il est aussi ce qui a commis le crime ou la faute dont il se repent. Par conséquent la faute et le repentir, actes opposés, renvoient au même auteur. Et si la faculté de la colère n'était pas identique à la faculté de la réconciliation, si de même la tendance à voler n'était pas identique à celle qui pousse à se repentir, il serait nécessaire, pour celui qui se réconcilie, de ne pas se rappeler, au moment de la réconciliation, ce qui lui est arrivé au moment où il était en colère; et pour celui qui confesse son crime, de ne pas se rappeler, au moment de sa confession, ce qui lui est arrivé au moment où il commettait son crime. C'est-à-dire que la réconciliation n'aurait plus aucun rapport avec la colère, et le repentir avec le crime. Cette conséquence est évidemment contredite par l'expérience; elle est d'ailleurs absurde.

En revanche il est absolument impossible qu'un seul et même acte provienne de deux auteurs différents. En effet, si on suppose que chacun d'eux effectue la totalité de cet acte, une fois que l'un a agi, il ne reste rien à faire à l'autre. Si chacun ne réalise qu'une partie de l'objet en question, il est clair que chacun des deux résultats est produit par un auteur distinct qui n'est associé à aucun autre dans sa production. En outre, si deux sujets pouvaient faire le même acte, il faudrait admettre que, de même que chacun est capable de le faire, il est également capable de renoncer à le faire. Cela étant, si, relativement à un même acte, ils ont le choix d'agir ou de ne pas agir, on peut supposer que l'un des soi-disant agents choisit d'agir, et l'autre de ne pas agir, ce qui serait admettre qu'une même chose peut être en même temps produite et non produite : donc l'hypothèse entraîne une contradiction flagrante.

Quant aux causes qu'ils mettent en avant pour expliquer le mélange, elles sont dépourvues de sens. Si la cause vient de la tendance du Bien à repousser le Mal, le bon principe est devenu mauvais par son intention de se mêler au mauvais principe. Si au contraire, il s'agit de la tendance du Mal à jouir de ce que le Bien a de bon, le mauvais principe devient bon par là même. Quelle que soit l'hypothèse que l'on soutient, il se produit une transformation essentielle dans un principe ou dans l'autre. Il n'y a donc plus de Bien pur ou de Mal pur, conséquence qui s'oppose aux idées fondamentales du manichéisme.

D'autre part, si le Bien a voulu infléchir la lisière du Mal qui lui est contigu, il a manqué son but, car le mélange engendre pour lui un ensemble de maux qu'il ignorait auparavant. Au contraire, si le mélange est dû au désir du mauvais principe, le Mal a atteint son but, car on le voit jouir de tous les plaisirs de la vie. Dans les deux cas, il n'y a plus à espérer le triomphe du Bien sur le Mal.

D'une façon générale, Saadia fait remarquer que l'on n'a jamais vu s'unir deux principes opposés : l'eau ne se mêle pas au feu. En réalité, la ténèbre n'est pas une réalité opposée à la lumière, mais simplement l'absence de lumière. On le constate en plaçant des écrans devant une source de lumière, et en observant la formation de l'ombre. Mais Isaïe (45, 7) révèle ces paroles de Dieu : « Je forme la lumière et Je crée les ténèbres; Je fais la paix et Je crée le malheur ». Cela signifie qu'Il crée l'air qui est le véhicule de la lumière et de la ténèbre selon que la lumière y est présente ou absente. De même, on ne saurait admettre que Dieu, qui est toute sagesse, crée le mal : « Il a simplement créé ces choses qui sont capables de devenir, selon le choix de l'homme, sources de paix ou de malheur. » Par exemple, si l'homme mange et boit selon son besoin, c'est un bien pour lui; s'il dépasse la mesure, c'est un mal. D'ailleurs si le prophète rapporte à Dieu la création du mal, c'est uniquement pour repousser la doctrine des dualistes. De même la délimitation de la lumière et des ténèbres dans la création est attribuée à Dieu, le seul Créateur *ex nihilo*, ainsi que nous l'apprend le Livre de Job (26, 10) : « Il a circonscrit un cercle à la surface des eaux, jusqu'à la limite entre la lumière et les ténèbres ».

Notons enfin que le mal peut être soit une punition, soit une épreuve. Dans le premier cas, les pécheurs peuvent demander à Dieu de les éclairer sur le châtiment qu'Il leur envoie, et Dieu leur répond régulièrement. Ainsi lit-on dans Jérémie (5, 19) : « Et quand vous direz : " Pour quelle raison le Seigneur, notre Dieu, nous a-t-Il fait toutes ces choses? ", tu leur diras : " De même que vous M'avez abandonné pour servir en votre pays des dieux étrangers, de même vous servirez des étrangers dans un pays qui n'est pas le vôtre ". » En effet, cette conduite de Dieu a un effet salutaire, car elle incite au repentir. Mais dans le second cas, si l'homme demande la raison d'une épreuve, Dieu ne répond pas. C'est ainsi qu'Il laisse Moïse sans réponse à sa question : « Pourquoi as-Tu fait ce mal à ton serviteur, et pourquoi n'ai-je pas trouvé grâce à Tes yeux, que Tu as mis sur moi la charge de tout ce peuple? » (Nombres, 11, 11). Il en est de même pour Job, quand il demande (9, 18) : « Pourquoi m'as-Tu tiré du sein de ma mère? » Le silence de Dieu a, ici encore, un effet salutaire : la patience de l'homme qu'Il soumet à l'épreuve ne doit pas être allégée par une réponse qui en donnerait la raison et dévoilerait la récompense qui lui sera octroyée. Tels sont les points principaux de l'argumentation de Saadia Gaon.

Il est tout à fait improbable que Saadia ait connu les réfutations du manichéisme par saint Augustin. Il n'en est que plus frappant de noter les ressemblances des deux pensées. Augustin, ayant été manichéen, revint à la foi de son enfance, puis se livra à une vive critique de l'hérésie et s'engagea dans plusieurs controverses avec des représentants de la secte. Nous tirerons l'argumentation la plus importante de son traité *De duabus animabus* (Sur les deux âmes).

D'abord, à ses yeux, le manichéisme est un matérialisme, ce qui apparaît nettement dans sa représentation de la Lumière et de la Ténèbre qui en se mélangeant donnent naissance aux substances de ce monde. Les âmes, comme lumières ou comme ténèbres, sont donc matérielles. Mais en réalité, il n'y a aucune âme qui, en tant qu'elle est vie et par ce qui fait qu'elle est vie, ne se rattache à la source et au principe suprême de la vie. Or, pour les chrétiens, le Christ a dit : « Je suis la vie ». Par conséquent les âmes que les manichéens appellent mauvaises, ou bien manquent totalement de vie, et alors elles ne peuvent ni vouloir, ni refuser de vouloir, ni désirer, ni repousser quoi que ce soit; ou bien elles vivent et alors elles ne peuvent vivre que par la vie, c'est-à-dire par Dieu, et elles ne sauraient être mauvaises. En outre, alors que les manichéens rapportent au Dieu bon le soleil et toute lumière que nous percevons par les yeux du corps, ne serait-il pas absurde de ne pas lui attribuer l'origine de cette lumière intérieure qu'est en nous l'âme vivante et que nous saisissons par l'esprit? Même une âme pécheresse, soumise au mal, est supérieure à la lumière sensible. On dira cependant que les vices ne sont pas saisis par les sens, mais par la pensée. Faut-il pour autant juger qu'ils ont Dieu pour auteur? Ce serait un sacrilège. Mais considérons la vertu qui fait resplendir l'âme de sa lumière intelligible. On appelle vice le défaut, l'absence de cette lumière qui ne détruit pas l'âme, mais l'obscurcit. On a ici un argument du même genre que celui de Saadia : la ténèbre n'est que la privation de lumière et n'est pas un principe positif qui s'attaquerait aux êtres du monde lumineux. Cela est vrai de la lumière intelligible comme de la lumière sensible.

Les manichéens argumentent par deux textes de l'Évangile de Jean (8, 44 et 47) : « Le père dont vous êtes issus, c'est le diable; et vous voulez accomplir les désirs de votre père », et « Celui qui est de Dieu entend la parole de Dieu; c'est parce que vous n'êtes pas de Dieu que vous ne l'entendez pas ». Mais saint Paul affirme (Rom. 11, 36) : « De Lui, par Lui et pour Lui sont toutes choses », et (1 Cor. 8, 6) : « Pour nous il n'y a qu'un seul Dieu, le Père de qui viennent toutes choses et pour qui nous sommes, et un seul Seigneur, Jésus-Christ, par qui sont toutes choses et par qui nous sommes ». Et Augustin conclut : « Nous pouvons facilement voir qu'une chose est vivre, autre chose est pécher; et bien que la vie dans le péché, en comparaison d'une vie juste, puisse être appelée mort, les deux peuvent se trouver dans un seul homme, de sorte qu'il soit à la fois vivant et pécheur : mais en tant que vivant, il est de Dieu, en tant que pécheur, il n'est pas de Dieu. »

On demandera d'où viennent les péchés et d'où vient le mal.

Le péché n'est nulle part ailleurs que dans la volonté humaine. « Notre volonté nous est tout aussi connue que notre vie; et quand nous affirmons avoir cette connaissance, il n'y a pas à craindre qu'on vienne nous convaincre que nous nous trompons : en effet personne ne peut en cela se tromper s'il ne vit pas ou s'il ne veut rien. » Ce raisonnement célèbre est ce qu'on a appelé le *cogito* augustinien très proche du *cogito* cartésien : Descartes, ayant fait l'hypothèse de l'existence d'un malin génie qui le tromperait en toutes choses, s'écrie en effet : « Il n'y a point de doute que je suis, s'il me trompe; et qu'il me trompe tant qu'il voudra, il ne saurait jamais faire que je ne sois rien, tant que je penserai être quelque chose » (*Méditation seconde*). Que je me trompe, c'est un fait et c'est un mal; mais ce mal est lié à un bien puisque, dit Augustin dans le *De Civitate Dei*, « Si je me trompe, je suis », et l'être qui ne peut venir que de Dieu est un bien.

Saint Augustin s'attaque surtout à la croyance des manichéens en l'existence de deux sortes d'âmes, l'une bonne, qui vient de Dieu, non par une création *ex nihilo* ou à partir d'une matière quelconque, mais qui est une partie de la substance divine dont elle procède; l'autre qui est mauvaise et n'a aucune relation à Dieu. Dès lors se pose le problème de la cause de leur mélange. Notons d'abord que si ces âmes mauvaises sont dépourvues de volonté, elles ne peuvent pécher et par conséquent elles ne sont pas mauvaises. Mais si, tout en étant sans volonté, elles corrompent l'âme bonne par leur contact, il est impie de croire que la nature du mal est capable d'altérer une partie de l'essence de Dieu. Et si elles sont douées de volonté, elles se meuvent en vue d'une fin qui ne peut être qu'un bien ou l'idée d'un bien à atteindre. Or dans le Mal absolu, avant tout mélange, il ne peut y avoir jamais aucune sorte de bien. D'où leur vient donc cette connaissance ou cette idée d'un bien qui leur manque? N'est-ce pas que ces âmes mauvaises ne voulaient rien de ce qu'elles trouvaient en elles-mêmes et qu'elles désiraient ce Bien véritable qui est en dehors d'elles? Alors ne faut-il pas hautement louer leur volonté qui se portait vers le Bien suprême? Mais peut-être désiraient-elles l'atteindre pour lui nuire. Le résultat est le même : on ne cherche à nuire que pour priver d'un bien; par conséquent ces âmes mauvaises avaient une certaine connaissance et idée du Bien, ce qui va à l'encontre de la doctrine manichéenne d'un principe absolument mauvais.

Puis Augustin examine le cas de la délibération. Prouve-t-elle l'existence de deux espèces d'âmes, du fait qu'en délibérant, tantôt nous nous tournons vers la solution bonne, tantôt vers la solution mauvaise? Or, dit-il, ce serait là plutôt la preuve qu'il n'y a qu'une seule âme qui, par une libre volonté, se porte tantôt d'un côté, tantôt de l'autre : « car lorsque cela m'arrive, je sens que je suis un, considérant l'un et l'autre parti et choisissant l'un des deux ». Il convient beaucoup mieux d'admettre qu'il y a deux genres de choses bonnes qui ont tous deux pour auteur le même Dieu : les choses spirituelles et les choses charnelles dont nous sommes constitués, les unes supérieures, les autres inférieures. Mais nous pouvons user des sens, quoiqu'ils soient inférieurs, sans commettre de péché car, dans leur ordre, ils sont bons dans la mesure où ils exercent leur office. Le rôle de l'esprit est d'ailleurs de les contenir dans leurs propres limites. Mais si ce qui est supérieur en nous veut suivre et imiter ce qui est inférieur, il y a péché, non parce que l'inférieur est mauvais, mais parce que c'est un mal pour l'esprit de l'imiter.

Enfin, ainsi que nous l'avons vu chez Saadia, Augustin, avant lui et comme lui, examine le cas du repentir, en signalant que les manichéens en reconnaissent l'utilité. « Je demande auquel de ces deux genres d'âmes il appartient de se repentir du péché. Je sais vraiment que ce n'est pas à celle qui ne peut pas faire le mal, non plus qu'à celle qui ne peut pas faire le bien. C'est pourquoi, pour employer leur vocabulaire, si l'âme des ténèbres se repent du péché, elle ne relève pas de la substance du Mal suprême; si c'est l'âme de lumière, elle ne relève pas de la substance du Bien suprême. » En effet, se repentir est bien, mais le péché dont on se repent est mal. Tels sont les arguments principaux que saint Augustin fait valoir contre le manichéisme : on constate que Saadia est, dans l'ensemble, parfaitement d'accord avec lui. Tous deux suivent d'ailleurs la Bible, car fondamentalement la création et en particulier la vie sont bonnes, ainsi que l'enseigne la Genèse (1, 4 et 11) : « Dieu vit que la lumière était bonne » et « Il vit que [l'ordre du monde] était bon ».

Qu'en est-il maintenant des théologiens musulmans? Il en est qui prennent sur le problème du mal la même position que certains rabbins : le mal comme le bien proviennent finalement de Dieu; « l'homme devrait bénir Dieu pour le mal qui arrive de la même manière qu'il Le bénit pour le bien », lit-on dans le Talmud (*Ber.* 33 b). C'est ainsi que les ash'arites pensent que tout ce qui existe et n'est pas Dieu est créé par Dieu; or le mal existe, donc il est créé par Dieu. C'est là une position radicalement opposée au dualisme. Mais les mu'tazilites affirment que Dieu ne fait que le bien tandis que le mal provient de l'action libre de l'homme. Sur ce point, ils s'accordent donc avec Saadia et Augustin. Quoi qu'il en soit, tous les docteurs de l'islam, dans leur lutte contre la *zandaqa*, ont été amenés à réfuter le manichéisme.

L'ash'arite Bâqillânî, né à Basra à une date inconnue et mort en 1013, s'attaque d'abord à l'idée du mélange du Bien et du Mal. Son argumentation revêt une forme très dialectique, et nous la donnons à titre d'exemple. Sa pensée est d'ailleurs simple : s'il y a deux principes éternellement séparés, ils ne sauraient se mélanger. Voici son texte : « On demandera aux dualistes au sujet de leur doctrine de la séparation suivie du mélange des deux principes, si ces deux principes sont séparés dans l'éternité de par leur essence, ou s'ils le sont de par une raison qui serait la séparation elle-même. S'ils disent qu'ils sont séparés par eux-mêmes, on leur fera observer qu'il faut donc qu'ils soient séparés dans l'état de leur mélange, puisqu'ils le sont tous deux, de par leur essence, dans leur état de séparation. Par suite, ils seront à la fois séparés et mélangés. » Bâqillânî en conclut que, dans ces conditions, le monde existera en raison du mélange, et n'existera pas en raison de la séparation; puis il poursuit le harcèlement de ses adversaires : « S'ils prétendent que la séparation des deux principes est une troisième entité dont on ne peut dire qu'elle se réduit aux deux autres, ils affirment l'éternité d'un troisième principe qui est à la fois séparation, lumière et ténèbre, et ils sortent du dualisme. » Mais on leur demandera si ce principe de séparation est ou non détruit quand survient le mélange. Et alors, si la suppression et l'anéantissement de ce qui est éternel (à savoir le principe de séparation) sont possibles, pourquoi serait-il impossible que les deux autres principes éternels, la lumière et la ténèbre, soient également détruits et anéantis? S'ils l'admettent, ils abandonnent leur dogme religieux. S'ils ne l'admettent pas, ils ne trouveront pas de solution, car s'ils soutiennent que la séparation reste existante dans l'état de mélange, on leur répondra de nouveau qu'il faut alors que la lumière et la ténèbre soient à la fois séparées et mélangées, ce qui est inconcevable. D'une façon générale, on demandera à tous les dualistes : « S'il est possible que ce qui n'a éternellement pas cessé d'être séparé devienne mélangé, pourquoi serait-il impossible que ce qui n'a jamais cessé d'être lumière devienne ténèbre, et que ce qui n'a jamais cessé d'être ténèbre devienne lumière? »

Puis Bâqillânî se livre à une argumentation qui est très proche de celles de Saadia et de saint Augustin. « Que dites-vous d'un homme qui déclare : Je suis injuste? N'est-il pas forcément soit au nombre des hommes de lumière, soit au nombre des hommes de ténèbres? Ils doivent l'admettre. On leur demandera donc auquel des deux groupes il appartient. S'ils disent qu'il est un homme de lumière, on leur répliquera qu'alors la lumière ment quand il dit qu'il est injuste, car la lumière n'est pas injuste, ce qui s'oppose à ce qu'ils prétendent. S'ils disent qu'il est un homme de ténèbres, on leur fera observer qu'il a été véridique en se reconnaissant injuste. Par suite on trouve mensonge et véracité dans la substance d'un seul et même homme. » S'il en est ainsi, tous les contraires : action bonne et action mauvaise, acte d'équité et acte d'oppression, acte de refroidir et acte de réchauffer peuvent se présenter dans une seule et même substance, entendons comme propriétés essentielles et non comme qualités accidentelles. Mais cette conséquence, s'ils l'acceptent, revient pour eux à renoncer à leur dogme de la distinction de deux substances, l'une bonne et l'autre mauvaise. Et s'ils soutiennent que la véracité et le mensonge, de la part de la substance d'un être injuste, sont également choses mauvaises, on les poussera à avouer que l'équité et l'oppression, la peine et la joie, du côté d'un être injuste, sont également et au même titre choses mauvaises. S'ils refusent d'admettre que l'équité et la joie puissent, quant à elles, devenir choses mauvaises, on leur fera valoir qu'il en est exactement de même de la véracité. En effet, dire la vérité, c'est donner d'une chose une expression conforme à ce qu'elle est; mentir, c'est en donner une expression différente de ce qu'elle est. Par suite, si dire vrai et dire faux peuvent coexister en un seul et même être en dépit de leur caractère contradictoire, on demandera aux adversaires pourquoi ils nient qu'il en soit de même pour l'équité et l'injustice, en dépit de leur différence.

L'opposition des ash'arites à tout dualisme est radicale, et ils attaquent le dualisme mitigé des partisans de la liberté humaine parce qu'ils font de l'action de l'homme une réalité face à la réalité de l'action divine. Ils mettent en avant un argument que nous avons déjà vu employé dans la critique du manichéisme, à savoir qu'un même acte ne peut résulter de deux agents.

Quant à la critique faite pas les mu'tazilites au dualisme manichéen, on en trouve un exemple représentatif dans le livre de l'*Explication des cinq principes* du cadi 'Abd al-Jabbâr (mort en 1025). Il commence par s'attaquer au matérialisme des manichéens : ils pensent que la lumière est un corps subtil qui éclaire, et que la ténèbre est un corps subtil qui n'éclaire pas. Ces corps sont éternels. Or tout corps est inséparable d'accidents qui lui arrivent dans le temps. Par suite, ils sont eux-mêmes liés inséparablement à une production temporelle et ne peuvent être éternels. Cela étant, avec l'hypothèse de leur éternité, on supprimerait le bien-fondé du commandement et de l'interdiction (dans les Lois révélées), et en général de la louange et du blâme. En effet, il s'agit soit d'un commandement de faire le bien, soit d'un commandement de faire le mal. Si c'est un commandement de faire le bien, il est adressé soit à la lumière, soit à la ténèbre. Mais il n'est pas possible qu'il s'adresse à la ténèbre puisqu'elle est absolument incapable de faire le bien. Or il n'est pas possible non plus qu'il s'adresse à la lumière, puisqu'elle ne peut se départir du bien. Il en est comme de l'ordre de tomber qui serait donné à un homme qu'on précipiterait d'un lieu élevé : un tel ordre serait déplacé puisque l'homme ne peut faire autrement que de tomber. Et s'il s'agit du commandement de faire le mal, il est donné soit à la lumière, ce qui est absurde puisqu'elle ne fait que le bien; soit à la ténèbre, et il est inutile, puisqu'elle ne fait que le mal.

La critique du manichéisme est donc parfaitement commune aux docteurs des trois monothéismes. Mais on constate que le problème du mal, à l'intérieur de cette commune critique, n'est vraiment considéré que relativement au mal moral. Quand ces théologiens prennent en considération le mal physique, c'est en général pour en faire une punition ou une épreuve, c'est-à-dire pour en faire une conséquence du mal moral ou pour en faire l'attente d'un bien moral. Le mal moral est fondé dans la volonté de l'homme, aux yeux des penseurs qui admettent l'existence de la liberté humaine. Saint Augustin l'accorde, bien que chez lui la question se complique du problème proprement chrétien de la relation de cette liberté à la grâce. Saadia et les mu'tazilites affirment la liberté; les ash'arites la nient par leur doctrine de la création des actes humains. Mais cette dernière attitude n'exprime au fond que l'opposition la plus radicale à tout dualisme, quel qu'il soit.

5. La vie spirituelle et la mystique

Chacun des trois monothéismes, mais surtout le judaïsme et l'islam, a deux pôles : celui du légalisme et celui de la spiritualité. La Loi joue chez les juifs et les musulmans un très grand rôle et a toujours menacé d'envahir tout le domaine de la religion. Par suite il existe une mentalité commune qui rapproche certains rabbins et certains *fuqahâ'*, les juristes de l'islam. On a même relevé des analogies, peut-être des emprunts, du droit musulman au droit talmudique. Les méthodes d'exégèse des textes sont en tout cas comparables. Mais étant donné que la loi religieuse, en tant que telle, reste dans ses prescriptions particulières limitée aux croyants qui l'observent, nous ne rechercherons pas quelles rencontres ont pu avoir lieu sur ce point entre les docteurs des trois religions. Il nous aura suffi de rappeler cette parenté des esprits juridiques, qui englobe aussi les canonistes chrétiens, et vraisemblablement l'ensemble des légistes. On peut d'ailleurs penser que le droit romain et le droit byzantin ont exercé une influence, sur les chrétiens certainement, apparemment quoique indirectement sur les musulmans, voire sur les juifs.

Mais ce qui est incomparablement plus important en ce qui concerne les rencontres, c'est tout ce qui touche à la vie spirituelle. Que les trois monothéismes partagent, à peu de choses près, le même enseignement sur les valeurs morales, c'est certain. Pourtant, même si certains considèrent que ces valeurs ont fait l'objet d'une révélation, il n'en est pas moins évident qu'elles relèvent d'une morale naturelle, ainsi que l'a bien vu saint Paul : « Quand des païens, qui n'ont pas la Loi, accomplissent naturellement ce que la Loi commande [...], ils montrent que ce que la Loi ordonne est inscrit dans leur cœur » (Rom., 2, 14). La foi en Dieu n'est pas la condition *sine qua non* d'une vie morale. Il n'en va pas de même des valeurs spirituelles qui sont essentiellement liées à une foi religieuse. Il est vrai qu'il y a des formes de spiritualité dans des religions autres que les trois monothéismes. Mais il n'en est pas moins certain que la foi des juifs, des chrétiens et des musulmans est seule capable de faire accéder à une vie mystique parfaitement spécifique, à partir de laquelle se définit un humanisme unique dans sa relation au Dieu unique.

Peut-on ici parler d'influence réciproque dans les premiers temps de la coexistence des trois religions abrahamiques? La mystique juive de la merkaba, avec sa nuance ésotérique, semble bien être restée étrangère au christianisme des premiers siècles, trop occupé de lutter contre les mouvements gnostiques qui menaçaient sa foi. Pour la même raison, elle est restée en dehors des méditations des premiers mystiques de l'islam qui ne sera tenté par l'ésotérisme que plus tard à la faveur de certaines sectes extrémistes. À l'origine, les ancêtres des soufis sont surtout des croyants désireux de se détacher intérieurement de tout ce qui pouvait former un voile entre eux et Dieu. Hasan al-Basrî (642-728), qui a exercé sur eux une grande influence, disait : « Fais de ce bas monde comme un pont que tu traverses, mais que tu n'habites pas ». Ce qui caractérise ces hommes, c'est la recherche exclusive de l'intériorité, et c'est cette valeur de l'intériorité qui les distingue de ceux qui ont cru devoir inscrire leur itinéraire personnel dans une cosmologie symbolique et imaginaire qui est la marque des gnoses. L'amour de Dieu prend par suite la place principale. Ainsi Râbi'a al-'Adawiyya (713-801) écrivait dans un poème :

O ma joie, mon désir, mon appui;
Mon doux ami, ma ressource, objet de mon vouloir,
Tu es l'esprit de l'intime secret, Tu es mon espérance,
Tu m'es un familier qui visite mon être; l'aspiration vers Toi me nourrit en chemin.
Toi! Si ce n'était Toi, Ami, ma Dévotion,
Je me disperserais dans les vastes contrées...
Ton amour maintenant est le vœu de mon âme;

Il est ma joie et mes délices, lumineuse clarté pour mon cœur altéré. »

Râbi'a est surtout célèbre par son poème des deux amours : un amour qui illumine son cœur, et un amour qui s'élève vers la pureté transcendante de Dieu.

Cela étant, on peut se demander si la mystique chrétienne n'a pas exercé quelque influence sur une telle spiritualité. Que ces hymnes à l'amour de Dieu aient une saveur évangélique, ce n'est pas douteux. Mais il est fort improbable que les premiers mystiques musulmans aient pu avoir une connaissance véritable des élévations de l'oraison chrétienne. Il est aisé de montrer qu'il suffit de donner à certains versets coraniques la signification spirituelle qui leur convient réellement, pour que les âmes des croyants sensibles à de telles valeurs parviennent à une véritable connaissance savoureuse de Dieu, le *dhawq*. En revanche, ce qui est certain, c'est que le Coran manifeste une grande considération pour les moines chrétiens, bien qu'une tradition rapporte qu'il n'y a pas de monachisme en islam. Dieu dit en effet (5, 82) : « Et tu trouveras très certainement que les amis les plus proches des croyants sont ceux qui disent : Nous sommes chrétiens. C'est qu'il y a parmi eux des prêtres et des moines et qu'ils ne s'enflent pas d'orgueil. » Plus tard, les juristes qui ont traité du *jihâd* (la guerre sainte) ont pour la plupart prescrit de ne pas tuer les moines qui étaient dans leurs monastères. La visite des monastères était d'ailleurs fréquente de la part de nombreux musulmans. Il n'est donc pas impossible que ces contacts, joints aux sentiments de respect inspirés par le Coran, aient pu révéler aux croyants musulmans un mode de vie et d'adoration qui ne les a pas laissés insensibles et les a peut-être amenés à lire leur propre Livre avec un esprit plus ouvert aux valeurs spirituelles. C'est là tout ce que nous pouvons dire dans l'état actuel de nos connaissances. D'ailleurs d'une façon générale, l'analogie des textes du Coran et de la tradition du *hadîth* avec les textes bibliques médités par les spirituels juifs et chrétiens suffit, dans bien des cas, à rendre compte et de la naissance du soufisme à partir d'éléments purement musulmans, et de ses rencontres avec les autres spiritualités monothéistes. Ce n'est que plus tard que la question des influences se posera.

6. *Conclusion*

Avec l'apparition des sectes, l'islam se trouve mis en présence de problèmes d'ordre intellectuel et spirituel qui le mettent, de fait, en relation avec les communautés de penseurs juifs et chrétiens affrontés aux mêmes problèmes. La révélation coranique ne devait plus rester ce qu'elle aurait dû être idéalement : la communication d'une Vérité au nom de laquelle toutes les autres religions et toutes les autres nations auraient à être jugées. Ce rôle n'aurait pu être gardé que si la Communauté du Prophète avait conservé la parfaite unité de ses origines. En vain le *hadîth* informe que de toutes les sectes, une seule sera sauvée et que toutes les autres iront en enfer. Même si on réduit le véritable islam à cette secte (qui n'est d'ailleurs pas déterminée explicitement), il n'en reste pas moins qu'il a à combattre, non seulement des juifs, des chrétiens et des idolâtres, mais des croyants qui acceptent le Coran tout en l'interprétant à leur manière. C'est de là qu'est né le *kalâm*, une théologie essentiellement défensive de la part de ceux qui veulent sauver la pureté de la foi et du *credo* contre toutes les innovations, les *bida'*. Les croyants peuvent sans doute à juste titre, en fonction de leur idéal, déplorer cet état de choses; mais nous, nous ne pouvons que nous en réjouir, parce qu'il a ouvert l'Islam à un monde qui n'était pas le sien, et qu'il lui a permis de rencontrer des penseurs juifs et chrétiens, auxquels il s'opposait doctrinalement, mais qui étaient dans une situation *culturelle*, au sens le plus large, tout à fait semblable à la sienne. La problématique fondamentale était la même pour tous et elle allait favoriser, jusqu'à la Renaissance, des rencontres de plus en plus importantes, dont les résultats, quoique trop oubliés aujourd'hui par des générations avides de modernité et aveuglées par elle, restent encore tout à fait dignes d'être connus et médités. Nous allons donc poursuivre l'étude de ces rencontres.

CHAPITRE III

La civilisation de Bagdad au IIIe et au IVe siècle

Dans toutes les régions du monde musulman où, après la conquête, subsistèrent des communautés juives et chrétiennes, il y eut évidemment, entre les fidèles des trois religions, non seulement des contacts matériels à l'intérieur des cités, mais des relations d'ordre intellectuel et spirituel. Parmi les grandes métropoles, Le Caire et Damas, ou plus à l'est, certaines villes d'Iran et de Transoxyane, jouèrent un rôle important dans la vie culturelle en accueillant des savants de tous les pays et de toutes les croyances et confessions. Mais, au cours de cette histoire de la civilisation, deux centres se distinguèrent : celui de Bagdad en Orient, et celui de Cordoue en Occident.

1. *Le calife Ma'mûn et l'œuvre des traducteurs*

Le règne de Ma'mûn ne marque pas certes le tout début de la grande expansion culturelle de l'Islam. Comme l'a bien indiqué G. Wiet dans son *Introduction à la littérature arabe* (p. 74), « il est normal que nous donnions les premiers califes abbassides comme parrains d'un prodigieux bouillonnement intellectuel. Mais [...] il est nécessaire d'indiquer que dans les domaines littéraire et scientifique, des hommes de valeur avaient dû se former sous le régime précédent [le califat de Damas], ne serait-ce qu'à cause de son établissement en Syrie. » En effet, « les Syriens connaissaient l'histoire grecque et s'étaient imprégnés de la pensée hellénique ». Il faut ici insister sur le rôle joué par les chrétiens nestoriens. La christologie de Nestorius avait été condamnée au concile d'Éphèse, en 431. L'évêque Ibas fit de l'école d'Edesse, ville située sur le rebord du plateau syrien au nord, le centre de l'enseignement nestorien. Mais en 489, l'école fut fermée comme hérétique, et ses membres se retirèrent en Perse, à Nisibis, où ils fondèrent une école qui perpétua les traditions d'Edesse. L'enseignement était surtout théologique et exégétique : aussi la pensée grecque était-elle rejetée en tant que païenne. Néanmoins la logique d'Aristote fut admise, sans doute pour la valeur démonstrative qu'elle présentait dans les discussions dogmatiques. C'est ainsi que les principaux traités de l'*Organon* furent traduits en syriaque avec l'*Isagoge* (Introduction) de Porphyre, par l'évêque Ibas. N. Rescher, dans ses études sur la logique arabe, a montré que les penseurs qui ont parlé de cette discipline dans le monde musulman, tels Kindî et Fârâbî, sont « les produits des écoles syriaques ». C'est là déjà un point important. Mais en outre, lorsque l'empereur Justinien, en 529, ferma l'école philosophique d'Athènes, Damascius, Simplicius, Priscianus et quatre autres de leurs collègues cherchèrent refuge en Perse auprès du roi Chosroès qui s'intéressait à la philosophie et qui fit traduire en syriaque plusieurs dialogues de Platon. Par suite les premières traductions du grec furent faites en syriaque et ce travail continua dans les cercles chrétiens après la conquête islamique, de sorte que certains parmi les plus célèbres traducteurs, qui sont tous des chrétiens, avaient traduit les textes grecs en syriaque : c'est le cas du célèbre Ḥunayn b. Ishâq ou encore de Yûḥannâ b. Bukhtîshû', dont il est rapporté qu'il fut « un médecin remarquable qui [...] traduisit de nombreux livres du grec en syriaque ». Avant que soit entreprise la translation directe du grec en arabe, on passa d'abord par ce qu'on a appelé « l'intermédiaire syriaque ». Cela étant, on peut dire que c'est grâce à Ma'mûn, calife de 813 à 833, que Bagdad devint le centre d'un magnifique essor de la culture.

Ma'mûn fonda à Bagdad une véritable académie des sciences, appelée *Bayt al-Hikma* (Maison de la Sagesse), qui prit la succession de l'école de Jundîshâpûr, fondée par les sassanides en Perse, où s'étaient retrouvés, avec les Persans, des philosophes chassés d'Athènes, des chrétiens nestoriens, voire des Indiens. Bagdad renouait avec cette tradition particulièrement favorable aux rencontres.

Si, comme il est plus que probable, ce mouvement culturel a commencé avant Ma'mûn, il ne nous en reste que des témoignages qui sont revêtus d'un caractère nettement légendaire. Ainsi le « prince philosophe » Khâlid b. Yazîd (668?-704?), fils du calife umayyade Yazîd Ier, aurait fait traduire en arabe par des savants égyptiens des livres grecs et coptes d'astronomie, de médecine et d'alchimie. On raconte encore qu'al-Manṣûr, calife abbasside de 754 à 775, aurait été le premier à demander à l'empereur byzantin de lui envoyer des manuscrits d'ouvrages mathématiques, et que Hârûn al-Rashîd, calife de 786 à 809, aurait chargé le médecin de Jundîshâpûr, Yuḥannâ b. Mâsawayh, de traduire des manuscrits grecs qui avaient été ramenés dans le butin fait au cours d'expéditions en Anatolie. Mais la tradition la plus historique, bien qu'elle ne soit pas dépourvue de légendes, est celle qui reconnaît à Ma'mûn le mérite d'avoir envoyé des émissaires dans le pays de Rûm (Byzance) à la recherche systématique de manuscrits à traduire.

Plusieurs historiographes nous ont conservé des listes de noms de traducteurs et de savants, accompagnées en général d'indications sur leur origine, les principaux événements de leur vie, leurs ouvrages. Il y en a trois auxquels nous nous rapporterons. Le plus ancien est Ibn al-Nadîm al-Baghdâdî, mort en 385/995, par conséquent contemporain de la plupart des auteurs dont il parle; son ouvrage porte le titre modeste de *Fihrist* (Catalogue). Les deux autres lui doivent beaucoup : ce sont Ibn al-Qiftî, né en Haute Égypte en 568/1172, mort en 645/1248, qui écrivit une *Histoire des Sages,* philosophes et savants (*Ta'rîkh al-Ḥukamâ'*), et Ibn Abî Usaybi'a, un médecin, auteur des *Sources d'informations sur les classes des médecins* (*'Uyûn al-anba' fî ṭabaqât al-aṭibba*), né à Damas vers 590/1194, mort vers 668/1270. Or ce qui est remarquable, c'est que ces historiographes ne se contentent pas de citer les noms des seules personnalités musulmanes; ils donnent également ceux de juifs et surtout de chrétiens, à côté de ceux des anciens Grecs. Et ce n'est pas seulement en passant, car, chaque fois qu'ils jugent qu'ils ont affaire à un personnage important, ils lui consacrent une notice plus ou moins détaillée, accompagnée de jugements en général bienveillants, voire louangeurs, leurs critiques majeures portant le plus souvent sur la qualité de leur style arabe et sur leur maîtrise de la langue. On a donc vraiment l'impression, en les lisant, que ces ouvrages sont le reflet d'une culture commune dont, il faut bien le dire, la base est l'usage que tous ces penseurs, juifs, chrétiens ou musulmans, faisaient de l'héritage grec, mais qui est aussi marquée par l'identité, ou tout au moins l'analogie profonde des problèmes théologiques et philosophiques qui se posaient à tous. Quant aux savants proprement dits, astronomes, mathématiciens et géomètres, physiciens, médecins, ils prolongeaient par leurs recherches les acquis transmis par leurs maîtres grecs. C'était, nous l'avons vu, l'hellénisme qui avait créé le premier lien culturel entre les juifs et les chrétiens avant l'islam; c'est lui encore qui va servir de fondement à une très large culture et qui, dans une convergence des esprits non exclusive d'ailleurs de très riches nuances, va réunir les penseurs des trois monothéismes.

L'œuvre de traduction était rarement une entreprise individuelle : il se forma des sortes d'écoles de traducteurs, dont la plus célèbre est celle de Ḥunayn b. Isḥaq (809-877), un chrétien nestorien, avec son fils Isḥâq et son neveu et élève Hubaysh. Des familles entières se sont ainsi signalées : ce fut déjà le cas des Bukhtîshû', nestoriens originaires de Jundîshâpûr, qui, tous médecins, jouèrent un rôle comme praticiens et comme chercheurs, de 765 à 1006. Le plus important est Jibrîl qui favorisa spécialement les traductions. Une autre famille est celle des Mâsawayh, médecins formés à Jundîshâpûr sous les auspices des Bukhtîshû' pour lesquels leur ancêtre avait été préparateur de pharmacie; il était devenu, quoique dépourvu de formation scientifique, un expert dans les médicaments. Il eut deux fils, Mikhayl, qui fut médecin de Ma'mûn, et Yuḥannâ (mort en 857), le plus célèbre de la famille, dont la carrière se situe du règne de Hârûn al-Rashîd à celui de Mutawakkil; il s'intéressa spécialement aux traités de Galien, d'après les textes originaux ou leurs traductions, et non plus seulement d'après les commentateurs. Il n'est pas douteux que l'exécution de tels travaux encouragea des contacts individuels entre tous ceux qui s'y intéressaient. Il s'instaura même un mécénat pour les encourager : c'est ainsi, par exemple, que les Banû 'l-Munajjim ont subvenu de leurs deniers aux divers besoins matériels et scientifiques de ces spécialistes, ainsi que le rapporte Qifṭî. On voit donc que l'histoire culturelle de ces deux grands siècles de Bagdad offre le spectacle d'un immense mouvement de curiosité intellectuelle auquel les chrétiens prirent une part très active parce qu'ils étaient pour ainsi dire à pied d'œuvre : ils travaillèrent à la demande des califes et de dignitaires influents, avides de culture, et ils furent très vite rejoints par des chercheurs musulmans qui furent d'abord leurs élèves ou leurs collaborateurs, mais qui ne tardèrent pas à devenir indépendants, quoique dans la ligne de leurs maîtres.

Ce travail de traduction ne consistait pas simplement à faire passer des textes d'une langue dans une autre langue, l'une et l'autre relevant de la même culture, comme c'est le cas, par exemple, quand on traduit du latin en français, en anglais, ou dans un autre idiome européen. Il est vrai que toute traduction est une trahison, dans la mesure où l'on tombe d'un côté sur des tournures, des expressions, voire des constructions, qui n'ont pas d'exact équivalent de l'autre. Mais les conceptions sont communes, les références aux traditions et à l'histoire se recoupent ici et là, il y a même des mentalités, des façons de penser, des valeurs identiques ou du moins comparables. Enfin et peut-être surtout, les langues ont des structures fondamentales semblables. Dans le cas du grec et de l'arabe, il en va tout autrement. Il y a d'abord la différence qui sépare linguistiquement l'indo-européen du sémitique, et bien qu'il soit sans doute exagéré d'y voir, comme Renan, une opposition radicale qui condamnerait toute traduction à être une déformation de l'esprit de la langue originale, il n'en reste pas moins vrai que des difficultés considérables résultent de cette situation de fait. Il est en toute rigueur impossible d'exprimer le propre d'une civilisation dans un mode d'expression propre à une autre civilisation. On l'a bien vu quand les Arabes ont voulu traduire et commenter la rhétorique et la poétique d'Aristote. La constitution politique et le milieu social dans lesquels se déployaient l'art des « rhéteurs » en Grèce n'avaient aucune analogie dans le monde arabe antéislamique ou des débuts de l'Islam. Quant aux formes littéraires telles que la tragédie et la comédie, voire l'épopée, elles n'existaient pas chez les Arabes et leur langue, sur toutes ces questions, manquait d'un vocabulaire approprié, si bien que les idées grecques ne pouvaient passer. Il fallut se contenter d'approximations tout à fait artificielles. Nous avons déjà signalé une grave difficulté du même ordre à propos de la traduction de la Bible en grec. Nous la retrouvons donc maintenant à propos de la traduction du grec en arabe.

Si par conséquent on réfléchit à cette situation en profondeur, au-delà des problèmes matériels posés par les opérations du métier de traducteur et résolus en surface tant bien que mal, on s'aperçoit que dans de telles conditions la traduction exigeait un rapprochement de deux mentalités, de deux cultures, et une certaine transformation des deux langues ainsi mises en relation. Examinons ce dernier point. Qu'en était-il du grec? Depuis l'époque où il était le véhicule de la pensée antique, il était devenu, ainsi que nous l'avons vu, une langue dans laquelle des juifs de la Diaspora et des chrétiens parlaient et écrivaient. Tout en restant le dépôt d'un riche héritage culturel païen, il était devenu une langue de croyants monothéistes, et il leur avait ainsi donné les moyens d'exprimer l'union de deux traditions différentes. La rencontre des juifs et des chrétiens se réalisa donc fondamentalement grâce à la communication que cette évolution du grec rendit possible entre eux. Notons que les traductions syriaques mettaient en face du grec une langue sémitique qui avait déjà servi de véhicule à la pensée chrétienne, donc à une pensée monothéiste. Que les grammairiens syriaques aient « hellénisé » leur langue, comme le leur reprochait L. Massignon, ne pouvait que faciliter les translations. L'*intermédiaire syriaque* aurait ainsi joué, non seulement un rôle historique dans le temps, mais un rôle beaucoup plus plasmateur dans le rapprochement de la pensée grecque, ancienne et chrétienne, et de l'expression que la langue arabe allait en donner.

Qu'en était-il maintenant de l'arabe? Les documents les plus anciens, ceux de la poésie de la *jâhiliyya*, l'époque de l'*ignorance*, précèdent de peu la prédication de l'islam. Ils témoignent de l'existence d'une langue riche en mots concrets, désignant toute une série de variétés de plantes et d'animaux, d'accidents géographiques, de formes de nuages, de qualités des pluies. Elle utilise de nombreux adjectifs, dont certains, par exemple, servent à eux seuls, pour qualifier l'animal auquel ils sont ordinairement associés dans la pensée. Cette langue est aussi dépourvue que possible des outils nécessaires à l'expression d'idées philosophiques ou théologiques. Sans doute l'arabe coranique est-il d'une tout autre nature : tout en restant très concret, il est beaucoup plus pauvre en termes descriptifs; mais du fait qu'il se présente comme la

Parole même de Dieu qui révèle, en s'adressant au Prophète, la Loi et les vérités dogmatiques et historiques auxquelles les fidèles doivent croire, il a essentiellement les caractères d'une langue d'information : la Parole « descend d'auprès de Dieu » sous une forme abrupte; Dieu fait connaître à son Envoyé ce qu'il doit transmettre à la lettre et lui fournit les mots qu'il doit employer pour réfuter ses adversaires. Or l'information (*ikhbâr*) joue un rôle capital dans l'économie de la langue arabe.

Pour bien le comprendre, il faut se rappeler que cette langue ne possède pas la copule *est* et par suite ne peut formuler expressément un jugement d'attribution, à moins de trouver un substitut à la phrase avec copule. Ainsi dit-on, non pas : Zayd est savant, mais Zayd-savant. Les logiciens ont été amenés à introduire le pronom de la troisième personne pour obtenir une proposition à trois termes, parallèle à la proposition grecque avec *esti* (est); on a ainsi : Zayd lui savant. Mais c'est un subterfuge qui est d'ailleurs autorisé par la grammaire. Quoi qu'il en soit, la proposition normalement employée n'a que deux termes : le premier est appelé inchoatif (*mubtadâ'*) et il est déterminé parce que, disent les grammairiens, il désigne ce dont il est question, et il faut que les deux interlocuteurs sachent de quoi ils parlent, sinon il n'y aurait aucune communication réelle et utile (*mufîd*) entre eux; mais le second terme, l'énonciatif (*khabar*), qui est destiné à informer l'interlocuteur au sujet de ce dont il a été convenu de parler, a la forme de l'indétermination pour marquer que celui qui parle (*al-mutakallim* : la première personne) informe celui à qui il s'adresse (*al-mukhâtab* : la seconde personne) de ce qu'il ignorait, car il est inutile de dire à quelqu'un ce qu'il sait déjà.

Par conséquent les grammairiens arabes ont eu le sentiment très juste que parler, c'est parler à quelqu'un d'autre pour lui apporter une information qui est pour lui nouvelle. C'est pourquoi la proposition à deux termes a reçu une extension au-delà de ce qui correspond à la forme : Zayd-savant, qu'on peut arbitrairement faire correspondre à une phrase à copule sous la forme : Zayd lui savant. On donne alors l'exemple suivant : Zayd, son père est venu. Ici l'information : « son père est venu » n'a plus rien à voir avec un attribut, et il n'y a aucun moyen de réduire une telle proposition à un jugement d'attribution avec copule. Ainsi étendu, l'ensemble *mubtadâ'-khabar* est devenu le type même de tout jugement.

Mais ce point de vue a une conséquence importante : c'est que la vérité d'une proposition ne se fonde par sur une relation entre un sujet et un prédicat (est-il vrai que Zayd soit savant?), mais sur la véracité de celui qui donne l'information. Il faut qu'il soit lui-même informé (*khabîr*) et véridique (*sâdiq*). La véracité se dit *sidq,* et le jugement consiste, quand il est affirmatif, à accepter, à reconnaître cette véracité, voire à en témoigner; aussi est-il appelé *tasdîq* (de la même racine que *sidq*); quand il est négatif, il consiste à accuser de mensonge (*kidhb*) celui qui parle et il est appelé *takdhîb.* Ces conceptions, inspirées par une propriété de la langue, conviennent parfaitement à une pensée religieuse fondée sur la prophétie. En effet, il s'agit pour le prophète de faire accepter sa véracité. Le Coran affirme à plusieurs reprises la véracité de Dieu et celle de Ses Envoyés (33, 22); Abraham demande au Seigneur : « Donne-moi, pour la postérité, une langue de vérité (*lisân sidq*) ». Cette véracité se prouve, non par la nature de ce qui est dit, mais par des signes extérieurs, tels que la réalisation des prédictions que le prophète fait au nom de Dieu, soit par les miracles qu'il lui est donné de faire. En principe donc tout se ramène pour les musulmans à croire sans aucune espèce de doute en la Parole de Dieu transmise à la lettre par un prophète qui ne peut mentir. Mais qu'arrive-t-il si des doutes naissent? Ghazâlî a posé la question, et la réponse est qu'il faut avoir recours soit à l'expérience savoureuse et indubitable des mystiques, soit, à l'extrême rigueur, à la théologie qui n'est d'ailleurs pas sans danger.

Nous avons vu qu'à la suite de la formation des sectes et de la confrontation avec les juifs et les chrétiens, la théologie musulmane est née et s'est développée. Avant même qu'apparaisse la philosophie proprement dite, la *falsafa*, elle a tiré parti des traductions des penseurs grecs, sans pour autant leur emprunter l'ensemble de leurs systèmes. Mais une telle entreprise exigeait qu'on passât d'une critique externe de la véracité à un examen intérieur de la vérité appuyé sur une logique. C'est avec beaucoup de peine que l'*Organon* d'Aristote finit par être accepté, à la suite de discussions qui se prolongèrent même après qu'il eut acquis droit de cité. Cette victoire de la logique aristotélicienne est d'une importance capitale dans l'histoire de la pensée musulmane : elle suppose une certaine transformation de la langue. La notion de la vérité est intimement liée à celle de l'être. Or la langue arabe se prêtait mal à la recherche ontologique. Comment dire l'être, l'existence, l'essence, et comment enrichir le vocabulaire des termes abstraits indispensables? Ce problème fut posé et résolu par le progrès des traductions, car les premières versions qui mettaient un mot arabe sous un mot grec étaient souvent illisibles. Elles furent corrigées et constamment améliorées. Les philosophes, par leurs commentaires, rendirent sur ce point de grands services et la théologie en profita.

Nous savons, par le témoignage de Fârâbî, le « Second Maître » après Aristote, combien ce travail fut difficile. Il signale par exemple des abus dans la création inconsidérée de substantifs abstraits en *iyya* : ils étaient formés à l'origine sur le féminin des adjectifs de relation, et ressemblaient ainsi aux substantifs grecs en *eia*, comme *alètheîa* (vérité). Par la suite on ajouta cette terminaison à des particules (pronoms, prépositions), ce que la stricte grammaire interdit, et on fabriqua par exemple *huwiyya* (l'ipséité) sur le pronom *huwa* (lui), ou *ma'iyya* (le fait d'être avec...) sur la préposition *ma'a* (avec). Dans bien des cas, le nom d'action des verbes (*maṣdar*) suffisait à exprimer l'idée abstraite : par exemple le verbe *bâda* (être blanc) a pour nom d'action *bayâd* qui signifie le fait d'être blanc, le « blanchoiement », la blancheur. Il est donc inutile de fabriquer sur l'adjectif *abyad* (blanc) l'abstrait *abyadiyya*. L. Massignon a écrit sur ce sujet des « Notes sommaires sur la formation des noms abstraits en arabe et l'influence des modèles grecs » (*Opera minora,* 1, p. 337 sq.), et il pose cette grave question : « Toute langue est-elle également apte à se construire des séries de termes abstraits? Ne faut-il pas qu'elle ait reçu, sous l'influence de *sociétés de pensée,* la transmission initiatique d'une réflexion philosophique étrangère portant sur des concepts théoriques? Telle l'initiation à la science hellénique (hypothèse de Renan) : où l'on discute de " rapports ", " d'attributs ", de " concepts " auxquels on n'assigne *a priori* aucune réalité objective... Dans ce cas, il semblerait que la langue arabe a été initiée aux termes abstraits par la philosophie hellénistique, alors que ces termes abstraits n'étaient plus que des " mots signes " (stade nominaliste), et non plus des " mots forces " (stade réaliste) ». L. Massignon, comme Fârâbî, aurait donc regretté l'abandon des noms d'action pour exprimer l'abstrait. On peut discuter cette opinion. Nous ne l'avons citée que pour montrer l'importance des influences que les traductions du grec ont pu avoir sur la langue arabe. On peut également se reporter à notre article : « Pensée et Langage dans la philosophie de Fârâbî « (*Aspects de la pensée musulmane,* p. 241-249). Quoi qu'il en soit, il est incontestable que les traductions ont rendu possibles de fructueuses rencontres des penseurs musulmans arabophones avec les chrétiens d'abord, avec les juifs ensuite.

L'influence de ces traductions aurait pu rester située au niveau d'une culture livresque uniquement destinée à satisfaire la curiosité de beaux esprits et de mécènes raffinés. En fait, elle s'étendit bien au-delà et fut à l'origine d'une véritable renaissance de la pensée grecque, suivie d'une très sérieuse activité d'investigation à partir des acquisitions des maîtres anciens. Ce qui favorisa ce mouvement, c'est que beaucoup de ces traducteurs chrétiens étaient aussi des savants au fait des problèmes que leur temps posait, à eux comme aux musulmans au milieu desquels ils vivaient. Ainsi le chrétien melkite Qustâ b. Lûqâ (né vers 820 à Ba'albek, mort en Arménie en 912) était, selon Qifṭî, versé dans l'arithmétique, la géométrie, l'astronomie, les sciences physiques, la logique, tout en étant expérimenté en médecine. Il traduisit le *De Generatione et Corruptione* et une partie de la *Physique*. Mais il composa un *Livre des caractères*, une étude psycho-sociologique de l'homme qui s'étend depuis les principes de la physique grâce auxquels on peut connaître les différences de tempérament des corps vivants, jusqu'à la métaphysique qui traite de la nature propre de l'être humain. Un ouvrage de ce genre fait comprendre que de tels traducteurs ont montré aux philosophes et théologiens comment les textes qu'ils leur livraient pouvaient être utilisés par une pensée moderne.

Comme Qustâ, Ḥunayn b. Isḥâq est un savant original. Parmi les ouvrages que signalent de lui Ibn al-Nadîm et Qifṭî, il faut surtout retenir ses traités d'ophtalmologie et son livre sur les couleurs. Prüfer et Meyerhof, qui ont étudié cette théorie des couleurs, concluent : « Dans l'ensemble on peut dire que Ḥunayn a interprété correctement la doctrine aristotélicienne de la lumière;

d'ailleurs il a fait sienne la théorie d'Aristote sur la vision et l'a exploitée dans ses écrits sur l'ophtalmologie. »

À côté de ces chrétiens, il convient de citer un musulman, Abû Yûsuf Ya'qûb b. Isḥâq al-Kindî (né vers la fin du IIe/VIIIe siècle, mort vers 252/866), surnommé le Philosophe des Arabes. À la différence de la majorité des *falâsifa* qui étaient d'origine persane, il était issu de la tribu sud-arabique de Kinda. Il est le premier philosophe musulman. Fortement marqué par la pensée d'Aristote, il fit traduire la *Métaphysique* et commenta plusieurs traités du Stagirite. D'après Qifṭî, il donna une version arabe de la *Géographie* de Ptolémée. On a aussi de lui un traité *Sur l'art de combattre la tristesse.*

Les juifs jouèrent également un rôle comme traducteurs et surtout comme médecins, praticiens auprès des califes et théoriciens. Depuis longtemps, la médecine était enseignée dans les écoles talmudiques. Elle s'intéressait à la pathologie, particulièrement aux maladies des yeux, à la thérapeutique, à la diététique, à l'embryologie : l'embryon est un être vivant à partir du moment de la conception; la semence n'est pas, comme le croyait Aristote, une mosaïque de facteurs agissant pour créer chacun une partie du corps humain, mais c'est une unité singulière qui résume toutes les puissances créatives. De tous ces maîtres du Talmud qui étaient également médecins, le plus célèbre est Samuel b. Abba ha-Kohen, appelé Samuel Yarhina'ah, c'est-à-dire l'astronome, qui vivait au IIIe siècle. Cette tradition fut conservée. Avant la domination arabe, il faut citer Asap^{h}, ha-Rôp^{h}ê' ha-Yehûdî (le Médecin juif). Il a donné son nom à un livre de médecine, essentiellement inspiré d'Hippocrate (il contient une traduction hébraïque des *Aphorismes*), dont le célèbre médecin officiellement musulman Abû Zakariyâ al-Râzî a fait mention. Après la conquête des Arabes, Isaac b. Salomon Israélî, qui vécut cent ans (855-955), fut un ophtalmologiste célèbre aux environs du Caire, avant d'émigrer à Kairouan. Il écrivit des ouvrages en arabe, en particulier *Kitâb al-Ḥudûd* (Livre des définitions) qui fut traduit en latin. Citons encore Mâsarjawayh de Baṣra, qui vécut au début du VIIIe siècle et auquel Ibn al-Nadîm, Ibn Abî Usaybi'a et Qifṭî ont consacré des notices; il fit des traductions du syriaque en arabe, lit-on dans le *Fihrist*, et il écrivit un premier traité sur les forces des aliments, leur utilité et leurs dangers, puis un second sur les forces des drogues médicinales, leur utilité et leurs dangers. Enfin deux noms sont à retenir, ceux de deux juifs, père et fils, convertis à l'islam : Sahl Rabbân al-Ṭabarî qui vivait en Perse au début du IXe siècle, mathématicien, médecin, astronome traducteur de l'*Almageste* de Ptolémée; et 'Alî Rabbân al-Tabarî, l'auteur du *Firdaws al-Ḥikma* (le Paradis de la Sagesse) où il parle de médecine, d'embryologie, de zoologie et d'astronomie. Médecin des califes Mu'tasim, Wâthiq et Mutawakkil de 833 à 861, il était un ophtalmologiste de renom. Il fut le maître de Râzî.

Parmi les astronomes juifs, il faut citer Mîshâ b. Abrâ (selon Qifṭî, ou Athrâ selon le *Fibrist*), connu sous le nom de Mâshâ'al-lâh. Il vécut du temps de Manṣûr jusqu'au califat de Mâmûn, et fut célèbre par les informations qu'il donnait sur la marche des événements et les revirements du sort (*hadathân*), ce qui implique qu'il pratiquait l'astrologie intimement liée à cette époque avec l'astronomie. Qifṭî raconte que le jurisconsulte musulman Sufyân al-Thawrî le rencontra un jour et lui dit : « Tu crains la planète Saturne, et moi, je crains le Seigneur de Saturne; tu espères en la planète Jupiter, et moi j'espère en Dieu, le maître de Jupiter [...] Quelle différence entre nous! Mâshâ'allâh lui rétorqua : " Ce qui nous sépare, c'est que tu es dans un état plus rempli d'espérance, et dans une condition plus salvatrice et de meilleur augure. " » Le problème des rapports entre la Providence divine et la détermination de l'avenir par les astres s'est posé aux juifs comme d'ailleurs aux musulmans. La réponse ironique de l'astrologue au jurisconsulte exclusivement attaché à la révélation semble signifier que la paix de l'âme que donne la foi n'est pas exclusive du souci que donne la recherche scientifique.

On voit donc que les juifs ont pris part, eux aussi, quoique dans une mesure moindre que les chrétiens, à ce grand essor culturel des IXe et Xe siècles à Bagdad. Ce n'est là qu'un très petit aperçu de toutes les activités culturelles, dont nous allons reprendre certains aspects, particulièrement significatifs de l'intérêt des « rencontres ». Mais il suffit à convaincre que l'âge d'or de Bagdad mit en contact et emporta, dans un immense mouvement intellectuel, des hommes de confessions différentes, tous réunis pour recueillir et assimiler l'héritage grec : si chacun d'eux a utilisé cet héritage en fonction des exigences de sa propre foi religieuse, ils n'en ont pas moins été tous en mesure de communiquer entre eux et de faire entendre leurs idées. Ce fut par suite un moment particulièrement heureux et riche de l'histoire des rencontres entre monothéistes, encore que la situation socio-politique, dans un monde d'intrigues où les faveurs et les disgrâces se succédaient sans relâche, ait souvent jeté une ombre sur ce tableau. Mais ce qui nous importe, c'est ce qui fut positif.

2. *Le témoignage d'Abû Hayyân al-Tawḥîdî*

Né entre 310/922 et 320/932 et mort en 414/1033, Abû Hayyân al-Tawḥîdî est le plus grand prosateur arabe du xe siècle de notre ère. Il vécut à Bagdad, y étudia la grammaire avec Sîrâfî, le commentateur de Sîbawayh, et Rummânî; le droit shâfi'ite avec Abû Hâmid al-Marwarrudhî et Abû Bakr al-Shâshî. En 361/971, il suivit les cours du philosophe jacobite Yaḥyâ b. 'Adî. Étant à Rayy, en Iran, il entra en relation avec l'historien philosophe Miskawayh. Il assista aux cours d'Abû Sulaymân al-Sijistânî al-Mantiqî en 371/981. Ce maître était un philosophe, né vers 300/912, mort vers 375/985, disciple du logicien chrétien Mattâ b. Yûnus (mort en 328/939) et de Yahyâ b. 'Adî (mort en 364/974). Abû Sulaymân, dont la pensée se rattachait au néoplatonisme, avait écrit le *Coffret de la Sagesse* (*Ṣiwân al-Ḥikma*), dont nous n'avons qu'un abrégé, où il fait un historique de la philosophie grecque. Il compta parmi ses élèves Ibn al-Nadîm qui parle de lui dans son *Fihrist*. Tawhîdî fut profondément impressionné par son enseignement et expose ses idées dans le cours de deux ouvrages sur lesquels nous allons nous appuyer : *Kitâb al-Imtâ' wa'l-Mu'ânasa,* titre qu'on pourrait rendre par « Livre des agréments de la conversation » (en prenant « conversation » au sens fort du XVIIe siècle), et *Al-Muqâbasât*, titre qui exprime la même idée que « feux croisés ». Un grand personnage joua un rôle important dans la carrière de Tawḥîdî : c'est Ibn Sa'dân qui devint vizir de Samsam al-Dawla en 373/985. Il tenait chez lui le soir des réunions auxquelles assistait Abû Hayyân parmi plusieurs personnalités littéraires et scientifiques. Le vizir proposait un sujet de discussion et les dialogues s'engageaient. À la demande du mathématicien Abû'l-Wafâ', Abû Hayyân al-Tawḥîdî rédigea, dans une prose très châtiée, mais très ampoulée, le compte rendu de 37 de ces séances (37 « Nuits ») dans le *Kitâb al-Imtâ'*. Vers la fin de sa vie, il traita dans les *Muqâbasât* de sujets variés, l'interlocuteur principal étant toujours Abû Sulaymân al-Sijistânî. Grâce à ces deux ouvrages, nous avons une source unique de renseignements qui nous offrent le panorama de la vie culturelle à Bagdad au Xe siècle de notre ère.

Au cours de la seconde Nuit, le vizir demande quelle est la place d'Abû Sulaymân al-Sijistânî al-Mantiqî « par rapport à nos compagnons » (*min ashâbinâ*). Or ces « compagnons » sont quatre chrétiens, Ibn Zur'a, Ibn al-Khammar, Nazîf al-nafs al-Rûmî, Yahyâ b. 'Adî, et quatre musulmans, Ibn al-Samḥ, al-Qûmasî, Miskawayh, 'Isâ b. 'Alî. Voici les renseignements qu'on peut tirer sur ces personnages des ouvrages d'Ibn al-Nadîm, de Qifṭî et d'Ibn Abî Usaybî'a et de Tawḥîdî lui-même.

Ibn Zur'a, Ibn al-Khammar, Nazîf al-Rûmî

Ibn Zur'a, né à Bagdad en 943, mort en 1008, était un apologiste chrétien jacobite, philosophe et traducteur de plusieurs traités d'Aristote, entre autres l'*Histoire des animaux* et la *Réfutation des sophistes*. Tawḥîdî loue la qualité de ses traductions, sa façon de rendre avec vérité le sens des textes; il reconnaît qu'il s'acquitte bien de l'exposé des points importants de la philosophie, mais il ajoute qu'il manque de pénétration dans les questions de détail. Il lui reproche surtout de s'être laissé disperser par le souci du négoce : sa passion du gain, son désir immodéré de s'enrichir, son amour de ce monde l'ont aveuglé et rendu sourd.

Al-Ḥasan b. Ṣuwâr b. Bâbâ b. Behnâm Abû'l-Khayr, connu sous le nom d'Ibn al-Khammar, était chrétien, d'une famille vraisemblablement nestorienne originaire d'Iran, car le nom de Behnâm signifie en persan « de bon renom ». Il était né en 943. D'une grande acuité d'intelligence, il fut, en logique et en philosophie, l'élève de Yahyâ b. 'Adî. Il se distingua aussi comme médecin, tant sur le plan des principes, que sur le plan de la pratique où il avait une grande expérience. D'après Ibn Abî Usaybi'a, le médecin égyptien Ibn Ridwân, qui vécut au XIe siècle, le cite dans son *Livre sur la solution des doutes élevés par Râzî* [le Rhazès des Latins] *contre Galien*. Il fit plusieurs traductions à partir du syriaque, en particulier celle des *Météorologiques*. Il était l'auteur de plusieurs ouvrages originaux : le *Livre de la matière; De la concordance entre la doctrine des philosophes et celle des chrétiens; Commentaire de l'Isagoge; De l'ami et de l'amitié; De différents phénomènes qui se produisent dans l'atmosphère comme objets de l'imagination à partir de la vapeur aqueuse : halo, arc-en-ciel, brouillard; Livre sur les nerfs des bras et des jambes; Livre sur le bonheur; Traité de l'explication de l'opinion des Anciens sur le Créateur, les Lois et les prophètes; Livre sur la création de l'homme et la composition de ses membres.*

Il écrivit un traité sur *La mise à l'épreuve des médecins*, dédié à l'émir du Khwarizm Abû'l-'Abbâs Ma'mûn b. Ma'mûn dont le père avait fondé une dynastie qui fut de courte durée (385-408/955-1017). Sa capitale Gurgânj devint un centre de science qui attira des savants et des hommes de lettres de tout l'Islam oriental. Son fils s'entoura d'une assemblée de personnages remarquables, philosophes, juristes, philologues, parmi lesquels on compte Ibn al-Khammar, le médecin.

Il rédigea des considérations sur l'échange de vues qui eut lieu entre Yahyâ b. 'Adî et Ibrâhîm b. Bakûs sur la forme du feu. Ibn Bakûs était un traducteur et un médecin célèbre, attaché à l'hôpital fondé en 980 à Bagdad par 'Adûd al-Dawla. Il est l'auteur d'un traité sur la variole; d'un autre sur l'épilepsie; il montra, dans un opuscule, que l'eau pure est plus « froide » que l'eau d'orge. Signalons enfin son explication de l'erreur que professait Abû Sulaymân b. Tâhir (al-Sijistânî al-Mantiqî) sur la forme des éléments.

Tawḥîdî reconnaît qu'Ibn al-Khammâr est éloquent et doué de souffle; il a de vastes horizons; ses traductions sont satisfaisantes et très minutieuses. « Mais il mélange la perle et la crotte, le gras et le maigre : il met à ce qui est neuf une pièce usée, et il défigure le tout par son outrecuidance et sa vantardise ». Il est vraisemblable que sa critique d'Abû Sulaymân avait irrité le disciple fidèle qu'était Tawḥîdî.

Nazîf al-nafs al-Rûmî était un prêtre, traducteur réputé et médecin à l'hôpital fondé par 'Adûd al-Dawla. On raconte cependant qu'il n'avait pas beaucoup de chance, comme praticien, dans les soins qu'il donnait. Abû Hayyân confirme ce jugement : il n'était ni inférieur à ses confrères les plus malchanceux, ni supérieur à ceux qui obtenaient les plus heureux résultats; « il était moyen ».

Mais dans les assemblées, il avait « une langue tout à fait excellente » ; il était « courtois et habile dans la discussion ». Ce dernier compliment est important : il montre que, dans une société musulmane cultivée, où la qualité de la langue arabe parlée par les participants était une valeur fondamentale, un chrétien pouvait, sur la seule recommandation de son élocution, être admis et honoré, même s'il n'était pas des plus remarquables dans sa spécialité. Au contraire, Tawḥîdî, comme tous les auteurs de notices, ne manque pas de signaler les imperfections du langage écrit ou oral de tel ou tel chrétien qui n'est alors pris en considération que pour la valeur de sa science ou de son art. La maîtrise de la langue arabe fut donc un des facteurs puissants de rapprochement des hommes, par-delà les différences de leurs confessions religieuses.

Yahyâ b. 'Adî

Il nous faut insister sur Yahyâ b. 'Adî, d'une part en raison de la place qu'il a occupée et du rôle qu'il a joué, en particulier par le fait qu'il eut des élèves musulmans; d'autre part en raison de la valeur de ses œuvres. C'était un chrétien jacobite, né à Takrît en 893. Cette ville d'Irak était alors la capitale intellectuelle de l'Église syrienne. Yahyâ fit ses études à Bagdad et fut l'élève d'Abû Bishr Mattâ b. Yûnus (mort en 940), célèbre logicien que nous allons retrouver, et du philosophe Abû Nasr al-Fârâbî. Devenu le chef de file de l'école aristotélicienne dans le monde arabo-musulman, il forma un grand nombre de disciples dont plusieurs sont cités par Tawḥîdî dans le passage que nous examinons : Abû Sulaymân al-Sijistânî; 'Isâ b. Zur'a; Alî b. al Samḥ, un logicien musulman, mort en 418/1029; l'historien philosophe Miskawayh 'Isâ b. 'Alî, mort à Bagdad en 391/1002. À côté de son enseignement, Yahyâ b. 'Adî passait ses jours et ses nuits à copier des ouvrages pour des personnages illustres, sans doute pour gagner sa vie. Qifṭî a insisté sur cette activité prodigieuse; il signale qu'il transcrivait des ouvrages de tous genres et qu'il fit en particulier deux copies de l'immense commentaire coranique de Ṭabarî. Yahyâ mourut en 974 et fut enterré dans l'église des Syriens occidentaux à Bagdad.

Son œuvre est considérable. Elle comprend des traductions de

Platon et d'Aristote; des traductions de commentateurs grecs, tels qu'Alexandre d'Aphrodise, Thémistius, Olympiodore. Lui-même commenta plusieurs traités du Stagirite : l'*Organon* avec l'*Isagoge* de Porphyre, la *Physique* et le livre « petit alpha » de la *Métaphysique*. Il écrivit de nombreux ouvrages personnels sur la logique, la physique, les mathématiques et la médecine.

Nous nous arrêterons à quelques-uns de ceux qui concernent les questions philosophiques, métaphysiques et théologiques. Qifṭî signale une critique des arguments que font valoir les théologiens en faveur de la thèse que les actions humaines sont une création de Dieu et une acquisition (*iktisâb*) de l'homme : elle est dirigée contre les ash'arites qui, soutenant d'une part que Dieu est le seul créateur, donc le seul véritable agent, rejetant d'autre part la doctrine mu'tazilite de la liberté et de la responsabilité humaines d'après laquelle l'homme est créateur de ses actes, et refusant enfin d'admettre qu'une même action puisse résulter de deux agents différents, Dieu et l'homme, tentaient de trouver un juste milieu (*iqtisâd*) en professant que l'homme acquiert et fait siennes les actions créées par Dieu, de telle sorte qu'il en est responsable comme s'il en était véritablement l'auteur. Cette doctrine de l'*iktisâb* ou *kasb* est d'ailleurs difficile à comprendre et n'est guère destinée qu'à sauver les apparences de la liberté sans en reconnaître la réalité. Yahyâ est d'une façon générale hostile aux théologiens, en particulier musulmans (*al-mutakallimûn*) auxquels il reproche, comme le fera plus tard Averroès, d'ignorer les lois de la logique. Son élève, Abû Sulaymân al-Sijistânî, selon ce que nous en a conservé Tawḥîdî dans ses *Muqâbasât*, a rapporté son opinion à ce sujet. Qifṭî raconte qu'un vizir qui tenait à Bagdad une séance à laquelle assistaient de nombreux théologiens pria ses hôtes d'interroger Yahyâ b. 'Adî qui était un maître de la « secte » des philosophes. Yahyâ s'en excusa en disant : « Les théologiens ne comprennent pas les principes de base de mon expression (*'ibâra*), et moi, je ne comprends pas le vocabulaire qu'ils ont inventé (*istilâh*). Je craindrais donc qu'il ne m'arrive ce qui est arrivé à Jubbâ'î [théologien mu'tazilite] : il voulut critiquer les propos d'Aristote dans son livre intitulé *Examen d'ensemble* (*al-Taṣaffuḥ*) et les réfuta à la mesure de ce qu'il s'imaginait en comprendre, alors qu'il ignorait les principes de base de la logique. »

Un autre traité explique l'erreur de ceux qui croient que la connaissance que le Créateur a des possibles précède leur existence. C'était une question posée par les mu'tazilites qui lui donnaient des réponses variées. Ce traité est malheureusement perdu; il touche au problème de la prédestination et de la providence divine. D'ailleurs Ibn 'Adî a écrit plusieurs traités sur le problème du possible, de sa nature, de sa réalité. L'un d'eux sera prochainement publié (collection « Patrimoine arabe et chrétien », Beyrouth).

Ibn 'Adî a aussi écrit sur un problème qui opposait certains théologiens partisans de l'atomisme aux philosophes d'inspiration aristotélicienne : celui de savoir si la division des corps est finie et s'arrête à des parties insécables, ou si elle se poursuit à l'infini. Ailleurs, il explique que « tout continu n'est divisible qu'en du continu », et que « tout continu se divise en sections qui se divisent à l'infini »; mais d'autre part, il démontre qu'il n'existe aucune chose qui soit infinie (en acte), soit en nombre, soit en grandeur : il rédige un traité sur l'infini; un autre sur la fausseté de la doctrine qui veut que les corps soient composés de parties indivisibles. Sur ce point, Ibn 'Adî est tout à fait d'accord avec Fârâbî et avec ce que sera la doctrine d'Avicenne. Signalons enfin un livre qui explique « la séparation entre la science de la logique philosophique et celle de la grammaire arabe ». Nous allons retrouver sur ce sujet une discussion que rapporte Tawḥîdî entre le logicien chrétien Mattâ ibn Yûnus et Abû Sa'îd al-Sîrâfî, le grand commentateur du grammairien Sîbawayh.

Penseur chrétien, Yahyâ b. 'Adî a écrit sur la morale. Son livre *La correction des mœurs* porte le même titre arabe (*Tahdhîb al-akhlâq*) que l'ouvrage du philosophe musulman Miskawayh. Citons, sur un sujet voisin, le traité *Du gouvernement de l'âme*. Nous ne dirons rien de ses écrits sur la vérité de l'Évangile, sur la christologie et la Trinité. Mais nous nous pencherons sur son *Traité de l'Unicité divine* (*Fî'l-Tawḥîd*), édité par Khalil Samir S.J. (Jounieh, Liban, 1980). En effet, le *Tawḥîd* est le dogme fondamental de l'islam; tous les *mutakallimûn*, et en particulier les mu'tazilites, le proclamaient à l'envi. Il est donc important de voir comment un chrétien pouvait le présenter, dans un milieu officiellement musulman, quoique au sein d'une société cultivée ouverte à la pensée grecque, voire à la logique des péripatéticiens.

Yahyâ commence par examiner les définitions qui ont été

données de l'unité (*wahdâniyya*) quand on l'applique à Dieu. Les théologiens mu'tazilites, pour éviter d'affirmer en Dieu l'existence d'attributs qui multiplieraient son essence, disent : « Nous ne qualifions Dieu en disant qu'il est Un (*wâhid*) que pour nier de Lui la notion de multiplicité, mais nous n'affirmons pas de Lui la notion de l'unité (*wahda*). » Ibn 'Adî réplique à cela que c'est absurde, car la fin de cette explication contredit le début. « En effet, pour tout être que ce soit, il faut nécessairement qu'il soit un ou qu'il ne soit pas un. Donc tout être qui n'est pas un est sans aucun doute plus qu'un; et tout être qui n'est pas plus qu'un est sans aucun doute un. Puisque cette croyance [le *tawhîd*] commence par nier la multiplicité d'un être, elle implique de toute nécessité que l'Un est existant, ce qui est évidemment nié à la fin [quand il est dit qu'on n'affirme pas l'existence de l'unité en Dieu], car alors est nié l'être un. Cela entraîne inévitablement l'affirmation de l'existence de la multiplicité, qui était niée au début ».

Telle est l'argumentation de Yahyâ. Elle est d'une logique impeccable, mais précisément elle relève d'une logique, celle des jugements d'attribution, alors que l'argumentation des théologiens musulmans relève de la conception des jugements d'information, telle qu'elle résulte d'une réflexion sur la syntaxe arabe du *mubtadâ'* et du *khabar*, ainsi que nous l'avons vu. Pour Ibn 'Adî, le disciple d'Aristote, l'attribut appartient au sujet, soit par essence, soit par accident : ici l'attribut *un* étant affirmé de Dieu, il en résulte que l'unité Lui appartient et, dans son cas, appartient à son essence. Dire que Dieu n'est pas multiple, c'est dire qu'Il est un; mais alors on ne saurait ajouter qu'en niant toute multiplicité de Lui, on refuse en même temps d'affirmer que l'unité lui appartient comme attribut essentiel. Il y aurait là contradiction. Mais ce n'est pas ainsi que les mu'tazilites raisonnent : il s'agit pour eux de savoir, non pas ce que Dieu est ou n'est pas, mais ce qu'il est permis (*yajûz*) de dire et ce qu'il ne faut pas dire de lui. C'est pourquoi ces théologiens n'hésitent pas à joindre des déclarations logiquement contradictoires. On en a un exemple sous une forme des plus radicales, dans ce que rapporte Abû'l-Hasan al-Ash'arî dans son livre sur les doctrines des théologiens de l'islam (*Maqâlât al-Islâmiyyîn*) à propos de certains mu'tazilites : « Il y en a qui *disent* : – qu'on ne *dise* pas à propos des attributs qualificatifs qu'ils sont ce qu'ils qualifient; qu'on ne dise pas non plus qu'ils sont autre chose que ce qu'ils qualifient; ils interdisent de *dire* que les attributs ne sont pas ce qu'ils qualifient comme de *dire* qu'ils ne sont pas autre chose ».

D'autres théologiens musulmans entendaient que l'unité de Dieu signifie qu'Il n'a pas de pair qui Lui corresponde (*nazîr*). En effet, il est dit dans le Coran (112, 4) que « Nul n'est semblable (*kufu'*) à Lui », et (2, 22) qu'il ne faut pas Lui donner de rivaux (ou de partenaires, *andâd*). La critique d'Ibn al-'Adî est très subtile. On peut comprendre cette définition en ce sens qu'il n'y a rien qui, sous quelque rapport que ce soit, corresponde au Créateur. Mais en fait « il est impossible qu'existe quelque chose qui soit qualifiable par le fait qu'il n'a aucun semblable qui lui corresponde ». En effet, la notion de semblable est relative : si un être est semblable à un autre, cela implique que l'autre lui est semblable. De même en est-il du non-semblable : si un être est non semblable à un autre, cet autre est non semblable à lui. Le fait d'être non semblable n'est pas le propre exclusif de l'un des deux, mais appartient à l'un comme à l'autre. Par conséquent, ce n'est pas une détermination propre à Dieu de n'avoir pas de semblable, c'est-à-dire d'être non-semblable. Et puisque Dieu et ce qui n'est pas Dieu sont également non-semblables, ils se ressemblent sur ce point. Nous avons tenu à donner, quoiqu'en résumé, toute cette argumentation, pour montrer l'usage très serré que Yahyâ fait de la logique. En fait, le nerf de l'argument est très simple : si on veut rendre compte de l'unité de Dieu en tant que transcendante et absolue, il ne faut pas s'appuyer sur des notions qui relèvent de la catégorie de relation, comme la notion de semblable.

Mais on peut comprendre aussi « que l'Un diffère, en tous ses attributs, de tous les êtres autres que lui, et qu'il ne concorde avec eux en aucune de leurs qualifications ». Cela étant, « si l'on pose que l'Un diffère par exemple de l'homme en tout ce par quoi l'homme est qualifié, puisque l'homme est qualifié comme non-ange, comme non-animal, comme non-plante, [...] en un mot comme n'étant aucun des êtres autres que l'homme, il faut nécessairement ne pas juger que ces qualifications [négatives] s'appliquent à l'Un. Et puisqu'on ne peut appliquer à l'Un aucune de ces négations, il faut nécessairement lui appliquer les affirmations qui sont leurs contradictoires ». Plus simplement : l'homme n'est pas un animal; or Dieu diffère de l'homme sur ce point (comme sur les autres); donc il faut dire que Dieu est un animal. Ici l'argumentation est sophistique, car il faudrait dire : puisque l'homme est un non-animal, Dieu n'est pas un non-animal, ce qui n'implique pas qu'il est un animal si on admet qu'Il transcende et l'animal et le non-animal, dans la mesure où la négation et l'affirmation d'un être se situent au même niveau ontologique. Ainsi dire que l'homme n'est pas un animal ne signifie pas qu'il est un pur esprit comme les anges, et n'exclut pas qu'il ait un corps comme l'animal. Par suite, le non-animal sera un corps, et Dieu, n'étant pas un non-animal, ne sera pas un corps, ce qui est exact. On en dirait autant pour d'autres exemples que prend Ibn 'Adî. Certes, le blanc et le non-blanc sont contradictoires. Mais ce qui n'est pas non-blanc ne sera nécessairement blanc que s'il s'agit de couleurs, d'objets colorés ou colorables. Or un son, un parfum, ne sont ni blancs, ni non-blancs, et il n'y a aucun sens à dire qu'ils ne sont pas non-blancs. Cela étant, comme Ibn 'Adî ne pouvait pas ne pas s'apercevoir que ce raisonnement était un sophisme, la seule interprétation à donner de l'ensemble de sa réfutation est la suivante : ayant distingué deux manières d'entendre le mot *nazîr*, il réfute correctement, en fonction de la première signification donnée à ce mot, la définition qu'il attaque; puis il montre, à travers un sophisme, que la seconde signification conduit à des considérations entièrement dépourvues de sens.

Mais on a également défini l'unité comme ce qui, existant dans un être, fait qu'il est un. Ibn 'Adî note qu'il faut nécessairement que l'essence (*dhât*) dans laquelle existe cette unité (*wahda*) et cette unité elle-même soient ou bien toutes deux éternelles, ou toutes deux venues à l'existence dans le temps, ou que l'une soit éternelle et l'autre temporelle. Dans le premier cas, l'essence sera multiple par elle-même du fait qu'elle n'est pas une par elle-même, mais par l'existence en elle de l'unité. Elle sera « une » parce qu'elle reçoit l'unité, c'est-à-dire par accident, ce qui ne convient pas à l'essence divine. Dans le second cas, cette essence et cette unité auront besoin d'une cause qui les fasse exister, ce qui est absurde, car Dieu n'a pas de cause.

Si on suppose que l'essence est éternelle et l'unité temporelle, il s'ensuit que l'essence, avant d'être devenue une, était multiple.

Or de deux choses l'une : ou bien l'apparition de l'unité en elle a été due à sa nature d'essence; mais comme l'essence est supposée éternelle, l'unité y est alors forcément éternelle, ce qui est contraire à l'hypothèse; ou bien elle a été due à une autre cause différente de l'essence, et cette cause est éternelle ou temporelle. Si elle est éternelle, l'unité est elle aussi éternelle; si elle est temporelle, elle doit être produite par une autre cause et ainsi de suite à l'infini, ce qui est absurde. Si on suppose que l'unité est éternelle, et l'essence produite dans le temps, quelle sera la cause de la venue à l'existence de l'essence? Pour Ibn 'Adî, l'essence est la cause des causes. Si elle est cause d'elle-même, il en résulte qu'elle est à la fois existante comme cause, et non existante en tant qu'effet qui a besoin de sa cause pour être. Mais d'autre part, il serait absurde qu'elle résultât d'une autre cause que d'elle-même.

Cette réfutation touche au problème philosophique du rapport entre l'Un et l'Être qu'Ibn 'Adî va reprendre dans son élaboration personnelle. Mais ce qu'il faut noter, c'est le procédé mis en œuvre, qui consiste à diviser une question entre ses diverses acceptions possibles et à critiquer ensuite chacune d'elles, pour mettre sur la voie de la bonne réponse. Cette méthode fut couramment employée par les philosophes musulmans.

Voici donc la définition que donne Ibn 'Adî : « L'Un est un être existant (*mawjûd*^{un}*-mâ*) dans lequel n'existe aucune altérité en tant qu'il est un ». Or cet être dépourvu de toute altérité en tant qu'un peut être soit un genre, par exemple le vivant; soit une espèce, comme l'homme; soit une relation, comme celle de la source au fleuve dont elle est l'origine; il peut être un numériquement : soit comme le continu (*al-muttaṣil*), puisqu'il ne comporte pas de limites internes qui le diviseraient en une pluralité de parties constitutives; soit comme ce qui est un par l'unité de sa définition; soit comme ce qui est un par son indivisibilité. Les diverses significations de l'Un sont donc au nombre de six. Il y a en outre six modalités de l'Un : il peut être soit en acte, comme la ligne limitée par deux points; soit en puissance, comme l'eau et le vin qu'on peut mélanger dans un vase en une boisson unique; il peut être un par le sujet qui réunit des réalités diverses quant à leur définition : c'est le cas du sujet unique dans lequel se trouvent à la fois la couleur bleue, la chaleur, et autres qualités semblables; il peut être un par sa définition, comme l'homme;

enfin il y a ce qui est un par essence, tels un corps unique, une surface unique, et ce qui est un par accident, comme par exemple une armée. Le multiple, de son côté, se différencie d'une manière correspondante aux différenciations de l'Un.

Cela étant, en quel sens doit-on appliquer le nom de l'Un au Créateur qui est la cause des causes? Ibn 'Adî est conduit à examiner si cette cause est une à tous les points de vue, ou multiple à tous les points de vue, ou une d'un certain point de vue et multiple d'un autre. Voici ses argumentations. Le mot « un » est un nom qui est soit principe, soit dérivé. Il est principe quand il est institué pour désigner l'essence du dénommé sans l'intermédiaire de rien d'autre; c'est le cas du nom propre de Zayd qui n'indique personne d'autre que lui. Il est dérivé quand il y a un intermédiaire; c'est le cas du nom d'écrivain qui désignera Zayd par le fait qu'il a l'art d'écrire. Mais le nom « Un », appliqué dans le premier sens, est le principe d'une multiplicité, « car il est manifestement évident pour tout homme doué de bon sens, que la signification conceptuelle d'une multiplicité d'êtres est qu'ils forment un ensemble d'unités ». En d'autres termes, « Un » ne peut désigner Dieu comme le nom de Zayd désigne Zayd, sinon il ferait de Dieu, comme de Zayd, une unité parmi d'autres. S'il s'agit d'un nom dérivé, il va de soi qu'il renferme deux significations, celle de l'essence, et celle de ce qui est en elle : un être sera dit « un » en fonction de l'unité qui est en lui, comme Zayd est un écrivain en fonction de l'art d'écrire qu'il possède. Dans ces conditions, l'être qui est un ne l'est pas à tous les points de vue, puisqu'il est ou bien une unité parmi d'autres qui forment avec lui une multiplicité; ou bien l'unité d'une essence, ce qui fait deux. Mais il n'est pas pour autant multiple sous un aspect particulier, puisque dans les deux cas où il apparaît comme n'étant pas absolument un, il reste tout de même une unité : Zayd est un, bien qu'il le soit à côté de 'Amr et d'autres individus; l'essence de l'homme est une, bien qu'elle comporte une dualité, en tant qu'elle est une.

Par une spéculation purement logique du même ordre, Ibn 'Adî montre que l'Un n'est pas multiple à tous les points de vue, sans être pour autant « un » sous un aspect déterminé. En effet, les multiples ne sont tels que par la multiplicité (*kathra*); or la notion de multiplicité est « une » et tous les multiples s'accordent en elle, c'est-à-dire dans une unité. De même, le propre des multiples est qu'il y a altérité (*taghâyur*) entre les uns et les autres. Or la notion d'altérité est « une », et ils s'accordent tous en elle. Donc du point de vue où les multiples s'unifient, l'un n'est pas multiple. Mais il n'est pas pour autant « un » sous un aspect particulier, puisque là où il apparaît comme n'étant pas absolument multiple, la nature de son unité reste indéterminée. Les objets A.B.C. forment une multiplicité qui est « une »; en ce sens l'un est multiple. Mais on ne sait quelle est la nature de cette unité; on ne sait pas même si elle est déterminable.

Telle est la subtilité de l'argumentation logique de Yahyâ b. 'Adî. Elle est purement formelle. Le but qu'il recherche est de pouvoir conclure, par élimination des autres hypothèses, que l'Un, le Créateur, est « un » d'un certain point de vue, et « multiple » d'un autre point de vue. Sans parler ici de la Trinité, il en prépare l'étude qu'il fera ailleurs. S'il emploie cette méthode dont le formalisme nous paraît sans aucun doute tout à fait artificiel, c'est qu'il s'adresse à la mentalité de lecteurs, chrétiens ou musulmans, qui reconnaissent la logique d'Aristote et qui peuvent, dans une certaine mesure au moins, être touchés par l'usage qu'il en fait.

Il est aisé de montrer que le Créateur ne saurait être un comme l'est un genre, ou comme une espèce, ou comme une relation, ou comme un continu, ou comme un indivisible. Il reste qu'il est un de par la définition : il est un en acte; il est un par essence (et non par l'unité); il est un dans le sujet de par la définition. Mais sous quel rapport peut-on dire que le Créateur est multiple? Nous avons vu que la multiplicité se divise en six modalités correspondant aux six modalités de l'unité. De même que l'unité du Créateur est de par la définition, de même la multiplicité qui existe en Lui est celle de la définition. Cela ne veut pas dire qu'il a plusieurs définitions, mais que toute définition est d'abord une unité, en soi et pour la pensée, et qu'ensuite elle comporte une diversité de parties qui sont chacune une unité conceptuelle. Cette multiplicité exprime trois attributs divins; la Bonté (*al-Jûd*), la Puissance (*al-Qudra*) et la Sagesse (*al- Ḥikma*). Ibn 'Adî se retrouve là avec beaucoup de théologiens chrétiens qui avaient coutume de présenter la Trinité à leurs adversaires musulmans en assimilant les trois Personnes à trois attributs fondamentaux d'où découleraient tous les autres. Les musulmans répliquaient alors qu'il n'y a pas de raison de privilégier seulement trois attributs, et que si on veut assimiler les Personnes à des attributs, il faut convenir et dire qu'il y a en Dieu beaucoup plus de trois Personnes. Nombreux sont, en revanche, les théologiens juifs qui ont admis que trois attributs se détachent sur les autres, mais ils n'en ont pas conclu qu'ils sont des Personnes au sens de la doctrine chrétienne de la Trinité.

Plus tard, Ibn 'Adî abandonna cette triade pour une autre : Dieu est Celui qui intellige *(al-'Aqil)*, l'Intelligible qu'Il intellige (*al-Ma'qûl*) et l'Intellect (*al-'Aql*). La première triade pouvait être empruntée à la *Théologie d'Aristote*, traduction adaptée des *Éléments de théologie* de Proclus, dont la proposition 121 expose que « tout ce qui est divin a comme existence la Bonté (ἀγαθότης), une puissance (δύναμις) qui est simple (ἑνιαῖα) et une connaissance (γνῶσις) qui est cachée (κρύφιον) ». Il est possible aussi que Yahyâ la tienne de son maître Fârâbî. Mais la seconde triade se trouve expressément chez Fârâbî, parallèlement à une autre formule qui apparaît comme un doublet de la précédente : Celui qui aime (*al-'Ashiq*) est identique à Celui qu'il aime (*al-Ma'shûq*), et identique à l'Amour (*al-'Ishq*). Fârâbî applique ces deux formules au Premier Intellect. Mais elles lui venaient très probablement du chrétien nestorien Yuhannâ b. Haylân qui lui avait enseigné la philosophie. Par suite il faut rattacher son origine à la formulation du mystère de la Trinité en usage dans son Église. Si Dieu est amour, comme le révèle saint Jean en sa première Épître (4, 16 : ὁ Θεὸς ἀγάπη ἐστίν), il est normal de concevoir en Lui un Aimant, un Aimé et l'Amour, qui sont substantiellement identiques tout en se distinguant à l'intérieur de l'unité divine. Cette seconde formule, plus nettement chrétienne, exprime peut-être mieux encore l'idée que le Créateur est un à un certain point de vue, et multiple à un autre.

Tawḥîdî juge Ibn 'Adî inférieur à Abû Sulaymân al-Sijistânî

On voit donc combien Ibn 'Adî fut mêlé à l'intelligentsia de son temps. Mais Tawḥîdî est très sévère à son égard, bien qu'il ait été son élève. Il lui reconnaît la douceur de caractère, mais il le juge mauvais traducteur et accuse son expression d'être défectueuse; pourtant il était de bonne compagnie en ce qu'il savait susciter des questions diverses; il avait un cercle dont les habitués se distinguèrent pour la plupart. Il n'était pas à l'abri des critiques dans les sciences théologiques (*al-ilâhiyyât*) où il s'essoufflait en s'égarant dans leur vaste domaine; leurs problèmes dans leurs grandes lignes le faisaient bredouiller, pour ne rien dire de leurs points de détail. Il est vraisemblable que Tawhîdî s'était éloigné de lui, car il ne l'appelle nulle part son *shaykh*, son maître.

Sans doute cette attitude est-elle en partie fondée sur le désir de mettre Abû Sulaymân al-Sijistânî au-dessus de lui. En fait, Ibn 'Adî est peu cité dans le *Kitâb al-Imtâ'*. Il n'apparaît qu'en passant, et encore pour faire ressortir la valeur d'Abû Sulaymân. Par exemple (dix-septième Nuit), à propos de l'alchimie, il aurait dit qu'il avait au doigt un anneau d'argent et qu'il en avait vu produire le métal devant lui. Ses compagnons, Ibn Zur'a et Ibn al-Khammâr, suggérèrent que c'était là le résultat d'une opération de quelque charlatan illusionniste qui lui aurait échappé. Abû Zayd al-Balkhî (850-934) déclara que « l'alchimie était absurde, sans aucun fondement, et que la Sagesse de Dieu n'entraînait pas la vérité d'une telle entreprise ». Tawḥîdî présente ce savant, spécialiste de géographie, comme un maître dans tout l'Orient en toute espèce de sciences. En effet, il était adonné à la philosophie, à l'astronomie, à la médecine et aux sciences de la nature. Mais il poursuivit en même temps l'étude des sciences religieuses dans un esprit de stricte orthodoxie. En un sens contraire, Miskawayh prétendit que l'alchimie est un art véritable, quoique difficile, mais non impossible. Tawḥîdî se range à l'avis d'Abû Sulaymân qui répondit qu'à son avis l'alchimie était possible, mais qu'il était incapable d'indiquer la cause de sa possibilité et de démontrer sa vérité.

Sur la question générale des rapports entre la philosophie et la « Loi » (*al-Sharî'a*), c'est-à-dire l'enseignement révélé, Tawḥîdî rapporte (au cours de cette dix-septième Nuit) la position originale d'Abû Sulaymân et nous fait par là comprendre sa critique d'Ibn 'Adî à propos des *ilâhiyyât*. Le vizir demande des informations sur un certain Zayd b. Rifâ'a dont la doctrine lui paraît suspecte. Tawḥîdî lui apprend qu'il a vécu longtemps à Basra où il avait rencontré une société d'hommes adonnés aux diverses sciences, parmi lesquels Ibn Ma'shar al-Bustî, dit al-Maqdisî, le cadi al-Zanjânî et d'autres qui seraient les auteurs des *Épîtres* des « Frères de la Pureté » (*Ikhwân al-Ṣafâ'*) que la critique actuelle considère comme des ismaïliens. « Ils disent que la « Loi » est entachée d'ignorances et mêlée à des erreurs et qu'il n'y a pas d'autre moyen que la philosophie, pour la laver et la purifier [...]. Ils prétendent que la perfection est atteinte quand la philosophie grecque et la Loi arabe s'ordonnent entre elles ». C'est le but que se proposent leurs écrits. « Ils proclament qu'ils n'ont d'autre désir, ce faisant, que celui de la Face de Dieu, qu'ils ne cherchent qu'à Lui complaire en libérant les hommes des opinions fausses qui nuisent à leur âme, des croyances vicieuses qui portent tort à ceux qui les professent, des actions blâmables qui rendent malheureux ceux qui les commettent. »

Tawḥîdî estime que ces *Épîtres* sont pleines de mythes et d'affabulations. Il les a soumises au jugement d'Abû Sulaymân al-Sijistânî qui s'est montré très sévère pour leurs auteurs : « Ils se sont fatigués sans rien y gagner; ils ont fait des efforts sans profit [...] Ils ont des opinions sur ce qui n'existe pas, sur ce qui n'est pas possible, sur ce qui est irréalisable. Ils s'imaginent pouvoir instiller la philosophie dans la « Loi » et intégrer la « Loi » dans la philosophie, qui est [pour eux] la science des astres et des sphères, de l'Almageste, des grandeurs et des phénomènes physiques, de la musique [...] et de la logique ». C'est là un dessein irréalisable. De nombreux autres l'ont tenté en vain en dépit de l'élévation de leurs pensées et de l'étendue de leurs forces.

Son élève, Abû'l-'Abbâs al-Bukhârî, lui demanda pourquoi il en était ainsi. Abû Sulaymân répondit que la « Loi » est reçue de Dieu, tantôt conformément à ce que la raison exige nécessairement, tantôt conformément à ce qu'elle permet, en vue d'assurer des intérêts généraux, et d'indiquer, de façon claire, des directions à suivre. Il n'y a qu'à donner son assentiment à celui qui appelle à l'observer. Là, il n'y a ni pourquoi, ni comment, ni objections, ni doutes à prendre en considération. Ce qui est utile, c'est de se reposer sur la Loi. Les propos de l'astronome, du physicien et du géomètre n'ont rien à voir, non plus que ceux du logicien : comment, en cette matière, soumettrait-on la Parole aux règles posées par « un homme de Grèce », de telle sorte que soit vrai ce qu'il prétend vrai, et faux ce qu'il prétend faux? La Communauté musulmane connaît sans doute des divergences concernant les modalités de la Loi : ce qui est obligatoire, interdit, permis, et autres problèmes d'ordre juridique. Mais elle ne s'adresse jamais, pour trancher les questions en litige, à l'astronomie, à la médecine, à la logique, à la géométrie ou à la musique, et moins encore aux sciences blâmables, divination, incantations, interprétation des songes, talismans, sorcellerie, alchimie, comme le font les Ikhwân. De même nous ne trouvons personne dans cette Communauté, non plus que dans celle des chrétiens, qui ait recours à la philosophie en ces matières. En Islam, aucune des différentes sectes, murjites, mu'tazilites, shî'ites, sunnites, khârijites, ne se fonde sur la philosophie. Quel rapport pourrait-il y avoir entre la religion et la philosophie, entre ce qui est tiré d'une révélation descendue d'auprès de Dieu, et ce qui est tiré d'une opinion éphémère? En un mot, le prophète est au-dessus du philosophe; il n'a pas à le suivre, car il est envoyé (*mab'ûth*) par Dieu, alors que le philosophe est un homme auquel il est envoyé (*mab'ûth ilayhi*).

À la demande du vizir qui veut se renseigner sur Maqdisî, Tawḥîdî rapporte qu'un de ses contemporains, Harîrî, l'avait interrogé et avait obtenu des réponses sur la question posée. Ainsi expliqua-t-il, entre autres choses, que « la Loi est la médecine des malades, et la philosophie, la médecine des bien-portants; que les prophètes améliorent l'état des malades de façon que leur mal n'empire pas et finisse par disparaître par simple rétablissement de la santé, tandis que les philosophes conservent la santé de leurs adeptes de façon que la maladie ne les puisse plus jamais frapper ». Il dit aussi : « Nous n'unissons la philosophie et la Loi que parce que la philosophie reconnaît la Loi, bien que la Loi ignore la philosophie. »

Tawḥîdî expose alors les différentes critiques que Harîrî avait adressées à Maqdisî. En particulier, il lui objectait qu'il se contredit : si les tenants de la Loi ignorent la philosophie parce que la Loi n'en parle pas, ils ne peuvent savoir que la philosophie incite à recevoir la Loi. Puis il lui demande quelle est la Loi que la philosophie a en vue : est-ce la Loi des juifs, des chrétiens, des mages, des sabéens ou de l'islam? « Il y a là des adeptes de la philosophie qui sont chrétiens, tels Ibn Zur'a, Ibn al-Khammâr et d'autres; il y en a qui sont juifs comme Abû'l-Khayr b. Ya'îsh, et il y en a qui sont musulmans, comme, entre autres, Abû Sulaymân... Veux-tu dire que la philosophie permet à chacun de ces groupes de demeurer fidèle à la religion dans laquelle il a été élevé? » En outre, revenant à la charge, Harîrî s'adressa à Abû Sulaymân et lui demanda : « Quel est celui qui, parmi vous, peut affirmer que le bâton de Moïse s'est changé en serpent? », et il énumère tous les miracles et les prodiges qui sont racontés dans les livres révélés et les traditions. « Si vous invoquez une des Lois révélées dans lesquelles il est question de tels miracles qui déchirent les lois de la nature, et de telles merveilles, reconnaissez que tout cela est vrai, solide, réel, sans aucun doute et sans aucune contestation possible, sans interprétation allégorique et sans truquage, sans justification et sans déguisement; portez-vous garants que les natures peuvent réaliser tout cela, que les matières s'y prêtent et que Dieu est Tout-puissant pour l'exécuter. Renoncez à jouer sur les mots [...] et avec le sens manifeste et le sens caché. La philosophie n'est pas du genre de la Loi, ni la Loi de la classe de la philosophie [...]. D'ailleurs nous ne trouvons pas d'hommes religieux, parmi ceux qui adorent Dieu dans toutes les religions, qui signalent que les prédicateurs de leur Loi aient jamais fait appel à la philosophie, ordonné de l'étudier et de l'emprunter au foyer de la Grèce, cela depuis Moïse, jusqu'à Jésus, depuis Abraham, David, Salomon, Zacharie, Jean Baptiste jusqu'à Muḥammad. »

Harîrî exprimait bien le point de vue d'Abû Sulaymân al-Sijistânî, et Tawḥîdî le confirme. Mais ce qui est intéressant, c'est que le vizir s'étonna d'entendre qu'une telle doctrine était soutenue par un disciple de Yahyâ b. 'Adî, maître de philosophie et de logique. Or c'est là précisément ce qui, aux yeux de Tawḥîdî, fait la supériorité d'Abû Sulaymân sur Yahyâ. Le penseur chrétien a eu le tort d'appliquer la méthode philosophique et logique à des questions qui relèvent de la Loi et de la foi. Il voulait par là prouver la vérité du christianisme, ce qui évidemment ne pouvait plaire à un musulman. On comprend ainsi la critique sévère que Tawḥîdî fait de cet homme qui fut son professeur, critique grâce à laquelle il pouvait faire l'éloge de son *shaykh*, Abû Sulaymân, qu'il place au-dessus de tous. Quoi qu'il en soit, la discussion que nous avons résumée en ses grandes lignes montre combien les relations intellectuelles étaient étroites entre tous ces penseurs, et aussi, à quel point, en ces séances, la liberté de parole était grande.

Abû Bakr al-Qûmasî

Tandis que Tawḥîdî parle peu du logicien Abû ʻAlî b. al-Samḥ, dont il ne dit d'ailleurs pas grand bien, il s'étend davantage sur Abû Bakr al-Qûmasî qui était adonné à la philosophie; il le cite plusieurs fois dans les *Muqâbasât*. Par exemple, il lui demande quelle est la différence entre le fait que les mots tombent dans l'oreille et que les significations tombent dans l'âme. C'est, répond-il, que la forme se conserve dans l'âme, parce que l'âme est tournée vers l'intellect qui unifie, tandis que les mots s'effacent dans l'oreille, parce que l'ouïe est un sens, que le propre des sens est la dispersion et qu'ils suivent les mouvements de la nature. Ailleurs, au cours d'une séance à laquelle assistait Ibn Zurʻa et où l'on examinait l'état de l'homme qui connaît, mais n'agit pas, Qûmasî dit : « Le Sultan, dans le gouvernement de ses sujets, est comme le soleil dans la division des temps; l'armée joue le rôle du vent dans la fécondation; les savants, par rapport à l'ensemble [de la cité], sont comme les plantes et les animaux; le vulgaire qui véhicule les biens matériels est comme la terre qui porte le bétail et tout ce qui présente une utilité pour l'homme ». Il y a là, sans doute, un souvenir et une adaptation des idées de la *République* de Platon. Qûmasî devait jouir d'une grande autorité, puisque c'est à lui qu'on demanda ce qu'il pensait du *maʻâd*, le « lieu de retour » après la mort, dont il est question dans le Coran. Il répondit : « L'idée du *maʻâd* est trop fermement établie dans l'âme des hommes, trop solidement ancrée dans leur raison, trop attachée à leur pensée, pour que son principe puisse être ramené à une convention et à une prétention ». Il montre que la raison se refuse à admettre que la croyance à la survie est explicable par un mauvais équilibre des humeurs, mais qu'elle appelle à affirmer l'existence de récompenses et de châtiments dans l'au-delà. Il évoque l'accord de tous les peuples sur ce point, en dépit de la différence des langues.

Tawḥîdî commence par faire un grand éloge de lui : c'est un homme éloquent dont le style est doux; il manie agréablement la périphrase, il a réuni de nombreux livres curieux et prend un soin louable à en améliorer la lecture. « Il est en philosophie d'une grande classe et il fut vraiment attaché à Ibn ʻAdî ». Néanmoins il aime trop ce bas monde; il porte envie aux hommes de valeur; il est comme un imitateur parmi les adeptes de la vérité, comme un suivant par rapport à ceux qui vont de l'avant. Il est donc inférieur à Abû Sulaymân.

Abû'l-Qâsim 'Isâ b. 'Alî

'Isâ b. 'Alî (302/914-391/1004) était le fils du vizir 'Alî b. 'Isâ al-Jarrâh. Il avait, selon Qifṭî, une parfaite connaissance de la science des Anciens. Il avait étudié la logique et la physique d'Aristote sous la direction de Yahyâ b. 'Adî. Il aurait commenté Yahyâ al-Nahwî (Jean Philopon, dit le Grammairien, philosophe chrétien d'Alexandrie qui vécut de 490 à 566, commentateur d'Aristote, auteur d'ouvrages originaux sur la création du monde, contre Proclus, et sur l'éternité du monde, il exerça une grande influence sur la pensée arabo-musulmane). Selon le *Fihrist*, il étudia la médecine avec Ḥunayn b. Isḥâq, dont il fut, précise Ibn Abî Usaybi'a, le meilleur élève. Il écrivit un *Livre sur les avantages qui sont tirés des organes des animaux*, probablement inspiré par le *De Usu partium* de Galien. On cite aussi de lui un ouvrage sur les poisons. Il avait un cercle que Tawḥîdî peut avoir fréquenté.

Tawḥîdî le cite plusieurs fois dans les *Muqâbasât* à propos de questions diverses qui n'ont d'ailleurs pas un intérêt particulier relativement à la qualification de sa pensée. Il le loue pour ses talents de traducteur, pour la valeur de son style, pour avoir fouillé en tous sens les bibliothèques des grands et des princes. Avec cela, il était avare de sa science. Mais ce qui est important pour nous, c'est qu'il fut, lui aussi, un témoin des rencontres et des échanges qui ont eu lieu à Bagdad entre tous les représentants de l'activité intellectuelle, quelle que soit leur confession religieuse.

Abû 'Alî Ahmad b. Muḥammad Miskawayh

De tous les savants musulmans qu'il s'agissait de comparer à Abû Sulaymân al-Sijistânî, le plus important est Miskawayh. Il est surtout connu par un vaste ouvrage d'histoire : *Les expériences des nations* (*Tajârib al-Umam*). Mais nous ne soulignerons ici que son œuvre philosophique : son livre de morale sur *La correction des mœurs* (*Tahdhîb al-Akhlâq*) tout pénétré de la pensée grecque, et *Le petit livre du Salut* (*Kitâb al-Fawz al-Asghar*) également tributaire de Platon, d'Aristote et du syncrétisme hellénistique dont il a une connaissance étonnamment variée. Dans le second de ces ouvrages, il se propose d'expliquer philosophiquement ce qu'est la connaissance prophétique. En ce sens, il est parfaitement comparable à son contemporain Fârâbî, bien que ses travaux soient d'une bien moins grande envergure. Notons qu'il ne tombe pas dans le défaut, que nous avons vu dénoncer, de chercher à transcrire en termes de philosophie les enseignements de la Révélation. Il se contente de demander à la philosophie de montrer comment la pensée des prophètes, tout au sommet de la pensée humaine, peut recevoir la Parole de Dieu. Évidemment cela suppose implicitement qu'ils reçoivent la Vérité authentique.

Voici comment il s'explique dans *Le petit livre du Salut*. Ayant montré que l'homme, à partir des sensations, peut s'élever jusqu'à la connaissance intellectuelle intuitive (la νόησις de Platon) qui est « l'horizon le plus haut de l'humanité », il dit qu'en ce point il y a pour lui deux possibilités : ou bien il poursuit sa réflexion et par une élévation naturelle, « son regard s'aiguise, les choses divines s'éclairent pour lui, et elles perpétuent dans son âme une clarté plus vive encore que celle des vérités primordiales qu'on appelle principes de la raison ». Ou bien il se produit « un mouvement d'inversion » et « ces réalités viennent à l'homme sans qu'il s'élève jusqu'à elles; mais elles s'abaissent jusqu'à lui pour s'unir à lui ». Tout part de l'Intellect illuminateur qui agit sur la faculté de penser, qui agit sur l'imagination, qui agit sur la sensation, « si bien que l'homme voit les simulacres des réalités intelligibles, c'est-à-dire les véritables réalités des choses, leurs causes et leurs raisons, comme si elles étaient extérieures et comme s'il les percevait de ses yeux et les entendait de ses oreilles, de la même manière que le dormeur voit les simulacres des choses sensibles dans l'imagination et pense qu'il les voit de l'extérieur ». Fârâbî, quant à lui, pensait que l'Intellect Agent agit sur le seul intellect du sage, tandis qu'il agit à la fois sur l'intellect et l'imagination du prophète. Quoi qu'il en soit des détails, la vérité révélée n'est que la traduction, dans la langue de l'imagination et des sens, des vérités intelligibles que saisit le philosophe. Il sera dès lors possible aux commentateurs des textes sacrés de reformuler le sens philosophique par une herméneutique appropriée, qui peut d'ailleurs aller de la simple figure rhétorique jusqu'au symbolisme le plus débridé. Sur ces problèmes, il est évident que la pensée musulmane se trouvait dans la même situation que celle des juifs et des chrétiens.

Le jugement de Tawḥîdî sur Miskawayh est très sévère. Il reconnaît la qualité de son langage et de son style. Mais il n'a pris pour sa part qu'un « peu de philosophie »; il n'a qu'une teinture de science et son goût pour l'alchimie a ruiné sa raison. Il est donc lui aussi bien inférieur à Abû Sulaymân qu'il a pourtant rencontré souvent, mais sans lui consacrer suffisamment de temps. Tawḥîdî écrit à son sujet dans l'*Imtâ'* : « En ce moment, il tourne autour (*lâ'idh*) d'Ibn al-Khammâr ». Que faut-il entendre par là? Qu'il s'était attaché à ce penseur chrétien et s'était mis à son école? ou simplement qu'il le fréquentait? M. Arkoun, qui a consacré une thèse importante à Miskawayh, pense qu'il aurait été le condisciple plutôt que l'élève d'Ibn al-Khammâr, et il estime d'autre part que s'il n'a pas eu un contact direct avec Yahyâ b. 'Adî, il a eu « au moins une connaissance sérieuse de ses idées ». On peut donc conclure que Miskawayh n'est pas resté étranger au milieu des penseurs chrétiens.

Le philosophe juif Wahb b. Ya'îsh al-Raqî

Parmi les intellectuels qui fréquentaient les réunions du vizir Ibn Sa'dân, Tawḥîdî cite le juif Wahb b. Ya'îsh. Dans la huitième Nuit du *Kitâb al-Imtâ'*, il parle d'une *Épître* dans laquelle Wahb exposait qu'« il y a, pour parvenir à la philosophie, un chemin bien frayé et très emprunté, court et dégagé, tel que celui qui le suit n'y ressent aucune fatigue et n'éprouve aucune peine à atteindre la Sagesse qu'il veut acquérir. » Cette idée souleva de nombreuses critiques. Mais Tawḥîdî en explique le sens : ayant noté que l'art est long et que la vie est brève, que la connaissance de l'univers est vaste et que la nature humaine est limitée, Ibn Ya'îsh pense que le mieux pour l'homme est de chercher une voie qui soit à sa portée pour trouver son bonheur et son salut. Or la voie la plus facile est celle de la connaissance de la nature, de l'âme, de l'intelligence et de Dieu. « Cela dispense de se ravitailler, pour la lecture, en gros livres aux nombreux feuillets, sans compter la peine continuelle d'étudier, de rectifier, de dresser la liste des questions et des réponses, et de scruter ce qui est vrai et juste ».

Tawḥîdî défend ce point de vue qui consiste à mettre une borne aux ambitions d'une philosophie qui se croirait capable de rendre raison de l'univers entier. L'homme doit se contenter de réfléchir sur lui-même et sur ce qui le touche, sans prétendre pénétrer dans des mystères qui lui sont inaccessibles.

Au cours de la quinzième Nuit, Tawḥîdî rapporte les propos que tenait Wahb sur la notion du possible (*mumkin*) qui est, selon lui, « une ombre du nécessaire ». De même que l'ombre d'un objet peut être, par rapport à lui, plus longue, plus courte ou égale, de même la possibilité s'accroît en ressemblant au nécessaire (*al-wâjib*), ou diminue en ressemblant à l'impossible (*al-mumtani'*), ou se tient au milieu, à égale distance du nécessaire et de l'impossible. Ce point de vue est ici comparable à celui que défendra Avicenne : pour lui, en effet, le possible ne s'oppose pas à l'impossible, mais il s'oppose à la fois au nécessaire et à l'impossible, car il est ce qui peut être et ne pas être, tandis que l'impossible ne peut pas être, et que le nécessaire ne peut pas ne pas être. Le nécessaire et l'impossible sont « contraignants » (*darûrî*), alors que le possible laisse dans l'indétermination. Wahb considère alors que le nécessaire ne comporte rien d'accidentel; sa définition est unique; ce qu'il a d'unité vient de ce qu'il n'admet ni changement ni scission interne selon les temps, les lieux, les événements, la nature, l'imagination et selon la raison. Il en va de même de l'impossible qui est son opposé. Au contraire les accidents qui signifient ce qui arrive appartiennent au possible. Ils sont les objets variables de la connaissance des sens, et par conséquent la considération du possible intervient dans l'existence sensible, avec ce qu'elle comporte d'apparent et de caché; par exemple, quand nous donnons un ordre ou une interdiction, nous devons bien supputer ce qu'il est possible de faire ou de ne pas faire. Mais quand l'homme, qui vit ordinairement au niveau de la sensation, découvre qu'il a une intelligence raisonnable, il comprend par elle que c'est la nécessité qui gouverne tout en maîtresse jusqu'aux limites de l'impossible. À ce sujet, Tawḥîdî signale une discussion qui est intervenue entre Wahb b. Ya'îsh et un autre philosophe juif, Abû'l-Khayr al-Yahûdî, sur l'intelligence et la sensation. On voit donc que les juifs n'étaient pas exclus de ce concert des grands esprits.

Les sujets traités

Dans le chapitre précédent, nous avons surtout vu des penseurs des trois religions monothéistes, contemporains ou non, vivant ou non dans une même ville ou une même région, qui, affrontés à des problèmes religieux identiques ou comparables, ont été amenés à leur donner des solutions semblables, soit par des réflexions personnelles indépendantes, soit à la suite d'influences exercées par les uns sur les autres. À Bagdad, au contraire, les rencontres ont une réalité matérielle : les hommes dont nous avons parlé à la suite de Tawḥîdî – mais il y en avait beaucoup d'autres – se sont connus, se sont côtoyés dans des « séances » (véritable institution appelée *majlis*). Parfois, ils étaient voisins, comme Tawḥîdî et Wahb b. Ya'îsh. Ils discutaient entre eux, chacun apportant son propre point de vue; mais ces discussions n'allaient pas sans échanges, parce que certains avaient été élèves ou condisciples des autres et que d'une manière générale, ils avaient la même formation. Ils pouvaient ne pas être du même avis, sans pour autant cesser de se comprendre. Surtout, juifs, chrétiens et musulmans parlaient le même langage, cet arabe enrichi et modifié par le travail des traductions, devenu une véritable langue internationale de culture.

Tous ces hommes réunis traitaient évidemment de questions importantes disputées de leur temps et souvent posées par le vizir lui-même. Sur presque toutes, Tawḥîdî rappelle la doctrine de son *shaykh*, Abû Sulaymân al-Sijistânî. Certaines se rapportaient plus particulièrement à la situation socio-politique de la Communauté musulmane et de l'État califien. Tout chef politique doit tenir compte des modes de jugement énoncés par la Loi religieuse. Mais il a la charge d'harmoniser la « politique de Dieu » (*siyâsat Allâh*) avec la « politique des hommes au service des hommes » (*siyâsat al-nâs li'l-nâs*). Il y a là un problème important pour les musulmans, car il s'agit de savoir si les règles formulées par le Coran et la tradition, convenablement interprétées, suffisent à mettre sur pied une Cité temporelle, ou si l'on a besoin d'autre chose, soit le recours à un imâm qui, choisi par Dieu, a la capacité d'appliquer la Loi en légiférant pour son temps comme Muḥammad pour le sien (ainsi que le pensent les shî'ites), soit le recours à une raison politique formée à l'école de la philosophie (ainsi que l'a tenté Fârâbî dans ses grandes œuvres personnelles en cherchant dans l'ordre ontologique et cosmologique le fondement des lois de la Cité). Sous son aspect général, éthique et philosophique, ce problème pouvait d'ailleurs intéresser des penseurs juifs et chrétiens.

Il faut d'ailleurs souligner que les questions qui, au sens strict, ne présentent d'intérêt que pour les musulmans, ne sont pas directement soulevées dans les séances dont Tawḥîdî a conservé le souvenir. Par exemple, bien qu'il fût personnellement très versé dans la jurisprudence (*fiqh*), il ne fait pas mention qu'on en ait jamais parlé autrement qu'à travers des évocations de la Loi religieuse qui, elle, se retrouve, quoique sous des formes particulières différentes, dans chacune des trois religions monothéistes.

Il ne saurait être question de faire un inventaire de tous les sujets qui ont été abordés. Tawḥîdî avait une très vaste information, et sa réflexion personnelle s'étendait à toutes les disciplines en honneur de son temps. En outre, les cercles réunissaient une assistance variée. Mais notre but étant de signaler les rencontres, non d'étudier pour elle-même la civilisation de Bagdad en ces siècles d'or, il nous suffira de donner une idée d'ensemble de cette activité intellectuelle.

Parmi les sciences, l'astronomie et la médecine étaient en honneur. On se demandait quelle pouvait être l'influence des phénomènes célestes sur les événements d'ici-bas. Fârâbî avait fait de cette influence une pièce essentielle de son explication de la nature des Cités et de leurs habitants. On cherche également à connaître l'homme à travers sa constitution physiologique et le mélange des humeurs dans son corps. Mais de nombreuses séances sont consacrées à l'étude de l'âme, de sa relation au corps, de sa purification, de sa nature comme constitutive ou non de ce qui fait l'homme, de sa survie : l'examen de l'état de l'âme après la mort ne repose-t-il que sur l'opinion et l'imagination conjecturale, ou a-t-il un autre fondement? La question de l'intellect (*'aql*) et de l'Intellect Agent (*al-'aql al-fa''âl*) est posée et examinée. Dans le domaine de la physique, on se penche sur la nature du mouvement et du repos. En métaphysique et en théologie, on se demande si l'acte du Créateur est nécessaire ou libre, et si la connaissance que l'homme a de Dieu est intuitive ou résulte d'une science démonstrative. Quand des savants étaient présents, les débats s'orientaient davantage vers les sciences « positives ». Mais beaucoup d'autres objets d'examen étaient traités, en particulier tout ce qui touche à la langue, à la grammaire, au style. Au cours d'une séance, Tawḥîdî fait l'éloge de la prose qu'il compare à une femme légitime, alors que la poésie n'est qu'une courtisane. Il explique ailleurs que l'art d'écrire consiste à voiler sa pensée. Mais le débat le plus important est celui qui opposa le logicien chrétien Mattâ b. Yûnus et le grammairien Abû Sa'îd al-Sîrâfî. Abû Sa'îd s'indigne qu'un homme qui parle arabe aille demander les normes de la bonne expression à un logicien qui tire ses règles d'une langue étrangère, le grec en l'occurrence.

Mattâ a bien du mal à faire comprendre à son adversaire que la logique se propose la correction de la pensée, non la correction de la langue, même s'il y a des relations entre la pensée et l'expression. Abû Sa'îd s'obstine à lui poser des « colles » de grammaire : la logique d'Aristote peut-elle expliquer la différence entre des particules comme *wa* (et, alors que) et *fa* (et puis, de sorte que), ou la différence, dans une réponse, entre *oui* et *si ?* On comprend que Mattâ soit pris de court. Néanmoins Abû Sa'îd pose une question plus importante : d'après Aristote, que faut-il dire : « Zayd est le plus généreux de ses frères » ou « Zayd est le plus généreux des frères »? Quiconque parle bien l'arabe sait immédiatement que c'est la seconde expression qui est correcte. Sans doute ne trouve-t-on pas chez Aristote une théorie explicite des jugements relatifs, tels que : être plus grand que, plus petit que. Mais ce qu'Abû Sa'îd ne voyait pas, c'est que sa question ne trouve pas de réponse justificative dans la grammaire, et qu'elle relève de la logique : en effet, il s'agit ici de rapports d'exclusion et d'inclusion, car Zayd, étant frère, fait partie du groupe des frères et peut donc être le plus généreux de tous; mais il ne fait pas partie du groupe de *ses frères*, puisque ses frères sont autres que lui; il ne peut donc pas être *le plus généreux de ses frères*. Quoi qu'il en soit, la logique aristotélicienne a fini par être reconnue de presque tous les penseurs musulmans, même des juristes pourtant attachés à la lettre de la Loi. Des travaux comme ceux de Fârâbî ont permis à la langue arabe, non sans de grandes difficultés, d'exprimer toutes les nuances de l'*Organon* d'Aristote, et cette langue, devenue une langue de culture, a été, nous l'avons vu, un des lieux les plus importants et les plus fertiles de la rencontre entre les penseurs juifs, chrétiens et musulmans.

CHAPITRE IV

La civilisation de Cordoue

Ce qu'avait été Bagdad pour la civilisation dans la partie orientale du monde musulman, Cordoue le devint peu après pour la partie occidentale. De même que Bagdad n'avait pas été la seule métropole culturelle, mais pouvait être considérée néanmoins comme le centre principal où se formaient et se rencontraient des hommes de lettres, des philosophes et des savants de toutes sortes, de même en fut-il de Cordoue. Mais il faut tout de suite noter une importante différence : en Orient, ce sont les chrétiens et secondairement les juifs qui ont été les éducateurs des musulmans. En Espagne, l'influence, au moins directe, des chrétiens passe au second plan, et ce sont les juifs qui prennent la première place, moins par l'influence qu'ils ont pu exercer parmi les musulmans dans le domaine des activités pratiques de tous ordres (surtout économiques) et qui valurent à certains de leurs représentants des places très importantes auprès des plus hauts personnages du pays, que par l'influence qu'ils ont reçue des musulmans sur le plan de la culture artistique, intellectuelle et spirituelle et dont ils allaient tirer un profit considérable.

1. Situation des juifs et des chrétiens en Espagne musulmane par rapport à leur situation en Orient

La situation des juifs dans l'Espagne wisigothique avait été en général difficile. Entre le troisième concile de Tolède (589) et le dix-septième (694), les mesures prises à leur égard varièrent, allant de la conversion forcée à la confiscation des biens, aux châtiments corporels et à l'exil. Il y eut cependant quelques rares périodes de tolérance, comme par exemple sous le roi Sventila (626-636). Beaucoup de juifs s'exilèrent; d'autres affectèrent une conversion au christianisme, demeurant intérieurement fidèles à leur religion. Après l'invasion arabe de la péninsule, la situation des juifs s'améliora considérablement : beaucoup d'entre eux surent se rendre utiles aux envahisseurs; ils obtinrent souvent des postes importants et honorifiques, et certains purent acquérir des biens par le commerce, la finance, voire l'exploitation des terres. Parmi eux il y eut des savants que leurs connaissances, surtout en médecine, accréditaient. Néanmoins leur situation restait incertaine, et elle redevint en général mauvaise sous les dynasties berbères. La condition des chrétiens n'était guère meilleure, et ils furent souvent inquiétés, voire persécutés. Il nous reste à ce sujet une curieuse apologie du martyre dans un ouvrage de Paul Alvaro de Cordoue (mort vers 869), que l'auteur présente lui-même en ces termes : « Ce livre a été appelé *Indiculus luminosus* parce qu'il enseigne en pleine lumière les vérités qu'il faut suivre, et qu'il désigne par des indices clairs l'ennemi de l'Église que la Chrétienté tout entière doit fuir. » Ainsi l'éloge des chrétiens qui ont subi la persécution pour leur foi, au nombre desquels était saint Euloge, l'ami d'Alvaro, s'accompagne d'une dénonciation de l'islam, plus exactement de son Prophète qui est présenté comme l'Antéchrist : « En effet, quiconque nie le Christ, tel qu'il a été prêché par les Apôtres, est l'Antéchrist : le propre du nom d'Antéchrist est de signifier celui qui est opposé au Christ ». Les chrétiens qui se sont mis au service des musulmans sont condamnés, ce qui prouve que certains d'entre eux, tout autant que les juifs, avaient trouvé un *modus vivendi* avec les envahisseurs. « Ceux des nôtres eux-mêmes qui, en acceptant une charge officielle, s'asservissent à leurs ordres, ne sont-ils pas publiquement impliqués dans leurs erreurs, puisque, en effet, ils ne parlent pas ouvertement devant les païens (*coram ethnicis*), qu'ils négligent de protéger leur front par le signe de la croix, et qu'au lieu de présenter le Christ comme Dieu en termes clairs, ils tiennent des propos qui n'engagent pas? »

Ce même Alvaro partit en guerre contre l'évêque Bodo qui s'était converti au judaïsme et aurait, dit-on, tenté de pousser le calife à contraindre ses sujets chrétiens à embrasser soit le judaïsme, soit l'islam. On a conservé les lettres adressées par Alvaro à Bodo, dont on ne connaît malheureusement les arguments qu'à travers ce qu'en dit son adversaire. Mais le tour que prend la discussion suffit à montrer qu'il n'est jamais question de soulever des problèmes d'ordre théologique, mais simplement de tirer des textes scripturaires des preuves soit en faveur de l'élection définitive du peuple juif par une alliance exclusive qui le met au-dessus de tous les autres, soit au contraire en faveur de sa condamnation à la suite de son refus de reconnaître le Christ. C'est encore par une argumentation du type de celle de Bodo que, deux siècles plus tard, Yéhuda Halévi, dans le *Kuzari*, démontrera au roi des Khazars la supériorité du judaïsme sur les doctrines des philosophes, sur les chrétiens et sur les musulmans : « La dignité d'Israël n'est pas due à Moïse, au contraire, Moïse devait la sienne à Israël. Car l'amour divin s'est porté sur la masse, sur la postérité d'Abraham, d'Isaac et de Jacob. Dieu choisit Moïse pour leur faire parvenir le bien par son entremise. En fait, nous ne nous appelons pas le peuple de Moïse, mais le peuple de l'Éternel » (II, 56).

Sans doute y eut-il des conversions de juifs et de Chrétiens à l'islam, pour des raisons trop évidentes. Mais ce qu'il faut souligner, c'est que tous ceux qui restèrent fidèles à leur religion d'origine ne cessèrent pas d'affirmer, avec leur foi, leur profonde identité. Il semble que ce soit cette vitalité irréductible de ceux qui résistaient à l'islam, qui explique la virulence des attaques dont ils furent l'objet de la part d'un grand penseur musulman, Ibn Ḥazm de Cordoue (994-1064), que Miguel Asin Palacios a appelé *Historiador de las ideas religiosas*. Sans doute des controverses théologiques avaient lieu en Orient. Les plus acerbes, les plus injustes également, venaient des ouvrages des Byzantins contre l'islam. Mais ils étaient en dehors de l'empire des califes. À l'intérieur, des écrits de théologiens musulmans, tels les passages du *Kitâb al-Tamhîd* de l'ash'arite Bâqillânî, se contentaient de dénoncer ce qui leur apparaissait comme des absurdités dans les mystères chrétiens. Mais s'il y eut des joutes, elles gardèrent, à en croire diverses traditions, une allure plutôt courtoise. La différence entre l'Orient et l'Espagne relativement aux contacts des communautés religieuses peut s'expliquer de la façon suivante. En ce qui concerne les chrétiens, ils étaient divisés en Orient en de nombreuses Églises qui s'excommuniaient les unes les autres et dont les docteurs polémiquaient les uns contre les autres. Aussi les musulmans, dans leurs controverses, avaient beau jeu de profiter de ces divisions, qui, à leurs yeux, étaient la preuve de ce que dit le Coran (5, 14) : « Nous avons suscité entre eux l'hostilité et la haine jusqu'au Jour de la Résurrection ». Ils rappelaient donc les oppositions de doctrine qui séparaient les melkites, les jacobites et les nestoriens surtout en ce qui touche à la christologie.

Mais en Espagne, la Chrétienté était unie : après la conversion au catholicisme du roi Récarède, en 587, l'unité religieuse devint le fondement de l'unité nationale. L'œuvre de saint Isidore de Séville donna à la foi des bases scripturaires et théologiques solides. La vie de l'Église se traduisit par la tenue de très nombreux conciles, depuis celui d'Elvira, en 300, jusqu'au dix-huitième concile de Tolède, vers 701, sous le roi Witiza. Après la conquête arabe, et en dépit des conversions à l'islam, la Chrétienté resta importante et vivante. Les chrétiens qui ont vécu sous la domination musulmane portent le nom de Mozarabes, du mot *musta'rab* (arabisés), encore qu'ils aient conservé leur langue tout en adoptant celle des vainqueurs qui, eux-mêmes, semblent avoir pratiqué le roman, ce dont il nous reste des témoignages, comme nous allons le voir. Les chrétiens gardèrent leur ancienne liturgie, connue improprement sous le nom de mozarabe, et qui demeura en usage jusqu'à ce qu'elle soit remplacée, au XIIe siècle, par le rite romain, importé du nord avec les progrès de la *reconquista*. Cette situation explique certainement ce qui marque la polémique antichrétienne d'Ibn Ḥazm : à la différence des controversistes orientaux, dont il reprend d'ailleurs les thèmes, Ibn Ḥazm se signale par une connaissance plus précise des textes chrétiens, de l'organisation et de l'histoire de l'Église, voire de la formation des dogmes. Ce n'est certainement pas d'Orient que lui est venue cette riche documentation, et nous avons là, à n'en pas douter, une preuve de la présence active, en Espagne musulmane, d'un christianisme uni. D'ailleurs, si le nombre des conciles diminua, on en signale tout de même à Tolède en 793 et en 1090, enfin en 1323 en pleine reconquête.

Quant à la vie des juifs en Espagne musulmane, elle eut aussi des caractères particuliers. Le centre de la culture juive était et restait en Orient, où s'étaient élaborés les Talmuds, et où les *geonim* avaient entretenu et développé la culture religieuse dans les académies de Sura et de Pumbedita en Babylonie. Sans doute les juifs d'Espagne gardèrent-ils des contacts avec l'Orient ; on sait par exemple que Hay b. Sherira, gaon de Pumbedita de 998 à 1038, recevait des étudiants et des demandes d'avis en matière juridique, en provenance de toute la Diaspora : ses liens avec l'Espagne et Samuel ha-Nagid (dont nous reparlerons) furent étroits. Néanmoins l'institution du gaonat, dont la mission essentielle était de répandre la connaissance du Talmud, périclita peu à peu, avant qu'elle cesse complètement d'exister. Les causes de ce déclin sont nombreuses : rivalités entre les académies, querelles avec de nouveaux centres de culture juive, créés en particulier en Palestine et dirigés par des maîtres qui prennent eux aussi le titre de *geonim*, transfert des académies à Bagdad où résident désormais leurs chefs dès la fin du IXe siècle ; Bagdad était liée à toutes les vicissitudes du califat des 'Abbâssides dont elle était la capitale ; or à cette époque ce califat commence à décliner à la suite des assauts de plusieurs principautés qui s'étaient constituées à l'est de l'empire, affaibli d'autre part qu'il était par un mouvement de réveil des nationalités (*shu'ûbiyya*) et par le développement du shî'isme. Aux VIIIe et IXe siècles, des juifs, hommes d'affaires et banquiers, s'enrichissent et deviennent des personnages importants de l'entourage des califes. Ce fut le cas de Netira (mort en 916) qui, sous le calife al-Mu'tadid, jouit d'une grande autorité. Il faut citer aussi Joseph b. Phineas (mort en 928), qui dès 877 était engagé dans de vastes transactions, et qui, en 908, avec son associé Aaron b. Amran, était, sur le plan financier, en relation d'affaires avec Abû'l-Hasan Ibn al-Furât (855-924), vizir du calife al-Muqtadir ; en 911, ils furent nommés, lui et Aaron, banquiers officiels de la Cour. Malheureusement, au Xe siècle, les juifs d'Orient s'appauvrissent, perdent de leur influence et surtout ne peuvent plus soutenir financièrement les académies.

Mais surtout, l'enseignement et la connaissance du Talmud se sont répandus à travers tout le monde juif. De très grands maîtres se révèlent dans les centres nouveaux de la Diaspora ; plusieurs montrent un esprit indépendant et cessent de soumettre leurs problèmes, exégétiques, théologiques ou juridiques, aux *geonim* orientaux. C'est ainsi que Hanokh b. Moses (mort en 1014), néglige de répondre aux lettres que lui avait adressées le gaon

Sherira qui se plaignait du détachement des juifs d'Espagne à l'égard de l'autorité des *geonim.* Ce rabbi de Cordoue vit son autorité s'étendre sur toute l'Espagne; il s'efforçait de créer dans l'*Andalus* un centre indépendant d'enseignement de la Torah, et il fut soutenu par le calife al-Hakam II al-Mustansir, puis, après une éclipse due à des intrigues, il fut rétabli dans ses fonctions sous le vizir al-Manṣûr qui, après la mort du calife, avait pris le royaume en main. On voit que les califes s'intéressaient à ces questions juives, et il est important de noter ce qu'écrivait à ce sujet l'historien juif Ibn Da'ûd : « Le roi se réjouissait de ce que les juifs de son royaume n'avaient plus besoin des gens de Babylone ». Il ne faut pas oublier que les Umayyades d'Espagne étaient les adversaires des 'Abbâssides de Bagdad. Sur ce point, les musulmans espagnols entretenaient, vis-à-vis de l'Orient, des sentiments analogues à ceux des juifs : d'une part, l'islam oriental gardait à leurs yeux un très grand prestige; ils accueillaient et même recherchaient tous les ouvrages venus d'Égypte, de Syrie et d'Iraq; ils allaient en voyage dans ces pays pour s'informer, voire pour se former. Néanmoins, ils avaient fortement conscience de leur originalité et s'employaient à la développer. Les modèles restaient orientaux; mais les copies n'étaient pas de simples imitations et portaient la marque d'un génie tout à fait particulier, qui allait s'épanouir selon ses propres lois et sa propre nature. Il suffit, pour s'en convaincre, de comparer l'art musulman d'Espagne à celui des pays d'Orient.

De même que la situation des chrétiens d'Espagne explique la violence avec laquelle Ibn Hazm les attaque, de même la situation des juifs explique la colère qu'il répand en injures contre le juif Ibn Naghrîla, dans l'épître qu'il a consacrée à le pourfendre. Samuel b. Naghrîla, connu sous le nom de Samuel ha-Nagid, c'est-à-dire le chef de la communauté juive, vécut de 993 à 1050. Il avait reçu une éducation juive et arabe, connaissait la *halakha*, la jurisprudence qu'il avait étudiée avec Hanokh, et le Coran. Son style arabe attira l'attention d'Ibn al-'Arîf, secrétaire (*Kâtib*) du vizir de Grenade, qui le recommanda au roi. Il devint collecteur des impôts, puis *Kâtib* à la mort d'Ibn al-'Arif, puis assistant du vizir, enfin vizir lui-même. Il jouissait d'un pouvoir très étendu, en particulier en matière militaire. Ardent polémiste, il prit des mesures contre les karaïtes; il s'engagea dans les querelles qui opposaient alors les grammairiens juifs; il alla même jusqu'à oser écrire sur les contradictions du Coran. C'est cette audace, ajoutée à l'importance scandaleuse de son rôle dans l'État, qui mit Ibn Hazm hors de lui. Mais en fait, les invectives et les imprécations sans retenue qu'il profère dépassent la personne d'Ibn Naghrîla, et prennent pour cible tous les juifs qui, dans le *Dâr al-Islâm*, recevaient des attributions et des faveurs que la Loi coranique leur refusait. C'est donc là une preuve de la place importante que les juifs, certains du moins, avaient pu se faire reconnaître par des autorités musulmanes.

Il semble donc qu'en Espagne, les populations juive et chrétienne vécurent beaucoup plus près des musulmans qu'en Orient, sans doute parce qu'elles avaient, l'une et l'autre, une forte conscience des caractères qui marquaient chacune d'elles dans son unité, ce qui leur permettait de se mêler davantage aux envahisseurs sans se laisser assimiler, et sans avoir à se protéger en se refermant sur elles-mêmes. D'autre part, géographiquement, la péninsule formait un cadre beaucoup plus strictement défini. Il en résulte que des échanges vont avoir lieu de façon bien plus directe et profonde qu'en Orient. Dans le chapitre précédent, nous avons vu tout ce que les musulmans orientaux doivent aux chrétiens. Dans celui-ci, ce sont les juifs qui vont devoir aux musulmans, de sorte que ce sont eux qui serviront dans une très large mesure d'intermédiaires entre les musulmans et les chrétiens. Nous pouvons dire que c'est en Espagne qu'ont été réalisées les conditions prochaines d'une civilisation judéo-islamo-chrétienne. Voilà ce que nous allons maintenant examiner.

2. *L'influence de la grammaire et de la poésie arabes*

Renan a remarqué avec raison que le génie des Arabes s'est particulièrement manifesté dans la grammaire. Dieu, ayant Lui-même révélé le Coran « dans une langue arabe claire » (16, 103; 26, 195), il importait d'en bien connaître la grammaire pour en bien saisir le sens. Un problème du même genre se posait aux juifs désireux de comprendre correctement le message biblique. En outre, l'hébreu et l'arabe sont deux langues sémitiques sœurs et présentent des difficultés analogues. Les grammairiens juifs furent nombreux en Espagne, et leurs travaux avaient un rapport direct avec le commentaire de la Torah. Mais, comme chez les Arabes, ces travaux étaient aussi utilisés pour expliquer la poésie, voire pour juger de la valeur de ses formes. Or nous allons voir la poésie hébraïque se développer. Etant donné l'indépendance que les juifs espagnols revendiquaient vis-à-vis de l'Orient, il était normal qu'ils se mettent à l'école des grammairiens musulmans qu'ils pouvaient étudier sur place, et c'est effectivement ce qu'ils firent. D'ailleurs la plupart d'entre eux savaient l'arabe, connaissaient la littérature arabe, et certains avaient même étudié le Coran.

La grammaire arabe était née en Orient. Elle fut introduite en Espagne par le philologue de Basra al-Kalî, qui arriva à Cordoue en 942, sur l'invitation du fils de 'Abd al-Rahmân III. Tout en étant parfaitement au courant des doctrines des deux écoles rivales de Basra et de Kûfa, al-Kalî n'était inféodé à aucune et professait des idées indépendantes. Il eut de nombreux élèves. Parmi les grammairiens célèbres, on peut citer Qasim b. Aslagh (860-951), également traditionniste et historien, qui fit connaître les œuvres d'Ibn Qutayba, né à Kûfa en 828, sur la formation des secrétaires, sur les acceptions rares du Coran, et sur les expressions coraniques figurées. Notons qu'il traduisit, en collaboration avec un Mozarabe, les *Sept livres des histoires contre les païens* de Paul Orose. Ibn Qutiyya, grammairien, lexicographe et historien de l'Espagne musulmane, avait un ancêtre qui avait épousé la petite-fille de l'avant-dernier roi Wisigoth, Witiza, d'où son nom de fils de la gothe. Sa renommée faisait qu'il était souvent consulté sur le sens d'un texte. Il était également poète. Il écrivit un livre sur la conjugaison des verbes. Sans entrer dans plus de détails, notons que tout ce travail des lexicographes aboutit à l'œuvre magistrale d'Ibn Sîda, originaire de Murcie (1007-1066), *Al-Mukhaṣṣaṣ*.

C'est dans un tel entourage que les grammairiens juifs conçurent leurs recherches sur la langue hébraïque. Ils formèrent plusieurs écoles qui polémiquèrent entre elles, souvent avec ardeur. Mais ce qui nous importe, c'est de ne pas oublier qu'ils étaient capables de comparer l'hébreu et l'arabe, de noter les caractères communs, et aussi de souligner ce qui était propre à la langue de la Bible. Ici encore, nous ne pouvons que retenir les grands noms, car un exposé des théories serait d'une technicité sans profit pour notre dessein. Il nous suffira de même d'évoquer les débats qui opposèrent Menahêm b. Sarûq, et Dunash b. Labrât. Pour en faire comprendre la violence, nous ne pouvons mieux faire que de citer une observation de Joseph et Hartwig Derenbourg : « Dans ces temps, on se passionnait pour une règle de grammaire, pour l'interprétation d'un verset de la Bible, pour la correction d'un vers qui venait d'être livré au public. Dans les réunions tenues chez un membre influent de la communauté, la discussion était animée et rude; souvent l'indignation qu'une prétendue erreur faisait éprouver aux principaux jouteurs dans ces luttes littéraires menait à l'insulte et provoquait des haines qui n'étaient pas toujours sans danger pour la sûreté des savants, qui, vainqueurs ou vaincus, comptaient des personnages influents parmi leurs adversaires » (*Opuscules et traités d'Ibn Djanah*, Introduction, p. III). Mais des joutes littéraires de ce genre étaient fort en honneur chez les Arabes depuis des temps très anciens. La passion de la poésie, le culte de la pureté des vers étaient chez eux extrêmement vifs. Ainsi donc, juifs et musulmans avaient, en Espagne, un même style de vie culturelle. La grammaire fournissait non seulement un canon pour la compréhension des textes sacrés, mais aussi les principes du bien-dire, de l'éloquence et de l'art poétique. C'est pourquoi on ne saurait trop insister sur le rôle qu'elle a joué dans cette civilisation judéo-arabe d'Espagne.

La plupart des grammairiens juifs connaissaient l'arabe et les ouvrages grammaticaux des musulmans. Mais ce n'est qu'au XIe siècle qu'apparurent les plus grands spécialistes de cette science. Le plus important est Abû'l-Walîd Marwân Ibn Janâh de Cordoue. Il naquit vraisemblablement entre 985 et 990. Il eut pour maître, à Lucena, Isaac b. Gikatilla qui l'encouragea à se familiariser avec la langue et la littérature arabes, matières dans lesquelles lui-même excellait. Ibn Janâh étudia l'œuvre grammaticale d'un autre grand savant, Judah b. David Hayyûj, dont il a parlé avec respect et admiration. Il ne semble pas avoir eu de contacts personnels avec lui, mais leurs travaux à tous deux s'accordent et ont jeté pour plusieurs siècles les bases de la grammaire hébraïque.

Le fait le plus remarquable est que ces grammairiens étaient pour la plupart poètes, et le goût commun de la poésie rapprocha sur le plan de la culture et de l'art les juifs et les musulmans, voire les chrétiens.

La poésie hébraïque avait été, dans les communautés d'Orient, de Byzance et d'Italie, uniquement liée à la liturgie. C'est en Espagne, entre les années 950 et 1050, qu'elle s'ouvrit à des thèmes non religieux. On retrouve les différents genres illustrés dans la littérature arabe : le panégyrique (*taqrîz*), la satire (*hijâ'*), le thrène (*rithâ'*), les poèmes bachiques (*khamriyyât*). Samuel ha-Nagîd consacra une partie de ses vers à des sujets guerriers. Des mécènes juifs, titulaires de charges importantes, attiraient les poètes, les artistes et les savants, et s'entouraient ainsi d'une cour à l'imitation d'une pratique courante parmi les musulmans riches et puissants. Ce fut le cas de Hasdaï ibn Shaprût qui faisait lui-même partie de la cour de 'Abd al-Rahmân III. Le danger de cette poésie de cour était, pour les juifs comme pour les musulmans, de tomber dans le conventionnel; il y avait des mots, substantifs et surtout qualificatifs, qu'il était de bon ton d'employer, et des expressions stéréotypées que les lecteurs et les auditeurs attendaient. Par suite la poésie risquait de devenir une affaire de métier. La question s'était posée aux poètes et aux critiques arabes. Ils finirent par estimer que la valeur d'un poème venait de ce qu'il avait été écrit sous l'inspiration par un poète « né ». Les juifs adoptèrent le même point de vue. Ainsi Moïse b. Ezra soutenait que la poésie est un don de la nature qui ne peut être acquis par l'étude. Il écrivait : « Ne vois-tu pas que, chez les musulmans, les hommes distingués dans les sciences tels qu'Ibn al-Muqaffa' (le traducteur du pehlévi en arabe de *Kalîla et Dimna*), le philologue al-Asma'î (mort en 828), le grand prosateur et théologien al-Jâḥiẓ (mort en 868), et d'autres qui sont les piliers de l'éloquence et les maîtres de l'art oratoire, sont incapables de faire des vers; et que, chez nos coreligionnaires de l'Andalousie, Abû'l-Walîd ibn Janâh et Abû Ishâq b. Soqtâr [...], qui sont des maîtres consommés dans la langue hébraïque, sont hors d'état de nous faire entendre un seul vers bien rythmé! » Yéhuda Halévi écrivait de son côté dans le *Kuzarî* (V. 16) : « Le vrai poète porte en lui-même les lois de l'harmonie et il leur obéit sans savoir les formuler ». La grammaire permet de juger, mais non de créer.

Néanmoins, la question du rythme était en rapport direct avec la grammaire, et voici pourquoi. Une importante innovation dans l'art poétique hébraïque fut l'introduction de la métrique arabe, qui s'appuie sur des combinaisons successives de syllabes longues et de syllabes brèves à l'intérieur de chaque vers. Or la question des voyelles longues et brèves posaient des questions délicates touchant à la forme des mots, en rapport avec la vocalisation exacte des termes bibliques. C'est là également une des raisons qui amenèrent les juifs d'Espagne à cultiver davantage la langue de la Bible. D'autre part, pour les musulmans, le Coran qui avait été révélé par Dieu en arabe représentait la perfection inégalable et miraculeuse (*i'jâz al-Qur'ân*) de la Parole et pour bien comprendre ce modèle de toute expression théologique et esthétique, ils avaient développé des procédés d'analyse tirés de la linguistique et des témoignages de l'ancienne poésie bédouine. Pour répondre à ce défi de l'inimitabilité du Coran, lancé par Dieu Lui-même (10, 38; 11, 13), les juifs s'inspirèrent du style biblique en mettant en relief l'ancienneté des textes, leur variété, leur caractère poétique et leur précision. Cette rivalité eut donc de bons résultats. Dans sa *Poétique* (vers 1135), Moïse b. Ezra illustrait chaque figure rhétorique par des exemples tirés à la fois de la poésie arabe et de la poésie hébraïque contemporaines, mais il se référait surtout à la Bible « de façon que les Arabes ne puissent la discréditer et penser que l'hébreu est une langue qui manque de règles esthétiques ». Néanmoins, en dépit de sa tendance à un extrême purisme biblique, la poésie juive s'enrichit, dans sa forme, son vocabulaire et même sa syntaxe, d'innovations dues aux constants échanges culturels. Ainsi les règles que formula au XIIe siècle Moïse b. Ezra, étaient-elles appliquées bien avant et reflètent, dans l'ensemble, l'influence des œuvres de la critique poétique arabe.

Beaucoup de poésies profanes étaient écrites dans la forme de la *qasida* qui date de l'époque antéislamique. Elle est caractérisée par le fait que le poème tout entier est construit sur la même rime et selon un même mètre, chaque vers étant composé de deux hémistiches formant un tout du point de vue du sens. Mais il se développa un autre genre de poèmes, appelés *al-muwashshât*, d'une racine qui signifie parer quelqu'un d'une ceinture (*wishâh*). Il s'agirait donc d'une poésie « ornée ». Le *muwashshah* se compose d'une dizaine de strophes comportant un prélude de deux vers rimés indiquant le thème de la pièce. Cette rime se retrouve au dernier vers de chacune des strophes suivantes. Mais ce que ce genre a de plus curieux, c'est la strophe finale, appelée *kharja* (sortie) qui est faite d'un mélange de roman et d'arabe. On doit en effet savoir qu'il faut distinguer trois langues en usage en Espagne : un arabe dialectal, populaire; l'arabe classique; et enfin la langue romane qui, loin de disparaître avec la conquête, fut conservée et parlée même par les musulmans et les juifs. Les origines du *muwashshah* sont à chercher dans la poésie populaire de langue romane. D'autre part, les arabisants espagnols Ribera, Menéndez Pidal, García Gómez, ont eu leur attention attirée par une forme de poésie strophique populaire, souvent en dialectal, appelée en arabe *zajal*, en castillan *zéjel*, d'une racine qui signifie « chanter », d'où leur traduction par *cancion*. Menéndez Pidal définit le *zéjel* comme « un tristique monorime avec refrain (*estribillo*) et en outre, ce qui est essentiel, avec un quatrième vers de même rime que le refrain, rime qui se répète au quatrième vers de toutes les strophes de la même chanson ». On aurait donc la forme suivante :

a-a (estribillo) / b-b-b-a / a-a (estribillo).

Ce qui est, d'après lui, essentiel dans le *zéjel*, c'est le quatrième vers (*verso de vuelta*). On voit donc la parenté de structure entre le *zéjel* et le *muwashshah*, lequel se distingue par la *kharja* où s'entremêlent le roman et l'arabe, voire un arabe souvent populaire.

Nous retiendrons deux poètes qui se sont distingués dans ce genre nouveau. Le premier est Ibn Quzmân qui se qualifiait lui-même d'auteur de *muwashshât* et de *zajal*. Il mourut à Cordoue en 1160. Il composa diverses sortes de poèmes, mais nous retiendrons ses poèmes érotiques. Sa conduite dévergondée, son goût pour la boisson et la paillardise se reflètent dans son œuvre. Il s'est moqué de l'amour courtois qui avait des chantres en Espagne. Il appelait une des femmes qu'il courtisait *Mashella de sol* (en castillan moderne *Mejilla de sol* : « Joue de soleil »). Voici un exemple de ses vers :

Tu'n *hazin*, tu'n penato [= penado]

Tarâ al-yawma wastado [= gastado].
Lam tadhûq fih ghayr luqayma.

(Les mots en italiques sont de l'arabe). Ce qui donne en traduction :

Toi [qui es] un [homme] triste, toi [qui es] un [homme] affligé, tu vois le jour passer en pure perte; tu n'y goûtes jamais qu'une petite bouchée.

Ce mélange des deux idiomes dans le *muwashshah* a joui d'un succès général, depuis le peuple jusqu'aux lettrés, car il est probable qu'il se rencontrait, au-delà des chansons, dans la vie quotidienne. On en trouve un souvenir au XIVe siècle dans *El Libro de buen Amor* de Juan Ruiz, archiprêtre de Hita, en un chapitre intitulé : « Comment la trotaconventos (entremetteuse) parla avec la mauresque de la part de l'archiprêtre, et de la réponse qu'elle lui fit ».

Dixo Trotaconventos á la mora por mí :
« Salúda vos amor nuevo ». Dixo la mora :
« *Lesnedri* [= *lastu adrî*] »
« Envia vos una çidra con aqueste albalá [...]
Tomaldo, fija señora ». Dixo la mora :
« *Le alá* [= *lâ wallah*] »
« Non vaya de vos tan muda ». Dixo la Mora : « *Askut* [= *uskutî*] ».
« Pues que ál non me desides, quiérome ir de aquí ».
Cabeceó la mora, díxole : « *Amxi, amxi* [= *imshî*] ».

C'est-à-dire :

La trotaconventos dit pour moi à la mauresque : « Un nouvel amour vous salue ».
La mauresque dit : « Je ne [le] connais pas ».
« Il vous envoie un cédrat avec ce billet [...];
Prenez-le, Madame ». La mauresque dit : « Non, par Dieu! »
« Ne vous montrez pas tellement silencieuse ». La mauresque dit : « Taisez-vous ».

« Puisque vous ne me dites rien d'autre, je vais m'en aller d'ici ».

La mauresque hocha la tête et dit : « Allez-vous-en, allez-vous-en. »

Nous avons parlé d'Ibn Quzmân et de son érotisme. Un autre poète de *zajal*, d'un caractère tout différent, est à retenir. C'est le Cordouan Ramadî (mort en 1013, ou 1022). Il est un des premiers représentants du *muwashshah*. Il est célèbre par les vers que lui inspira sa passion pour une jeune femme qu'il avait rencontrée un jour sur les bords du Guadalquivir; il ne devait jamais la revoir et la séparation entretint en son cœur un amour aussi éperdu que chaste. Dans un genre voisin, on peut ranger les vers que le poète de Cordoue, Ibn Zaydûn (1003-1071), adressa à la poétesse Wallâda qui répondit d'abord à sa flamme, mais qui l'abandonna pour suivre un puissant rival qui le fit emprisonner. Le thème de l'amour malheureux est d'une extrême importance. En effet le cas de Ramadî et celui d'Ibn Zaydûn sont l'illustration vécue d'une conception de l'amour qui apparut en Orient, et parvint jusqu'en Espagne. C'est l'amour appelé *'udhrî* du nom d'une tribu d'Arabie à laquelle auraient appartenu les héros qui l'illustrèrent.

Il eut ses poètes pour chanter leur passion; il eut ses théoriciens. En un mot, il s'agit d'un amour chaste, en général contrarié parce que la femme, amante et aimée, a été mariée ou promise par les siens à un homme qu'elle n'aime pas. Dans ces conditions, les sentiments se spiritualisent, se désincarnent en provoquant le dépérissement physique des amants qui n'ont d'autre solution que de mourir. C'est le grand thème de l'amour et de la mort. Celui qui aime vraiment ne peut trouver de satisfaction ici-bas. D'ailleurs, l'union sexuelle détruit l'amour. Par conséquent, aimer, c'est souffrir et mourir.

La vie sexuelle des poètes de l'amour « courtois » ne nous intéresse pas. Il importe peu de savoir s'ils ont été chastes ou non. Concevoir un amour idéal et en vivre sont deux choses différentes. Ce qui compte, c'est la conception même, et une fois qu'elle a été exprimée, c'est elle qui marquera une civilisation, non les aventures de tel ou tel poète. Ainsi, Ibn Hazm raconte, dans son remarquable traité sur l'amour et les amants, le *Collier de la colombe* (*Ṭawq al- Ḥamâma*), qu'il fut éperdument amoureux d'une jeune esclave. « On ne pouvait rien rêver de plus désirable. C'est moi qui avais eu sa virginité et nous nous aimions autant l'un que l'autre ». Elle mourut, alors qu'Ibn Hazm avait moins de vingt ans. Il écrit : « Après elle, je n'ai jamais plus goûté le vrai bonheur; je ne l'ai jamais oubliée; je ne me suis jamais plu dans l'intimité d'une autre femme. Mon amour pour elle avait effacé toutes mes précédentes amours et rendu sacrilèges toutes les suivantes. » On comprend bien que l'auteur ne s'est privé d'aucun plaisir charnel. Mais il n'y eut pour lui qu'un seul et unique amour, et c'est cela qui importe, c'est là ce que veut exprimer la conception de l'amour *'udhrî* et c'est certainement là ce qu'il y a de plus humain dans l'homme.

Les historiens arabisants des littératures médiévales, en s'appuyant sur ces caractères structurels de la poésie arabo-espagnole, ont fait des comparaisons avec des structures analogues qu'ils trouvaient dans la poésie provençale. Selon Menéndez Pidal, le premier cas d'imitation que l'on puisse signaler sur ce point est celui de Guillaume IX, duc d'Aquitaine. « Ainsi la *cancion* arabigo-andalouse donna son parrainage à la naissance de la poésie lyrique des nations modernes d'Europe ». Conclusion sans doute exagérée. On a objecté que les chansons de Guillaume IX, comme celles des plus anciens troubadours, Jaufré Rudel, Mercabru, Peire Vidal, Cercamon, n'ont pas d'*estribillo.* Menéndez Pidal a répliqué que ce qui était important, c'était le *verso de vuelta*. Mais nous n'entrerons pas dans ces discussions qui se poursuivent jusqu'à maintenant, alimentées, surtout de nos jours, par des sentiments pro- ou anti-arabes. Ce qui n'a rien de scientifique. Il est vrai qu'il est difficile de prouver positivement qu'il y a eu une influence, ou qu'il n'y en a pas eu. Mais ce qui est sûr, c'est que du point de vue du contenu de ces poèmes d'amour, des parallélismes au niveau des idées s'imposent; des termes identiques ou analogues sont employés. Par conséquent, étant donné les relations entre l'Espagne et le midi de la France, il est tout à fait normal de penser qu'un même type de civilisation s'est étendu à cette époque sur ces contrées. Et puisque nous cherchons des « rencontres », nous pouvons être assurés que nous en avons trouvé là de très vivantes. Pour ne donner qu'un exemple entre mille, voici quelques vers de Guilhem de Cabestang (XIIe siècle) qui pourraient être traduits de quelque poème arabe 'udhrite :

Mas ieu sols, las! sosteing l'ardor
E la pena que'm ven d'amor
Ab doutz desirs, ab mains destriex,
E'm espalezis ma color.
Pero non dic que s'er'antiex
E blancs devenguts cum es niex
Qu'en re de ma dona'm clames.

Ce qui se traduit :

Mais moi, je soutiens seul, hélas! le feu
Et la peine qui me viennent d'amour,
Avec doux désirs et maintes douleurs;
Et mon visage en pâlit.
Mais j'assure que, même si j'étais devenu vieux
Et blanc comme neige,
je ne me plaindrais en rien de ma Dame.

Les poètes juifs d'Espagne ne restèrent pas étrangers à ce mouvement. Plusieurs ont mis, en conclusion de leurs poèmes, une ***kharja*** arabe ou hispano-romane, prise littéralement à une chanson populaire. Ce style avait été introduit comme une nouveauté par Dunash b. Labrat. Sans doute la poésie liturgique continua-t-elle à être cultivée : ces poèmes portent le nom de ***piyyûtîm***, compositions lyriques destinées à embellir la prière au cours des cérémonies. Mais il y eut aussi une poésie profane qui a chanté, comme faisaient les Arabes, le vin et les femmes. En voici deux exemples, tirés du Diwan de Yéhuda Halévi (1075-1141) :

Grâcieuse chevrette, aie pitié d'un cœur que depuis longtemps tu as habité.
Sache que le jour où tu partiras, ton départ fera mon malheur
En même temps que mes yeux abattus cesseront de contempler ta beauté.

Dans les vers suivants, on sent néanmoins une influence du Cantique des Cantiques :

Ménage-moi ! Mon cœur n'est pas comme du fer,
Et je ne puis supporter la colère de l'objet de mon amour.
O mon aimée, es-tu médecin, alors que ma plaie est inguérissable?
C'est une douleur constante, et c'est toi qui charmes ma douleur.
Bois du vin et du lait de mes lèvres
Et donne-moi la récompense de mon vin et de mon lait.

Mais Yéhuda Halévi ne s'est pas, loin de là, limité à cette poésie profane : son Diwan contient des poèmes profondément religieux. Il est vrai que l'expression de l'amour humain et celle de l'amour de Dieu usent l'une et l'autre des mêmes termes comme des mêmes figures.

Cette colombe que Tu fis porter sur les ailes des aigles
Qui dans le Saint des Saints nidifie en Ton sein,
Pourquoi l'as-Tu abandonnée, errant dans les forêts,
Où de toutes parts on lui tend des filets?
Les étrangers vers d'autres dieux veulent l'attirer
Mais elle pleure en secret pour son premier amour [...]
Pourquoi abandonnes-Tu mon âme dans les ténèbres
Quand je sais qu'il n'y a d'autre sauveur que Toi? [...]
Pourquoi Celui qui réside dans les Cieux se tient-Il si loin? [...]
On m'a ôté la lumière de l'amour
Et un pied orgueilleux pèse sur moi comme un joug [...]
Découvre Ta Gloire à mes yeux comme au Mont Sinaï [...]
Avec la rosée descends me délivrer de mes angoisses.

Certes le thème de l'Exil, si important pour l'âme juive, inspire tout ce poème. Mais il recoupe exactement un thème fréquent dans la pensée mystique, celui de l'abandon de l'âme par Dieu, de la soif de Dieu suivie de l'accès à la proximité divine. Voici un autre poème, où les valeurs mystiques sont manifestes :

Retourne, mon âme, à ton repos,
Car le Seigneur t'a récompensée.
Chère, tirée du plus cher de ton Créateur,
Lève-toi! Ici n'est plus un lieu de repos.

La route est longue, emporte des provisions.
C'est l'heure d'accomplir le désir de Celui qui t'a créée.

Le poète s'inspire d'ailleurs de versets sacrés. Ainsi reprend-il le Psaume 116, 7 : « Mon âme retourne à ton repos, car le Seigneur te comble de biens ». Il évoque également un passage de Michée (2, 10) : « Levez-vous! Partez, car le pays n'est pas un lieu de repos, à cause de la souillure qui vous tourmentera », versets auxquels il donne un sens tout à fait spirituel. Nous voici donc amenés à nous tourner vers la question de la mystique.

3. L'œuvre des mystiques et les rencontres entre juifs et musulmans

C'est un fait bien établi que la mystique juive a subi une profonde influence du soufisme à l'occident comme à l'orient du monde musulman. Paul Fenton l'a nettement montré pour l'Égypte, aux XIIIe et XIVe siècles, en étudiant des manuscrits de la Geniza du Caire. Il a découvert parmi eux une catégorie d'écrits qui appartiennent à un groupe de piétistes qui se nommaient eux-mêmes *hasidim,* terme qui se retrouve également en Occident, pour caractériser, vers la même époque, un mouvement spirituel qui s'est répandu à partir de l'Allemagne, et qui mettait l'accent sur la $d^{e}b^{h}$*êqût*^{h}, c'est-à-dire la communion avec Dieu. « Le mouvement piétiste », écrit P. Fenton, « qui apparut au XIIIe siècle en Égypte, n'est pas le premier exemple d'une interaction entre le Judaïsme et le soufisme, et ne devait pas être le dernier. Le piétisme musulman avait inspiré Bahya Ibn Paquda, aux environs de 1080, dans son livre (en arabe) sur *Les devoirs des cœurs*, dont l'influence devait être considérable, non seulement dans les cercles juifs du soufisme où il était constamment cité, mais aussi, beaucoup plus tard, dans sa version hébraïque, dans le hassidisme d'Europe centrale, où il devint un manuel de base ». Les descendants de Maïmonide qui vivaient en Égypte, son fils Abraham, et son petit-fils 'Obadyâh, sont des témoins de cette rencontre spirituelle, le premier par son important ouvrage intitulé *Kifâyat al 'âbidîn* destiné aux « adorateurs de Dieu », le second par son *Traité du puits* (*Maqâlat al-Ḥawdiyya*). Notons qu'Abraham a eu le sentiment de l'étrangeté de cette influence musulmane, car les textes bibliques sont certainement beaucoup plus riches que le texte coranique en valeurs spirituelles. Aussi écrit-il après avoir rapproché l'enseignement des prophètes d'Israël et celui des soufis : « Ne considère pas comme invraisemblable la comparaison que nous en faisons avec les soufis, car ces derniers imitent les prophètes d'Israël et marchent sur leurs traces, alors que les prophètes ne marchent pas sur les leurs ». Les spirituels juifs ont pensé que les souffrances de l'exil ont été la cause de l'oubli de ces valeurs et ont tourné les esprits vers les espérances messianiques. C'est un gros problème que celui de savoir dans quelle mesure le piétisme restauré par le hassidisme fait encore une place au messianisme. On se reportera sur cette question à l'ouvrage de Gershom G. Scholem, *Le messianisme juif* (pp. 267-301, en particulier). Martin Buber écrivait dans son ouvrage sur les origines et la signification du hassidisme : « Toute action accomplie pour l'amour de Dieu peut constituer une action messianique ».

Mais revenons à l'Espagne qui a l'intérêt de constituer un véritable creuset. Les marques de l'influence du soufisme sur la littérature des juifs y sont très prononcées dès le Xe siècle. Chez Salomon Ibn Gabirol, chez Isaac Ibn Ghayyât (1038-1089), grammairien versé dans l'étude de la *halakha,* qui, dans son commentaire de l'*Ecclésiaste*, fait preuve d'un idéal ascétique, et qui, comme poète, est l'auteur de *piyyûtîm*, et encore chez Yéhuda Halévi, les thèmes soufis se trouvent souvent inextricablement mêlés à des idées véhiculées par le néoplatonisme musulman : en effet l'œuvre des Frères de la Pureté (*Ikhwân al-Safâ'*) avait été répandu en Espagne où ils ont joui d'une grande autorité. Mais chez Bahya ibn Paqûda, qui vécut dans la seconde partie du XIe siècle, la relation au soufisme est particulièrement nette. Sans doute est-il lui aussi marqué par la pensée des Ikhwân al-Safâ' : il s'en sert, à côté d'arguments tirés de la *halakha*, pour démontrer l'unité de Dieu, et médite en dix *Portiques* la profession de foi juive que constitue le *Shema' Israël.* La voie qui mène à Dieu est décrite avec les termes les plus familiers au soufisme dans sa doctrine des états (*ahwâl*) et des stations (*maqâmât*) mystiques. Mais il faut aussi noter des références implicites à des textes évangéliques.

L'Espagne avait vu naître un grand mystique musulman quand

Bahya Ibn Paqûda vint au monde. C'est Ibn Masarra (883-931), qui avait d'ailleurs fait le voyage en Orient et avait pu y avoir des contacts avec des soufis, en particulier des disciples de Junayd (mort en 910). Junayd avait une pensée très profonde sur l'amour de Dieu pour l'homme et de l'homme pour Dieu : l'amour produit « par permutation avec les qualités de l'aimant une pénétration des qualités de l'aimé ». Le souvenir du grand mystique Dhû'l-Nûn al-Misrî (796-861), qui fut l'un des premiers à systématiser les états spirituels et les stations sur la Voie mystique, était encore vivant. Ce grand mystique enseignait la nécessité du repentir, le détachement de ce monde, la sincérité dans l'effort qu'il appelait « l'épée de Dieu qui, sur la terre, tranche tout ce qu'elle touche ». Il recommandait la solitude. La Connaissance ultime est celle de l'unité de Dieu et des « attributs de l'Unité » : elle naît de la « contemplation de la Face de Dieu dans le cœur ». On peut également penser qu'Ibn Masarra connut Abû Ya'qûb al-Nahrajûrî (mort en 941) auquel se rattache une école qui porte son nom : *al-Masarriyya,* et qui insistait sur la valeur irremplaçable de l'expérience immédiate qu'est l'extase : elle ne peut naître d'une révélation reçue par audition, et on ne peut en tirer aucun savoir spéculatif.

Rentré en Espagne, Ibn Masarra s'était consacré à un enseignement qui atteignait un public assez large, en enveloppant sa pensée sur les points qui auraient pu le faire accuser d'hétérodoxie; ses livres, aujourd'hui perdus, ayant été attaqués, il réservait à des disciples choisis l'initiation aux symboles. À travers des idées attribuées à Empédocle (le Pseudo-Empédocle), Ibn Masarra rejoignait des thèses néoplatoniciennes apparentées aux doctrines des Ikhwân al-Safâ'. Il eut une influence certaine sur Ibn Gabirol (Avicebron). Bahya ibn Paqûda ne se rattache pas expressément à lui, bien qu'on puisse signaler entre eux des ressemblances qui ne sont pas forcément le résultat d'influences précises. Mais il est vraisemblable que l'enseignement d'Ibn Masarra avait laissé des traces et avait créé en Espagne un climat mystique, un intérêt pour la vie spirituelle, qui touchèrent le penseur juif, et probablement beaucoup d'autres de ses coreligionnaires.

En distinguant les devoirs des cœurs des devoirs des membres du corps, les premiers concernant une vie intérieure, les seconds les gestes et actes rituels du culte extérieur, Ibn Paqûda critiquait l'attitude de nombreux docteurs, qui se bornaient à l'étude minutieuse de la *halakha* et des prescriptions matérielles de la Loi; mais il reprenait une distinction fréquente dans l'enseignement des soufis : s'il faut observer la Loi (*Sharî'a*), il y a, pour le fidèle, une vie qui est au-delà de la Loi sur la voie qui mène à Dieu (*Ṭarîqa*) jusqu'au dévoilement de la Réalité (*Ḥaqîqa*). Peut-être était-il touché également par l'enseignement des Évangiles dirigé contre ceux qui pensent être parfaitement justifiés par une stricte observance des préceptes de la Loi. Mais il trouvait tout aussi bien chez les prophètes des exhortations qui vont dans le même sens : « Au jour de votre jeûne, vous faites vos affaires [...]. Le jeûne que Je choisis [...] ne consiste-t-il pas à partager ton pain avec celui qui a faim, à recueillir chez toi les malheureux sans asile; si tu vois un homme nu, à le couvrir? » (*Isaïe*, 56, 3, 6, 7).

Ibn Paqûda met bien en évidence l'intériorité de la connaissance que l'homme a de Dieu, en montrant le parallélisme qui existe entre elle et la connaissance qu'il a de son âme : « Nous constatons la réalité de l'âme sans avoir besoin de forme ou de raison [...], parce que ses œuvres sont sensibles et reconnaissables en l'homme. La raison qui agit de même visiblement en nous nous imprègne sans que nous percevions ou lui attribuions aucune forme, aucune figure. S'il en est ainsi pour l'âme et la raison, d'autant plus en est-il pour le Créateur à qui nul n'est semblable ». On pense à un célèbre *ḥadîth* qui revient souvent dans la méditation des soufis : « Celui qui connaît son âme, connaît son Seigneur ». Dans les deux cas, il y a une connaissance immédiate, non de l'essence de l'âme ou de Dieu, mais de leur existence et de leur action.

Il faut donc contempler les œuvres de Dieu. « L'esprit sagace et pénétrant extrait du monde ce qu'il a de spirituel et de subtil pour en faire une échelle, afin de s'élever vers Dieu par Ses créatures ». Peut-être est-il possible qu'il y ait là un souvenir de la doctrine d'Ibn Masarra qui distingue dans les choses une « écorce » et une « pulpe ». La fin de l'âme est d'extraire la pulpe et de se détacher de l'écorce. Mais ce qui évoque le plus nettement le soufisme dans ce livre, c'est la hiérarchie et la nature des états mystiques répartis selon les différents « portiques ». Sans doute les maîtres musulmans n'ont-ils pas toujours classé ces états dans le même ordre. Mais tous ont proposé de les situer sur la Voie qui mène à Dieu, comme autant de jalons. En tout cas, ceux que retient Ibn Paqûda ont tous fait l'objet de la méditation des soufis.

Considérons l'obéissance à Dieu. Elle se justifie par une idée chère à Ibn Masarra : que l'intelligence humaine, essence spirituelle, est une étrangère en ce monde, alors, écrit Bahya, que la concupiscence « est chez elle ici-bas, dans la demeure de ses racines. Tous nos appétits la renforcent; tous nos désirs physiques la fortifient ». Au contraire, l'intelligence raisonnable ne trouve aucun secours : « Elle est seule, et tout est contre elle ». Mais elle reçoit l'assistance de la Loi (la Torah). Par suite, « l'obéissance est un agenouillement devant le Dispensateur de tous les dons ». Elle est de deux sortes. La première est une soumission de crainte et d'espérance; elle est liée à l'avertissement que donne la Loi relativement à la rétribution des actes. Or la crainte (exactement la peur) et l'espérance sont, d'après les soufis, les deux sentiments religieux fondamentaux que suscitent la promesse et la menace de Dieu. La seconde est une soumission de louange et de jubilation qui « naît de l'avertissement implanté dans la raison ». Et Ibn Paqûda de conclure : « La première, celle qui naît de la Torah, suscite l'autre; elle est l'échelle pour s'y élever ». La même spiritualisation de la peur et de l'espérance se retrouve dans le soufisme : en passant par la constriction et la dilatation du cœur, la crainte révérencielle et la familiarité spirituelle, le cœur parvient à la pieuse crainte. Au départ, l'homme a peur des peines de l'enfer; il espère les délices du paradis : au terme, il craint d'être séparé de Dieu et désire être rapproché de Lui. On a donc ici et là un même mouvement.

Ibn Paqûda écrit : « L'homme qui se soumet pleinement aux devoirs du culte participe à l'élévation des saints [...]. Mais celui qui, de là, s'élève à l'adoration née de l'intelligence parvient au degré des prophètes et des élus suprêmes ». Il prend ainsi parti dans une discussion qui a opposé les mystiques de l'islam sur le point de savoir si les saints sont supérieurs aux prophètes, ou si c'est l'inverse, question qui en recoupe une autre, celle de savoir si la science religieuse (*'ilm*), qui est celle des prophètes et de ceux qui les suivent, est ou non au-dessus des œuvres (*'amal*) que pratiquent les saints. Pour beaucoup de mystiques musulmans, « la science est lumière » (*al-'ilm nûr*). Pour Ibn Paqûda, « l'héritage du Juste sera d'atteindre la lumière suprême [...]. Il vivra dans le voisinage des anges, dans la contemplation des Béatitudes réservées aux Amants du Seigneur ». Il cite le Psaume (65, 5) : « Heureux celui que Tu choisis, que Tu rapproches (de Toi) et qui habite Tes parvis ». Mais l'idée que certains fidèles sont, avec les anges, les « Rapprochés » de Dieu (*al-muqarrabûn*) est également coranique et prend dans le soufisme une grande importance.

La question de l'obéissance à la Loi amène Ibn Paqûda à des réflexions tout à fait semblables à celles des soufis. Il distingue plusieurs types d'hommes. Il y a ceux qui « obéissent à leur religion avec ostentation, mais elle n'habite pas dans leur secret intime; leur langue est habile, mais leur cœur est loin ». Il renvoie à Jérémie (9, 7) : « De la bouche on dit : Paix! à son prochain, et dans le cœur on lui tend des pièges ». Puis il y a ceux qui attendent une récompense de l'observation de leurs devoirs religieux. C'est là, dit-il, « une sorte d'hypocrisie ». Il en va de même de ceux qui n'agissent que par peur du châtiment. Enfin il y a ceux qui « adorent Dieu avec une intention pure ». Ces différentes catégories se retrouvent dans le soufisme. L'effort pour observer la Loi peut entraîner un contentement de soi, qui incite à en faire parade, à se montrer et à se contempler soi-même. C'est ce qui est appelé *ri'yâ'*, d'une racine qui signifie « voir »; ce terme qu'on traduit souvent par « hypocrisie » est exactement l'ostentation de soi. Le but pour les soufis est d'atteindre à la pureté, comme à la parfaite transparence de son être authentique, appelée *ikhlâ*, terme rendu en général par « sincérité ». L'ostentation est liée à la conscience de soi qui est comme un voile entre l'homme et Dieu; il est clair qu'on ne peut s'en libérer par soi-même pour parvenir à l'authenticité de son être au niveau du « secret intime » (*ṣirr*). On ne peut se voir et voir Dieu. On ne peut faire un effort personnel et être docilement conduit par Dieu. Le secours divin est donc absolument indispensable. Mais pour les mystiques musulmans le terme dernier est l'*ikhlâṣ*. Ibn Paqûda pense qu'à ce degré, l'homme n'est pas encore assuré contre toute corruption. En effet, il entend l'*ikhlâṣ* dans le sens de pureté d'intention, que cette racine prend dans le Coran, là où il est commandé aux hommes d'invoquer leur Seigneur en purifiant parfaitement l'acte religieux qu'ils Lui présentent (*mukhliṣîna lahu'l-dîn*). Or on n'est jamais sûr qu'un élément trouble n'interviendra pas dans une invocation, si pure qu'en soit l'intention. Aussi Ibn Paqûda admet-il un dernier degré au-dessus de l'*ikhlâṣ* : « Au-dessus de tous, sont ceux qui ont une claire vision de l'authenticité de la Torah [...]. Ils s'empressent toujours d'adorer Dieu pour Lui-même, pour Sa Gloire et son élévation; ils aspirent à Lui de tous leurs désirs et L'aiment de tout leur cœur, parce qu'ils L'ont connu et qu'ils comprennent Sa voie ». Ce dernier degré est purement conforme à la tradition juive du *Shema' Israël* et de l'identification de l'amour de Dieu avec l'amour de la Loi. On note également qu'à ce dernier degré, la connaissance est centrale.

On peut remarquer, en parcourant ces Portiques, tous les états mystiques médités par les soufis : par exemple l'agrément par lequel on se complaît en Dieu (*riḍwân*), corrélatif d'ailleurs du fait que Dieu agrée l'homme et se complaît en lui : « Si ton regard se dessillait », écrit Bahya, « tu saurais que ton Seigneur qui t'a créé pense à toi [...]. Ainsi agréerais-tu tout ce qui te survient... ». Notons encore l'abandon à Dieu (*tawakkul*) qui est en relation avec le *riḍwân* et l'action de grâces (*ṣhukr*). L'homme ne doit pas mettre sa confiance dans les causes secondes : « Il ne doit pas penser que cette cause seconde lui donne plus de bien qu'il n'en préexistait dans l'omniscience de Dieu, ni se complaire en elle, mais seulement rendre grâces au Créateur qui agrée ses efforts et ne renvoie pas au néant ses peines et ses œuvres ». Celui qui est complètement abandonné à Dieu « a l'âme paisible » : c'est l'âme apaisée dont parle le Coran et qui est dite « agréante et agréée » (89, 27-28). On constate donc une identité de pensée et d'expression entre ce qu'écrit Bahya Ibn Paqûda et ce qu'enseignent les mystiques musulmans.

Le cinquième Portique est consacré à l'*ikhlâṣ* présenté comme la sincérité opposée à l'hypocrisie, ainsi que dans le soufisme. Ibn Paqûda imagine un discours de la passion qui tente le croyant en ces termes : « Ta soumission devant Dieu ne sera parfaite que lorsque tu auras rejeté le moindre soupçon d'hypocrisie. Tu ne le feras qu'en cachant tes œuvres aux yeux des hommes et en manifestant le contraire de tes pensées véritables. Lorsque tu pries en public, abrège ta prière, ne laisse paraître aucune ferveur [...]. N'agis pas pour faire triompher le bien et ne réagis pas contre le mal... » Il ne fait pas de doute qu'Ibn Paqûda met dans la bouche de la passion la doctrine d'une secte appelée malâmatiyya qui cherchait à provoquer le blâme en affichant une conduite extérieure répréhensible, voire repoussante, afin de n'acquérir aucune bonne renommée parmi les hommes. Ses principes reposent sur le désir de lutter radicalement contre l'âme (*nafs*) ou conscience de soi. Ainsi, faire voir en public le culte qu'on rend à Dieu est considéré par ces soufis comme du *shirk*, c'est-à-dire le fait d'associer à Dieu ce qui lui est étranger; manifester un état mystique est apostasie (*irtidâd*); éprouver du plaisir à bien faire est mauvais. Cette secte aurait pris naissance à Nîshâpûr au IXe siècle, et elle s'est répandue au siècle suivant jusqu'à Bagdad et à La Mecque. Abû Ya'qûb al-Nahrajûrî, dont nous avons parlé, est un de ceux qui la propagèrent. Il est certain que le désir de fuir toute ostentation, de ne rechercher ni la récompense divine, ni l'approbation des hommes, est central dans la pensée d'Ibn Paqûda. Mais son attitude est plus nuancée, car la pratique voulue des malâmatiyya n'est jamais qu'une mise en scène où l'homme s'applique à jouer un rôle. Elle exclut donc dès le départ la possibilité d'atteindre le but recherché, car la lutte contre l'âme-conscience de soi ne saurait être une entreprise décidée et conduite par l'homme. C'est pourquoi Ibn Paqûda répond : « Je ne m'écarte de l'amour de la renommée et des honneurs que pour ne pas me complaire dans l'humain [...]. Il est bon de ne pas divulguer les actes qui peuvent s'accomplir parfaitement loin des hommes. Mais ce serait folie de ne pas prier en communauté et, par crainte du spectre de l'hypocrisie, de ne pas aider au triomphe du bien et de ne pas réagir contre le mal [...]. Que les hommes me louent et m'honorent [...], mon intention n'aura jamais été de leur complaire ».

Une autre tentation de la passion consiste à suggérer qu'on est un saint et un élu du Seigneur : « Envisage la récompense et fais tous tes efforts pour l'obtenir, car elle est ton suprême bonheur et le but ultime de ta joie, ainsi qu'il est écrit (Psaume 97, 11) : La lumière est répandue pour le Juste et pour les hommes au cœur droit, la joie. » La réponse d'Ibn Paqûda est remarquable : « Si tu écoutes cette voix et si tu suis ses paroles, elle te fera déchoir à l'un des degrés de l'idolâtrie cachée : la propre adoration de ton être ». Il a bien vu combien il est hors de la portée de l'homme d'atteindre à la sincérité et à l'authenticité de son être. Ce qu'il écrit a des harmoniques dans les Évangiles et chez des

Pères de l'Église comme saint Augustin. Mais il est aussi complètement d'accord avec les soufis, en particulier Abû Ya'qûb al-Sûsî, le maître de Nahrajûrî, qui écrivait : « Si tu vois dans ta sincérité la sincérité, ta sincérité a besoin de sincérité ».

Signalons encore les Portiques consacrés à l'humilité (*tawâḍu'*) et à la pénitence (*tawba*). L'humilité est le principe et la racine de la pénitence qui est, elle, le retour à Dieu. Il y a trois sortes de pénitents : d'abord ceux qui se repentent par la bouche, non par le cœur : ils se repentent quand il n'y a plus d'occasion de pécher; quand l'occasion se présente à nouveau, ils se laissent entraîner; puis viennent ceux qui se repentent en leur cœur, mais dont l'âme reste encline à la révolte; enfin ceux qui ont une contrition constante et qui gardent leurs péchés étalés devant leurs yeux. On trouve également trois degrés de la repentance chez Al-Ḥârith al-Muḥâsibî (mort en 857) dans son grand ouvrage sur *L'observance des Droits de Dieu* (*Al-Ri'âya li-Ḥuqûq Allâh*). Il y a les hommes qui persévèrent dans la faute tout en reconnaissant qu'ils retourneront vers Dieu; mais cette reconnaissance ne dure dans leur cœur qu'un instant. Puis il y a ceux qui reviennent vers Dieu en regrettant leurs fautes passées, et à qui Dieu donne la résolution de ne pas y retomber. Mais leur âme conteste et tente de les rejeter dans la quête des plaisirs. Enfin il y a ceux qui ont grandi dans le bien; ils ne sont pas exempts de faux pas, mais ils reviennent à la pureté du cœur, car ils ont un cœur que Dieu aime et qu'Il protège. Ces trois degrés ne se correspondent pas exactement chez les deux penseurs, mais ils présentent cependant de profondes analogies.

Le huitième Portique est celui de l'examen de conscience (*muḥâsaba*), et sur ce point on ne peut pas ne pas faire un rapprochement avec Muḥâsibî qui recommandait de faire le « compte » (*ḥisâb*) de ses actions en prévision du compte que Dieu en fera au Jour du Jugement.

Le dixième et dernier Portique est celui du pur amour de Dieu. Bien que tous les soufis fassent une place à l'amour, ils ne le mettent pas en général au suprême degré. Ici, Ibn Paqûda s'inspire évidemment du *Shema' Israël* qui n'a pas d'équivalent dans le Coran, bien que plusieurs versets y fassent une place à l'amour de Dieu pour l'homme et de l'homme pour Dieu (seuls d'ailleurs les mystiques entendent ces versets à la lettre).

On s'est demandé si Ibn Paqûda avait pu connaître la pensée de Ghazâlî (1058-1111) qui a écrit sur l'amour des pages d'une très grande profondeur dans sa *Revivification des sciences de la religion » (Ihyâ' 'Ulûm al-Dîn)*, mais on pense en général que l'œuvre du grand mystique de Tûs ne pénétra que plus tard en Espagne. Quoi qu'il en soit, il y a entre les deux penseurs une analogie fondamentale. Ibn Paqûda écrit : « Sache et comprends, frère, que les devoirs du cœur, les vertus et les dons spirituels que nous avons mentionnés dans les Portiques précédents sont les *échelons* et les *degrés* de cette Réalité suprême où nous pénétrons en ce dernier Portique ». Et Ghazâlî : « Assurément l'amour de Dieu est le but ultime des stations et le sommet de l'*échelle*. Après l'appréhension de l'amour, il n'y a pas de station qui n'en soit l'un des fruits [...]. Avant l'amour, il n'y a pas de station qui n'en soit une des introductions » (Trad. M.L. Siauve).

Voici d'autres similitudes : Ghazâlî énumère plusieurs causes de l'amour. Ainsi, il y a l'amour pour le bienfaiteur; mais le véritable bienfaiteur est celui qui donne sans attendre en échange rien d'autre que la joie de donner. On voit aisément que Dieu seul donne de façon purement gratuite : « C'est Lui qui est digne de cet amour, et Lui seul. » Ibn Paqûda écrit : « Nous aimons pour la surabondance de la grâce sur nous ». On lit dans l'*Ihyâ'* : « Comment y aurait-il un autre bienfaiteur que Lui? Le bienfaiteur n'est-il pas lui-même un bienfait? [...] Aussi l'amour pour un autre que Lui est pure ignorance, et celui qui sait cela n'aime que Dieu »; et dans les *Devoirs des cœurs* : « Notre âme se suspend à Son amour et nous nous abandonnons à Sa tendressse dans la profondeur de Sa miséricorde. À ce moment, nul amour ne peut s'adjoindre à Son amour. » Enfin, au degré suprême, il y a, dit Ghazâlî, la Beauté de Dieu (*jamal*) : « Voici que le beau est aimé, le Beau absolu : Lui, l'Un qui n'a pas de rivaux, l'Unique qui n'a pas de contraires [...]. L'amour qui dépend de cette cause est plus fort que l'amour qui a le bienfait pour cause ». Et Ibn Paqûda : « Nous l'aimons enfin pour Lui-même, pour Sa Gloire, pour Sa Grandeur, pour son Élévation, et tel est le pur amour de Dieu ». Mais Ghazâlî parle d'un amour plus parfait encore, analogue à celui qu'inspire la parenté parmi les hommes. Il s'agit alors d'une « parenté secrète » qui ne peut être complètement dévoilée dans un livre. « Ce qui peut être évoqué, c'est la proximité du serviteur par rapport à son Seigneur [...]. C'est l'une des causes les plus élevées de l'amour, la plus puissante, la plus précieuse, la plus rare qui puisse exister ». Tel est évidemment l'amour dans lequel Dieu rapproche un homme de Lui, en un don absolument gratuit. Ibn Paqûda l'ignorait-il? Certainement non. Nous avons vu qu'il parle lui aussi de la proximité de Dieu dans la lumière. L'amour peut y atteindre dès ici-bas : « L'amour de Dieu est un élan de l'âme qui, en son essence, se détache vers Dieu pour s'unir à Sa très haute lumière ».

L'influence des mystiques musulmans sur Ibn Paqûda est donc indéniable. Mais il ne leur a pris, en réalité, que ce qui était son propre bien. Il est certain que les soufis ont médité des passages du Coran chargés de valeurs spirituelles qui sont déjà dans la Bible. Ils ont par suite eu le mérite d'amener le juif à redécouvrir les valeurs de son propre héritage. Les ressemblances avec le soufisme viennent en partie de ce que la langue dans laquelle ont été écrits les *Devoirs des cœurs* est l'arabe. On constate ici encore l'importance des grandes langues de civilisation dans la rencontre des esprits. Ce qui justifie notre point de vue, c'est qu'Ibn Paqûda illustre toutes les idées qu'il tire des auteurs musulmans par des références aux Psaumes, aux Prophètes, et aux Pères de la tradition talmudique. Il ne faut donc pas s'étonner, surtout après sa traduction en hébreu, que le traité des *Devoirs des cœurs* ait exercé par la suite une influence importante dans l'histoire de la spiritualité juive.

On peut considérer les *Devoirs des cœurs* comme un traité systématique de spiritualité mystique, à l'exemple de nombreux traités musulmans sur le même sujet. Mais Ibn Paqûda n'est pas le seul à avoir célébré l'amour de Dieu. Il existait, comme nous l'avons annoncé, de nombreuses poésies religieuses qui traitaient de ce thème. Ainsi dans son œuvre poétique, Ibn Gabirol revient maintes fois sur le thème de l'amour : amour cosmique, aspiration de l'âme vers son Créateur, lien qui rattache Israël à son Dieu. Le Cantique des Cantiques est en effet souvent interprété comme un chant d'amour entre Dieu et Son peuple. Ce point de vue est forcément propre au judaïsme. Les deux formes, d'ailleurs inséparablement liées, de l'amour, sous son aspect individuel et sous son aspect communautaire, se trouvent également dans les poésies de Yéhuda b. Samuel Halévi (1075-1141) et d'Abraham Ibn

'Ezra (1092-1167). En dehors de ce qui se réfère au messianisme, les idées relatives à l'amour de Dieu ne sont pas très originales : elles semblent être tirées d'un fonds commun, d'un climat religieux qui se reflète bien dans la forme de chanson populaire que prend parfois cette poésie, et qui devait inspirer également les juifs, les chrétiens et les musulmans. « Épris d'un amour sans fin pour Toi », écrit Ibn Gabirol, « je Te sers par mes chants. Je Te cherche matin et soir, étendant vers Toi mes mains [...]. Le cœur assoiffé, je crie vers Toi... ». Et voici un autre exemple pris à Yéhuda Halévi : « Mon Bien-Aimé pour qui ma main se tend vers le haut et mes yeux s'élèvent vers les cieux, en Toi sont ma force et ma forteresse. [...]. Mon âme s'est efforcée de Te servir, elle s'est accrochée aux ailes de Ton amour ».

Aucun document ne nous permet de déterminer si les chrétiens ont pris part à ce mouvement mystique. On sait que la liturgie mozarabe de l'Église d'Espagne à cette époque comportait des chants; mais ils étaient en latin et incorporés aux offices; ils ne pouvaient donc pas se répandre au-delà du cercle des fidèles pratiquants. Sans doute subsistait-il des couvents de religieux qui observaient l'ascèse et l'oraison. Ils ont pu être connus des musulmans qui ont toujours manifesté de l'intérêt pour les moines. Mais s'ils ont exercé une influence, elle fut très diffuse et il ne nous a pas été possible de la préciser. Par conséquent, sur le plan de la mystique, la rencontre eut lieu essentiellement entre les juifs et les musulmans.

4. *La philosophie*

Dans l'histoire de la pensée musulmane, Ibn Sînâ (Avicenne, 980-1037), en Orient, et Ibn Rushd (Averroès, 1126-1198), en Occident, représentent deux conceptions très différentes, pour ne pas dire opposées, de la métaphysique. Ils sont à l'origine de deux courants qui ont joué un rôle d'une importance particulière dans la philosophie juive et dans la philosophie chrétienne. Tout repose sur le sens à donner au préfixe grec *meta* dans le mot métaphysique. Il peut signifier qu'il s'agit d'une science dont l'objet est *au-delà* des objets de la physique : c'est le sens que lui donne Avicenne; ou bien qu'il s'agit d'une science dont l'étude vient *après* celle de la physique : c'est le sens que lui donne Averroès. En outre, Avicenne s'appuie sur une doctrine aristotélicienne fortement marquée par les commentateurs néoplatoniciens; Averroès prétend au contraire restituer la pensée du Stagirite dans toute sa pureté : c'est lui qui devint pour tous le *Commentator,* dont ont parlé les Latins et auquel fait allusion Dante dans l'Enfer de la *Divine Comédie* : « Averrois che'l gran comento feo » (*Inf.* IV, 144).

La différence repose sur deux façons de comprendre la notion aristotélicienne de l'être en tant qu'être. Pour Avicenne, c'est la notion la plus commune qu'enveloppe toute parole, toute question, et qu'expriment des pronoms comme l'interrogatif *quoi*? (arabe *mâ*; latin *quid*), ou le relatif *ce qui* (arabe *alladhî*, latin *quod*). C'est pourquoi on ne peut demander ce qu'est l'être en tant qu'être, puisqu'il est déjà impliqué dans la question : en effet on ne peut, si on ne pense de quelque manière l'être, poser la question *quid* et répondre en disant : *c'est ce qui (quod)*... Penser, c'est penser l'être, et le non-être n'est qu'une négation ou une limitation de l'être. Il est bien vrai que l'être, comme l'enseigne Aristote, ne se présente concrètement à notre pensée que sous la forme de l'une des dix catégories, la substance, la quantité, la qualité, etc. Mais le Stagirite et Averroès qui le suit sur ce point jugeaient que l'être se dit en premier lieu de la substance, puisque l'expérience nous apprend que toute quantité est quantité d'une substance, que toute qualité est qualité d'une substance, et ainsi de suite, d'où ils tiraient qu'on ne peut penser l'une des neuf catégories autres que la substance, sans se référer à la substance. C'est ainsi qu'on a pu dire que la substance est « le premier *analogué* de l'être ».

Pour Aristote et Averroès, l'être se profile au-delà des dix catégories, qui sont les « genres premiers », mais il ne saurait être lui-même un genre commun à toutes les catégories et se retrouver en tant que tel en chacune d'elles, à la différence, par exemple, du genre animal qui se retrouve en tant que tel en chacune des espèces animales, l'homme, le cheval, le chien, etc. En d'autres termes, l'être n'est pas un concept. Aussi n'est-il pas définissable, car il aurait besoin à cet effet qu'on pût lui adjoindre une « différence spécifique », différente de lui, comme lorsqu'on définit l'homme un animal (genre) raisonnable (différence). Mais l'être ne peut recevoir de différences spécifiques qui soient différentes de l'être. Donc il ne peut être défini et conçu en lui-même. Au contraire Avicenne, tout en conservant le système des catégories, estime que l'homme pense la quantité, la qualité, la relation, etc., directement comme des êtres. En effet, on peut demander : qu'est-ce qu'une quantité? sans être forcé de penser : qu'est-ce que la quantité d'une substance? La notion d'être s'ajoute naturellement à la pensée de chacune des catégories. Mais en même temps elle s'en distingue, de toute évidence. Et de ce point de vue, la substance n'a aucun privilège. L'être lui est lié dans la pensée comme il est lié à chacune des autres catégories. Il lui advient, comme il advient aux autres catégories, et on peut penser une substance en faisant abstraction de son être, de même qu'on peut penser un homme comme n'étant pas, bien qu'on ne puisse penser l'homme, voire la chimère, autrement qu'en référence à l'être, c'est-à-dire au moins en tant qu'être possible. Par suite, pour Aristote et Averroès l'être appartient à la substance comme à son premier *analogué*. Mais l'être des autres catégories ne leur advient que du fait qu'elles appartiennent à une substance, c'est-à-dire du fait qu'elle en sont des accidents. Pour Avicenne, au contraire, l'être est toujours un accident, pour quelque catégorie que ce soit, pour la substance comme pour les autres. Les conséquences métaphysiques de cette divergence sont considérables.

Si la métaphysique est la science de l'être en tant qu'être, Aristote la réduit en fait à n'être que la science de la substance, en tant que premier *analogué* de l'être. Il écrit dans la *Métaphysique* (1069 a 20 sq.) : « Les substances sont au nombre de trois : l'une est sensible et comprend d'une part celle qui est éternelle, et d'autre part celle qui est corruptible; l'autre est immobile. » Il ajoute un peu plus loin (1071 b 3) : « Puisqu'il y a trois sortes de substances, deux qui sont physiques, et une qui est immobile, il faut dire à son sujet qu'il est nécessaire qu'il y ait une certaine substance immobile et éternelle ». En d'autres termes, Aristote reconnaît deux substances physiques, l'une corruptible qui est celle de notre monde sublunaire, l'autre incorruptible et éternelle, quoique mobile, celle des sphères célestes et des astres; elles relèvent de la physique parce qu'elles sont toutes deux mobiles et que la physique est la science des êtres mobiles : la φύσις (nature) étant le principe du mouvement. Mais il faut démontrer qu'il existe une troisième substance non sensible, incorruptible, éternelle et immobile, qui sera étudiée *après* les objets de la physique : c'est le Premier Moteur immobile dont on prouve la nécessité par le fait qu'on ne peut remonter indéfiniment dans la série des causes, d'un mobile à un moteur mû : il faut s'arrêter (ἀνάγκη στῆναι) à un moteur qui, étant immobile, n'a pas besoin d'un moteur, et qui est par conséquent le Premier Moteur (assimilé plus tard à Dieu).

Un autre principe aristotélicien est que toute science particulière s'appuie sur des principes qu'elle ne démontre pas elle-même et qu'elle tient d'une autre science plus générale et hiérarchiquement supérieure. Par suite, la physique repose sur des fondements qu'elle reçoit à titre d'hypothèses. C'est la métaphysique qui donne la démonstration de ces principes, grâce à quoi la physique cesse d'être hypothétique puisqu'il est prouvé qu'elle repose sur un *anhypothétique*, comme disait Platon. Cela étant, la structure ontologique du monde correspond exactement à la structure épistémologique de la connaissance. On peut la représenter par une image, celle d'une voûte achevée (ontologie) et de sa construction (épistémologie). En effet, l'architecte commence par édifier les rangées de pierres les plus basses, puis leur superpose d'autres rangées en s'élevant progressivement vers le sommet et en soutenant le tout par un échafaudage (équivalent des hypothèses). Enfin il place la clé de voûte (la métaphysique) qui fait tenir l'ensemble et permet de supprimer les échafaudages. L'univers a cette même structure : sa clé de voûte est le Premier Moteur immobile; il soutient les êtres mobiles, le ciel et le monde sublunaire. Mais, bien qu'il en soit radicalement différent puisqu'il n'est ni mobile, ni sensible, ni corruptible, il n'en est pas moins comme eux une substance qui s'articule aux autres et qui achève et ferme l'univers, de même que la clé de voûte une fois mise en place achève et ferme l'édifice. Il n'y a donc pour l'homme aucune percée possible au-delà de cet univers substantiel. Cela est évidemment grave pour les esprits religieux.

Tout autre est le système d'Avicenne. Il écrit dans le *Livre de la délivrance* (*Kitâb al-Najât*) : « La division de l'être (*mawjûd*) dans les catégories ressemble à la division par des différences spécifiques, bien qu'il n'en soit pas ainsi ». Il veut dire par là que l'être, c'est-à-dire l'existence, advient à chacune des catégories.

Mais il considère d'autres divisions de l'être : « Sa division en puissance et acte, en un et multiple, en éternel et événementiel, en achevé et défectueux, en cause et effet, et autres divisions du même genre, ressemble à la division par les accidents, de sorte que les catégories seraient comme des espèces, et ces dernières divisions comme des différences accidentelles ». Avicenne sait fort bien que l'être n'est pas un concept et ne se laisse diviser ni par les genres, ni par les différences spécifiques. Il n'en est pas moins divisible en ce sens qu'il est toujours donné sous la forme de telle ou telle des catégories entre lesquelles il se répartit, de même qu'il est toujours donné et doit être considéré, sous la forme d'une catégorie, comme en acte ou en puissance, comme un ou multiple, comme cause ou effet, etc. Mais de même qu'il n'est pas nécessaire que l'être en tant qu'être soit substance plutôt que quantité ou que qualité, de même il n'est pas nécessaire qu'il soit, comme tel, en acte plutôt qu'en puissance, un plutôt que multiple, etc. Notons que cette dernière sorte de division comporte toujours une alternative, et chacun de ses membres est également possible. Donc, par rapport à l'être en tant qu'être, toutes ces déterminations sont en elles-mêmes accidentelles. Il n'y a aucune nécessité fondée dans la notion de l'être en tant qu'être, à ce qu'il soit actuellement, ici et maintenant, un homme grand et brun ou une femme petite et blonde, un père ou un fils, une mère ou une fille, etc. En effet, le nécessaire et le possible sont une des divisions de l'être en tant qu'être, et en lui-même, il n'est pas nécessaire plutôt que possible, ou possible plutôt que nécessaire. L'être en tant qu'être, qui n'est pas ceci plutôt que cela, est en réalité l'existence.

Si nous considérons maintenant cette division de l'être en cause et effet, nous constatons qu'Avicenne fait sur ce point une très importante remarque. Toutes les causes que nous connaissons dans l'univers sont à la fois causes et effets. Si on remonte la série des causes, on ne trouvera donc jamais une cause première qui ne soit l'effet d'aucune cause. C'est le cas de la poule et de l'œuf : la poule est-elle cause première de l'œuf, ou l'œuf de la poule? Impossible de répondre, mais impossible aussi de s'arrêter. Aristote, qui raisonnait sur des moteurs et des mobiles, pouvait à la rigueur poser un moteur immobile. Mais nous ne pouvons pas poser une poule qui ne soit pas née d'un œuf, ni un œuf qui ne soit pas pondu par une poule. Il en résulte que si nous formons l'ensemble (*jumla*) des causes-effets, étant donné que nous ne pouvons jamais nous arrêter, par hypothèse, à une cause-non-effet, cet ensemble sera infini. Mais, en tant que tel, il faut bien qu'il ait une cause puisqu'il existe. Néanmoins cette cause ne peut faire partie de cet ensemble, autrement dit, cet ensemble ne contient pas sa propre cause. Or cette cause de l'ensemble est cause de chacun des éléments de la série, étant la cause de la série infinie de ses causes. Par conséquent, si on remonte cette série infinie, on se rapproche indéfiniment, quoique sans jamais l'atteindre, de cette cause de l'ensemble extérieure à l'ensemble. Avicenne dit qu'un tel ensemble a une borne (*taraf*) : nous parlons aujourd'hui d'un ensemble infini borné.

Cette cause qui existe sans cause est donc nécessaire par soi en son existence (*wâjib al-wujûd*). C'est l'Être nécessaire. Avicenne montre qu'il est un et unique et que c'est Dieu. Il donne l'exister à tous les êtres de l'univers qui ne sont en eux-mêmes que possibles en leur existence. Il n'est pas une substance, puisque pour exister, toute substance doit recevoir l'être comme un accident. Par suite, l'Être nécessaire, Dieu, est au-delà de l'univers; il n'en est pas la clé de voûte; il n'en fait pas partie. Ainsi Avicenne retrouve un certain nombre d'idées religieuses déjà révélées par le Coran, mais aussi par la Bible : Dieu est un et unique; il est le Premier et le Dernier; tous les êtres seront ramenés à Lui; rien n'est semblable à Lui. Il en résulte que l'avicennisme offre aux âmes religieuses la possibilité de sortir de ce monde pour s'élever vers Dieu et qu'il conduit normalement à une vision mystique de la destinée humaine, non seulement après la mort, mais dès ici-bas. L'homme en effet est dans l'univers, mais il n'y est pas enfermé; mieux encore l'univers par sa structure lui ouvre la perspective d'un au-delà spirituel, vers lequel il peut s'engager dès cette vie en suivant la voie mystique.

Averroès, dans son livre de l'*écroulement de l'Écroulement* (*Tahâfut al-Taḥâfut*) a critiqué avec force la pensée d'Avicenne au nom de l'aristotélisme pur dont il se faisait le protagoniste. Pour lui, on ne peut, d'un coup d'aile, s'élever à l'*Être nécessaire* et à Dieu pour comprendre et expliquer ensuite le monde céleste et le monde sublunaire. Sa critique peut se résumer dans cette objection qu'il fait dans son *Commentaire de la Métaphysique*. Il met en effet son adversaire et ceux qui le suivent au défi de comprendre ce qu'est le *mouvement* s'ils n'ont commencé par étudier la *physique* qui part de ce qui est le plus clair pour nous, à savoir les réalités sensibles et mobiles d'ici-bas. Mais, on le voit, si tout repose sur la physique, la science du mouvement, des moteurs et des mobiles, on arrive à l'idée du *Premier Moteur immobile*, qui soutient et embrasse sous lui tout ce qui existe. Il sera toujours loisible aux penseurs religieux de prétendre que le Premier Moteur est le Dieu qu'ils adorent. Mais en vérité, peut-on adorer le Premier Moteur en tant que Premier Moteur? Le Dieu d'Abraham, d'Isaac et de Jacob, ajoutons celui de Muḥammad, n'est-Il pas bien au-delà?

On comprend que les philosophes et théologiens juifs et chrétiens aient d'abord été attirés par Avicenne plus que par Averroès. Ce n'est que peu à peu que l'aristotélisme, véhiculé par les œuvres d'Averroès, grâce sans doute à la renommée de ce grand commentateur, finit par l'emporter. À vrai dire, Avicenne ne fut jamais complètement éliminé. Maïmonide, et en chrétienté, saint Thomas, tout en s'appuyant essentiellement sur l'Aristote d'Averroès, ne sont pas restés insensibles à certaines idées avicenniennes, sans aucun doute en raison de leur appartenance religieuse. Maïmonide écrivait : « Bien que les livres d'Avicenne donnent lieu à des objections et ne soient pas aussi bons que ceux de Fârâbî, ils sont utiles et méritent d'être étudiés avec soin ». En fait, Avicenne devait l'essentiel de ses idées métaphysiques à Fârâbî, et on peut se demander quelle différence Maïmonide pouvait faire entre les deux. Tout ce qu'on peut dire c'est que les *falâsifa* d'Espagne, Ibn Bâjja (Avempace), Ibn Ṭufayl et en particulier Averroès, ont beaucoup apprécié l'œuvre de Fârâbî, surtout son commentaire de la logique et de nombreux aspects de ses idées politiques liées à une vue d'ensemble du cosmos. Par conséquent Maïmonide, en distinguant Fârâbî, s'inscrit dans une tradition de la *falsafa* musulmane d'Occident. Quoi qu'il en soit, il n'y eut pas, dans le monde juif, un mouvement proprement avicennien, comparable à celui que nous retrouverons chez les Latins et qui, désigné sous le nom d'augustinisme avicennisant, s'inspirait nettement de Platon et s'opposait à Aristote.

En revanche, un courant néoplatonicien précéda, en Espagne, la victoire de l'aristotélisme. Il résulta de l'introduction dans ce pays des *Épîtres* des Frères de la Pureté (Ikhwân al-ṢSafâ') et de l'influence du Pseudo-Empédocle, que nous avons déjà vu s'exercer sur Ibn Masarra. Le représentant de ce mouvement est Ibn Gabirol (ou Gebirol) surtout connu par son ouvrage intitulé *La source de vie*. Il eut peu de succès parmi ses coreligionnaires, mais les scolastiques latins l'ont souvent cité et critiqué; c'est pourquoi sa doctrine mérite qu'on s'y arrête, bien qu'elle soit difficile à comprendre, car son texte est loin d'être clair et, à première lecture, semble contenir plusieurs contradictions. L'original, perdu, était en arabe. Il en existe une traduction latine : *Fons Vitae*, et une version fragmentaire en hébreu : *Meqor Hayyîm*. Il reste aussi de lui un traité de morale pratique en arabe, *Islâh al-Akḥlâq (la correction des mœurs)*. Pour tenter de saisir cette pensée originale, mais évasive, le mieux est, semble-t-il, de se référer aux Ikhwân et au Pseudo-Empédocle.

Les Ikhwân al-Ṣafâ'

Nous ne retiendrons de leur doctrine, liée dans son ensemble à la politique et à la gnose ismaïliennes, que ce qui éclaire les idées d'Ibn Gabirol. La structure de leur système repose essentiellement sur l'exemplarité des nombres telle qu'ils l'ont tirée du pythagorisme. La place secondaire qu'occupe, dans la construction d'Ibn Gabirol, cette référence à l'ordre arithmétique, est précisément ce qui rend sa lecture difficile, car souvent, ce qu'il affirme semble manquer de base, bien qu'il se réfère nommément à un ouvrage juif de caractère ésotérique : *Le livre de la Création* (*Sêpʰer Yᵉṣîrâh*). Il ne conserve de ses modèles que les résultats de leur réflexion.

Les *Ikhwân* interprètent Pythagore comme Stobée qui faisait remarquer qu'il n'a pas dit que toutes les choses naissent du nombre; comment comprendre en effet que ce qui n'existe pas pourrait engendrer? Mais il a dit que toutes choses naissent « selon le nombre ». De ce point de vue, la suite des nombres exprime pour la pensée la loi de la constitution d'un ordre : à partir de l'unité, chaque nombre a sa place déterminée dans une relation à tous les autres nombres. Mais il n'est pas seulement défini par cette place et cette relation : chaque nombre a des propriétés qui lui sont propres et une nature qualitative. Ainsi il y a les nombres pairs et impairs, les nombres premiers, les nombres circulaires dont le premier est cinq : multipliés par eux-mêmes, ils donnent un produit dans lequel ils se retrouvent (5 × 5 = 25; 25 × 25 = 625; 625 × 625 = 390 625, etc.). Il y a les nombres complets qui sont égaux à la somme de leurs parties aliquotes (6 = 1 +2 + 3); 7 est un nombre parfait : il est la somme du premier impair (3) et du deuxième pair (4); ou du premier pair (2) et du second impair (5); ou du principe des nombres (1) et du nombre complet (6).

Le Créateur est Un à tous points de vue. Les êtres créés obéissent à la loi du nombre, révélateur de la Sagesse divine. La monade, qui n'est pas considérée comme un nombre, étant exceptée, tout nombre est l'unité d'une multiplicité. Il n'est donc pas sage que la créature, créée selon le nombre, soit une à tous points de vue. Or ce qui fait l'unité des créatures, c'est la matière, c'est-à-dire ce par quoi elles ressemblent au Créateur, mais ce qui, par rapport à leur nature, est le plus bas dans l'échelle de l'être. Ce qui les distingue et les multiplie, ce sont les formes qui sont propres à chacune. On voit donc que la matière, dans les êtres créés, n'est pas, comme chez Platon et Aristote, un inintelligible. Elle est le dernier reflet de l'unité divine, donc un intelligible émané du Premier Principe. Néanmoins, ce n'est pas par elle, mais par leur forme, que les créatures matérielles sont intelligibles. Par suite l'unité de la matière, image de l'unité divine, ne joue aucun rôle dans la connaissance des réalités matérielles; elle n'a qu'une fonction ontologique, en ce sens qu'elle reçoit, mais en même temps enveloppe et contient la multiplicité des formes. Elle les fixe et les maintient dans l'être; elle marque la limite de la puissance unificatrice de l'Être, au-delà de laquelle il n'y aurait plus que la pure multiplicité absolument inintelligible. On peut donc dire que la matière, en imposant une telle limite aux formes, individualise la créature; tout en recevant et en retenant les formes, elle les morcelle en réalités multiples, alors qu'elles étaient une unité dans l'Intellect. Mais la forme, de son côté, individualise également quoiqu'à un autre point de vue, car l'individu n'est tel que par sa forme. C'est ainsi que les Ikhwân résolvent le problème de l'individuation.

La création est présentée comme une double émanation à l'intérieur d'un processus unique. Pour bien comprendre ce point, il faut se reporter à l'exemple des nombres. D'une part, la monade engendre tous les nombres selon un ordre déterminé et chacun en son rang; de la même manière, il émane de Dieu la suite des différents êtres créés, chacun en son rang; cette première émanation se fait par degrés et étapes : elle fait surgir des existences. D'autre part, nous avons vu que chaque nombre, en recevant de la monade son unité, est du même coup pourvu de qualités propres; de la même manière, chaque créature reçoit de Dieu l'essence qui la constitue, et cela immédiatement en un don continu; cette seconde émanation est décrite comme la diffusion par la Sagesse divine d'une « générosité » (*jûd*) qui traverse la création tout entière. La première de ces émanations est objet de la connaissance de l'ordre de l'univers et des rapports entre les êtres créés; la seconde ouvre une voie qui relie, en chaque étape, la créature à son Créateur. L'ordre des existences n'est pas second par rapport à l'ordre des essences, ni, inversement, l'ordre des essences second par rapport à l'ordre des existences. Il y a une simultanéité parfaite dans l'unité de la Sagesse divine, et à ce propos, les Ikhwân insistent bien sur le fait que la Sagesse implique à la fois science et puissance, et que, par conséquent, l'émanation n'est pas une procession naturelle et nécessaire, telle l'émission des rayons du soleil, mais l'acte d'une Volonté. Le monde n'est donc le résultat ni d'un alignement d'éléments divers, ni du remplissage d'un cadre vide : il est liaison interne du contenant et du contenu, et il manifeste l'ordre éternel de la Sagesse divine.

Le premier être émané est l'Intellect, substance simple, spirituelle, pure lumière, au comble de l'achèvement et de la perfection. En lui sont les formes de toutes choses. Il est connaissant en acte. De lui émane l'Ame universelle, substance simple et spirituelle; mais elle doit recevoir de l'Intellect les formes et les vertus, par suite elle n'est en elle-même connaissante qu'en puissance, bien qu'elle reçoive les formes en dehors de tout temps; elle est active par nature. La troisième émanation qui part de l'Ame universelle est celle de la Matière première, substance simple et spirituelle, qui reçoit de l'Ame les formes, mais dans le temps; elle n'est ni connaissante, ni agissante. Après l'émanation de la Matière première, viennent d'abord le corps universel, puis la multitude des corps particuliers.

L'Intellect est par lui-même existant, subsistant, complet et parfait. Les deux derniers caractères rappellent les nombres tels que 6 et 7. L'Ame est existante, subsistante et complète, mais il lui manque la perfection. La Matière première intelligible est existante et subsistante, mais elle n'est ni complète, ni parfaite. De l'Âme descendent dans la matière des corps une pluralité d'âmes dont la fin est de donner au corps matériel la complétude qui lui manque. En remplissant cette fonction, ces âmes acquièrent la perfection qui leur manquait et elles retournent à l'Âme universelle après la mort.

Tel est dans ses lignes essentielles le système des Ikhwân al-Ṣafâ'. Nous pourrons le comparer avec les idées maîtresses d'Ibn Gabirol, sur lesquelles il jette une utile lumière. Mais il nous faut d'abord dire un mot d'une autre influence, celle du Pseudo-Empédocle, dont nous avons déjà parlé à propos d'Ibn Masarra.

Le Pseudo-Empédocle

On trouve un exposé de sa pensée dans l'ouvrage de Shahrastanî (mort en 1153), *Des religions et des sectes* (*Kitâb al Milal wa'l-Milal*). L'auteur semble d'ailleurs avoir recueilli et mis bout à bout des traditions différentes. Voici les idées principales qui ont pu retenir l'attention d'Ibn Gabirol. Le système repose, comme chez les Ikhwân, sur une suite d'émanations. L'Être premier, le Créateur, est éternellement identique à Lui-même : il est Science pure, Volonté pure, Générosité pure, Cause par Lui-même de toutes les causes. Son premier effet est le *'Unsur*, en quoi il faut voir la Matière première, ainsi que traduit Asin Palacios : c'est la source de l'être en puissance. Le second effet de la Cause première, émané par l'intermédiaire du *'Unsur*, est l'Intellect; le troisième, émané par l'intermédiaire des deux premiers, est l'Ame. Toutes ces émanations sont simples; après elles, viennent la Nature universelle et la matière seconde qui sont composées. Mais un autre processus se superpose au premier : le *'Unsur* donne forme (*sawwara*) dans l'Intellect « à ce qu'il a en lui de formes ». L'intellect agit de même sur l'Ame; et l'Ame, sur la Nature universelle. Alors, se réalisent dans la nature d'ici-bas des corps ou « écorces » (*qushûr*) qui renferment un esprit, la « pulpe » (*lubb*). Il semble que ces « pulpes » soient les formes corporelles, au degré le plus bas de la nature. L'Intellect « regarde » les écorces et y « aperçoit » les pulpes. Par suite de ce regard, il se répand sur les corps des formes nobles, belles et brillantes, qui sont les âmes particulières, et qui sont des parties de l'Ame universelle (mais non des effets émanés d'elle). Par elles, l'Intellect distingue les pulpes, les sépare des écorces et les fait remonter dans le monde spirituel qui est le leur. Ainsi les âmes particulières sont les instruments par lesquels l'Intellect récupère toutes les réalités spirituelles qui informent les corps. Les pulpes sont enfermées dans l'écorce des corps, mais les âmes purement spirituelles ne sont pas dans le corps, mais *sur* le corps.

Ce système intègre deux idées authentiquement empédocléennes, celles de l'Amour qui unit, et de la Haine qui sépare. Ce sont là les deux principes dont est composée la Matière première qui marque les êtres spirituels du sceau de l'Amour, et les êtres corporels du sceau de la Haine. Mais ici la Haine n'exprime que le fait de la multiplication et de la division des êtres à partir de l'Un.

Ibn Gabirol

On ne sait presque rien de sa vie. Il serait né vers 1021 à Malaga, et serait mort à Valence vers 1058. Il fut surtout célèbre parmi les juifs grâce à ses poèmes religieux qui sont encore en usage dans la synagogue. Ses vers expriment la tristesse de la vie en ce monde, la nécessité du détachement, l'idée de la mort; dans une de ses poésies, il se plaint amèrement d'être seul, sans parents et sans amis. Il semble avoir été de santé fragile et il mourut jeune. *La source de vie*, traduite en latin au milieu du XIIe siècle, fut bien connue et utilisée par les grands scolastiques latins, qui prenaient son auteur pour un philosophe arabe. La version hébraïque de Shem Tôb^{h} b. Joseph Falqéra ne donne que des extraits conservés dans un seul manuscrit. Au siècle dernier, S. Munk les identifia avec le texte latin; il révéla ainsi qu'Ibn Gabirol était l'Avicébron des Latins, et n'était pas un philosophe arabe, mais juif. Munk a publié et traduit le texte hébreu.

L'idée fondamentale qui préside à la recherche philosophique d'Ibn Gabirol c'est que l'homme est fait pour connaître et que sa connaissance doit porter d'abord sur lui-même, c'est-à-dire sur son âme. Il découvrira alors qu'elle a la faculté de tout envelopper, de tout entourer, du fait qu'elle perçoit toutes choses par ses facultés qui pénètrent en tout. « Tu sentiras alors que toi-même tu entoures tout ce que tu connais (*môqîp*ʰ *b*ᵉ *-k*ʰ*ol mâ shé-têda*ʿ) des choses qui existent, et que les choses existantes que tu connais subsistent en quelque sorte en toi-même ». Cette notion d'un « entourage » revient souvent dans cette pensée. Mais la question est de savoir si notre âme qui entoure ainsi toutes choses, depuis celles qui lui sont inférieures, tels les corps, jusqu'à celles qui lui sont supérieures, telles les formes intelligibles incorporelles, n'est pas elle-même entourée à son tour. Or nous constatons bien que notre âme est intermédiaire entre les sens et l'intellect. Quand elle se tourne vers les sens, elle ne perçoit pas ce qui est dans l'intellect, et inversement. En effet, elle ne connaît pas les corps comme elle connaît les réalités spirituelles. Par suite sa connaissance comporte deux plans, l'un plus haut, l'autre plus bas, et du fait qu'elle se situe dans cette hiérarchie, l'âme enveloppe ce qui lui est inférieur, mais est enveloppée par ce qui lui est supérieur.

Pour bien comprendre ce qu'est cette hiérarchie ontologique, examinons ce qu'Ibn Gabirol dit des substances. Il n'en donne pas une définition univoque, et il se contente d'en distinguer trois sortes : il y a la substance éternelle, qui est infinie parce qu'elle n'a pas de forme. Puis il y a les substances simples qui, en dépit de leur nom, sont composées de matière et de forme : tous les êtres, autres que le premier principe, Dieu, comportent donc une matière, et sur ce point, Ibn Gabirol paraît devoir aux Ikhwân al-Ṣafâ' l'idée d'une matière accessible à l'intelligence. Enfin il y a les substances composées qui portent les neuf catégories, et fondamentalement la catégorie de la quantité, car c'est de par la quantité qu'elles reçoivent la qualité et les autres catégories. Il y a là un souvenir d'Aristote, mais avec cette différence que la substance, ainsi conçue comme composée de tout ce qu'elle reçoit des différentes catégories, est uniquement la substance corporelle.

Les substances spirituelles, simples, ont un degré d'unité supérieur. Les substances inférieures émanent des substances supérieures, non comme une essence d'une autre essence dont elle se séparerait, mais comme une force émane d'un être fort dont elle reste inséparable. Ainsi la chaleur du feu ne diminue pas et ne se sépare pas du feu, « bien que le feu fasse naître une chaleur dans l'air qui est près de lui ». En effet, les substances simples ne se communiquent pas elles-mêmes les unes aux autres; ce sont leurs « forces » (*kohôtʰ*) et leurs « rayons » (*nîsôsîm*) qui se communiquent. Nous trouvons là l'image de la lumière qui a si souvent été utilisée par les philosophes de l'émanation. Mais cette lumière est conçue comme une force qui dépasse les limites de l'essence de chaque substance et pénètre celles qui lui sont voisines. Or cette force et ce rayon ne sont rien d'autre que le prolongement de l'émanation première (*hash-shefa' ha-ri'shôn*) sous laquelle ils se trouvent et qui provient de la Volonté (*ha-râṣôn*) de Dieu. Cette émanation des forces fait donc surgir toute la suite des êtres depuis les plus haut placés dans la hiérarchie, jusqu'aux plus bas. Elle fait penser au premier type d'émanation des Ikhwân al-Ṣafâ' qui place chaque être à son rang dans l'existence comme l'unité engendre tous les nombres chacun à sa place. « En somme, la première effusion qui embrasse toutes les substances rend nécessaire l'effusion des substances les unes des autres ».

Mais Ibn Gabirol, comme les Ikhwân, note également le rôle joué par un second type d'émanation (ou effusion) qui est enveloppé dans le premier. En effet, puisque toute substance « simple » (et *a fortiori* composée) est une union de matière et de forme, Ibn Gabirol souligne que « l'existence d'une chose n'a lieu que par la forme ». En ce sens, contrairement à ce qu'on pense ordinairement, c'est par la forme que les êtres diffèrent les uns des autres et c'est par la matière qu'ils concordent, car la matière en tant que telle, c'est-à-dire la matière première, est la même pour tous : « En effet, elle réunit en elle les matières des choses sensibles et celles des choses intelligibles, de sorte qu'elles deviennent toutes une seule et même matière. » C'est la matière universelle. Mais d'autre part, si les formes diffèrent les unes des autres, puisque c'est par elles que les êtres diffèrent, il n'en est pas moins vrai qu'il y a une « forme universelle qui constitue l'essence de la matière universelle » et qui est une. La forme universelle est « l'impression (la marque : *rishûm*) de l'Un véritable [Dieu], laquelle s'étend sur toute la matière et l'entoure ». Cette extension est donc une émanation qui donne à chaque être sa forme et son individuation par cette forme. On peut donc dire que par un de ses aspects, l'émanation est une force créatrice qui s'enracine dans la volonté divine et qui met chaque être à sa place dans la hiérarchie ontologique, tandis que par son autre aspect, elle est, en chacun, la marque de l'unité divine qui fait de lui ce qu'il est. S'il n'y a, pour une chose, d'existence en acte que par sa forme, la matière, dit Ibn Gabirol, est existence en puissance, en tant que c'est elle qui porte les formes.

Toutes les formes sont portées par la matière première. Nous avons là un point de vue original, car on pense, à la suite d'Aristote, que les formes, qui sont intelligibles, existent dans l'Intellect. C'est que, pour le Stagirite, les formes sont intelligibles du fait qu'elles sont séparées de la matière. Or ici, elles ne le sont justement pas. Faut-il penser qu'Ibn Gabirol conçoit la matière universelle à l'instar de la matière intelligible des Ikhwân? On peut certes déceler une influence, en ce sens qu'il ne relègue pas toute matière au dernier rang de l'être, à la limite du non-être, et qu'il reconnaît la réalité d'une matière supérieure. En ce sens, il reprend la distinction d'une matière qui est appelée dans le texte hébreu *hômer*, terme qui signifie « argile » et qui correspond au grec *hylè*, à l'arabe *hayûlâ* ou *mâdda*, et d'une matière appelée *y^{e}sôd^{h}* (étymologiquement le fondement, l'élément), qui correspond exactement pour le sens au *'unsur* (élément) du Pseudo-Empédocle. Sans doute s'agit-il toujours de la même matière, mais prise à des niveaux ontologiques différents. En effet, écrit-il, « il faut considérer la matière comme ayant deux extrémités : l'une montant à la limite de la création (*l^{e}-gâdêr hâ-b^{e}rî'âh*), là où commence l'attachement de la matière à la forme; l'autre descendant jusqu'à la limite de l'interruption (*l^{e}-gâdêr hâ-hap^{h}sêq*) », c'est-à-dire là où s'interrompt cet attachement. À ce niveau, la matière est bien à la limite du non-être.

On arrive par suite à considérer les formes et les matières de façon tout à fait relative : « Chaque substance inférieure est une forme pour celle qui est au-dessus d'elle, et chaque substance supérieure est une matière qui porte l'inférieure, jusqu'à ce qu'on arrive à la matière première qui est réellement simple et qui est une, puisqu'elle porte tout. » Il faut remarquer ici l'ordre hiérarchique inhabituel, selon lequel la matière est du côté supérieur, et la forme du côté inférieur. C'est que la matière, commune à tous les êtres, est réellement une, et que c'est par elle que les êtres ressemblent au Créateur absolument Un. Ainsi à la limite inférieure de l'être, il y a une substance qui ne peut plus être matière d'une autre substance et qui n'a sa forme en aucune autre substance inférieure. Là s'arrête l'attachement de la matière et de la forme. C'est l'interruption dont parle Ibn Gabirol. On est là au niveau des corps qui constituent le monde sensible, objet des sensations. Il y a donc une matière corporelle (*y*^{e}*sôd*^{h} *gûp*^{h}*ânî*) qui porte la corporéité du monde (*gashmût*^{h} *hâ 'ôlâm*). Elle est aussi appelée matière du sensible (*y*^{e}*sôd hâ-mûhâsh*), et c'est elle qui porte les formes du corps (*ṣûrôt*^{h} *hâ-geshem*). Par suite, Ibn Gabirol écrit : « Ce qui se trouve à la limite supérieure, enveloppant tout comme matière universelle, est uniquement matière qui porte (*y*^{e}*sôd*^{h} *nôsê'*); ce qui se trouve à la limite inférieure, comme la forme sensible, est uniquement forme portée (*ṣûrâh nôs' âh*). »

Mais cette supériorité de la matière ne concerne que la matière (*y*^{e} *sôd*^{h}), et, en un autre sens, la *hylè* grecque, ὕλη (*hômer*), se présente comme inférieure : « Il faut que l'inférieur soit une *hylè* pour le supérieur puisque le supérieur est agissant (*pô'êl*) sur l'inférieur ». En effet, nous avons vu qu'il y a une « force » qui se communique, dans l'émanation, d'un être à un autre. De ce point de vue, cette force est du côté de la forme et donne l'existence aux êtres sur lesquels elle s'exerce. Or « il n'y a que l'Intellect premier qui réponde à l'idée de forme véritable », et les philosophes l'ont appelé intellect agent (*ha-shêk*^{h}*el hâ-pô'êl*). En effet, si l'Intellect n'a pas de forme particulière, il a une forme générale par laquelle il perçoit toutes les formes. La forme de l'Intellect porte toutes les formes. Mais son essence est constituée par « la forme première » qui, en s'attachant à « la matière supérieure », lui donne l'existence. Cette forme première est créée par la Volonté divine qui en même temps l'attache à la matière supérieure. « La matière particulière a la forme de l'Intellect, c'est-à-dire l'extrémité supérieure de la matière universelle reçoit de la Volonté qui réside en haut dans le Créateur la forme de l'Intellect qui porte toutes les formes. » Donc, en définitive, les formes sont portées par l'Intellect dont la forme est reçue par la matière universelle, et c'est bien, comme nous l'avons vu, la matière qui est au sommet de la hiérarchie, comme image, en son unité, de l'unité de Dieu.

Or, précise Ibn Gabirol, il faut se figurer l'existence de la matière et de la forme, comme quelque chose d'intelligible et non de sensible, à la différence de l'existence des être qui possèdent une forme et une *hylè*. En eux, la matière est un substratum pour la forme qui constitue leur essence : « La forme est au-dessus de la matière, et la matière au-dessous d'elle. » Ce renversement des positions réciproques de la matière et de la forme peut paraître comme une contradiction, et elle est peut-être la marque d'une certaine incohérence dans l'expression qu'Ibn Gabirol donne de sa pensée. On peut néanmoins tenter de la justifier. Il dit nettement que l'unité est, comme dans les nombres, principe de la multiplicité. Mais la multiplicité tend vers le non-être en se divisant sans cesse. C'est pourquoi il faut que l'unité maintienne les êtres ainsi multipliés, les entoure, les pénètre en toutes leurs parties, portée par eux comme en un substratum, et les définissant en eux-mêmes. Or « ces mêmes propriétés (de l'unité) se trouvent dans la forme, car c'est la forme [...] qui donne l'existence à la chose, la maintient, l'entoure, portée par la matière qui lui sert de substratum ». Ainsi peut-on dire que, plus on va vers l'unité, plus on s'élève vers la matière qui, image de l'unité de Dieu, porte toutes les formes et les surpasse, tandis que plus on va vers la multiplicité, c'est-à-dire vers le non-être, plus on descend vers une matière hylique retenue dans l'existence par la forme qu'elle porte et qui, agissant ainsi sur elle, lui est supérieure.

La méthode de recherche, mise en œuvre par Ibn Gabirol, repose sur l'idée que la partie inférieure est à l'image de la partie supérieure, puisqu'elle en émane. Par suite, la substance sensible, qui porte les neuf catégories, est pour nous qui la connaissons par la perception sensible une image qui nous permet d'accéder à ce qui est caché aux sens. « Or, comme notre but est de nous élever jusqu'à l'extrémité supérieure de l'être, c'est-à-dire à la matière universelle qui porte toutes choses, et à la forme universelle qui est portée par elle, matière et forme qui sont le terme de l'être par rapport à nous, et son commencement du côté du Créateur, nous trouverons, après avoir examiné la matière inférieure qui porte les neuf catégories, qu'elle répond à l'autre (la supérieure) et qu'elle est son analogue. De même, nous trouverons que la forme de la quantité, portée par cette substance, correspond à la forme universelle, c'est-à-dire à la forme de l'intellect portée par la matière universelle.

Comme les Ikhwân, mais de façon beaucoup moins systématique, et surtout moins systématisée, Ibn Gabirol a recours à l'explication du monde par analogie avec la suite des nombres. Mais, à ce qu'il semble, en ce qui concerne au moins le monde sensible de la quantité, il fait aussi référence au *Livre de la Création* (*Sep^{h}er y^{e}ṣîrâh*), qui s'inscrit dans toute une tradition de spéculations mystiques sur les chiffres et les lettres, et aurait été composé entre le IIIe et le VIe siècle, en Palestine. Il porte d'ailleurs lui-même la marque d'influences pythagoriciennes et stoïciennes, ainsi que gnostiques. Dieu a créé le monde au moyen des « trente-deux voies secrètes de la Sagesse » : ce sont les dix *s^{e}p^{h}îrôt^{h}* (ce terme signifie les nombres, mais a pris aussi le sens d'entités découlant des attributs divins), et les vingt-deux lettres de l'alphabet hébraïque. Le livre ne dit pas si la première *s^{e}p^{h}îrâh*, qui est l'esprit (*rû^{a}ḥ*), émane de Dieu ou a été créée par Lui. Mais les suivantes, du moins, émanent l'une de l'autre. De la première sort, par un processus de condensation, le premier élément, l'air, que suivent en troisième lieu l'eau et en quatrième lieu le feu. Des eaux primordiales, Dieu créa le chaos cosmique; du feu primordial, le Trône de Gloire et les cohortes des anges; de l'air, les vingt-deux lettres qu'Il y grava. C'est ce dernier point que retient Ibn Gabirol : « Il a été dit que la composition du monde s'est faite par l'inscription du nombre et des lettres dans l'air [...]. Le nombre 2, c'est le souffle qui vient de l'esprit (= air), dans lequel Dieu a gravé et sculpté les 22 lettres ». Notons que le *Livre de la Création,* en parlant des *s^{e}p^{h}îrôt^{h}*, ajoute toujours l'expression obscure *b^{e}lî mâh* qui signifie mot à mot « sans quelque chose » et qui pourrait désigner la matière sans forme, tandis que les lettres représenteraient les formes portées sur la matière de l'air. Simple supposition; mais il est possible qu'Ibn Gabirol ait ainsi compris l'expression en raison de ses propres idées, nonobstant le fait de l'existence d'une autre expression, *'ôt^{h}iyyôt^{h} y^{e}sôd,* qui présente les lettres sous l'aspect de l'élément, c'est-à-dire de la matière. Mais il ne faut sans doute pas chercher trop de cohérence dans ce type de pensée. Quoi qu'il en soit, Ibn Gabirol connaissait le *Livre de la Création* et il y trouvait un emploi des symboles numériques correspondant en gros à l'usage des Ikhwân.

Mais *La source de vie* contient un autre passage plus important. La forme de l'Intellect, écrit Ibn Gabirol, ressemble à la forme de l'unité, c'est-à-dire de la monade. La forme de l'âme universelle ressemble au nombre deux. Celle de l'âme, qui est principe de la vie sensible, ressemble au nombre trois, car elle perçoit les trois dimensions du corps grâce à trois choses : la figure, la couleur et le mouvement. La forme de la nature ressemble au nombre quatre, car la nature a quatre facultés : l'attraction, la rétention, la transformation et l'expulsion. « En général, si tu considères tous les êtres, tu les trouveras constitués et réglés par la nature du nombre, tombant sous la forme de l'Intellect qui est la monade, puisque tous les nombres tombent sous l'unité : c'est pourquoi la forme de l'Intellect en son essence renferme et entoure toute chose ». Rappelons que la forme de l'Intellect est reçue par la partie supérieure de la matière universelle de par l'opération de la volonté divine.

Ibn Gabirol a encore recours à la symbolique des nombres pour donner une image d'ensemble de son système : « Le nombre trois est la racine de tout; l'unité correspond à la forme, et le nombre deux à la matière multiple et divisible ». À la lettre, ce texte est en contradiction avec l'ensemble des autres textes que nous avons cités. Sans doute l'auteur a-t-il pensé à la « dyade indéfinie du grand et du petit » dont avait parlé Platon, sans chercher à mettre clairement cette idée en harmonie avec celles qu'il expose ailleurs. Quoi qu'il en soit, on peut entendre que l'unité qui correspond à la forme est celle de la forme de l'Intellect liée à l'unité de la matière universelle; et que la matière multiple et divisible ne peut que correspondre à la *hylè.* Enfin si on considère que le nombre 3 est la somme 1 + 2, on peut voir en lui la récapitulation de tout le mouvement d'émanation qui va du sommet de l'unité jusqu'à l'extrême limite de la multiplicité des êtres du monde corporel.

Enfin, c'est encore une référence au nombre qui intervient dans cette réflexion sur l'être depuis son extrémité supérieure jusqu'à son extrémité inférieure. L'être occupe quatre degrés : le *que*, le *quoi*, le *comment* et le *pourquoi*. Le degré supérieur est le *que* qui exprime le fait pur et simple d'être, l'eccéité (en arabe *anniyya*), et qui, de ce fait, est au rang du nombre un. L'être en question est Dieu, l'Un véritable, qui n'a ni quoi, ni comment, ni pourquoi. Au-dessous, au rang du nombre deux, vient le *quoi* qui n'a ni comment, ni pourquoi; tel est le cas de l'Intellect, qui est une essence composée du genre et de la différence, c'est-à-dire définissable en soi. Au rang du nombre trois se situe le *quoi* qui a un comment; c'est le cas de l'âme, qui a, dans l'Intellect, une source douée d'efficience à laquelle elle se joint. Enfin au rang du nombre quatre, il y a le *pourquoi*, ce qui a une cause finale, qui se joint au *comment*, au *quoi* et au *que*, et qui ne concerne que les substances composées du monde corporel, car les substances simples n'ont pas de *pourquoi*. En d'autres termes, au-dessous de Dieu qui est simplement sans cause, il y a l'être qui n'a qu'une cause formelle, puis celui qui a une cause formelle et une cause efficiente, enfin ceux qui ont à la fois une cause formelle, une cause efficiente, et une cause finale. Nous allons voir, en effet, que le monde sensible des substances composées a, hors de lui-même, une fin qui est la purification de l'âme.

Quelle est donc la doctrine de l'âme selon Ibn Gabirol? L'âme est intermédiaire entre l'Intellect et les sens. Comme tous les êtres, elle a une matière et une forme. Par sa nature, la forme de l'âme est « une essence qui renferme essentiellement l'essence de toute forme ». Que signifie cette formule? Quand on parle d'une forme, on peut entendre la « force » qu'une substance transmet à une autre, ainsi que nous l'avons vu. Ce sera par exemple la forme d'une figure ou d'une couleur qui sera reçue par tel corps. Sous ce rapport, les formes sont en mouvement dans le monde. Mais on peut entendre la forme arrêtée en elle-même, celle que l'âme reçoit quand elle connaît les êtres qui la possèdent. Telle est l'essence de la forme. Cela étant, Ibn Gabirol écrit : « Les formes ne passent pas dans l'âme comme la lumière dans l'air et sans y être essentielles, car si les formes n'étaient pas essentielles dans l'âme, elles ne s'uniraient pas avec elle et ne passeraient pas à l'acte. » C'est-à-dire qu'elles ne seraient pas connues. Cette remarque concerne donc l'âme en tant qu'elle connaît les essences. Mais en revanche, en tant que principe de vie ou âme sensible, la faculté qu'elle a de se communiquer au corps est comparée à la lumière qui se communique du soleil à l'air. Alors l'âme « occupe avec ses facultés le corps tout entier ». Mais les formes spirituelles sont « cachées » dans les formes corporelles, « et chacune des facultés de l'âme s'attache à la forme qui lui est conforme en sa subtilité », c'est-à-dire que la perception sensible s'attache aux formes de la sensation; l'imagination, aux formes des images; la mémoire, aux formes du souvenir. Ainsi, tandis que la substance de l'Intellect perçoit en toutes choses l'être, c'est-à-dire la forme simple de l'unité, le genre, ou l'espèce, la substance de l'âme perçoit ce qui est « au-dehors » de l'être (*ha-zûlat*[b]), c'est-à-dire les différences et les accidents tirés des sens. Aussi quand l'âme veut connaître la quiddité d'une chose, elle s'attache et s'unit à l'Intellect ; alors « la forme de l'Intellect s'assimile à elle », et elle saisit les essences dans leur unité.

L'âme a été créée avec la connaissance qui lui est propre, puisqu'elle renferme essentiellement l'essence de toutes formes. Pourquoi alors doit-elle apprendre et se ressouvenir ? C'est qu'elle est unie à la substance corporelle qu'elle pénètre et vivifie ; c'est pourquoi les impressions qu'elle reçoit de l'Intellect restent cachées en elle, comme les formes spirituelles sont cachées dans les formes corporelles. Mais « le Créateur a mis à la disposition de l'âme les sens, afin qu'elle pût percevoir par eux les formes et figures sensibles, arriver par là jusqu'aux intelligibles et passer de la puissance à l'acte », c'est-à-dire redécouvrir les formes cachées en elle. Et Ibn Gabirol de conclure : « Ainsi par son attachement aux choses sensibles, l'âme se purifie, et ce qui était une faculté cachée en elle passe à l'acte. »

L'univers, résultat des émanations successives qui s'emboîtent les unes dans les autres, les unes entourant les autres depuis les substances les plus simples, les plus élevées, et, comme telles, les plus intelligibles, jusqu'aux substances composées et sensibles, les plus basses, est traversé, en sens inverse, par un immense désir qui meut tous les êtres vers le haut. Ainsi la « matière naturelle » (*hâ-y^{e}sôd^{h} ha-tib^{h}'î*), c'est-à-dire la substance qui porte les neuf catégories, se meut d'abord pour recevoir les qualités premières (le chaud, le froid, le sec et l'humide) qui constituent les quatre éléments ; puis pour recevoir la forme minérale, puis la forme végétale, puis la forme animale, puis la forme rationnelle et enfin l'intelligible, jusqu'à ce qu'elle s'attache à la forme de l'Intellect universel. Ainsi l'âme rationnelle, dans l'âme particulière de chaque homme, aspire aux formes intelligibles. Ibn Gabirol l'appelle « intellect premier » : il est comme une *hylè* qui reçoit la forme ; en tant que tel, il correspond à ce qu'est l'intellect matériel dans la doctrine de plusieurs philosophes. Ayant reçu la forme de l'intellect « troisième » (dans l'ordre ascendant), c'est-à-dire de l'Intellect agent, il devient l'intellect « second » qui est en acte et correspond à celui que plusieurs philosophes nomment l'intellect acquis. Notons une expression intéressante : l'action de l'Intellect sur l'âme est rendue par l'image d'un regard que l'Intellect jette sur elle. Les âmes universelles sont mues par le même genre de désir que les âmes particulières. Le fondement de ce désir universel est l'amour de la matière, présente en tout être, pour la forme. Elle y trouve le bien et en jouit. On entend par désir et amour, la tendance à s'attacher à l'objet aimé et à s'unir à lui. Pour désigner cet attachement et cette union, Ibn Gabirol emploie un terme, tiré de la Torah, qui joue un rôle important dans l'expression des valeurs mystiques, le terme de $d^{e}b^{h}\hat{e}q\hat{u}t^{h}$.

Le *Fons Vitae* se présente comme un ouvrage purement philosophique. Ibn Gabirol y fait parfois mention de Platon, mais sans références précises. En gros, il est surtout sous l'influence d'idées néoplatoniciennes. On a remarqué qu'il ne cite pas la Bible, du moins de façon explicite. Il semble pourtant ne pas la mettre entièrement de côté, ne serait-ce que dans la conception qu'il a de Dieu comme créateur qui agit par sa volonté, et dans l'importance qu'il accorde à la Parole. « La Parole est une force infuse dans les substances spirituelles : elle leur communique la connaissance et la vie ». La Parole, c'est la Volonté, qui après avoir fait la matière et la forme, après les voir jointes l'une à l'autre, maintient tous les êtres dans les limites de leur essence et les harmonise les uns avec les autres en réalisant l'ordre de l'univers. En effet, la Parole le pénètre depuis son extrémité supérieure jusqu'à son extrémité inférieure. Ainsi, le Créateur se trouve en tout, « car la Volonté, qui est sa faculté, se communique à toute chose, entre en toute chose, et aucune chose n'est vide d'elle, puisque c'est par elle que toute chose existe et se maintient ».

Néanmoins, la $d^{e}b^{h}\hat{e}q\hat{u}t^{h}$ n'est pas, pour Ibn Gabirol, une communion avec Dieu, mais simplement l'union à la forme intelligible. La connaissance est « une union directe de la forme du connaissant avec la forme du connu; et l'union de ces deux formes est en raison de la similitude et de la proximité ». Par suite, Dieu se situe au-delà de la connaissance humaine : l'homme sait de Lui simplement qu'il est : il est le *que*, l'eccéité pure. Quelle est donc la fin de l'homme? « Si tu t'élèves jusqu'à la matière universelle [image de l'Unité de Dieu, rappelons-le], et que tu t'abrites sous son ombre, tu y verras tout ce qu'il y a de plus merveilleux. Il faut que tu fasses pour cela les plus grands efforts, car c'est là le but auquel l'âme humaine est destinée; et c'est là qu'est la plus grande jouissance, la plus grande félicité. »

Tels sont les traits principaux d'une pensée difficile à saisir dans une parfaite cohérence. Nous nous sommes néanmoins proposé de la présenter dans son ensemble, sans nous en tenir à des généralités, mais en essayant de mettre en place les idées particulières et originales qui nous ont paru la structurer. Ibn Gabirol ne représente sans doute que lui-même, et son œuvre philosophique n'eut aucune influence sur ses coreligionnaires. Mais, par sa traduction latine, il fut connu des penseurs latins du siècle suivant qui le citent pour le réfuter, surtout à propos de la théorie de l'âme et de la connaissance, mais aussi à propos de la conception des anges, que la doctrine chrétienne considère comme dénués de toute matière. Nous retrouverons donc Ibn Gabirol, Avicébron, en parlant d'Albert le Grand et de Thomas d'Aquin.

Les philosophes musulmans d'Espagne marqués par l'aristotélisme

Ces *falâsifa* sont profondément marqués par la pensée péripatéticienne, surtout Ibn Rushd (Averroès), qui fut un grand maître pour la pensée chrétienne du XIIIe siècle, mais on constate également, chez les juifs, l'influence qu'il a exercée sur Maïmonide. C'est donc à son système que nous devons particulièrement nous arrêter. Mais nous ne pouvons laisser de côté Abû Bakr ibn Tufayl (Abubacer) et Ibn Bâjja (Avempace) qui furent de grands penseurs que les Latins ont connus.

Ibn Bâjja (mort en 1138)

On connaît peu de chose de sa vie, sauf qu'il fit de pénibles expériences de la vie politique; mais on sait que son œuvre fut considérable, bien qu'il n'en reste que quelques traités. Comme de nombreux penseurs en Espagne musulmane, il s'intéressa aux sciences : il fréquenta les médecins et excella en astronomie. Il avait commenté d'Aristote la *Physique*, le livre *De la génération et de la corruption*, le *Livre des animaux*, une partie des *Météorologiques;* et de Galien, le livre des *Médicaments simples.* On voit par là manifestement combien fut grande son application à l'étude des choses de la nature. Mais les œuvres originales qui nous sont restées de lui sont la marque d'un esprit tourné vers la philosophie pratique (morale et politique) et, dans son prolongement, vers la métaphysique. Ce sont l'*Épître de l'adieu*, l'*Épître de la conjonction de l'Intellect avec l'homme*, et le *Régime du solitaire*. Il semble qu'on puisse tirer de cette double orientation de sa pensée qu'il met d'un côté les sciences théoriques dont l'objet est le monde de la nature, en quoi il convient de suivre Aristote; et d'un autre côté, les connaissances « pratiques » liées au problème, capital à ses yeux, qui est celui de la fin dernière de l'homme et du bonheur : bien que ce domaine de recherche ait été exploré par Aristote, Platon y prend le pas sur lui, parce qu'il ouvre des perspectives plus larges sur la destinée humaine. Néanmoins, Ibn Bâjja ne s'est pas orienté vers un platonisme interprété en un sens mystique, et il a critiqué vivement la pensée des soufis musulmans. En effet Dieu est pratiquement absent de sa réflexion philosophique : s'il laisse se profiler une déité au sommet de l'univers, elle est inaccessible à l'homme et par conséquent le philosophe ne peut la prendre en compte quand il médite sur la destinée humaine. La pensée platonicienne sert surtout à Ibn Bâjja, comme nous allons le voir, à marquer une différence profonde, une totale discontinuité, entre la connaissance théorique des savants, et la saisie de l'intelligibilité des êtres par les « bienheureux » (*al-Su'adâ'*). L'ascension de l'âme dans la connaissance fait penser chez lui à l'ascension de l'âme vers l'Idée du Beau, telle que la peint Platon dans le *Banquet* : après une élévation graduelle et continue, elle arrive à un point de rupture où se produit une révélation soudaine de la réalité ultime et qui marque le passage d'une connaissance discursive à la connaissance intuitive : « Car celui qui, jusqu'ici, aura reçu une éducation sur les objets de l'amour, après avoir contemplé les choses belles successivement et dans le bon ordre, pour aller d'ici vers le terme de tout ce qui se rapporte à l'amour, celui-là verra tout à coup quelque chose d'une nature merveilleuse : le Beau » (*Banquet,* 210 e).

Dans le *Régime du solitaire*, Ibn Bâjja s'inspire de Platon, et à sa suite de Fârâbî, pour distinguer et caractériser les cités perverses : les quatre régimes injustes sont la timocratie, l'oligarchie, la démocratie et la tyrannie. La cité parfaite est celle où règne l'amour qui garantit l'observance de la justice, sans qu'il soit besoin d'instituer des juges. Toutes les opinions y sont par conséquent justes. La Cité perverse ne peut se réformer d'elle-même. Mais il peut y apparaître des jeunes gens doués d'un naturel généreux qui se forment des opinions droites. Si leur nombre s'accroît, leurs idées peuvent se répandre et ils deviennent ainsi la cause d'une transformation de la société. Sinon, ils demeurent des isolés, et c'est alors dans la solitude qu'ils arrivent à atteindre un bonheur personnel. Le régime du solitaire est donc un ensemble des règles pour développer les vertus morales grâce auxquelles l'humanité triomphe dans l'homme de son animalité, de telle sorte que l'âme rationnelle peut s'élever vers les réalités intelligibles.

L'âme est le « moteur premier » du corps : c'est elle qui fait l'unité de l'être humain à travers toutes les transformations de son corps. Mais elle a en outre des facultés : celle de percevoir, celle d'imaginer, etc. De chacune de ces facultés, dont les objets varient sans cesse, l'âme est également le « moteur premier », si bien qu'elle assure ici encore l'identité de l'homme relativement à ses facultés spirituelles. Mais tandis qu'il y a continuité entre le perfectionnement des organes des sens et la perception, comme entre la perception et l'imagination, les intelligibles qui existent en acte, et par suite l'intellect qui les intellige en acte, ne sont pas en continuité avec le corps et les facultés qui sont en rapport avec lui.

Ibn Bâjja distingue trois degrés de la connaissance. Le premier est au rang du commun des hommes; c'est le degré qui relève de la nature (*al-martabat al-ṭabî'iyya*). À ce niveau, on ne saisit que l'intelligibilité des formes matérielles, car dans l'homme l'intelligence n'est jamais absente de la perception sensible, mais elle ne se dégage pas de ces formes matérielles : elle ne connaît que « par elles, à partir d'elles, relativement à elles, pour elles ». C'est à ce niveau que se situent les activités *poïètiques* (ποιητικός = capable de fabriquer des arts et des métiers). Le second rang est celui de la connaissance spéculative (*al-ma'rifat al-naẓariyya*) qui couronne la science de la nature. Tandis que le vulgaire considère d'abord les objets matériels et cherche à en comprendre l'intelligibilité pour éclairer leur usage possible, le savant regarde d'abord des intelligibles obtenus par abstraction; puis il va vers les objets à partir d'eux. Aussi porte-t-il des jugements universels qui s'appliquent à une multitude de cas concrets, par exemple : « Tout homme est animal ». Les choses sont donc vues par leur idée abstraite. Mais au troisième rang se situe le degré des Bienheureux (*martabat al-Su'adâ'*) : à ce niveau, l'idée intelligible est intelligée en elle-même et par elle-même. Au lieu que soit saisie l'intelligibilité d'une chose par son idée abstraite, il y a intellection immédiate de son intelligibilité. À ce niveau, écrit Ibn Bâjja, « l'acte de l'intellect est identique à sa propre substance », c'est-à-dire qu'il intellige sa propre intelligibilité. « Il ne s'use ni ne se corrompt », et tel est l'état des Bienheureux; tel est l'intellect qui est parvenu à la conjonction avec l'Intellect Agent et qui connaît l'intelligibilité des choses par la connaissance qu'en a l'Intellect Agent lui-même. On comprend alors qu'Ibn Bâjja ait nettement souligné que la connaissance spéculative des savants est plus proche de la connaissance du vulgaire, qu'elle ne l'est de la connaissance des Bienheureux qui est en totale discontinuité avec elle.

Mais faut-il conclure qu'il y a un seul Intellect pour tous les hommes, au moins pour ceux qui arrivent au degré de la conjonction? C'est un grave problème que nous allons retrouver chez tous les penseurs du Moyen Age. Il faut rappeler ici la fonction de l'âme qui est d'assurer comme « premier moteur » l'identité de l'homme à travers les multiples changements de son corps et des objets de ses facultés. Mais, contre la doctrine de la métempsycose, Ibn Bâjja refuse de tirer de là comme conséquence qu'une âme pourrait animer n'importe quel corps et mettre en mouvement les facultés de n'importe quel homme. Il y a donc une identité de l'âme, qu'on pourrait appeler personnelle, et qui lui est propre. Par suite, s'il y a discontinuité entre les deux premiers degrés de la connaissance et le troisième quant à la nature du mode de connaître, c'est toujours la même âme qui connaît. Elle continue à apposer la marque de son identité à l'action de son intellect éclairé par la lumière de l'Intellect Agent au moment de sa conjonction avec lui. Et c'est d'autant plus vrai qu'elle connaît alors sa propre intelligibilité. À la suite d'une longue discussion, Ibn Bâjja se sert d'une image religieuse pour se faire comprendre. « De toute évidence, cet Intellect, qui est un, est une récompense de Dieu et une grâce qu'il fait à ceux de ses serviteurs qui savent lui complaire [...]; il est la récompense faite à l'ensemble des puissances de l'âme ». Or si nous approfondissons cette image, nous comprendrons qu'une même récompense spirituelle puisse être donnée indivisiblement à plusieurs hommes, sans qu'il en résulte que ces hommes ne fassent plus qu'un. D'ailleurs, puisque ceux qui accèdent au troisième degré de la connaissance sont appelés Bienheureux, il faut bien qu'ils restent eux-mêmes pour jouir de la béatitude. Enfin la « conjonction » (*ittisâl*) se distingue nettement d'une « union » (*ittihâd*) dans laquelle ce qui est uni disparaîtrait dans ce à quoi il s'unit.

Ibn Bâjja a exercé une influence certaine sur la réflexion d'Averroès, qui a néanmoins tenu à se démarquer de lui. Les scolastiques latins l'ont connu, et il entre ainsi dans cet immense concours d'idées qui fait la gloire de la pensée médiévale.

Ibn Ṭufayl (Abubacer, vers 1110-1185)

On sait de lui que, né à Guadix, il exerça la médecine à Grenade, et devint plus tard le médecin principal du sultan almohade Abû Ya'qûb Yûsuf. En 1182, il renonça à cette charge en faveur d'Averroès, tout en restant en faveur auprès du prince et de son successeur. Il mourut à Marrakech en 1185.

Il écrivit des ouvrages de médecine et d'astronomie. Comme astronome, il eut des idées originales et conçut un système différent de celui de Ptolémée : il eut pour disciple al-Bitrûjî (Alpetragius), l'auteur d'un ouvrage sur la structure du ciel. En effet, il s'était dessiné à cette époque en Espagne un mouvement de réaction contre la représentation des mouvements des corps célestes au moyen des épicycles et des excentriques, et un retour à l'explication de type aristotélicien par le mouvement des sphères : on les faisait tourner autour d'axes distincts, ce qui produisait comme résultante un mouvement en spirale (*haraka lawlabiyya*). À la suite d'Ibn Bâjja, Ibn Ṭufayl s'inscrit dans ce mouvement avec al-Bitrûji et Jâbir b. Aflâḥ. Il n'est pas impossible que ce regain de faveur des idées d'Aristote en astronomie et d'une manière générale dans les sciences de la nature soit lié à l'importance qui va lui être accordée également en métaphysique par Averroès, et explique que la pensée péripatéticienne ait pu s'imposer en rejetant au second rang le platonisme et le néoplatonisme.

Mais il ne nous reste qu'une seule œuvre d'Ibn Ṭufayl, le récit de *Ḥayy b. Yaqẓân* (le Vivant, fils de l'Éveillé). Elle ne fut pas connue des Latins, mais son importance est grande dans l'histoire de la pensée. Avicenne avait écrit un livre portant le même titre, ce qui est l'indice de l'influence qu'il a eue sur le penseur espagnol. Ibn Ṭufayl écrit qu'il a fait l'expérience d'un « état » (*hâl*) si étrange « qu'aucune langue ne peut le dépeindre et qu'aucun exposé clair ne peut le décrire, car il relève d'un ordre et d'un monde qui ne sont pas ceux du langage et de la clarté d'expression ». Cet état est certainement celui qu'Avicenne invite à rechercher. C'est aussi celui dont Ghazâlî écrit qu'on ne peut rien en dire sans tomber dans l'erreur. Mais, il ne correspond pas à l'état des Bienheureux qu'Ibn Bâjja présente sans doute comme un don de Dieu au-delà de l'atteinte de la recherche spéculative, mais qui, aux yeux d'Ibn Ṭufayl, n'est qu'un état correspondant au plus haut degré de la spéculation : il transcende certes la spéculation propre aux sciences de la nature, mais il reste, comme elle, un acte de l'intelligence. Aussi le bonheur qui en résulte est-il analogue au plaisir dont Aristote disait qu'il est à l'action comme à la jeunesse sa fleur. Pour Ibn Ṭufayl, il y a une distinction totale entre la « perception » des hommes de spéculation (*idrâk ahl al-naẓar*) et celle des hommes de l'Amitié divine (*ahl al-walâya*). Ces termes : « état » (*hâl*), amitié divine (= sainteté : *walâya*), appartiennent au langage des soufis. Mais Ibn Ṭufayl tient à se distinguer d'eux dans la mesure où il rejette leurs expressions théopathiques (*shaṭaḥât*), telles que celle de Bistamî : « Gloire à moi ! » ou de Ḥallâj : « Je suis le Dieu-Vérité. » Ce qui distingue l'état correspondant à la *walâya*, c'est un « surcroît de clarté ». Ibn Ṭufayl prend l'exemple d'un aveugle-né à qui est rendue la vue : ce qu'il voit est cela même dont il s'était fait une représentation par ses autres sens ou grâce aux descriptions qu'il avait entendues; mais avec la vue, il lui arrive deux choses nouvelles : « un accroissement de clarté et d'évidence, une joie immense ».

Il ne s'agit donc pas d'une distinction entre physiciens et métaphysiciens, mais entre deux manières de saisir les réalités métaphysiques. La différence est une différence de lumière. Il est donc évident qu'Ibn Ṭufayl, tout en suivant Aristote dans toute sa recherche conceptuelle des vérités physiques et métaphysiques, le quitte et le dépasse pour se tourner, au terme de sa quête de la vérité, vers une connaissance lumineuse et vivante, source de joie, dont le modèle idéal est celui qu'a décrit Platon. En cela il est bien le disciple d'Avicenne.

C'est ce que nous allons constater en suivant les grandes lignes du récit de *Ḥayy b. Yaqẓân*. Le thème général de ce roman philosophique est celui d'un enfant recueilli dans une île déserte par une gazelle qui, ayant perdu son petit faon, l'adopte, l'allaite et lui sert de mère. Il acquiert ainsi une expérience pratique, très proche de celle des animaux. Les besoins le contraignent à la réflexion qui lui ouvre progressivement la voie de la connaissance théorique. Un moment important est celui où la gazelle meurt de vieillesse : il examine le corps pour chercher « quelle chose » elle peut bien avoir perdue. Mais il ne trouve rien : le corps est tel qu'il était quand il était vivant. Ḥayy se met alors à le disséquer, et c'est là que l'auteur se révèle comme médecin. Bien que les docteurs de la Loi aient interdit la dissection, elle était pratiquée en Espagne particulièrement. C'est ainsi qu'Abû'l-Qâsim al-Zahrawî (935-1013) avait écrit un *Livre de la pratique* (*Kitâb al-Taṣrîf*), qui s'appuie sur des données chirurgicales et recommande la dissection. Mais par ces recherches, Ḥayy trouve la preuve que ce qui anime le corps vivant ne lui appartient pas, et qu'il est en lui-même une chose vile promise à la corruption. Il assimile la vie à la chaleur, cette « chaleur naturelle » (*al-ḥarr al-gharîzî*) qu'Ibn Bâjja considérait comme propre à chaque corps, puissance instrumentale au service de l'âme. Mais la chaleur vient du feu, et le feu qui s'élève vers le haut fait partie des « substances célestes ». Il est donc au seuil des réalités métaphysiques : il médite sur l'unité et la multiplicité dans les êtres; il conçoit la nécessité d'une cause. Au-delà du monde corporel, il entrevoit un monde spirituel, celui des âmes et des formes, et il arrive à l'idée de Dieu, et par suite à la conviction qu'il existe une béatitude perdurable qui ne peut être atteinte que par l'union avec ce Dieu.

Jusqu'à la mort de la gazelle, Ḥayy vit en fonction de connaissances d'expérience pratique, ce qui correspond au premier degré d'Ibn Bâjja. Puis il acquiert la connaissance des choses de la nature, celle du second degré, qui le conduit à la connaissance métaphysique. Jusque-là, Ibn Ṭufayl est aristotélicien et il se sépare d'Ibn Bâjja en ce qu'il met la spéculation métaphysique dans le prolongement de la spéculation physique, bien qu'elle en soit distincte par son domaine qui est celui de l'incorporel et de l'immatériel. C'est alors seulement que se produit une rupture et un renversement. En effet Ḥayy, parvenu en ce point élevé de sa réflexion, fait une retraite de quarante jours dans une caverne, jeûne et s'entraîne à purifier son intellect en le détachant de tout ce qui est corporel par la pensée exclusive de Dieu à qui il s'unit enfin. Ce n'est plus une béatitude liée à un acte de l'intellect connaissant, c'est une lumière qui porte en elle la vie.

Le roman s'achève avec deux nouveaux épisodes. C'est d'abord l'entrée en scène d'un pieux personnage, Asal, venu d'une île voisine, qui va enseigner à l'autodidacte qu'est Ḥayy « le langage, la science et la religion », et qui s'aperçoit que tout ce qui est contenu dans la Loi religieuse révélée n'est qu'un ensemble de symboles (*amthila*) de ce que Ḥayy avait vu par intuition. Il est dès lors persuadé qu'il y a entre les données de la raison (*ma'qûl*) et celles de la tradition (*manqûl*) un accord que fait apparaître le commentaire figuré (*al-ta'wîl*). Ainsi est posé et résolu le grand problème des rapports entre la raison et la foi. Cette solution convainc Ḥayy; néanmoins il se demande quelle est la raison d'être de toutes les prescriptions et de toutes les interdictions que contient la Loi et qui sont assorties de peines et de châtiments. Il lui semble qu'il devrait suffire aux hommes de connaître ce qu'est la réalité véritable pour se détourner de toutes les vanités du monde. Cela amène Ibn Ṭufayl à distinguer une religion populaire qui n'a qu'une valeur pratique ici-bas, et une religion spirituelle en complète concordance avec la philosophie.

Le second épisode, destiné à vérifier cette distinction, raconte qu'Asal conduit Ḥayy dans l'île où règne Salâmân. Ce roi s'appliquait à faire observer la Loi selon sa signification extérieure (*ẓâhir*). Le but de ce voyage est de conduire les habitants à la béatitude en leur dévoilant l'aspect « caché », le *bâṭin,* de la religion, et les vérités sublimes de la vie spirituelle. Mais c'est un échec. Ces hommes ne cherchent qu'à assouvir leurs passions et sont promis à l'enfer. Ibn Ṭufayl cite ici le Coran (24, 40) : tout cela n'est que « ténèbres sur une mer profonde ». Aussi, en quittant cette île habitée pour regagner son île déserte, Ḥayy recommande à ces pauvres gens « d'observer scrupuleusement les préceptes traditionnels et les pratiques extérieures ».

Ce triste résultat avec ce retour à la solitude fait penser au pessimisme d'Ibn Bâjja relatif à la société humaine pervertie. Peut-être peut-on également le rapprocher de la distinction familière aux soufis, entre le commun des hommes, l'élite et l'élite de l'élite. Quoi qu'il en soit, l'accord de la religion et de la raison ne se situe qu'au niveau des valeurs religieuses spirituelles contenues à la fois dans les aspirations de la raison et dans la signification « intérieure » (*bâṭin*) de la révélation coranique.

Ibn Rushd (Averroès)

Pour Averroès, Aristote éclipse tous les autres philosophes, parce qu'il a défini les caractères et les conditions du raisonnement démonstratif (*burhân*) et que ses doctrines sont donc toujours fondées en raison. Les *falâsifa* d'Orient qui ont pour maître Avicenne ont subi les influences de Platon et du néoplatonisme; leurs raisonnements ne sont pas démonstratifs; ils s'appuient sur l'imagination plus que sur la raison logique; ce sont des dialecticiens plutôt que des philosophes. Le même jugement est porté contre les théologiens musulmans, en particulier contre Ghazâlî. Donc, partout où Aristote résout un problème par voie démonstrative, il faut le suivre. Son enseignement, en ces matières, a le pas sur l'enseignement de la religion. Tant mieux s'il y a accord, sinon il faut interpréter les textes révélés. Mais nous verrons qu'il y a des problèmes qui se posent à l'homme de façon inéluctable et qu'il n'est pas possible de résoudre par voie démonstrative. Dans ce cas, il est légitime de chercher une réponse dans la révélation.

Nous exposerons les idées d'Averroès relatives à trois grandes questions qui ont « tourmenté », comme l'a dit saint Thomas d'Aquin, « de très remarquables esprits », au nombre desquels il faut le placer lui-même : la question de l'éternité ou de la création du monde; celle de l'essence de Dieu et du gouvernement divin; celle de l'âme humaine, de la connaissance dont elle est capable et de son immortalité.

Éternité ou création du monde

Dans le *Tahâfut al-Tahâfut* (*L'écroulement de l'Écroulement*), Averroès répond aux arguments que Ghazâlî oppose à Avicenne et à ses disciples dans son *Tahâfut al-Falâsifa* (*L'écroulement des philosophes*). Ghazâlî expose nettement l'argumentation des philosophes avicennisants en faveur de l'éternité du monde : « Il est absolument impossible qu'un être produit dans le temps sorte d'un être éternel. En effet si nous supposons l'existence d'un être éternel dont le monde ne sort pas d'abord, puis en sort, s'il n'en sort pas d'abord, c'est qu'il n'y avait rien qui fasse pencher la balance (un *murajjiḥ*, un « prépondérant ») en faveur de son existence et l'existence du monde à partir de l'être éternel était alors un pur possible. Par suite, si le monde apparaît dans le temps, de deux choses l'une : ou bien il y a eu du nouveau en faveur de la « prépondérance », ou bien il n'y a rien eu de nouveau. S'il n'y a rien eu de nouveau, le monde reste à l'état de pure possibilité (*imkân*) tel qu'il était auparavant; s'il y a eu du nouveau, la question se repose à propos du facteur de prépondérance : pourquoi fait-il pencher la balance maintenant, et ne la faisait-il pas pencher avant? Dans ces conditions, ou bien on va à l'infini, ou bien on aboutit à un *murajjiḥ* qui n'a jamais cessé de faire pencher la balance ». Mais on ne peut aller à l'infini; par conséquent le monde n'a jamais cessé d'exister.

Fakhr al-Dîn al Râzî, dans son commentaire du Coran, a développé cet argument philosophique. Le *murajjiḥ* est éternel ou ne l'est pas. S'il l'est et que le monde ne vient pas à l'existence, c'est qu'il y a quelque chose qui l'empêche de faire pencher la balance et qui est appelé sa suspension (*tark al-murajjiḥ*). Quand le monde vient à l'existence, c'est que cette suspension est suspendue (*tark tark al-murajjiḥ*). Mais si cette seconde suspension n'a pas été immédiatement mise en œuvre, c'est qu'elle était elle-même suspendue; on a ainsi un *tark tark tark al-murajjiḥ*, et cela ira à l'infini, ce qui est impossible puisque le monde existe en fait et qu'on ne peut, comme le disait Aristote, « traverser l'infini ». Par conséquent, il faut que la balance ne cesse de pencher en faveur de l'existence du monde qui par suite est éternel. Si le *murajjiḥ* n'est pas éternel, il doit être créé, et le problème de sa création se pose dans les mêmes termes que celui de la création du monde : il faudra un *murajjiḥ* qui fasse pencher la balance en faveur de la création de ce *murajjiḥ*, et ainsi de suite. Nous nous sommes arrêté à ce développement pour mettre en évidence le caractère dialectique de l'argumentation, ce que va dénoncer Averroès qui se propose, quant à lui, de démontrer l'éternité du monde, mais par des preuves à ses yeux démonstratives.

Un raisonnement démonstratif doit, dit-il, avoir des prémisses fondées dans les relations substantielles des choses, et non sur des généralités équivoques. Or précisément, la notion de possibilité n'est pas univoque et ne désigne pas partout la même réalité. En effet, il faut distinguer le possible le plus fréquent, le possible le moins fréquent et le possible « à égalité » (quand il est également possible qu'une chose soit et ne soit pas). « Or le besoin d'un facteur de prépondérance (*murajjiḥ*) ne se fait pas sentir également dans ces différents possibles. On peut penser que le possible le plus fréquent penche de lui-même vers l'existence et non à la suite d'un facteur extérieur, à la différence du possible qui est « à égalité ». En outre, il convient de considérer d'une part la possibilité qui est dans l'agent et qui est la possibilité même de l'acte, et d'autre part celle qui est dans le patient et qui est la possibilité de recevoir (l'effet de l'action). Le besoin d'un *murajjiḥ* n'apparaît pas à un titre égal dans ces deux cas. En effet, il va de soi que la possibilité qui est dans le patient a besoin d'un agent extérieur : c'est ce qu'on peut percevoir de façon sensible dans les choses de l'art et dans plusieurs choses de la nature. Mais on peut avoir un doute dans le cas des choses de la nature, car la plupart tirent d'elles-mêmes le principe de leur changement, aussi peut-on penser qu'en beaucoup d'entre elles le moteur est identique au mobile, car il n'est pas de soi évident que tout mobile a un moteur et qu'il n'y a pas là quelque chose qui se meut par soi. »

Cette revue des divers aspects de la notion du possible et des questions qu'ils posent est conforme à la méthode d'Aristote qui veut, avant toute recherche, que l'on définisse nettement les apories, c'est-à-dire les difficultés de la question. Quelle est donc la possibilité du monde? Pouvait-il en lui-même également exister ou ne pas exister? Ou bien est-il d'une possibilité telle qu'elle penche d'elle-même vers l'existence (ce que certains philosophes ont exprimé en disant que tout possible est réel)? Mais s'il s'agit d'une « possibilité d'égalité », puisque le monde existe alors qu'il aurait pu ne pas exister, il lui a fallu une cause agente dont il est l'effet (le patient). Or quelle est l'essence de cette cause agente et de sa possibilité d'agir, c'est-à-dire l'essence de son acte? Agit-elle par nature, selon l'image du soleil qui répand sa lumière, ou par volonté, comme c'est le cas de l'homme? Rappelons que selon Aristote, la « nature » est le principe du mouvement des êtres naturels et en particulier des éléments, de la terre vers le bas, du feu vers le haut, de l'eau et de l'air vers des lieux intermédiaires, alors que l'âme est principe des mouvements volontaires chez certains animaux et chez l'homme. Mais quelle sera la volonté de l'Agent créateur? Sera-t-elle créée, comme le pensaient les Karrâmiyya, théologiens qui soutenaient que la volonté de Dieu est « innovée », ou sera-t-elle éternelle? Autrement dit, la possibilité de la Création, comme acte créateur de Dieu, signifie-t-elle que Dieu a le libre choix de créer ou de ne pas créer, de par une sorte de liberté d'indifférence, ou au contraire que sa volonté de créer implique qu'Il crée nécessairement, parce qu'elle est ce qu'elle est, qu'elle ne résulte pas d'une délibération entre créer ou ne pas créer, qu'elle n'est pas une volonté qui l'emporte sur un non-vouloir et qui balance entre deux possibilités égales. Or il est clair que les *falâsifa* avicenniens, non plus que les théologiens, n'ont pas envisagé toute la diversité de ces distinctions : « Prendre en considération une question unique à la place de questions nombreuses, c'est », écrit Averroès, « un des lieux communs des sophistes ».

Mais ne peut-on penser, poursuit Ghazâlî, « que le monde est produit dans le temps par une volonté éternelle qui décrète son existence pour le moment dans lequel il existera, et qu'il demeure inexistant jusqu'au terme où s'achève la durée de son inexistence? ». Ainsi le monde viendrait à l'existence « au moment où il est voulu par une volonté éternelle ». C'est l'idée que nous avons déjà rencontrée chez les théologiens, que Dieu, en son éternité, embrasse tous les temps et détermine par son décret la présence de chaque être dans le moment où il veut éternellement qu'il existe.

C'est là, réplique Averroès, un sophisme. On ne peut mettre aucune distance entre l'existence en acte de l'effet et l'acte de l'agent qui le produit. Sans doute la décision d'agir que prend l'agent, quand il est doué d'une liberté de choix, peut-elle ne pas suivre immédiatement sa volonté et il en va de même de l'effet de l'action qui peut être différé par rapport à la volonté d'agir. Mais il est impossible que cet effet soit détaché de l'acte de l'agent qui le produit. En d'autres termes, l'acte de l'agent qui produit l'effet et cet effet lui-même sont simultanés. Par conséquent, si Dieu décidait, en son éternité, que le monde surgira dans l'être à tel moment du temps, sa décision pourrait être éternelle et ne pas être immédiatement suivie d'effet, mais l'acte créateur qui le fera exister à ce moment-là devra être contemporain de son surgissement dans l'être. L'acte créateur serait donc temporel et Dieu, qui en est l'« agent », ne serait plus éternel.

Telle est la critique fondamentale de la thèse des théologiens qui veulent expliquer la possibilité de la création dans le temps. La question est très délicate et Averroès en montre toute la difficulté : « De deux choses l'une, ou bien l'acte de l'agent n'entraîne pas nécessairement un changement dans l'agent de telle sorte qu'il faut qu'il ait une cause extérieure pour changer; ou bien il existe des changements qui proviennent de l'essence même de l'être qui change, sans avoir besoin d'une cause extérieure, et il est possible que certains d'entre eux s'attachent à l'Être éternel *(al-Qadîm)* sans cause extérieure. Or la position que prennent nos adversaires (les théologiens) dans cette question est double : c'est d'une part que l'acte de l'agent implique nécessairement un changement et que tout changement a une cause qui le produit; et c'est d'autre part que l'Être éternel ne peut changer d'aucune sorte de changement. Tout cela est bien difficile à expliquer. » Averroès s'en prend ici aux théologiens ash'arites dont le propre était de vouloir concilier les contraires. Tout le problème est donc de savoir si l'action créatrice introduit quelque chose de nouveau en Dieu et pour Dieu. Si oui, il y aura un changement en Lui et pour Lui qui est par essence immuable. Sinon, la création n'est pas une nouveauté, c'est-à-dire qu'elle n'apparaît pas dans le temps. Mais alors procède-t-elle d'un principe d'émanation qui relèverait nécessairement de l'essence de Dieu sans intervention d'une volonté dont il y aurait à se demander si elle est éternelle ou créée? Dans ce cas, on serait ramené à la conception des *falâsifa* avicenniens.

La question de la volonté a particulièrement préoccupé Averroès, car il ne fait aucun doute que, prise à la lettre, la révélation coranique est celle d'un Dieu qui est une Volonté pure, Volonté de Décret (*mashî'a*), qui est absolue, ou Volonté de Gouvernement (*irâda*), qui, à travers les exigences de la Loi, se réfère aux créatures gouvernées. Or Averroès était musulman et il avait comme cadi et Grand Cadi à appliquer la Loi islamique. Voici donc les réflexions qu'il fait à ce sujet. « On ne parle pas univoquement de la volonté éternelle (*azaliyya*) et de la volonté contingente (*hâditha*). Elles sont même contraires. La volonté dont nous avons ici-bas l'expérience est une faculté qui comporte la possibilité de faire également l'une ou l'autre de deux actions opposées, et d'accueillir ensuite également l'un ou l'autre de deux objets voulus. Cette volonté est pour l'agent un désir de l'action. Quand l'action est faite, l'objet voulu est obtenu et le désir s'éloigne. Par suite quand on parle d'un être qui veut l'un des deux contraires, lequel existe en lui éternellement, on supprime la définition de la volonté en transposant sa nature de la possibilité à la nécessité. Et quand il s'agit d'une volonté éternelle, elle n'est pas supprimée par l'obtention de l'objet voulu. Et comme elle n'a pas de commencement, on ne peut fixer par rapport à elle un moment où serait obtenu l'objet voulu, en le différenciant d'un autre moment. À moins que nous ne disions qu'on peut apporter la preuve démonstrative qu'il existe un agent doué d'une puissance qui n'est ni volontaire (au sens qui vient d'être précisé), ni naturelle, et que la Loi révélée appelle néanmoins volonté. » Autrement dit, Averroès pense qu'il est possible de prouver d'une part que Dieu ne crée pas par une volonté semblable à la nôtre, qui comporterait choix, délibération, décision, puis action, à l'encontre de ce que pensent les théologiens, et d'autre part que la création n'émane pas du Créateur selon une procession naturelle, à l'instar de la lumière qui rayonne de sa source lumineuse, et cela à l'encontre de ce que pensent Avicenne, ses disciples et en général les néoplatoniciens. En ce sens, le terme de volonté est employé dans le Coran de façon purement homonymique, comme une image destinée à éloigner l'idée d'une émanation naturelle. Fakhr al-Dîn al-Râzî, en Orient, avait de son côté montré que, Dieu se révélant comme vivant et sage, et donc comme doué de volonté, il en résulte que la création ne sort pas de lui par une sorte de débordement de sa substance. Sans doute dit-il, à la suite d'Avicenne, que Dieu est « au-delà de la complétude » (*fawq al-tamâm*), non cependant au sens où Plotin disait que l'Un est « plus que plein » (ὑπερπλῆρες) et déborde, mais en ce sens que Dieu a le pouvoir de donner l'existence à des êtres autres que Lui qui ne sont pas compris dans la plénitude de son essence. Voilà ce que le terme de volonté sert à exprimer métaphoriquement.

Cela dit, la conception d'Averroès reprend celle d'Aristote. Le monde céleste et le monde sublunaire dont nous avons une expérience sensible et qui sont l'objet de la science physique ont l'un et l'autre en propre d'être mobiles : les mouvements des corps célestes sont circulaires, ceux des éléments sont rectilignes (vers le haut ou le bas). Or il est impossible que les êtres proviennent du néant absolu et retournent au néant absolu. Dans son commentaire du livre XII de la *Métaphysique*, Averroès écrit : « C'est qu'il est impossible de *concevoir* que le mouvement naisse dans des conditions telles que rien de mobile n'ait existé auparavant, et qu'il se perde de telle sorte qu'il ne reste de lui absolument rien de mobile. » Par suite le mouvement n'a pas cessé et ne cessera pas. C'est ce qu'Aristote a expliqué dans la *Physique*. Il en va de même du temps. « Il n'est pas possible d'*imaginer* un temps qui naisse sans qu'il n'y ait eu auparavant absolument aucun temps, ou qui disparaisse sans qu'il ne reste absolument aucun temps. En effet, il n'est pas possible qu'un homme *comprenne* la signification de ce qui naît et se corrompt, sans comprendre la signification de l'avant et de l'après; et il lui est impossible de comprendre la signification de l'avant et de l'après, de ce qui est antérieur et postérieur, sans comprendre le passé et l'avenir qui sont deux parties du temps. Car si ce qui naît est ce qui existe après n'avoir pas été, et ce dont la non-existence est avant l'existence, l'avant et l'après sont des segments du temps. Par conséquent lorsqu'on suppose une naissance du temps, elle est dans le temps, et il y a un temps avant le temps. Et de même après tout temps, il y a un temps. En un mot, si nous supprimons le temps, nous perdons la signification de la génération et de la corruption. »

Averroès poursuit : « Il résulte de ce que le temps est continu, éternel et un, que le mouvement est également éternel, continu et un, soit parce que le temps et le mouvement sont une seule et même chose prise en elle-même, soit parce que le temps est un accident qui arrive au mouvement ou encore une modalité qui l'affecte. En effet, il est impossible de *se figurer* le temps, sans *se figurer* le mouvement [...]. Or ce mouvement continu qui est identique au temps ou qui en est le concomitant ne peut être qu'un mouvement dans le lieu, car la continuité ne se trouve que dans le mouvement local, voire dans ce genre de mouvement local qui est circulaire et non rectiligne. » En effet le mouvement rectiligne part d'un point et aboutit à un point où il s'arrête. Par comparaison, le mouvement circulaire peut être considéré comme n'ayant ni commencement ni fin. Mais il faut noter qu'Averroès, quand il parle d'un mouvement ou d'un temps éternels, c'est dire n'ayant ni commencement ni fin, ou encore étant infinis, entend l'infinité, à la suite d'Aristote, comme en puissance, non en acte : l'infini ne saurait exister en acte et la notion qu'on en a correspond à celle d'un indéfini. Ainsi nous rejoignons cette idée dont nous avons tenu à souligner la fréquence dans les textes d'Averroès : l'homme ne peut *concevoir, comprendre, imaginer, se figurer* un temps et un mouvement qui n'auraient ni commencement ni fin. Si on part de l'instant présent, on sera contraint de remonter ou de descendre le temps sans jamais pouvoir s'arrêter. La langue arabe a, pour exprimer ce fait, deux excellentes expressions techniques, *al-lam-yazal* et *wa'l-lâ yazâl*, qui se traduisent mot à mot par une tournure tout aussi bizarre en français qu'en arabe : « le-il-n'a-pas cessé et le-il-ne-cessera pas, mais qui marquent bien le caractère négatif de l'infini : ce qui n'a pas de fin, ce qu'on n'arrive pas à réaliser en acte ». Comme disait Aristote, on ne peut traverser l'infini; on ne peut le parcourir. C'est qu'il est lié à l'impossibilité de l'esprit humain de s'arrêter à un terme premier et d'aboutir à un terme final.

Comment ces considérations s'appliquent-elles au problème de la création? Le monde créé est enveloppé dans la sphère dont les révolutions marquent les temps. Tous les mouvements et tous les temps intérieurs au monde, qui affectent les êtres du monde, se réfèrent au temps des révolutions de la sphère. Y a-t-il donc une première révolution qui aurait été créée dans le temps? On voit que cela est impensable, car le temps existe avec la sphère et non avant. Avant la première révolution supposée de la sphère, il ne saurait exister un temps dans lequel ce mouvement circulaire aurait commencé. Cependant nous sommes capables de nombrer ces mouvements du ciel. Or on ne peut dénombrer sans avoir recours à un temps : la première révolution correspondra à un temps 1, la seconde à un temps 2, etc. Mais quel est ce temps dans lequel nous dénombrons les mouvements célestes? Ce n'est pas le temps des révolutions elles-mêmes, car lorsque l'une d'elles est achevée, le temps qui lui était associé est également achevé; il n'est plus. Il est suivi, en une parfaite continuité, par le temps de la seconde révolution. Supposons que, voulant compter des billes, la première disparaisse au moment même où elle est comptée. Nous ne pourrons faire la somme que si nous nous rappelons qu'elle a existé. C'est donc dans notre esprit et par lui que nous ferons le calcul. Or c'est exactement ce qui se passe quand nous dénombrons les révolutions de la sphère : le dénombrement se fait dans un temps qui n'appartient qu'à la structure de notre pensée. Ce point de vue rappelle celui de Fakhr al-Dîn al-Râzî qui, dans son commentaire du Coran, considérant que l'antériorité et la postériorité des choses étaient indiquées par l'antériorité et la postériorité des instants du temps les uns par rapport aux autres, demandait à quel temps on se référait quand on parlait des parties du temps antérieures ou postérieures les unes aux autres. Cela supposerait l'existence d'un autre temps qui doublerait celui du mouvement des choses. Il est certain qu'un tel temps ne saurait être réel, ou bien la même question se reposerait pour lui, et ainsi de suite à l'infini. Le temps qui mesure les parties successives du temps n'existe que dans l'esprit humain.

Dans ces conditions, nous ne dénombrerons les révolutions de la sphère que dans un temps rectiligne sans commencement ni fin, qui n'a aucune existence en acte, et qui n'est que ce que Kant a, bien plus tard, appelé une forme de notre intuition. On en dira autant de la suite des générations. Sans aucun doute, si nous existons actuellement, c'est que nous sommes issus des ancêtres qui nous ont précédés. Mais si cette suite n'a pas de commencement, si elle est infinie, il est impossible que nous existions au terme d'une infinité de générations, puisqu'elle ne pourrait être traversée pour parvenir jusqu'à nous. Mais ici encore, il faut dire que chaque génération a son temps qui disparaît avec elle, si bien qu'il n'est pas possible de compter tous ces temps, c'est-à-dire d'en faire un total qui les rassemblerait tous en une somme d'unités subsistantes en acte. C'est toujours dans le temps de notre esprit que nous nous proposons de faire ce calcul, et comme le temps dans notre esprit n'est concevable, imaginable, et compréhensible, que s'il est constamment et sans arrêt précédé et suivi d'un autre temps, nous remontons indéfiniment de la poule à l'œuf et de l'œuf à la poule, sans pouvoir nous arrêter. Mais, dira-t-on, il faut bien qu'il y ait eu une première poule ou un premier œuf puisqu'il y a aujourd'hui des poules et des œufs.

Oui, mais seulement dans la mesure où nous alignons les êtres successifs dans le temps abstrait de notre pensée, au lieu de les prendre dans leur temps réel lié physiquement à leurs mouvements; alors nous disons que l'existence actuelle de poules et d'œufs nous oblige à nous arrêter quelque part, à fixer un commencement. Mais nous le fixons arbitrairement dans le temps de notre pensée dont nous ne parvenons pas à sortir. C'est-à-dire que, dans toutes les réflexions de ce genre, nous utilisons le temps comme un cadre vide dans lequel nous situons, selon le schème de l'avant et de l'après, soit les différentes révolutions de la sphère, soit la succession des êtres qui s'engendrent les uns des autres. Or c'est là une illusion : il n'existe pas de temps vide.

Averroès résume toute cette argumentation en répondant à une objection de Ghazâlî : s'il y a un nombre infini de révolutions de la sphère, comment le nombre de révolutions d'un astre plus lent pourrait-il être plus petit que le nombre de révolutions d'un astre plus rapide? Peut-il y avoir un nombre infini plus grand ou plus petit qu'un autre nombre infini? Cette remarque, dit Averroès, ne peut vraiment s'appliquer que là où il s'agit de nombrer ce qui a commencement et fin, soit dans la réalité extérieure, soit dans l'âme, c'est-à-dire dans le jugement porté par l'intellect, par exemple que le nombre obtenu est pair ou impair. Or puisque l'infini n'est pas nombrable, il n'y a pas lieu de faire des comparaisons numériques là où il intervient. « Mais, conclut Averroès, de ce qui existe en puissance, c'est-à-dire de ce qui n'a ni commencement ni fin, il n'est vrai de dire ni que c'est pair ou impair [...], ni que cela entre dans le temps passé ou futur, parce que ce qui est en puissance (*bi'l-quwwa*) est au rang de l'inexistant (*ma'dûm*). C'est ce qu'ont voulu signifier les philosophes en disant que les révolutions (des sphères) qui sont dans le passé ou dans l'avenir sont inexistantes. En somme, tout ce qui est décrit comme un ensemble limité avec commencement et fin peut être ainsi qualifié en tant qu'il a un commencement et une fin à l'extérieur de l'âme; dans ce cas, ce qui est tout entier en acte (*bi'l-fi'l*) et limité dans le passé, soit dans l'âme soit hors de l'âme, est nécessairement soit pair, soit impair. Mais s'il s'agit d'un ensemble non limité qui existerait hors de l'âme, alors ce n'est en réalité qu'en tant qu'il est dans l'âme qu'il est sans limite, parce que l'âme ne peut se représenter comme étant dans l'existence (hors d'elle) ce qui est infini. »

Dans ces conditions, comment doit-on entendre ce que pensaient Aristote et Averroès quand ils disaient qu'il faut s'arrêter? En un sens, c'est très simple : si tous les moteurs connus sont mus, on ne peut remonter indéfiniment de l'un à l'autre; il faut s'arrêter à un moteur immobile qui expliquera tous les mouvements des êtres du monde. Mais il faut bien remarquer alors qu'on ne s'arrête pas à un moment de ce temps qui, dans la pensée, s'en va à l'infini : ce serait un arrêt arbitraire. S'arrêter signifie en réalité qu'on cesse de rechercher la cause en remontant le cours du temps, tout au long duquel ne se rencontrent que des moteurs mus, et qu'on cherche un moteur d'une autre nature, capable de mettre l'univers en mouvement : c'est une substance éternelle (*sarmadiyya*) en laquelle il n'y a absolument aucune puissance, sinon il lui faudrait soit une cause extérieure pour la faire passer de la puissance à l'acte, mais alors elle ne serait plus capable de tout expliquer à elle seule; soit une faculté intérieure de passer d'elle-même de la puissance à l'acte, mais alors il se produirait en elle une nouveauté qu'il serait bien difficile de comprendre. Cette substance éternelle est donc « acte pur »; elle agit sans discontinuer, non en ce sens qu'elle ne cesse d'agir dans le temps, car elle aurait alors une durée (ce qui impliquerait une puissance, celle de passer d'un instant du temps au suivant), mais en ce sens qu'elle agit hors de tout temps, c'est-à-dire que son action est éternelle et par suite que la création est éternelle.

Mais comment concevoir cette action éternelle du Créateur? Elle ne peut être comprise à partir des actions causales qui existent dans le monde et qui produisent des effets semblables à elles : l'homme engendre l'homme; la chaleur produit du chaud, etc. La cause créatrice est d'un autre ordre. D'abord, elle n'est pas artisanale : elle ne tire pas le monde d'une matière préexistante. Néanmoins Averroès nie la création *ex nihilo*, en ce sens, dit-il, que, si le non-être peut être un accident qui arrive à une existence, comme c'est le cas de la disparition de la blancheur d'un corps qui devient noir, en revanche l'existence n'est pas un accident qui frapperait le néant. La matière ne précède donc pas la création précisément parce qu'elle est, en elle-même, un non-être, elle n'existe que dans le composé matière-forme, et c'est ce composé qui est immédiatement objet de création. Les êtres ainsi créés sont dans le temps parce qu'ils sont dans le monde et que les uns sont causes des autres. Quant au monde lui-même, il est créé éternellement, mais comme un être mobile auquel est lié le temps. C'est en ce sens qu'il est possible de parler de création et non d'émanation éternelle. En effet, c'est grâce à l'importance qu'il donne à la réalité du mouvement qu'Averroès échappe aux doctrines néoplatoniciennes émanatistes. Il y a là, écrit Averroès dans son *Commentaire de la Métaphysique* (1071 b 13 sq.), « une substance éternelle qui meut perpétuellement. C'est pourquoi on n'aura aucun profit à supposer une substance éternelle dans laquelle ne se trouverait aucun principe de mise en mouvement (*mabdâ taḥrîk*) ainsi que l'ont fait les tenants de la doctrine des Idées. » Mais, parvenu à un premier moteur immobile, il ne lui est plus possible de concevoir son action selon un mode naturel d'efficience : comment l'immobile peut-il mouvoir? Aristote l'expliquait par un attrait et un désir, un peu comme dans le cas des tropismes : le monde vient à l'existence attiré par le Premier Moteur, comme l'insecte est attiré par la lumière de la lampe. Et à l'instar du Premier Moteur immobile, les moteurs immobiles secondaires, l'âme, la nature et en général les formes, meuvent en exerçant un attrait, en inspirant un désir.

Voici quelques extraits du commentaire que fait Averroès au passage de la *Métaphysique* qui traite de cette délicate question. « Puisque le Premier Moteur meut sans être mû, ni essentiellement, ni même accidentellement comme c'est le cas de l'âme qui est dans le corps, il faut nécessairement que ce moteur ne meuve qu'à la manière dont les objets de nos désirs nous meuvent en raison du plaisir [qu'ils promettent]. C'est surtout le cas des Intelligibles dont nous voyons que l'acte est bon (*khayr*). » Mais pour nous, les différentes sortes d'objets désirables sont autre chose que les différentes sortes d'Intelligibles. Elles sont parfois opposées, c'est-à-dire que les mouvements que provoque en nous l'objet d'un désir peuvent ne pas aller dans le sens de ceux que provoquerait l'Intelligible. Mais dans les corps célestes, l'objet du désir est l'Intelligible lui-même. En effet, le désirable ne se distingue en nous de l'intelligible, qu'en raison de la différence qui sépare la faculté de désirer de la faculté d'intelliger : c'est que nous saisissons le désirable par les sens comme ce qui est agréable, alors que nous saisissons l'Intelligible par l'intellect, comme ce dont nous voyons que l'acte est beau (*jamîl*). Or les corps célestes n'ont pas de sensations, car la faculté sensible ne se trouve, chez les animaux, qu'en vue de leur conservation; donc les corps célestes n'en ont pas besoin, puisqu'ils sont éternels, donc incorruptibles, et par conséquent, pour eux, le désirable ne se distingue pas de l'intelligible : l'intelligible qui les meut est moteur à la fois en tant qu'il est beau et en tant qu'il est agréable.

« Il apparaît donc avec une totale évidence que les corps célestes sont doués d'une âme, mais qu'ils n'ont d'autres facultés de l'âme que l'intellect et la faculté de désirer, c'est-à-dire de désirer le moteur qui les meut dans le lieu. C'est que le moteur de ces corps célestes est immatériel, qu'il est une forme séparée, comme cela a été expliqué au VIIIe livre de la *Physique*. Et il a été expliqué dans le *De Anima* que les formes séparées sont des Intellects. Il s'ensuit que ce moteur est un Intellect qui meut à la fois comme agent et comme fin du mouvement. En effet la cause efficiente et la cause finale, c'est-à-dire ce qui nous meut dans le lieu comme agent et ce qui nous meut comme fin, ne sont séparées et ne deviennent deux qu'en nous, du fait qu'elles existent l'une dans l'âme et l'autre en dehors de l'âme. Par exemple, il y a deux formes (*sûratân*) du hammâm : l'une est l'image dans l'âme, l'autre est la forme hors de l'âme. Quand son image se trouve dans notre âme, nous le désirons et nous nous mettons en mouvement pour y aller, c'est-à-dire pour aller vers sa forme qui est à l'extérieur de l'âme, en d'autres termes, pour y entrer. Ainsi la forme du hammâm est cause agente du désir et du mouvement en tant qu'elle est dans l'âme; mais en tant qu'elle est hors de l'âme, elle est cause finale, et non cause efficiente du mouvement. Mais si la forme du hammâm, par exemple, n'était pas dans la matière, elle serait motrice à la fois comme un agent et comme une fin sans se diviser du tout en deux. Il faut donc bien comprendre que les moteurs des corps célestes les meuvent des deux manières sans se diviser en deux : en tant que les Intelligibles sont des formes pour eux, ils sont moteurs comme causes agentes; en tant qu'ils sont pour eux des fins, ils les meuvent par le désir. »

Averroès soulève ici une objection. La forme du hammâm meut notre désir quand elle est dans l'âme, et notre mouvement pour nous y rendre quand elle est hors de l'âme. Mais si on prend une forme qui n'existe absolument pas hors de nous, elle peut exciter en nous un intérêt ou un attachement qu'on peut considérer comme un « mouvement de l'âme ». Mais elle ne déclenchera aucun mouvement local, puisqu'il n'y a pas à la chercher hors de nous. Ainsi, on peut concevoir que les corps célestes s'attachent aux intelligibles, qu'ils les aiment, mais sans avoir à se mouvoir localement vers eux puisqu'ils sont les objets de leur intellect. Objection grave, car elle ruine la solution que proposait Aristote pour expliquer comment un moteur immobile peut mouvoir dans l'espace.

Voici la réponse que donne Averroès, en prenant cette fois un exemple plus approprié que celui du hammâm, l'exemple de la santé. Les corps célestes « ne se meuvent que parce qu'ils intelligent d'eux-mêmes que leur perfection et leur substance ne sont que dans le mouvement, de même que l'homme qui se meut pour conserver sa santé intellige que la conservation de sa santé n'est que dans le mouvement. » Ainsi l'idée de la santé qui n'existe que dans l'âme peut engendrer un mouvement extérieur dans la mesure où il est le seul moyen de réaliser effectivement cette idée. Averroès donne une autre réponse qui n'est pas très claire et qu'on peut comprendre ainsi : les formes intelligibles, bien qu'elles soient en elles-mêmes existantes en acte, doivent être considérées comme étant en puissance par rapport à la matière des corps célestes qui tirent d'elles leur perfection. Le mouvement qui réalise cette perfection en eux est donc, en ce sens, le passage même desdites formes de la puissance à l'acte.

Ces conceptions se retrouvent dans le *Tahâfut al-Tahâfut*, mais nous allons voir qu'Averroès leur donne une signification qui les rapproche de l'enseignement coranique. « La doctrine des anciens philosophes (par opposition à Fârâbî et Avicenne) est que [...] les principes des corps célestes sont des êtres séparés de la matière et qu'ils sont les moteurs des corps célestes. Ces corps se meuvent vers eux par le fait qu'ils leur obéissent et qu'ils désirent les atteindre, qu'ils obtempèrent aux ordres qu'ils leur donnent de se mouvoir et qu'ils les comprennent. » Notons le rapprochement de l'obéissance et du désir. En fait, c'est la notion aristotélicienne de désir qui va céder la place à la notion religieuse d'obéissance. Averroès poursuit : « Car ils n'ont été créés qu'en vue du mouvement ». En effet le mouvement est pour eux une cause finale qui ne représente sans doute pas, ainsi que le dit le *Commentateur* dans son *Tafsîr* de la *Métaphysique*, « leur perfection première » (*kamâluhâ'l-awwal*), mais un conséquent (*tâbi'*) de cette perfection. Ainsi, dit-il, « celui qui, afin de conserver sa santé, prend de l'exercice dans les activités d'un métier, a pour but premier (*qasduhu'l-awwal*) la conservation de sa santé, et pour but second (*qasduhu'l-thânî*) les opérations de ce métier ». Revenons à la citation du *Tahâfut* : « Une fois reconnu pour vrai que les principes qui meuvent les corps célestes sont séparés de la matière et qu'ils ne sont pas des corps, il ne reste à ce qui a pour fonction de mouvoir les corps aucun moyen de les mouvoir, à moins que le moteur n'ordonne le mouvement, ce qui entraîne pour les philosophes que les corps célestes sont des vivants doués de raison qui intelligent leur propre essence et qui intelligent également leurs principes moteurs à la façon d'un ordre qui leur est donné. » Par suite le Premier Moteur immobile d'Aristote se trouve nettement assimilé au Dieu du Coran qui crée en donnant un ordre : « La parole que Nous adressons à une chose quand Nous la voulons est simplement de lui dire « Sois! » (*kun*) et elle est » (16, 40; cf. 2, 117; 3, 47, etc.). Et ce Dieu, nous l'avons vu, crée par ce que le Coran appelle un vouloir : « Oui, votre Seigneur fait ce qu'Il veut (*fâ'il mâ yurîdu*) » (11, 107). Et dans la langue philosophique, le *fâ'il* est l'agent, la cause efficiente. Mais cette volonté (*irâda*) n'est pas semblable à la nôtre : elle signifie simplement que Dieu ne produit pas les êtres créés par un processus naturel d'émanation. La volonté de décret (*mashî'a*) signifie que l'acte divin n'a pas de modèle auquel il se conforme : « Dieu fait ce qu'Il veut par décret (*yaf'alu mâ yashâ'*) » (3, 40); « Dieu crée ce qu'Il veut par décret (*khalaqa mâ yashâ'*) ». Ainsi sont écartées les Idées exemplaires des platoniciens. Telles sont les conceptions essentielles d'Averroès sur le problème de la création. Elles ont exercé une grande influence sur Maïmonide et sur saint Thomas d'Aquin.

Dieu

À la différence d'Avicenne, Averroès ne passe pas de l'idée d'être nécessaire à l'idée de Dieu. Sa conception de l'analogie d'attribution l'amène, comme nous l'avons vu, à penser que l'ensemble du monde est comme suspendu à une substance qui transcende sans doute toutes les autres du fait qu'elle en est séparée (*munfaṣil*) en tant que créatrice, mais à laquelle tout est lié (*muqârin*) dans l'existence, puisqu'elle est « l'existence qui ne cesse pas ». Cette substance qu'est Dieu est dans le prolongement des réalités physiques, puisqu'elle est le premier moteur de tous les mouvements qui sont dans l'univers; mais il y a aussi une discontinuité, puisqu'il s'agit d'un moteur immobile à la différence de tous les autres moteurs qui sont eux-mêmes mobiles. Ce double aspect correspond bien à ce qu'enseigne le Coran, que d'une part Dieu est transcendant (*muta'âlî*) et que rien n'est semblable à lui, d'autre part que tout ce qui existe dans le monde dépend absolument de sa volonté.

Le Premier Moteur immobile est donc Dieu. Étant absolument étranger à la matière, Il est une Pensée, en vertu d'un principe aristotélicien qu'applique ici Averroès. Mais que pense-t-Il? Si c'est autre chose que lui-même, ce sera un objet supérieur ou inférieur à Lui, ce qui est également impossible. Il ne peut donc penser que Lui-même et ainsi que l'a dit Aristote, Il est « pensée de la pensée » (νόησις νοήσεως). Mais alors faut-il dire qu'Il ignore les êtres de ce monde? Non, car ce serait le taxer d'ignorance. Nous touchons là au problème des attributs de Dieu qui a eu, en théologie musulmane, une très grande importance, car la multiplication des attributs risquait de détruire l'unité et l'unicité divines. Comme les théologiens mu'tazilites, Averroès ramène les attributs à l'essence et il explique pourquoi la pensée humaine, ne pouvant embrasser toute la richesse de l'essence divine en une seule intuition, l'exprime sous la forme de jugements tels que Dieu est savant, puissant, vivant, etc. Et il écrit dans le *Tahâfut al-Tahâfut* : « Qu'une essence une soit en possession de nombreux attributs qui s'y rapportent ou en sont tirés, et qui sont pensés selon des intentions différentes, sans qu'elle soit multipliée par la multiplication de ces attributs, rien ne le réprouve [...]. Un être un en soi, quand on le considère sous l'angle où un autre être provient de lui, est dit puissant et agent; quand on le considère sous l'angle où il détermine particulièrement l'un de deux actes opposés, on le dit voulant; quand c'est sous l'angle où il saisit ce qu'il fait, on le dit savant; et quand on considère sa science en tant qu'elle est une saisie et une cause du mouvement, on la dit vivante ». Les attributs sont donc fondés dans la perfection interne de l'essence divine, mais la pensée humaine ne les saisit et ne les distingue qu'à travers les actions de Dieu.

Puisque Dieu est essentiellement une Pensée, il faut Lui reconnaître l'attribut de science. Mais il est évident qu'Il ne connaît pas les objets de Sa science par une science semblable à celle qu'ont les hommes. Il ne connaît pas les êtres de ce monde dans leur individualité matérielle, car alors Il connaîtrait ce qui est inférieur à Lui, et ce serait un défaut. Et comme ces êtres sont changeants et sans fin, Sa science serait changeante et sans fin. Mais à l'encontre de ce que pensait Avicenne, ce n'est pas non plus par une science universelle qu'Il connaît les êtres particuliers. En effet, par rapport aux particuliers, l'universel est en puissance, puisqu'il peut s'appliquer à tel être ou à tel autre (l'homme désigne tantôt Pierre, tantôt Paul, etc.); ce n'est donc pas à travers la puissance de l'universel que Dieu atteint les individus, car la science qu'Il a ne saurait comporter la moindre puissance : elle est tout en acte, puisqu'elle est science de Son essence, et si elle intellige des intelligibles multiples, ce ne sont pas pour elle des objets extérieurs à son essence. « Quand l'intellect et l'intelligible sont unis d'une union complète, il en résulte nécessairement que les intelligibles multiples qui sont ceux de cet intellect deviennent quelque chose d'un et de simple à tous les points de vue. » La totalité des intelligibles est ainsi ramenée à l'unité de la pensée qui se pense elle-même dans la parfaite identité du connaissant et du connu. Par suite, la science divine n'est ni universelle, ni particulière. Elle n'a donc rien de commun avec notre connaissance abstraite et rien de commun avec notre connaissance concrète et sensible. « La vérité, c'est que Dieu, par le seul et unique fait qu'Il connaît Son essence, connaît les êtres existants par l'existence qui est la cause de leurs existences. » Or cette existence qui est la cause de l'existence des existants n'est rien d'autre que son être de Premier Moteur immobile : en se connaissant comme tel, Dieu connaît tous les êtres qui sont mis ainsi en mouvement. C'est en ce sens qu'on peut dire qu'Il les connaît comme étant leur cause, c'est-à-dire leur cause finale vers laquelle se tend leur désir d'exister.

On comprend ainsi qu'il y ait différents degrés d'approche de Dieu, en rapport avec les différents mouvements que définissent en chaque mobile les puissances qu'il comporte. Chacun de ces degrés correspond à une espèce. Cela étant, la Providence de Dieu consiste à conserver les êtres dans leur espèce, à leur rang dans le monde. Dieu existant, ces degrés d'approche existent et subsistent. Cette providence s'étend aux individus, dans la mesure où ils font partie d'une espèce : mais il est impossible qu'ils soient l'objet d'une action providentielle particulière; c'est ainsi que leur nombre n'est pas conservé et que leur durée n'est pas garantie. Averroès écrit, dans son *Commentaire de la Métaphysique* : « Quant à la providence à l'égard de l'individu qui s'exercerait de telle manière qu'il y participerait seul, à l'exclusion de tout autre, c'est quelque chose que n'admet pas la libéralité divine (*al-jûd al-ilâhî*) ». Il en résulte que la fin de l'individu n'est pas sa fin propre, mais qu'elle est dans son identification avec la perfection de son espèce définie par son degré d'approche de Dieu. Cette conclusion semble ne pas concorder avec l'idée que selon Aristote, l'individu seul est réel, puisqu'il est seul mobile : l'espèce humaine ne se meut pas. C'est exact. Mais comme, pour Averroès, l'individualité est exclusivement liée à la présence de la matière, tous les changements, tous les développements de l'individu, en tant que tel, ne sauraient être essentiels : ils sont donc accidentels, et les perfectionnements individuels réels ne peuvent répondre qu'au degré de perfection de l'espèce. En effet, l'individu a une essence définie qui mesure toute l'étendue de sa perfection possible, sans qu'il se perde accidentellement dans des variations indéfinies.

Certes on pourrait penser que la libéralité divine donne en propre à chaque individu les moyens d'une perfection qui serait pour lui, en tant qu'individu, une approche de plus en plus grande de Dieu. Ce serait un point du vue ouvert sur la possibilité d'une vie spirituelle et mystique. Mais Averroès n'en a aucune idée. Son Dieu donne à chaque être le désir d'une existence vers laquelle il se meut et qui trouve sa perfection, c'est-à-dire en définitive, son achèvement et son arrêt, à l'intérieur d'une espèce qui représente pour lui un certain degré défini d'actualisation de ses puissances. Ce point de vue va se vérifier à propos de la doctrine averroïste de l'âme et de l'Intellect.

Ainsi, entre les corps matériels et Dieu, il y a toute une hiérarchie dans l'ordre de la perfection. Averroès a pu, sur ce point, être influencé par la vision néoplatonicienne de l'univers.

Mais pour Fârâbî et Avicenne, les intellects et les sphères célestes émanent successivement du Principe premier, Dieu, selon un processus plus imaginaire que rationnel, destiné à expliquer la naissance du multiple à partir de l'Un. Voici comment Fârâbî l'expose dans son livre sur les *Idées des habitants de la Cité vertueuse* : « Du Premier procède l'existence d'un Second qui est, lui aussi, une substance absolument incorporelle et dépourvue de matière. Elle intellige sa propre essence et intellige le Premier Principe. Ce qu'elle intellige de sa propre essence n'est rien d'autre que son essence; de ce qu'elle intellige du Premier Principe, résulte nécessairement l'existence d'un Troisième; du fait qu'elle est substantifiée (*mutajawhir*) par l'essence qui lui appartient en propre, il résulte nécessairement l'existence du Premier Ciel ». Et le processus continue jusqu'à la sphère de la lune, dont l'Intellect est l'Intellect Agent qui illumine l'intellect humain en même temps qu'il est le « donateur des formes » (*wâhib al-suwar*) aux éléments et aux corps du monde sublunaire. Averroès garde cette hiérarchie, mais en la faisant monter vers Dieu, le Premier Moteur, grâce au désir par lequel il les meut. L'Intellect Agent, dont nous allons reparler, occupe un rang inférieur et, contrairement à ce que pensait Alexandre d'Aphrodise, dont les commentaires de l'œuvre d'Aristote ont eu une grande influence, il n'est pas Dieu dans le système d'Averroès. Par conséquent, quel que soit le mode selon lequel l'Intellect peut entrer en conjonction avec lui, il ne s'agit absolument pas d'une union à Dieu.

La doctrine de l'âme et de l'intellect

Nous pensons toujours, quand nous parlons de l'âme, à une âme individuelle et personnelle : notre âme. Tel n'est pas le point de vue d'Aristote, repris entièrement par le fidèle *Commentateur*. L'âme est un être du monde, principe du mouvement volontaire, et comme tel, objet de la Physique. Dans ces conditions, Averroès n'emprunte à l'expérience psychologique de chaque sujet humain que deux données fondamentales : le fait d'une connaissance sensible que prolongent les images de l'imagination et de la mémoire, et l'existence d'une connaissance intellectuelle. Par suite, l'étude de l'âme est celle d'un être qui possède, en son unité, ces deux facultés extrêmes. Elle s'appuie sur les concepts fondamentaux de toute analyse aristotélicienne : l'acte et la puissance, la forme et la matière. Elle considère l'âme comme un pur objet, comme si elle n'était l'âme de personne, de la même façon qu'on étudierait les fonctions d'une espèce animale sans tenir compte de l'animal singulier auquel elles appartiennent.

De ce point de vue purement descriptif, Aristote et Averroès constatent une analogie entre le sens et l'intellect : tous deux reçoivent des formes. Quand la vue, par exemple, perçoit une chose, elle en saisit la forme, sans la matière qui lui est associée hors de l'âme. Il reste cependant une référence à la matière jusque dans les images de l'imagination et de la mémoire. En effet, c'est bien un objet matériel qui est vu ou imaginé. On parle en ce sens de formes matérielles. Cette expression ne fait que traduire la nature des impressions sensibles. Au contraire, les formes que reçoit l'intellect sont complètement abstraites de la matière. Ainsi intervient une opération d'abstraction, concomitante à la réception des formes, dont il faudra rendre compte. En effet les formes n'existent pas dans la matière hors de l'âme de la même manière que dans les sens d'une part et dans l'intellect d'autre part. L'intellect, pure puissance réceptrice, bien qu'il n'ait aucune matière, est pourtant appelé matériel, par analogie avec la matière, elle-même pure puissance de réception des formes dans les êtres extérieurs. Mais la matière reçoit sans connaître et sans distinguer, à la différence de l'intellect pour qui recevoir est identique à connaître. C'est en effet, nous l'avons vu, un principe, que tout être devient une pensée dans la mesure où il est dégagé de la matière. La connaissance sensible est inférieure et particulière, parce que les formes y gardent une référence à la réalité matérielle. Mais au niveau de l'intellect, les formes reçues sont abstraites et l'intellect matériel lui-même est sans matière.

Aristote avait défini l'âme comme « l'entéléchie (la perfection) première d'un corps doué d'organes et possédant la vie en puissance ». C'est là une définition générale qui convient aussi bien à l'âme végétative ou nutritive des plantes, qu'à l'âme sensitive des animaux ou à l'âme rationnelle de l'homme. Or ces âmes ne s'additionnent pas : l'âme végétative est assumée par l'âme de l'animal en une âme unique; de même l'âme humaine est une, tout en assumant l'âme végétative et l'âme sensitive. C'est dire que l'âme humaine, en son unité, exerce des fonctions différentes : celle d'animer un corps en lui donnant la vie en acte; celle de le doter de facultés sensibles, perception, imagination, mémoire; enfin celle de couronner le tout par la faculté intellectuelle. C'est donc la même âme qui perçoit, qui imagine, qui se souvient et qui intellige. Mais comme elle est la forme d'un corps humain, et que ce corps est générable et corruptible, elle doit être engendrée et se corrompre avec lui. Néanmoins un problème se pose du fait qu'il y a une différence fondamentale entre les connaissances sensible et imaginative d'une part, et la connaissance intellectuelle d'autre part. Comment donc se fonde et s'exprime cette différence?

Les corps sont composés de matière et de forme. Mais les organes des sens, quoique corporels, ne sont pas des matières qui reçoivent les formes des objets connus sensiblement, sinon l'œil qui voit un cheval deviendrait cheval. Ces organes ne sont que des instruments pour la faculté. C'est la faculté qui reçoit la forme. À l'extérieur de l'âme, les formes matérielles existent en acte et « informent » la matière, pour former tel ou tel corps. Elles concernent l'existence de ce corps. Mais par rapport à l'âme, c'est-à-dire relativement, non pas à la constitution d'un être existant, mais relativement à la constitution d'une connaissance, les formes qui sont en acte dans le corps matériel ne sont connaissables qu'en puissance. On voit ainsi se distinguer deux ordres : l'ordre de l'être, et l'ordre du connaître qui se correspondent (puisque c'est toujours l'être qui doit être connu), mais qui ne s'identifient pas et ne se développent pas parallèlement. Et la distinction se poursuit : les formes qui existent en acte dans la perception sensible et dans l'imagination ne sont intelligibles qu'en puissance par rapport à la faculté rationnelle. La question est alors de savoir ce qui fait passer à l'acte dans l'intellect les formes intelligibles en puissance dans l'imagination.

Averroès, comme les autres philosophes qui se rattachent à la même tradition, répond en prenant l'exemple de la vue : une couleur existe dans le corps coloré, même dans l'obscurité; elle n'est alors visible qu'en puissance et c'est la lumière qui la rend visible dans la sensation visuelle. Il faut donc qu'il y ait un agent qui, à l'instar de la lumière pour la vue, rende intelligibles en acte pour l'intellect les formes contenues dans l'imagination, et cela par une abstraction qui les sépare de toute matière et qu'on a appelée « abstraction formelle ». Le « moteur » de cette abstraction, c'est l'Intellect Agent. Quant à l'intellect qui reçoit de l'Intellect Agent ces formes abstraites, c'est celui que nous avons déjà rencontré sous le nom d'intellect matériel. Pour être capable de recevoir toutes ces formes, il faut qu'il soit lui-même dépourvu de forme; pour qu'il reçoive des formes dépouillées de toute matière qui sont par conséquent universelles et non particulières (l'homme et non cet homme-ci), il faut qu'il soit lui-même dépourvu de matière. En effet, s'il avait une matière, il ne pourrait recevoir que des formes singulières, selon le principe que tout ce qui est reçu est reçu selon le mode de ce qui le reçoit (*quidquid recipitur, ad modum recipientis recipitur*). Il représente donc la potentialité à l'état pur. De ce fait il n'est ni générable, ni corruptible, et il ne saurait être un intellect particulier, celui de tel ou tel homme. Il est comme le fond sur lequel vont se dessiner les formes véritables abstraites de l'imagination qui vont devenir les objets des connaissances vraies de tous les hommes. En effet, deux géomètres, par exemple, connaissent les mêmes vérités géométriques. Ils communient, et pour ainsi dire perdent leur individualité, dans la possession de cette vérité identique pour eux deux, c'est-à-dire dans l'intellect matériel.

Mais l'unité de cet intellect, commun à tous les hommes, n'entraîne pas, comme le dit Averroès, que toi, tu sois moi; ou que tu apprennes et oublies quand j'apprends et oublie; que tu saches et ignores ce que je sais et ignore. Ce dernier genre d'identité est contredit par l'expérience. Il semblerait que, par cette remarque, Averroès réintroduise le sujet connaissant : moi, toi. Mais ce n'est qu'en apparence. En réalité, explique-t-il, ce n'est pas parce que je suis « moi » que mes connaissances diffèrent des tiennes. C'est parce qu'elles sont tirées d'une source qui reste affectée par la matérialité de mon corps, par conséquent qui est individuelle, à savoir l'imagination. Or il va de soi que l'imagination, étant liée au corps de chaque individu, est différente chez moi et chez toi. Par conséquent, dans la mesure où la connaissance abstraite reste référée à ce dont elle est abstraite, elle est individuelle, engendrée et corruptible. Ainsi, bien que nous ayons, toi et moi, le même concept d'homme, les expériences sensibles que j'ai des hommes sont autres que les tiennes. Néanmoins le concept abstrait de l'homme, comme forme reçue dans l'intellect matériel, est indépendant de ces contingences et de ces situations particulières. Il est inengendré et incorruptible. Il nous faut maintenant comprendre ces deux aspects contradictoires d'une même réalité.

L'intellect matériel ne peut faire lui-même passer à l'acte les intelligibles qui sont en puissance dans l'imagination, car il faudrait pour cela qu'il fût lui-même en acte. C'est pourquoi il faut avoir recours à l'Intellect Agent. Il est séparé de toute matière et par suite, il pense tous les intelligibles, aussi bien ceux qui sont tirés des formes matérielles de l'imagination, que ceux qui sont purement immatériels. On comprend alors que son rôle n'est pas de faire passer à l'acte l'intellect matériel, car il ne pourrait le faire que si tous les intelligibles qu'il intellige étaient contenus en puissance dans l'intellect matériel. C'est-à-dire que l'intellect matériel serait en puissance l'Intellect agent. Or ce n'est pas le cas. L'intellect matériel est pure réceptivité; il est comme une table rase; il n'est pas en puissance aux formes qu'il reçoit, mais en puissance à leur réception; il n'est pas une disposition qui le déterminerait, mais il est parfaitement disponible. L'action de l'Intellect Agent, comparable à celle de la lumière, porte, non sur l'intellect matériel, mais sur les formes intelligibles en puissance qu'il fait passer à l'acte parce qu'il les intellige lui-même en acte. Prenons l'exemple d'un menuisier : il a dans l'esprit l'idée en acte de la table qu'il veut faire; cette idée est en puissance dans le bois, et il la fait passer à l'acte en fabriquant la table. La forme « table » a alors deux existences en acte, l'une dans l'esprit de l'artisan, l'autre dans la table. Or la table étant faite de bois est corruptible, alors qu'on peut, par comparaison, considérer l'idée comme incorruptible. Si maintenant, au lieu du menuisier, nous prenons l'Intellect Agent, il intellige les formes en acte, grâce à quoi il peut faire passer à l'acte dans l'intellect matériel les formes intelligibles en puissance dans l'imagination. Ces formes ont alors deux existences en acte : l'une dans l'Intellect Agent où elles sont inengendrées et incorruptibles, l'autre dans l'intellect matériel qui les reçoit et où elles sont, en tant que tirées de l'imagination, engendrées et corruptibles. Si bien que si on appelle intellect spéculatif l'ensemble des formes en acte que reçoit l'intellect matériel en provenance de l'imagination de tel ou tel homme, il est générable et corruptible comme ces formes, mais on comprend que l'Intellect Agent qui intellige éternellement ait pu faire naître en lui des formes qui sont comme lui engendrées et corruptibles.

Cet intellect spéculatif est le nôtre, c'est-à-dire celui par lequel nous pensons, jugeons et raisonnons. Il disparaîtra avec notre corps. Mais comment cela est-il possible? Il n'existe que par l'intellect matériel qui a reçu les formes qui le constituent. Or l'intellect matériel ne nous appartient pas en propre : il est unique et commun à tous les hommes. Mais cela n'implique pas, nous l'avons vu, que tout le monde pense et connaît la même chose en même temps. En nous servant d'une image, nous pourrions dire que l'intellect matériel est comme un écran unique sur lequel l'Intellect Agent projette les formes abstraites qu'il abstrait de l'imagination de chacun de nous. C'est sur cet écran que les formes, qui sont nôtres parce qu'elles sont tirées de l'imagination de chacun de nous, sont intelligées par nous. Mais si nous pouvons, pour poursuivre notre image, lire ces formes sur cet écran, c'est que nous avons à cet effet une faculté appropriée et qui n'est à proprement parler que la faculté même de notre âme rationnelle. C'est notre intelligence, qui est appelée intellect passif et n'est que la faculté de lire les intelligibles qui lui sont offerts, de les discerner et de les comprendre. Mais puisque l'intellect spéculatif est corruptible, l'intellect passif disparaîtra avec lui et avec le corps.

L'intellect spéculatif se présente sous deux formes : l'intellect en acte, c'est-à-dire en exercice, quand par exemple, un savant met en œuvre ses connaissances ou les enseigne, et l'intellect *in habitu* (habituel) qui est encore appelé intellect acquis, et qui comprend tous les intelligibles dont nous disposons sans en faire actuellement usage, comme c'est le cas du géomètre quand il ne fait pas de géométrie. En effet, cet intellect représente réellement notre « acquis ». Mais cela ne signifie pas qu'il est acquis par nous, par un effort de connaissance. Selon une expression d'Aristote, il vient de l'extérieur (gr. θύραθεν; ar. *min khârij*). Il est dû en effet à l'action de l'Intellect Agent séparé. Mais cela dit, nous avons une libre disposition de cet acquis et l'usage que nous en faisons dépend de notre volonté.

Si maintenant nous revenons à la définition générale de l'âme comme entéléchie première, nous constatons que notre âme est singulière, c'est-à-dire qu'elle est *notre* âme, parce qu'elle est la forme de notre corps matériel. En effet, c'est la matière qui individualise. Mais notre corps n'est pas la matière première : il a déjà une forme corporelle définie, avec ses organes, ses humeurs, son tempérament. Notre âme ne saurait donc être l'âme d'un autre corps que le nôtre, et par suite, Averroès en profite pour réfuter la métempsycose. Mais alors on pourrait penser que l'âme, en tant que forme de tel corps et non d'un autre, possède des caractères formels qui l'approprient à ce corps, et qui, par conséquent, l'individualisent. Dans ce cas, lorsque le corps meurt, son âme pourrait subsister par elle-même. Ainsi, pour prendre un exemple, une clé, faite pour une serrure, subsisterait quand la serrure est détruite. Mais tel n'est pas le point de vue d'Averroès, car pour lui l'individuation est entièrement due à la matière et par conséquent, telle âme individuelle ne peut exister comme individu sans le corps matériel qui est seul capable de l'individuer. Par suite l'individualité de notre âme ne relève en rien d'elle-même, mais uniquement du fait qu'elle est la forme de notre corps individuel. Si elle ne peut animer un autre corps, c'est qu'alors elle ne serait plus cette âme qui anime notre corps. La réponse d'Averroès consiste donc simplement à signaler une contradiction de fait dans les termes : l'âme de Pierre ne peut être celle de Paul, puisqu'elle est celle de Pierre.

Il faut en conclure qu'en tant qu'entéléchie première d'un corps doué d'organes et possédant la vie en puissance, l'âme est mortelle. Mais Averroès parle également d'une perfection dernière. Quelle est-elle? Serait-ce celle qui est liée à l'exercice de l'intellect spéculatif? Mais comme il est lui aussi corruptible, on voit mal en quoi il représenterait une telle perfection. L'ultime perfection semble ne pouvoir consister que dans une conjonction (*ittisâl*) de l'intellect spéculatif avec l'Intellect agent. Est-elle possible et qu'en résulte-t-il?

Avempace avait écrit un traité sur cette question, et Averroès le connaissait. Mais il a repris la question dans un ouvrage qui porte le même titre, qui n'est conservé que dans une version hébraïque et qui, selon les critiques, serait un de ses derniers ouvrages.

Nous avons vu qu'il y a une hiérarchie des existences, qu'il s'agisse des êtres hors de l'âme ou des facultés de l'âme elle-même. Ainsi y a-t-il un progrès dans la perfection. Mais on peut atteindre la perfection soit dans l'ordre de l'être, soit dans l'ordre du connaître. Dans l'ordre de l'être, l'inférieur se parfait par le supérieur, par exemple la matière par la forme, le sens par l'imagination. C'est ce qu'exprime Averroès en ces termes : « Il n'est pas impossible que les formes inférieures gagnent en perfection dans les degrés de l'existence par le fait des formes supérieures. » Mais dans l'ordre du connaître, au contraire, « la forme plus parfaite tient sa perfection d'une forme moins parfaite du fait qu'elle peut l'élever de son imperfection à la perfection, c'est-à-dire à l' état d'une forme qui est plus capable de connaître ». Ainsi en est-il de l'imagination qui tire sa perfection des formes sensibles qu'elle élève au rang supérieur de formes de l'imagination. On en dira autant des relations entre l'imagination et la faculté rationnelle. Et tant que l'imagination est, dans l'existence, le support des formes intelligibles qui lui sont supérieures, elle reçoit d'elles sa perfection; de son côté, « la faculté intellectuelle se parfait par l'imagination en transposant ces formes du monde de l'imagination au monde de l'intellect ». Mais cette liaison des deux facultés n'est pas un mélange : elle est assurée par le fait que les formes de l'imagination deviennent intelligibles en actes comme objets de l'intellect qui les reçoit, mais en elles-mêmes, dans l'ordre de l'existence hiérarchisée, elles restent à leur rang.

Ce qui est dit de la perfection s'applique également à la notion de conjonction, selon qu'elle est conjonction dans l'être d'après la hiérarchie des existences, ou qu'elle est conjonction dans la connaissance. Il est clair que les facultés de l'âme sont conjointes dans l'existence, puisque l'âme est unique et les unit. Mais en quel sens pourrait-il y avoir une conjonction avec l'Intellect Agent qui est extérieur à l'âme? D'autre part on comprend aisément que la connaissance par imagination est liée à la perception sensible. Mais comment notre intellect en acte, qui pense des intelligibles abstraits, entrerait-il en conjonction avec l'Intellect Agent qui, sans doute, est la cause de l'actualisation de ces intelligibles, mais qui, étant une forme absolument séparée de toute matière, ne pense que des intelligibles qui sont eux-mêmes des formes pures, parfaitement séparées et non pas abstraites? Voilà comment se pose le problème pour Averroès. Il se propose de l'étudier d'abord au niveau des facultés de l'âme, et de poursuivre ensuite sa recherche sur la « liaison de la forme dernière de l'intellect avec la forme de l'Intellect Agent » pour en étendre les résultats aux « formes intelligibles séparées ». Mais tandis qu'au niveau des facultés de l'âme, la conjonction dans l'être est distincte de la conjonction dans le connaître, au niveau de l'Intellect Agent et des formes séparées, « l'acte de connaître est l'acte même d'exister, et réciproquement, c'est-à-dire que, pour les formes séparées, intelliger et exister sont une seule et même chose. »

Mais puisque les formes pures sont supérieures aux formes abstraites, à la fois quant à l'existence et à l'intelligibilité, Averroès se trouve en face d'un nouveau problème : une forme supérieure peut-elle intelliger une forme inférieure? Si elle ne le peut, il ne saurait y avoir de conjonction entre elles, car pour des formes, être conjointes signifie que l'une intellige l'autre ou qu'elles s'intelligent réciproquement. Beaucoup pensaient en effet que cela était impossible, car alors la forme supérieure se dégraderait en connaissant l'inférieure. Mais Averroès s'élève contre ce point de vue : « La forme supérieure intellige toujours l'inférieure en se reportant à sa propre perfection; or comme une forme est d'autant plus noble qu'elle est plus éloignée de ce qui est imparfait et matériel et qu'elle existe en une essence plus pure, la connaissance de sa propre existence en sa pureté face à la forme inférieure lui confère l'intuition profonde de sa plus haute valeur, et la garde de déchoir. »

Ainsi la forme pure de l'Intellect Agent peut intelliger toutes les formes : essentiellement et directement il intellige les formes séparées auxquelles il s'identifie, puisque, à ce niveau parfaitement dénué de matière, ce qui intellige est identique à ce qui est intelligé; indirectement, il intellige les formes abstraites dont l'imperfection fait ressortir sa propre perfection. Mais alors, notre intellect en acte ou en *habitus*, qui intellige ces formes abstraites, ne pourrait-il pas en cela se joindre à l'Intellect Agent? L'obstacle vient de ce que notre intellect n'est pas totalement dégagé de l'imagination, et qu'il reste d'autant plus faible qu'il en est davantage prisonnier. Dans ces conditions, il est très éloigné « des objets intellectuels et divins » c'est-à-dire des formes pures. Mais si, par la pratique des sciences, il parvient à se libérer, il arrivera à intelliger des formes de plus en plus véritablement abstraites, et il se rapprochera au plus près des formes séparées et des conditions d'une conjonction avec l'Intellect Agent. Parvenu à ce terme ultime de perfection, notre intellect spéculatif, qui est engendré et corruptible, va-t-il, grâce à cette conjonction, devenir éternel? C'est impossible selon le principe que ce qui naît et meurt ne peut recevoir l'éternité. C'est là que la réponse d'Averroès a déclenché, pendant tout le Moyen Age, des controverses sans nombre.

Voici son texte : « Si maintenant on objecte que, de même qu'il ne peut être vrai que l'Intellect éternel intellige l'intellect engendré, de même également il est impossible qu'un être corruptible intellige l'Intellect éternel, nous répondons : en effet, si l'intellect *in habitu*, du fait de sa purification par l'Intellect Agent au moment de sa conjonction avec lui, demeurait en son état, il en résulterait nécessairement que quelque chose qui n'est pas éternel intelligerait de l'éternel. Mais quand l'Intellect Agent l'élève, l'intellect *in habitu* s'abîme et disparaît complètement, et l'intellect matériel, qui est possibilité et disposition absolues à la réception de toutes les formes, se conjugue avec l'Intellect Agent, car l'influence qu'exerce l'Intellect Agent sur lui dans sa relation avec l'intellect *in habitu* constitue son élévation même au moment où l'intellect *in habitu* atteint son complet achèvement. » Autrement dit, quand toute trace d'imagination a été supprimée de notre intellect spéculatif (en acte ou en habitus), il parvient à un niveau d'existence où il disparaît dans sa conjonction avec l'Intellect Agent. Mais toutes les formes qu'il était parvenu à intelliger en perfection avaient été reçues par l'intellect matériel qui continue à les porter quand il disparaît, et qui se trouve ainsi élevé vers l'Intellect Agent. Par suite la conjonction de l'Intellect Agent avec notre intellect devient sa conjonction avec l'intellect matériel qui, nous l'avons vu, est inengendré et incorruptible.

Quand il s'agit de relations entre formes séparées, la conjonction selon l'être est identique à la conjonction selon le connaître, alors qu'elles sont distinctes dans les êtres qui naissent et périssent. Par conséquent la conjonction entre l'Intellect Agent et l'intellect matériel est à la fois et identiquement selon l'être et selon le connaître : selon l'être, parce qu'il s'agit alors de la jonction de la forme qui est dans l'Intellect Agent avec le substrat de la forme qu'est l'intellect matériel; selon le connaître, parce que l'intellect matériel intellige l'Intellect Agent comme étant sa forme. De ce point de vue, Averroès écrit non sans prudence : « Il *semble* que cette conjonction ressemble davantage à celle d'une forme avec une matière qu'à celle d'un principe actif sur l'effet de son action ».

C'est qu'un tel principe est extérieur à son effet, alors que l'Intellect Agent agit sur l'intellect matériel de l'intérieur. En effet les rapports entre les intellects ne peuvent se concevoir comme des rapports d'extériorité, qui ne conviennent qu'aux choses matérielles. Du point de vue de la conjonction selon le connaître, l'Intellect Agent ne peut intelliger l'intellect spéculatif en acte, du fait que ce dernier est engendré et corruptible. « Quant à l'intellect en acte, il intellige l'Intellect Agent, mais en ce sens que cet acte d'intellection comporte à la fois l'annihilation de l'intellect en acte et l'élévation immédiate de l'Intellect matériel jusqu'à l'Intellect Agent. »

En conclusion, on peut dire que l'intellect humain est d'abord une faculté dans l'âme qui est passive en ce sens qu'elle est incapable d'acquérir la moindre connaissance intellectuelle par elle-même : c'est l'intellect passif. Puis, l'Intellect Agent ayant fait passer à l'acte les intelligibles qui sont en puissance dans l'imagination de l'homme, l'intellect matériel qui est pure potentialité, qui est unique, inengendré et incorruptible les reçoit, et les met à la disposition de l'intellect passif qui devient ainsi intellect spéculatif, en acte ou en habitus. Cet intellect spéculatif est engendré et corruptible; il est multiple, car il est propre à chaque individu humain, du fait que les formes qu'il intellige sont abstraites de l'imagination de chacun. L'homme a le pouvoir de le développer et surtout de le purifier de toutes les emprises de l'imagination. En effet, comme l'a dit Aristote, il n'y a pas de pensée sans images, et dans cette mesure il n'y a pas d'accès à l'intellection de formes pures. Néanmoins lorsque l'intellect spéculatif, en acte ou en habitus, parvient à intelliger des formes parfaitement séparées, « son élévation s'arrête, sa forme disparaît et il ne reste plus que l'intellect matériel ». Ainsi que l'écrit Miguel Cruz Hernandez, dans son ouvrage *La filosofia arabe*, « l'Intellect Agent est la forme abstraite et pure; l'intellect matériel connaît depuis toujours cette forme et il est, pour autant, la réalité universelle à laquelle l'homme participe par sa nature intellectuelle ». Notons que, de même que dans l'univers des existences, règne, de bas en haut de la hiérarchie des êtres, un désir de s'élever le plus près possible du Premier Moteur Immobile, de même dans l'univers des connaissances, les facultés de connaître se tendent vers la saisie de formes de plus en plus pures jusqu'aux formes séparées. En ce sens, l'Intellect Agent les meut toutes comme moteur immobile. Mais au moment où les facultés cognitives de l'âme humaine atteignent leur perfection, dans l'ordre de l'être et dans l'ordre du connaître, elles disparaissent en tant que facultés individuelles. Ce qui demeure, c'est la conjonction de l'Intellect Agent et de l'intellect matériel qui sont l'un et l'autre uniques en nombre. Tel est le fondement de la doctrine de l'unité de l'Intellect.

Nous nous sommes attardé sur cette pensée d'Averroès, en dépit de ce qu'elle a de compliqué, voire d'obscur et certainement d'artificiel, à cause de l'importance qu'elle a eue dans l'histoire de la pensée médiévale. Il faut d'ailleurs reconnaître qu'Averroès lui-même a vivement senti les difficultés que présentent et les questions et les réponses. Il l'avoue très souvent. Mais l'origine de tous les débats confus qui ont été soulevés depuis les commentateurs grecs d'Aristote, c'est la conviction que le Stagirite apportait une méthode scientifique vraie, et que ses écrits contenaient toute vérité au moins en germe. Or sa grande erreur, accueillie sans discussion par les péripatéticiens ultérieurs, c'est d'avoir considéré l'âme humaine comme une nature et non comme un sujet, et d'avoir fait de son étude un chapitre de la physique, d'avoir considéré les facultés comme des êtres semblables à ceux du monde extérieur auxquels il applique également les notions d'acte et de puissance, de matière et de forme. En vertu de la doctrine de l'individuation par la matière, si l'individualité singulière d'un homme est due à son corps matériel, comme celle d'une pierre ou d'un arbre, il est certain que plus il se détache de la matière en s'élevant dans la connaissance intellectuelle, plus il se détache de lui-même, jusqu'à disparaître totalement. La perfection qu'il atteint n'est donc pas *sa* perfection personnelle. Elle est la perfection d'un Intellect qui sans doute intellige la forme humaine spécifique, mais qui ne connaît l'individu que dans son aspiration vers l'essence de son espèce. Nous retrouvons ici ce que nous avons vu à propos de la providence de Dieu.

Une telle doctrine ne tourne-t-elle pas le dos à la révélation coranique? À la lettre, cela nc fait pas de doute. Comment Averroès, ce Grand Cadi, a-t-il donc pu continuer à se considérer comme musulman? C'est en appliquant ce qu'on peut appeler son grand principe de complémentarité de la religion révélée et de la philosophie.

En accord avec la critique de Ghazâlî dans le *Tahâfut al-Falâsifa*, Averroès estime qu'il est impossible de prouver par des raisons démonstratives que l'âme est une substance spirituelle. Cela admis, il se sépare de lui sur la question de l'intellect. Ghazâlî écrivait : « Il n'y a d'inhérent dans l'intellect que ce qui est inhérent dans le sens. » Cette idée est conforme à la célèbre formule qui sera celle des empiristes, *Nihil est in intellectu quod non prius fuerit in sensu* (il n'y a rien dans l'intellect qui n'ait été d'abord dans le sens) et à laquelle Leibniz répondra : *nisi ipse intellectus* (si ce n'est l'intellect lui-même). De son côté, Averroès réplique : « L'objection que fait Ghazâlî revient à ce que pour lui l'intellect est une réalité individuelle pour laquelle l'universel est un accident [...]. Cette doctrine est mensongère, car s'il en était comme il le dit, il n'y aurait pas de différence entre la perception sensible et la saisie intellectuelle. » En effet, s'il est un point qui peut être prouvé, selon Averroès, c'est que l'intellect est le substrat de la connaissance des intelligibles, que les intelligibles sont des formes indivisibles, car toute division est due à la matière, par conséquent que l'intellect est indivisible et qu'il ne saurait être une faculté individuelle. L'argument rationnel en faveur de la spiritualité de la faculté de connaissance ne porte que sur l'intellect. Mais que dire des facultés de l'âme? Nous avons vu qu'il est normal de penser qu'elles périssent avec le corps. Néanmoins, Averroès voit bien que cela n'est pas rationnellement démontrable, car nous ne savons pas si ces facultés se réduisent à leur exercice en s'identifiant aux organes corporels qui sont leurs indispensables instruments, ou si, au contraire, elles jouissent, en tant que facultés, d'une certaine autonomie, qu'il ne nous est pas interdit de supposer, bien que nous ne puissions pas la définir. Ce que nous constatons néanmoins, c'est que certains organes périclitent sans que périclite en elle-même la capacité individuelle de percevoir qui leur correspond. Ainsi la vision peut s'affaiblir parce que l'œil s'affaiblit et non parce que la puissance de voir dégénère. Aristote ne disait-il pas que si on rendait à un vieillard des yeux de jeune homme, il verrait comme au temps de sa jeunesse? Par conséquent il n'est démontré ni que l'âme humaine est séparable du corps, ni qu'elle en est nécessairement inséparable.

Dans ces conditions, Averroès estime qu'il est permis de se tourner vers les données de la Révélation. Elles sont utiles pour le commun des hommes qui se posent la question de leur survie, question qu'ils ne peuvent pas ne pas se poser et qui demande une réponse, alors que le philosophe sait que la philosophie ne peut la donner. En effet la question est « très obscure » (*ghâmid jidd* ^{an}). Dieu n'a accordé le privilège de la pénétrer qu'à des savants qui sont inébranlables dans leur science (*râsikhûn fî'l-'ilm*). C'est là une référence au Coran (4, 162) : « Ceux d'entre eux qui sont inébranlables dans la science et ceux qui sont croyants croient en ce qui t'a été révélé » (cf. 3, 7). Ainsi donc ces *râsikhûn* ne sont pas les philosophes en général, mais les philosophes croyants, dont la foi n'annihile pas la pensée et dont la pensée ne détruit pas la foi, qui connaissent les domaines de l'une et de l'autre, leurs limites et leur complémentarité. Averroès cite alors le Coran (17, 85) : « Ils t'interrogeront sur l'esprit. Dis : l'esprit procède de l'ordre de mon Seigneur et vous n'avez reçu que peu de science. » Cette citation éclaire tout : on ne peut connaître par preuve démonstrative que la spiritualité et l'immortalité du seul intellect impersonnel; cependant il reste un doute concernant les puissances perceptives liées à un organe; la question de l'âme est donc obscure et le Coran en témoigne. Pour apaiser l'inquiétude des masses, le bon moyen est de se servir de l'analogie du sommeil pendant lequel l'âme subsiste alors que les organes du corps sont endormis. Tel est l'enseignement du Coran : « Dieu rappelle les âmes au moment de leur mort comme celles qui ne meurent pas durant leur sommeil. » Cet argument analogique ne concerne pas seulement le vulgaire : « C'est là une indication (*dalîl*) qui convient pour tout le monde; elle est adaptée à la masse des hommes pour leur faire croire la vérité; elle avertit les savants du chemin à suivre pour s'informer de la survie de l'âme. »

Mais si l'âme est immortelle, ce n'est pas, comme l'imaginent les platoniciens, une substance spirituelle séparée qui n'est dans le corps que comme un pilote dans un navire. Sur ce point, un accord du Coran avec Aristote peut être facilement trouvé. En effet, pour Aristote la réalité de l'homme est celle d'une âme liée à un corps dont elle est la forme. Selon le Coran, l'homme est un corps dans lequel Dieu a insufflé une âme. En outre Dieu révèle qu'Il ressuscitera les corps. Sans doute la résurrection des corps ne peut-elle être démontrée. Cependant on est fondé à croire que si l'homme doit jouir d'une vie après la mort, son âme restera unie à un corps. Quel corps? Non pas celui qu'on imagine sortant de sa tombe. Le Coran parle d'une première et d'une seconde création : Dieu qui a créé une première fois un corps a le pouvoir de le recréer. Il n'est pas dit ce que sera ce corps « ressuscité ». Mais tout laisse à penser qu'il sera en harmonie avec l'âme, tout comme l'était le premier qui s'est corrompu dans la mort.

Averroès n'a pas cherché à dire quelle sorte de rapport l'homme vivant corps et âme dans « la Vie dernière » que le Coran oppose à la vie d'ici-bas entretiendra avec l'Intellect Agent conjoint à l'intellect matériel. Il est normal de penser qu'il saisira des intelligibles. Mais s'il a un corps, donc des sensations et des images matérielles, s'il reste un individu, il n'intelligera jamais les formes séparées pures. En effet la représentation matérielle que le Coran donne du paradis laisse supposer qu'il y a des corps dans l'au-delà. Ils seront connus de façon sensible, comme c'était le cas ici-bas. Il semble alors que tout va recommencer pour l'homme dans la Vie dernière selon le même processus que dans la vie sur terre. Autrement dit, s'il est vrai qu'il subsiste individuellement dans le paradis, il ne saurait y atteindre la connaissance parfaite qu'au moment où son intellect acquis disparaîtra et s'abîmera dans la conjonction avec l'Intellect Agent. Il semble qu'on ne puisse échapper à cette conséquence que si on considère l'autre monde et les corps qu'il contient comme tout autres que ce que nous connaissons ici-bas. Le Prophète a dit : « Il y a au Paradis ce qu'aucun œil n'a vu, ce qu'aucune oreille n'a entendu, ce qui n'est jamais venu à la pensée d'aucun homme. » Averroès explique ce *hadîth* en disant : « Cela indique que cette existence-là est une autre création supérieure à cette existence-ci. » Mais cet autre monde ne peut être extérieur à l'univers qu'enveloppe la sphère des fixes. L'orientation générale de la pensée d'Averroès permet de supposer qu'il pouvait songer à une existence des hommes ressuscités avec leur corps et leur âme sur le modèle de l'existence des astres dans leurs sphères.

Mais quelles sont les raisons qui amènent certains philosophes à croire à la résurrection? « Ils pensent, écrit Averroès, qu'il n'y a pas de vie ici-bas pour l'homme sans les sciences pratiques, et qu'il n'y a pas de vie pour lui en ce monde et dans l'autre sans les vertus spéculatives. Sciences pratiques et vertus spéculatives n'arrivent d'après eux à leur perfection que par les vertus morales. » L'homme possède en effet, outre l'intellect théorique dont il a été jusqu'ici question, un intellect pratique qui lui permet de saisir des idées abstraites et de les combiner en vue de l'invention des arts et des métiers et, d'une façon générale, en vue du règlement de toutes les actions nécessaires à la vie. Les « intelligibles pratiques », acquis par l'expérience (*tajriba*), viennent sans doute à l'être et se corrompent en même temps que la perception sensible et l'imagination. Néanmoins ils laissent dans l'âme des traces qui ne sont pas de l'ordre de la connaissance, mais de l'ordre de l'être : les vertus pratiques. Ce sont elles qui vont commander l'action, surtout l'action morale qui amène l'homme à faire effort pour se conduire dans la vie et en particulier pour se détacher des attraits du monde matériel et se tourner vers la connaissance intelligible. L'idée que le progrès dans la connaissance implique un progrès dans la vie morale, tirée de l'*Éthique* d'Aristote, ouvre des perspectives sur des valeurs personnelles qu'un strict intellectualisme ne pouvait soupçonner. Par conséquent, puisque les vertus morales sont indispensables aux vertus spéculatives (et sont d'ailleurs à leur tour parfaites par elles, puisque, dit Averroès, les vertus morales n'atteignent leur perfection dernière que par la connaissance de Dieu et les actes d'adoration que sa Loi ordonne), il en résulte que cette relation restera vraie dans l'autre vie où la contemplation ne pourra pas être purement spirituelle, mais où elle aura besoin des vertus morales qui ne se conçoivent pas sans une référence à un corps. Ce serait donc, non pas la contemplation des formes intelligibles séparées, mais la permanence des vertus morales qui assurerait une survie conforme à l'enseignement du Coran. Mais de telles considérations, que peuvent faire des savants inébranlables dans la science, ne sont évidemment pas l'objet d'une preuve démonstrative. Voilà comment Averroès conçoit la complémentarité de la philosophie et de la Révélation.

5. *La pensée juive en Espagne*

Ibn Daoud

Nous n'avons pas à étudier la pensée juive pour elle-même, notre but étant de repérer les « rencontres » avec des penseurs chrétiens ou musulmans. Néanmoins on ne peut passer sous silence le nom d'Abraham ibn Daoud, né à Cordoue vers 1110 et mort vers 1180. Comme Maïmonide, il suit les idées d'Aristote; il est même le premier penseur juif à avoir introduit dans sa communauté un strict aristotélisme. Son projet est de montrer la concordance de la religion et de la philosophie. Il composa en 1160-1161 un ouvrage philosophique en arabe, intitulé *La foi sublime.* L'original a été perdu; mais il en reste deux traductions hébraïques. Ibn Daoud ne se réfère qu'à Saadia Gaon et à Ibn Gabirol; mais il juge, en dépit de son admiration pour Saadia, qu'il n'a pas réalisé son entreprise comme il convenait, et il critique sévèrement le néoplatonisme d'Ibn Gabirol. De tous les philosophes juifs, il est sans aucun doute le plus rationaliste, et il trouve dans la Torah « tout ce que la raison humaine a mis en lumière postérieurement à sa révélation ». Il y a donc un parfait accord entre la philosophie et l'enseignement de Moïse. « Il n'y a que ceux dont l'intérêt pour la philosophie est superficiel et qui manquent de force pour méditer en même temps la religion et la connaissance, pour trouver que la philosophie trouble leur foi; mais le véritable penseur reconnaît la correspondance qui est entre les deux. » Ce véritable penseur ressemble fort au savant inébranlable dans sa science dont parlait Averroès. D'autre part, Ibn Daoud a un point de vue proche de celui de Maïmonide, comme nous allons le voir, quand il dit que les doctrines du judaïsme contiennent implicitement toute la connaissance que d'autres n'acquièrent qu'à la suite de milliers d'années d'efforts.

En fait, c'est la Torah qui se trouve réduite à la connaissance rationnelle, à laquelle elle doit de pouvoir s'appuyer sur des bases conceptuelles solides. En effet, pour Ibn Daoud, le but de la vie humaine consiste à acquérir la connaissance métaphysique. Néanmoins, la foi des simples croyants que n'ébranle aucun doute et qui ont une conduite morale, guidée d'ailleurs par la Loi de Dieu, garde une valeur dans la mesure même où une telle façon de vivre est un des buts de la philosophie. Cette question sera examinée par Maïmonide.

Sur le problème de la genèse du monde, Ibn Daoud ne cherche pas à mettre d'accord la croyance en un acte créateur de Dieu qui le tire du néant, avec la doctrine aristotélicienne d'une création éternelle. En accord avec les néoplatoniciens, il admet que de l'Un, Dieu, il ne peut sortir qu'un être un, l'intellect premier que la Torah appelle ange. C'est à partir de lui que naît la multiplicité selon un processus qui est celui-là même que nous avons trouvé chez Fârâbî, sauf qu'il est représenté non pas comme une émanation nécessaire, mais comme le développement d'un acte libre de création. On le voit, la doctrine n'est pas très élaborée, d'autant moins qu'ailleurs Ibn Daoud dit que la matière est créée par Dieu, ce qui contredit le principe néoplatonicien que nous venons de voir mis en œuvre.

Quant à Dieu il est prouvé par l'argument de la nécessité d'un Premier Moteur immobile. De là, Ibn Daoud tire que Dieu est parfaitement un et immatériel. Ses attributs n'ont pas d'existence positive; ils sont négatifs et n'expriment que ce qui ne doit pas être affirmé de Dieu : il est savant, c'est-à-dire qu'il n'est pas ignorant. Nous avons déjà rencontré semblable doctrine chez des théologiens. À l'argument fondé sur le Premier Moteur, Ibn Daoud en adjoint un second, qui est pris à Avicenne fondé sur la contingence du monde qui exige l'existence d'un être nécessaire. Nous verrons que saint Thomas a, lui aussi, réuni ces deux sortes de démonstrations.

Au sujet de l'âme humaine, il pense avec Avicenne que la définition qu'en donne Aristote, comme entéléchie première d'un corps doué d'organes, possédant la vie en puissance, n'implique pas nécessairement que son existence dépend du corps. Principe des mouvements physiques et psychiques, elle peut, en tant que cause, subsister quand ses effets corporels ont disparu. En outre, l'activité de l'intellect est indépendante de l'organisme, et l'intellect lui-même n'est pas une simple disposition à saisir les intelligibles fondés dans l'imagination, mais une substance simple. En ce sens, l'âme rationnelle est immortelle comme le pensait Platon. Mais, ainsi que l'a enseigné Aristote, elle a besoin de l'Intellect Agent pour atteindre la connaissance des vérités intelligibles.

On voit qu'Ibn Daoud se rattache sans doute aux idées essentielles qui caractérisent l'aristotélisme; mais en fait il emprunte beaucoup au système d'Avicenne, dont il ne se démarque vraiment que dans son rejet de l'explication néoplatonicienne du monde par l'émanation nécessaire. En effet, le Dieu d'Ibn Daoud, comme Premier Moteur immobile, peut être plus facilement rapproché du Dieu de la Bible.

Maïmonide (Moïse b. Maïmon : Rabbi Moses)

Né à Cordoue en 1135, mort en Égypte en 1204, Maïmonide était le fils de Maïmon, *dayyân*, c'est-à-dire juge de Cordoue. Il était d'une famille de juristes. C'est un fait qui le rapproche d'Averroès, qui était dans la même situation familiale et dont le grand-père était célèbre pour avoir écrit un livre de droit malékite, la *Muqaddima* (Prolégomènes). Averroès lui-même était l'auteur d'un ouvrage de droit musulman, la *Bidâya,* dont le titre complet a été traduit par R. Brunschvig, dans un très important article sur « Averroès juriste », par *Début pour qui s'efforce* [à un jugement personnel] *et fin pour qui se contente* [de l'enseignement reçu]. L'auteur de l'article écrit que dans cet ouvrage, Averroès « entend ne s'occuper que des règles explicitement énoncées dans la loi religieuse ou des problèmes notoires qui, débattus entre les principaux juristes, se rattachent aux prescriptions textuelles par un lien étroit. Il ne traitera ainsi que des problèmes majeurs ou fondamentaux, ou regardés comme tels, aptes à servir de réglementation générale ». Par rapport au but poursuivi, on peut rapprocher la *Bidâya* d'Averroès du *Mishnè Torah* de Maïmonide. Le penseur juif voulait en effet donner à sa communauté un « code » qui expose les obligations de la Loi en les classant d'une façon claire et surtout unifiée. C'était pour lui une œuvre rationnelle utile, que légitime l'existence dans l'homme d'un intellect pratique. Sans doute, pour lui comme pour Averroès, les principes de la législation sont révélés par Dieu, et il ne s'agit pas, pour le juriste, de créer un droit et d'inventer une constitution de toutes pièces. En effet, ainsi que le note Salomon Pinès, dans sa préface au *Livre de la connaissance*, première partie du *Mishnè Torah*, les hommes sont des animaux qui ne peuvent vivre une vie humaine qu'en société, alors qu'il y a chez eux « une incapacité foncière à fonder une société par leurs propres moyens ». De là résulte le besoin d'une Loi inspirée par Dieu. La législation mosaïque est la plus parfaite de toutes. C'est par elle que doit être gouvernée la Communauté, car c'est essentiellement pour préserver la Communauté qu'elle est faite. Averroès, au contraire, bien qu'il s'intéresse à la masse des croyants non philosophes, ne dit rien de la Communauté musulmane dans les ouvrages qu'il a écrits pour un public large; il n'y fait que quelques allusions, relativement à la situation politique en Espagne, dans son commentaire de la *République* de Platon (conservé en version hébraïque).

Cet intérêt commun porté aux choses de la Loi ne constitue pas chez Averroès et Maïmonide le principe d'un même type de pensée; tout au plus explique-t-il qu'ils ont, l'un et l'autre, tenu compte des besoins de la masse des fidèles, ce qui les a amenés à introduire dans leurs systèmes quelques points de vue pragmatiques. Mais cela dit, les questions de droit relèvent pour Averroès de ses fonctions de cadi et de Grand Cadi. Il ne se soucie pas de chercher à définir la situation des juristes par rapport aux théologiens et aux philosophes. Le *fiqh* (jurisprudence islamique) forme un tout et a sa fin en lui-même en tant que science pour des spécialistes qui ont à l'étudier, à l'appliquer au peuple et à l'enseigner à leurs élèves. La situation des musulmans, dans l'État almohade qui se voulait unitaire et exerçait son pouvoir en ce sens, n'avait rien de comparable avec celle des juifs, exposés aux persécutions et aux pressions de toutes sortes destinées à les convertir. Maïmon, le père de Rabbi Moses, avait écrit sa *Lettre de Consolation* (*Iggéret*^{h} *ha-Néhamâh*) pour expliquer que l'islam ne pouvant être considéré comme une idolâtrie, il n'y avait pas à supporter le martyre pour éviter la conversion. Ceux qui accomplissaient les préceptes dans le secret seraient récompensés, particulièrement ceux qui observaient trois fois par jour le rituel de la *'amîdâh* (prière de dix-huit bénédictions) même sous une forme abrégée. Maïmonide à son tour écrivit une lettre sur le problème de la conversion forcée (*Iggéret*^{h} *sh*^{e}*mâd*^{h}) qui conclut au devoir qu'a tout juif de quitter tout pays où il est contraint d'enfreindre la Loi divine. Dans ces conditions, on comprend que l'accent ait été mis sur la Loi, comme sur le seul moyen de préserver l'existence et l'identité de la Communauté. Pour Maïmonide, il semble que ce soit là l'essentiel. Mais s'il faut protéger les juifs par la Loi, il faut protéger la Loi elle-même contre les interprétations fausses qui la rendraient inacceptable pour des hommes formés à la rigueur de la pensée philosophique, ou simplement tentés par elle, si bien que l'œuvre philosophique de Maïmonide se situe dans le prolongement de l'œuvre halakhique (juridique), en vue de la complète défense du judaïsme.

C'est pourquoi Maïmonide, à la différence d'Averroès, n'est pas un commentateur des œuvres philosophiques grecques. Il ne va pas de la philosophie à la Loi, mais de la Loi à la philosophie. Comme l'écrit Salomon Pinès, « il n'a pas laissé de traité purement philosophique de quelque portée. Jamais sa pensée n'apparaît absolument nue sans camouflage. De toute évidence, il a voulu qu'il en fût ainsi ». Aussi discute-t-on encore aujourd'hui sur la signification exacte du *Guide des égarés*. Néanmoins le titre exact, *Guide des hommes qui sont perplexes* (*Dilâlat al-Ḥâ'irîn* en arabe; *Môreh N*[e]*b*[h]*ôk*[h]*îm* dans la traduction hébraïque), est capable de nous éclairer quelque peu. Si le *Mishnè Torah* s'adresse à tous les fidèles sans exception, le *Guide* ne s'adresse pas aux philosophes, mais à des lecteurs tels que Joseph b. Juda, l'élève pour qui il a été écrit. Il avait étudié, sous la direction de Maïmonide, les mathématiques et l'astronomie, puis la logique. Alors, lui dit le maître : « Je te jugeai digne de te révéler les mystères des livres prophétiques, afin que tu en comprennes ce que doivent comprendre les hommes parfaits. » Maïmonide ne parle pas de lui enseigner la physique et la métaphysique, du moins *ex professo*, comme on aurait pu s'y attendre. Il veut simplement lui faire comprendre les textes de la Bible en lui en donnant une interprétation qui puisse satisfaire son esprit déjà formé à la méthode des sciences, et que ces textes, pris à la lettre, pourraient troubler. Les conceptions philosophiques ne sont présentées que dans la mesure où elles peuvent donner à ces textes leur sens véritable, mais elles ne sont pas étudiées en elles-mêmes et pour elles-mêmes. C'est pourquoi, aux yeux d'un pur philosophe qui lit ce livre, elles gardent un certain flou qui justifie le jugement de Salomon Pinès. En effet, on pourra toujours se demander ce que Maïmonide pensait des doctrines d'Aristote, quand il les considérait en dehors de ce souci qu'il avait d'en faire un usage exégétique. Or il est certain qu'il les a étudiées et même qu'il en recommandait l'étude comme étant l'expression la plus parfaite de la vérité que peut atteindre l'esprit humain. Il écrivait à Samuel Ibn Tibbon qui avait traduit le *Guide* en hébreu : « Prends bien soin de n'étudier les ouvrages d'Aristote qu'accompagnés de leurs commentaires : celui d'Alexandre d'Aphrodise, celui de Themistius ou celui d'Averroès. Les écrits du maître d'Aristote, Platon, sont des paraboles difficiles à comprendre, et on n'en a pas besoin, parce que l'œuvre d'Aristote est suffisante [...] du fait que son intellect est le degré suprême de l'intellect humain. » Il est donc sur ce point tout à fait d'accord avec Averroès, et pourtant, à la différence du *Commentator*, il n'a pas consacré l'essentiel de son œuvre à la recherche purement philosophique. Cette différence étant bien mise en valeur, il reste que les grands problèmes agités par Averroès se retrouvent chez Maïmonide, quoique dans un autre contexte.

Dieu

Maïmonide considère comme primordial de prouver qu'il y a un Être premier qui donne l'existence à tout ce qui est au ciel, sur la terre et dans « l'espace qui est entre les deux » (*Le livre de la connaissance*). Il est curieux de constater que cette dernière expression est coranique : « C'est Lui qui a créé les cieux et la terre et ce qui est entre les deux » (25, 59). Dieu seul possède l'existence; Lui seul ne cessera de la connaître car lui seul ne cessera d'exister. C'est Lui qui dirige sans interruption la révolution de la sphère. Il est un, et son unité ne ressemble à aucune de celles qui existent dans l'univers. Maïmonide cite ici le Deutéronome (6, 4) : « Écoute Israël! Le Seigneur notre Dieu est unique Seigneur. » Il entend le terme *ehâd*[b] dans le sens philosophique d'une unité monadique. Son Dieu est donc avant tout le Dieu qui soutient l'univers. Ce n'est que plus loin qu'il parle du devoir de l'aimer; mais c'est d'un amour intellectuel : « Lorsque l'homme considère les œuvres et les créatures de Dieu, merveilleuses et grandioses, lorsqu'il aperçoit la sagesse divine, incomparable et infinie, il se sent aussitôt envahi d'un sentiment d'amour [...]. Animé d'une passion extrême, il brûle de connaître ce Dieu sublime. » Son principal souci est ensuite, dans *Le livre de la connaissance* et surtout dans le *Guide,* d'expliquer les expressions anthropomorphiques de la Bible et de montrer que Dieu n'est pas un corps. On peut s'étonner qu'il ait consacré tant de soin à examiner tous les termes qui font problème afin de leur donner le sens convenable, étant donné que cette question avait été traitée et tirée au clair depuis longtemps, entre autres exégètes par le philosophe Aristobule, ainsi que nous l'avons vu. Il est vrai que l'investigation de Maïmonide est beaucoup plus complète, voire exhaustive. Donnons-en quelques exemples. Le mot *sélem* (image) est appliqué à Dieu (Genèse, 1, 26). Cela n'implique pas qu'il soit matériel. En effet, la forme matérielle d'un être se dit en hébreu *toar.* Maïmonide va donc donner au terme biblique une valeur philosophique : il s'applique à la forme naturelle, c'est-à-dire « à ce qui constitue la substance de la chose, ce par quoi elle est ce qu'elle est, ce qui forme sa réalité en tant qu'elle est tel être ».

On lit dans le Deutéronome (32, 18) : « Tu dédaignes le Rocher qui t'a engendré et tu oublies le Dieu qui t'a mis au monde. » Cette image du rocher (*ṣûr*) est souvent employée pour désigner Dieu; c'est qu'elle signifie qu'Il « est le principe et la cause efficiente de tout ce qui est hors de Lui », comme on peut l'induire du verset (*ibid.*, 32, 4) : « Le Rocher! Parfaite est Son œuvre! » Les philosophes grecs eux aussi « s'expriment sur les principes des choses d'une manière obscure et énigmatique ». De même qu'Averroès dans l'Abrégé des *Seconds analytiques*, Maïmonide attribue à Platon la désignation de la matière comme femelle et de la forme comme mâle. En fait ces expressions sont chez les néoplatoniciens et les gnostiques. Mais Platon appelle la matière « nourrice » (τιθήνη) et le Logos, « père » de l'univers (*Timée*, 49 a et 28 c).

Il est dit que Dieu « demeure », « va », « sort ». Ce sont des manières humaines de parler de ses actions. Mais il n'y a en Dieu ni mouvement, ni repos, ni vie. Ces termes n'ont de valeur que pour nous. C'est « le besoin qui force au mouvement », et le besoin implique une imperfection inconcevable en Dieu.

Voici une intéressante exégèse à propos du mot pied (*régél*). Il est écrit dans l'Exode (24, 10) : « Et ils virent le Dieu d'Israël : sous ses pieds était comme un ouvrage de brillant saphir. » C'est là, remarque Maïmonide, une allégorie qui relève de la simple opinion sur des sujets très obscurs « dont l'intelligence ne fait pas partie des bases de la foi ». L'essentiel est donc de rejeter toute compréhension matérielle. Néanmoins, il en donne l'explication philosophique suivante : « Sous ses pieds » signifie « de par sa cause et par Lui ». Cela étant, ce qu'ils perçurent, c'était la condition de la matière première venue de Dieu. Le texte porte *ma' séh* (ouvrage), c'est-à-dire « chose faite ». Ce terme désigne donc la matière car elle « est toujours réceptive et passive de par son essence et elle n'a d'action qu'accidentellement, de même que la forme est toujours active par son essence et passive par accident ». Quant aux mots *libʰnatʰ hassapîr*, ils veulent dire mot à mot : d'une blancheur de saphir. En voici le commentaire : ils désignent la transparence, non la couleur. Ainsi que l'a dit Aristote, le transparent est sans couleur. S'il s'agissait d'une couleur, elle ne pourrait les recevoir toutes. C'est parce qu'un corps est sans couleur qu'il peut les recevoir toutes. En cela ce saphir ressemble à la matière première qui, en sa condition de matière, est privée de toute forme, ce qui lui permet de les recevoir toutes successivement. Le sens du verset est donc qu'ils perçurent la matière première et sa relation avec Dieu, « à savoir qu'elle est la première de ses créatures comportant génération et corruption ». Notons que, selon ce texte, la matière première est créée par Dieu, comme réceptacle de toutes les formes, c'est-à-dire en puissance à toutes les formes.

Terminons cet aperçu par l'exégèse des célèbres versets de l'Exode (33, 18-23), où Moïse demande à Dieu de lui faire voir Sa Gloire. Dieu lui répond qu'il ne peut voir Sa Face, mais qu'il le verra de dos. Voici le commentaire du *Livre de la connaissance* : « Il demandait à connaître la vérité de l'essence de Dieu, de sorte que son esprit en eût une connaissance comparable à celle qu'on a d'un homme dont nous avons vu le visage et dont l'image s'est inscrite en notre entendement où sa notion subsiste distincte de celle de tous les autres. » Mais cela est impossible à l'homme qui est composé d'un corps et d'une âme. Cependant Dieu fit une faveur unique à Moïse qui « appréhenda, de la vérité de l'essence divine, quelque chose grâce à quoi le Saint fut en son esprit distinct du reste des êtres, comme est distinct du reste des hommes celui dont nous avons aperçu le dos et dont notre esprit reconstruit tout le corps ». C'est-à-dire que la pensée humaine ne peut connaître l'être de Dieu qu'en se le représentant, non en lui-même, mais à partir de ses œuvres. C'est ce qu'explique clairement le *Guide* : Dieu lui voila la perception de ce que désigne le mot face, et le tourna « vers la connaissance des actions qui Lui sont attribuées et qu'on saisit comme des attributs nombreux ». En effet, l'unité divine est au-delà de l'atteinte de l'intelligence humaine qui ne peut en concevoir la richesse que sous la forme d'une pluralité d'attributs. Le problème des attributs prend ainsi une grande importance par son rapport au problème de la connaissance de Dieu. La faveur faite, pour la première fois, à Moïse consiste justement en ce que Dieu lui a fait entrevoir Son unité comme de par derrière, à travers Ses diverses manifestations et au-delà d'elles. Mais dans un autre passage du *Guide*, Maïmonide donne de cette vue du dos une explication nettement différente : « Tu saisiras [...] ce qui résulte de Ma volonté, c'est-à-dire toutes Mes créatures. » La connaissance des créatures, même considérées comme issues de la volonté divine, semble bien loin d'être une vue de Dieu, même de dos, étant donné la totale incomparabilité de Dieu avec tout ce qui n'est pas Lui, ainsi que Maïmonide l'affirme lui-même. Nous touchons là à une imprécision certaine de sa pensée, qui ne semble pas le tourmenter.

Il écrit en effet : « Ce qu'il y a à dire sur les attributs (de Dieu) : comment on doit les écarter de Lui, en quel sens il faut entendre ceux qui Lui sont appliqués, et de même ce qu'il y a à dire sur la manière dont Il a créé les choses et dont Il les gouverne, ainsi que sur la question de savoir comment Sa Providence s'étend hors de Lui, voilà des sujets profonds qui sont en réalité les secrets de la Torah. » L'important est d'écarter de Dieu la corporéité et les passions. Ce qu'il confie à son disciple, Joseph b. Juda, à la suite d'une exégèse complexe de l'Exode (33, 22 : « Au passage de Ma Gloire..., Je te couvrirai de Ma main jusqu'à ce que je sois passé »), est révélateur de ce qu'il pense : « Tu ne trouveras pas étrange qu'un sujet si profond et si difficile à saisir puisse admettre tant d'interprétations différentes, car cela n'a aucun inconvénient pour ce qui nous occupe [...]. Choisis donc l'opinion que tu voudras, car ce que j'ai pour but, c'est que tu ne croies pas que le verbe « passer » a ici le même sens que dans l'Exode (17, 5) » où le Seigneur dit à Moïse : « Passe devant le peuple... » En ce sens, le procédé de Maïmonide n'a rien de commun avec celui d'Averroès. Il se sert d'Aristote en exégète; Averroès le suit comme philosophe.

D'ailleurs sur la question des attributs de Dieu, Maïmonide s'inscrit davantage dans la tradition des théologiens musulmans, surtout des mu'tazilites qui ont exercé une profonde influence, nous l'avons vu, sur la pensée juive. Ainsi Maïmonide affirme que la vie, la science, la puissance, la volonté ne sont pas des attributs essentiels, c'est-à-dire qui s'ajouteraient à l'essence pour la qualifier en elle-même. Il n'admet pas même à ce titre l'existence, l'unité et l'éternité. Dieu existe, mais non par l'existence; Il vit, mais non par la vie; Il sait, mais non par la science; Il peut, mais non par la puissance; Il est un, mais non par l'unité. « Tout attribut est ou bien un attribut de l'action, ou bien doit être considéré comme la négation d'un attribut privatif ». La voie négative, le *tanzih* recommandé par l'école mu'tazilite, joue donc un rôle considérable chez Maïmonide. « À mesure qu'il te sera manifesté par une démonstration qu'une chose qu'on croyait exister en Dieu doit être niée de Lui, tu te seras indubitablement approché de Lui d'un degré de plus ». Citons encore : « Il est nécessaire de donner à Dieu de nombreux attributs négatifs » et « Je ne dirai pas que celui qui prête à Dieu de nombreux attributs affirmatifs le saisisse imparfaitement ou contrairement à ce qu'Il est, ou lui associe [d'autres êtres]; je dirai plutôt que, sans s'en apercevoir, il élimine de sa croyance l'existence de Dieu. » En effet, il affirme de Lui ce qui n'a aucune existence sinon celle qu'il a reçue de Lui.

Néanmoins on trouve dans le *Guide* plusieurs énoncés philosophiques sur la notion d'attribut; on peut alors les rapprocher de formules d'Averroès sur le même sujet. Il répartit les différentes sortes d'attributs en cinq classes :

– Il y a l'attribut qui « indique l'être véritable d'une chose ». Il en est la définition ainsi que « l'explication d'un nom, et rien d'autre ». Cette sorte d'attribut doit être écartée de Dieu, car « Il n'a pas de causes extérieures de son existence qui puissent servir à le définir ». Dans son *Tahâfut,* Averroès parle d'un attribut « en vertu duquel se différencient les essences des choses, leurs noms et leurs définitions ». Il signale aussi des attributs « qui ne sont pas des accidents et qui ne s'ajoutent pas à l'essence, mais qui sont la réalité même de l'essence désignable et subsistante en soi ».

– Il y a l'attribut qui fait partie de la définition et qu'il faut refuser dans le cas de Dieu, pour la même raison que précédemment. Averroès écrit : « C'est le propre des attributs essentiels de ne pas multiplier le sujet qui les porte si ce n'est à la manière dont le défini est multiplié par les parties de la définition ».

– Il y a l'attribut qui est extérieur à la chose, à sa réalité et à son essence, et qui en est une qualité accidentelle. Il va de soi que si Dieu avait des attributs de ce genre, il deviendrait le substrat des accidents, ce qui est absurde. Averroès signale aussi ces attributs « qui s'ajoutent à l'essence et qui sont extérieurs à la chose même », et il précise qu'il n'est pas nécessaire d'y recourir pour expliquer les modalités différentes que l'on conçoit dans un être.

– Puis viennent les attributs relatifs. Certains ont pensé qu'ils convenaient à l'unité de l'essence divine, parce qu'ils ne l'affectent en rien. Ainsi certains mu'tazilites disaient que les attributs de Dieu, tels que la science (*'ilm*) et la puissance (*qudra*), ne se différencient pas dans l'essence parfaitement une de Dieu, mais relativement aux objets de la science (*al-ma'lûmât*) et de la puissance (*al-maqdûrât*). Maïmonide est de l'avis contraire : il n'y a aucun rapport entre Dieu et le temps, entre Dieu et l'espace, et d'une façon générale, entre Dieu et quelque créature que ce soit, « car le propre des relatifs est la réciprocité parfaite », c'est-à-dire une interdépendance incompatible avec la transcendance divine. Averroès admettait, nous l'avons vu, que des attributs nombreux, relatifs ou négatifs, puissent appartenir à une essence une sans la multiplier. Maïmonide ne l'admet que pour les attributs négatifs.

– Maïmonide accorde une grande importance à ce qu'on a appelé les attributs de l'action; ils sont en effet réductibles à l'essence : « Les actions de Dieu se font toutes par son essence même, et non par quelque chose qui y serait joint. » C'est le point de vue mu'tazilite, comme aussi le rapprochement des Attributs et des Noms : « Tous les Noms de Dieu qu'on trouve dans les livres (sacrés) sont généralement dérivés des actions. » La seule exception est celle du Nom que représente le tétragramme YHVH. Il est en dehors de toute dérivation connue, sans rapport avec quelque autre nom que ce soit et ne s'applique qu'à Dieu : « Peut-être indique-t-il, selon la langue dont il ne nous reste aujourd'hui que fort peu de chose et selon la manière dont il peut être prononcé, l'existence nécessaire. En un mot, la sublimité de ce Nom et l'interdiction de le prononcer sont dues au fait qu'il désigne l'essence du Très-Haut en tant qu'aucune des créatures n'est associée à lui dans cette signification. » Par suite, en ce qui concerne les actions de Dieu, on infère leur existence des effets que l'on en constate. Mais elles n'ont rien de commun avec ce que sont les actions des créatures. « Ces actions Lui ont été attribuées métaphoriquement, afin d'indiquer par là une perfection quelconque qui ne consiste pas dans l'action elle-même ». En particulier, les actions des créatures, comme leur vie, impliquent des mouvements. C'est donc par ce biais que le vulgaire se représente l'action et la vie, « bien que le mouvement ne soit pas dans la substance de ce qui vit, mais qu'il soit un accident qui lui est inhérent ». Dira-t-on que Dieu est immobile, voire le Premier Moteur immobile? Maïmonide, à la différence d'Averroès, ne fait pas grand usage de cette notion. Pour lui, Dieu transcende et le mouvement et le repos, dans la mesure où ce sont là des accidents qui ne peuvent arriver qu'à des créatures.

Notons enfin qu'il faut écarter de Dieu l'attribut de la Parole. Les rabbins sont d'accord pour enseigner que la Loi a été créée avant la création du monde. Quoi qu'il en soit, Maïmonide refuse l'existence d'une Parole éternelle, et sur ce point il se rencontre avec les muʿtazilites musulmans qui, pour éviter la doctrine chrétienne d'un Verbe coéternel à Dieu, soutenaient que le Coran est créé.

Au nombre des actions divines, il y a la création et le gouvernement du monde. Mais un problème se pose : Dieu connaît-il le monde, et si oui, comment le connaît-Il? Pour Aristote, le Premier Principe était pensée de la pensée et ne connaissait que lui-même. Averroès avait dû modifier cette idée. Maïmonide se trouve dans le même cas. Pour lui, Dieu est un Intellect éternellement en acte, c'est-à-dire qu'Il est, en tant qu'Il intellige, identique à l'intelligible qu'Il intellige et à l'intellect. Ou encore, connaissant, Il est identique à ce qu'Il connaît et à sa connaissance. Cela explique une identité qui n'est autre que l'unité de Son essence. Mais connaît-Il autre chose que Lui-même? Maïmonide pose la question d'une manière originale, en rapport avec un problème qui avait tourmenté et tourmente toujours les théologiens, les juifs en particulier. Comment expliquer le fait que des hommes vertueux sont accablés de maux? Ou bien Dieu ne connaît pas la condition des individus, ou bien Il la connaît, mais ou bien Il ne s'en soucie pas, ou bien Il n'y peut rien. Les philosophes ont opté pour la solution de l'ignorance : Dieu ne connaît pas les individus, parce qu'ils sont individués par la matière. Cela étant, les uns pensent que Dieu ne connaît que les espèces et non les individus, les autres qu'Il ne connaît que Lui-même. Nous avons déjà rencontré ces doctrines. On voit que la théorie de l'omniscience divine est liée à celle de la Providence.

Sur cette question difficile, Maïmonide commence par faire profession d'un agnosticisme qui se manifeste régulièrement en pareil cas dans le *Guide*. « Le gouvernement de Dieu et sa providence s'attachent à l'ensemble du monde par un lien dont la nature véritable nous est inconnue. » Certains philosophes de l'Antiquité, tel Épicure, ont nié la providence. Aristote a pensé que certaines choses étaient réglées par la providence, tandis que d'autres étaient livrées au hasard. En effet, la providence éclate dans l'ordre et la régularité des mouvements des sphères et des corps célestes qui restent toujours identiques à eux-mêmes. Mais ces êtres donnent l'existence à d'autres êtres du monde sublunaire qui sans doute naissent et se corrompent en tant qu'individus, mais qui sont conservés dans leur espèce. La providence s'étend donc à ces espèces. C'était, nous l'avons vu, l'opinion d'Averroès, qui souligne cependant que la fin de l'individu est la perfection de sa nature spécifique, précision que Maïmonide relève quand il écrit : « Mais les individus de chaque espèce ne sont pas purement et simplement négligés : tout être qui se dégage de cette matière (inerte) pour recevoir la forme de la croissance se voit doté de forces qui le conservent en lui procurant ce qui lui convient et en repoussant ce qui ne lui est pas utile. Et l'être qui se dégage plus encore jusqu'à recevoir la forme de la connaissance sensible se voit doté d'autres formes qui le conservent. » Et il en va de même pour l'individu humain qui reçoit la forme de la raison. « Il est donné à chaque individu selon les besoins de l'espèce à laquelle il appartient. » Mais en dehors de ce qui est exigé par la nature de l'espèce, tout ce qui frappe l'individu est le fait du hasard. Il n'y a pas de différence entre la chute d'une feuille que fait tomber le vent, et le naufrage d'un navire chargé d'hommes vertueux; il n'y a pas de différence entre une araignée qui mange une mouche, et un lion qui dévore un prophète. En somme la providence se réduit aux lois de la nature qui régissent le cours régulier des événements.

Après avoir évoqué et critiqué, d'une part, la doctrine des théologiens musulmans ash'arites qui pensent qu'il n'y a rien de fortuit dans l'univers et que tout ce qui arrive à l'homme, jusque dans le plus petit détail, est l'effet du vouloir divin, et d'autre part la doctrine des mu'tazilites qui affirment que l'homme est libre et que tout ce qui le touche est le fait de la sagesse divine qui veut toujours le « meilleur » (*al-aṣlâḥ*), Maïmonide s'arrête à l'enseignement de Moïse : l'homme a une puissance d'agir absolue (*istiṭâ'a muṭlaqa*), « c'est-à-dire que de par sa nature, son libre choix et sa volonté, il fait tout ce qu'il appartient à l'homme de faire, sans que soit rien créé de nouveau à cet effet, de quelque manière que ce soit ». Cette précision est dirigée contre les mu'tazilites qui disaient bien que l'homme est libre, mais qu'au moment d'agir, Dieu crée en lui la faculté d'agir librement. « Dieu, dit Maïmonide, l'a voulu ainsi, c'est-à-dire que c'est par un décret de sa volonté éternelle dans la prééternité [...] que l'homme a le pouvoir d'agir en tout ce qu'il veut et choisit dans les limites de ce pouvoir. » Tout ce qui arrive à l'homme en bien ou en mal correspond à ce qu'il mérite. C'est « l'effet d'un jugement équitable, dans lequel il n'y a aucune injustice [...], bien que nous ignorions comment cela a été mérité ». Par suite, ici-bas, la providence n'a pour objets que les individus de l'espèce humaine : « C'est dans cette espèce seule que tous les états des individus qui la composent, avec le bien et le mal qu'ils comportent, font suite au mérite. » Et Maïmonide de conclure : « Selon moi, à ce que je pense, la Providence divine suit l'émanation (*fayd*) divine. L'espèce avec laquelle cette émanation de l'Intellect divin entre en contact en la mettant en possession d'un intellect et en lui dévoilant ce qui est dévoilé à un être doué d'un intellect est une espèce qu'accompagne la Providence divine qui en mesure toutes les actions sous le rapport de la récompense et de la punition. » Tous les autres événements de ce monde qui mettent en jeu des individus autres que l'homme sont dus au hasard, ainsi que le pensait Aristote. C'est un fait de hasard qu'un navire fasse naufrage, ou que le plafond d'une maison s'écroule. Mais ce n'est pas par hasard que les hommes qui ont péri se sont embarqués sur le navire, ou se sont réunis dans la maison; c'est par la volonté de Dieu en fonction de ce qu'ils méritaient.

On peut donc penser qu'en se connaissant Lui-même, Dieu connaît toutes les intelligences et tous les intelligibles qui tiennent de Lui leur existence. Mais il ne connaît les êtres particuliers et matériels du monde sublunaire qu'à travers les lois de la nature qui les régissent et qui instaurent un ordre. L'homme mis à part, Il n'a pas connaissance des individus, car ils ne sont pas en tant que tels objets directs de son gouvernement et de sa providence. Les accidents qui les frappent sont dus au hasard, et il semble que Maïmonide ne s'y intéresse absolument pas, précisément parce que, du fait qu'ils sont accidentels, ils ne mettent pas en cause les lois universelles et intelligibles qui régissent l'univers.

La création

Si la pensée personnelle de Maïmonide reste extrêmement sibylline et empreinte d'agnosticisme en ce qui concerne Dieu, elle l'est plus encore en ce qui concerne la création. Les philosophes, dit-il, « appellent Dieu « cause » (*'illa, sabab*) première. Mais les penseurs connus sous le nom de théologiens (*mutakallimûn*) se dérobent tout à fait à cette dénomination et ils appellent Dieu « agent » (*fâ'il*). Ils pensent qu'il y a une grande différence entre *'illa* et *sabab* d'une part, et *fa'il* d'autre part. En effet si nous disons que Dieu est cause, il en résulte nécessairement l'existence de l'effet, ce qui conduit à la doctrine de l'éternité du monde, car le monde est alors nécessairement attaché à Dieu. Mais si nous disons qu'il est agent, cela n'entraîne pas forcément que ce qu'il fait par son action existe avec Lui, car l'agent peut précéder son action. Bien plus, ces théologiens ne conçoivent la signification qu'a pour un agent le fait d'être agent qu'en ce sens qu'il est antérieur à son action. » En opposant ainsi théologiens et philosophes, Maïmonide définit très nettement le problème tel qu'il s'est posé avant lui : si Dieu est cause du monde, le monde est éternel comme Lui; s'il n'est qu'agent, le monde peut n'être créé qu'au moment où Dieu veut agir. Ces deux positions extrêmes avaient été examinées par Averroès qui s'était rallié à la solution des philosophes. Comme lui, Maïmonide critique le point de vue des théologiens : leur erreur vient de ce qu'ils n'ont pas distingué entre l'acte et la puissance, sinon ils auraient vu que ce qu'ils disent de l'agent peut être dit de la cause. « En effet, si on prend la cause en puissance, elle est antérieure à son effet dans le temps; mais si on la prend en acte, son effet existe nécessairement de par son existence de cause en acte ». Or il faut en dire autant de l'agent, selon qu'on le considère en puissance ou en acte, puisque l'action effective d'un agent est inséparable de l'effet qu'elle produit. Le constructeur qui construit une maison est constructeur en puissance avant de la construire. Mais quand il la construit, il est constructeur en acte et il en résulte nécessairement l'existence de ce qu'il construit. Par conséquent, il est équivalent de parler soit d'agent, « même si le résultat de l'action n'existe pas encore, quand il n'y a ni empêchement ni obstacle à ce que l'agent agisse quand il le veut », soit de cause dans le même sens, « même si l'effet n'existe pas encore ».

Ce que veut montrer ici Maïmonide, c'est que, par elles-mêmes, les notions de cause et d'agent n'impliquent pas nécessairement que le monde est éternel ou a été créé. Il note que les philosophes emploient le terme de cause, non pas pour prouver l'éternité, mais, en vertu de leur théorie de la causalité, pour montrer que Dieu est la cause efficiente, la cause formelle et la cause finale de la création. La recherche de la cause efficiente les amène à remonter aux causes premières jusqu'au Premier Moteur. Ils établissent ainsi que Dieu est cause efficiente des actions particulières qui se produisent dans le monde, comme Il l'est du monde en son ensemble. De même à propos des formes engendrées et corruptibles, on remonte jusqu'à cette « forme dernière » qui est nécessaire à l'existence de toutes les autres et qui est Dieu. Il n'est pas forme du monde comme une forme dans une matière ou dans un corps : Il est un intellect séparé (*'aql mufâriq*), la forme des formes (*ṣûrat al-ṣuwar*). On s'attendrait ici à ce que Maïmonide parle de l'attrait que Dieu exerce sur ces autres formes, ou de leur amour pour Lui. Il n'en fait rien et n'explique pas comment la Forme séparée qu'est Dieu leur donne l'existence; tout au plus dit-Il qu'elles sont « appuyées » sur lui. D'ailleurs il fait intervenir ici, d'une étrange façon, la notion néoplatonicienne d'émanation (*fayd*) qu'il emploie pour désigner l'action de toute intelligence séparée (intellects des sphères ou anges), sans tenter de l'accorder avec celle de Premier Moteur. L'émanation évoque pour lui l'image d'une source d'eau vive, qu'il relève par exemple dans Jérémie

(2, 13) : « Ils m'ont abandonné, Moi, la source d'eau vive ». On ne peut, dit-il, trouver de terme meilleur pour désigner l'action d'un être séparé, car une telle action est très difficile à concevoir. Encore un langage plein d'une prudente réserve!

Notons pourtant que Maïmonide rejoint en passant une idée à laquelle Averroès avait eu recours pour transposer en termes coraniques l'explication aristotélicienne de l'action du Premier Moteur immobile par l'attrait qu'il exerce sur les sphères, et par elles, sur le monde entier. Il parlait d'un commandement divin. Un roi met ses sujets en mouvement par ses ordres sans avoir à bouger lui-même. Maïmonide écrit : « Les sphères célestes sont vivantes et raisonnables, c'est-à-dire qu'elles comprennent. C'est là une vérité certaine du point de vue de la Loi religieuse également [...]. Elles sont, comme le disent les philosophes, des êtres vivants qui obéissent à leur Seigneur, qui Le glorifient et Le louent ». En effet, il est dit dans le Psaume (19, 2) : « Les cieux racontent la gloire de Dieu. » À propos du mot *malakh* (ange), Maïmonide explique que c'est un terme homonyme « qui embrasse les Intelligences, les sphères et les éléments, car tous exécutent un ordre de Dieu ». On peut donc en conclure que Dieu agit en donnant des ordres. Mais cette idée n'est pas explicitement mise en rapport avec le problème de la mise en mouvement de l'univers par un Dieu immobile, à la différence de ce que fait Averroès en termes tout à fait nets dans un chapitre de son *Tahâfut* consacré à ce problème.

Cause efficiente et formelle, Dieu est encore cause finale de l'univers créé. Quand on se pose la question de savoir en vue de quoi un être existe, « on remonte de fin en fin jusqu'à ce qu'on arrive à la volonté pure et simple de Dieu ». On répondra donc : « C'est ainsi que Dieu l'a voulu », ou : « C'est ainsi que la Sagesse divine l'a exigé ». Mais on ne saura pas pour autant pourquoi Dieu l'a voulu ainsi. En fait, Dieu l'a voulu ainsi parce que c'est ainsi et non autrement, car la volonté divine n'est pas la faculté de choisir entre des possibles (Dieu n'a pas de facultés puisqu'Il n'a pas d'attributs). Le recours à la volonté semble bien avoir pour Maïmonide le même but que pour Averroès : rejeter l'idée d'une procession nécessaire du monde à partir de Dieu, à l'encontre des théories inspirées par le néoplatonisme. Mais, pour les deux penseurs, la volonté de Dieu n'a rien de commun avec la volonté humaine. Maïmonide a beaucoup réfléchi à tout ce qui se rapporte à la volonté et à l'action de Dieu : premièrement, Dieu étant acte pur, son œuvre créatrice doit-elle être coéternelle ou peut-elle avoir un commencement et être « innovée »? Deuxièmement, s'il y a un choix possible entre plusieurs possibles, quelle est la nature du possible?

Contre la preuve des mu'tazilites que Dieu, comme agent, peut être antérieur à son action effective, et que, dans ces conditions, le monde ne serait pas éternel, mais aurait un commencement, Maïmonide faisait valoir que cela n'est vrai que pour un agent en puissance, non pour un agent en acte. Mais il n'y a en Dieu aucune sorte de puissance, Il est tout en acte. Par suite, une création dans le temps, venant après une absence de création due à ce que l'agent créateur serait alors en puissance, est inconcevable. Il semblerait donc qu'ayant critiqué les théologiens, comme le faisait Averroès, il dût adopter la solution philosophique d'une création *ab aeterno*. Mais telle n'est pas son intention. Il écrit : « Nous ne désirons pas maintenant établir que le monde est créé (« innové » : *muhdath*); mais ce que nous désirons montrer c'est la possibilité (*imkân*) qu'il le soit. » Cette assertion est démontrable, et ce n'est qu'ensuite qu'on fera « pencher la balance » en faveur de la thèse de la création.

Il est certain que les êtres matériels qui, tantôt agissent, tantôt n'agissent pas, passent de la puissance à l'acte quand ils passent du non-agir à l'agir. Mais cela n'est vrai que pour les agents qui ont une matière. « Au contraire ce qui est incorporel et immatériel ne comporte en son essence aucune sorte de possibilité (*imkân*). Tout ce qui lui appartient est perpétuellement en acte [...], et il n'est pas impossible (*lâ yamtani'u*) dans son cas qu'il agisse à un certain moment (*waqt^{an}*) et n'agisse pas à un autre. Dans la réalité de l'Être séparé, ce n'est là ni un changement, ni un passage de la puissance à l'acte. » Il est difficile de ne pas voir une contradiction dans un tel propos, à moins de reconnaître que la distinction de l'acte et de la puissance que nous faisons par rapport aux êtres faits de matière ne vaut plus quand il s'agit de Dieu. Il en résulterait qu'Il est au-delà de ce que nous appelons acte et puissance. Mais Maïmonide ne le dit pas, et cela ne serait vraiment pas conforme à l'enseignement d'Aristote. Aussi faut-il penser que Maïmonide se réfugie ici comme ailleurs dans l'agnosticisme. En outre, il nous faut bien noter qu'il est impossible de distinguer, comme il le fait, des « moments » dans l'éternité de Dieu. À ce sujet, Maïmonide écrit : « Notre but n'est pas d'informer de la cause pour laquelle Dieu agit en tel moment (*fî waqt*[in]) et n'agit pas en tel autre. » Or c'était justement sur ce point que portait la critique d'Averroès quand il examinait le « facteur de prépondérance », le *murajjiḥ*, qui devait, selon les théologiens, expliquer que Dieu créait après n'avoir pas créé.

On objectait, contre la thèse de la création, que Dieu n'a besoin de rien et par conséquent qu'il n'a aucune raison de créer le monde. Mais cela n'est vrai que dans le cas d'une volonté humaine dont les raisons sont extérieures à elle-même. En effet pour l'homme, vouloir est toujours chercher à acquérir quelque chose qu'il n'a pas. « Mais quand l'action n'a aucune sorte d'autre fin que celle d'être à la suite de la volonté, cette volonté n'a pas besoin de raisons déterminantes. » Sur ce point, Maïmonide conserve la notion d'une volonté applicable à Dieu, tout en lui donnant une signification conforme à ce qu'exige l'unité de l'essence divine, ainsi que le faisait Averroès. On objectait encore que la Sagesse de Dieu est éternelle comme son essence, et que ce qui en résulte doit être également éternel. Maïmonide répond comme précédemment : de même que la Sagesse détermine le nombre des sphères à neuf et fixe le nombre des étoiles, de même c'est elle qui fait que l'univers vient à être après n'avoir pas été. L'univers comme la Volonté suivent la Sagesse et tout se ramène à l'essence une sans aucun accident.

Puisque la création du monde est possible, il reste à montrer qu'elle a eu réellement lieu. Maïmonide s'appuie sur le fait que l'ordre de l'univers suppose qu'il résulte d'une intention. Aristote pensait que cet ordre est nécessaire et qu'il ne peut être autrement qu'il n'est. Donc il ne dépend pas d'une intention et il est éternel. Mais Maïmonide retourne l'argument : puisque le monde est ce qu'il est et non autrement qu'il n'est, il faut une raison qui l'explique. Qu'il soit nécessaire que les sphères soient au nombre de neuf ne dit pas pourquoi elles ne sont pas huit ou dix. Nous retrouvons le problème du « pourquoi ». En fait Maïmonide n'y apporte pas de réponse, nous l'avons déjà vu. De nouveau, il se contente ici de dire que le monde est ce qu'il est, parce que Dieu a eu l'intention de le créer ainsi. Mais il ne cherche pas à définir cette intention; il veut simplement prouver qu'elle existe, « montrer par des preuves qui approchent de la démonstration que cet univers nous indique nécessairement un Créateur agissant avec intention ». Et voici sa conclusion comme toujours très modeste : « Tout ce que l'on sait en somme, c'est que le tout existe pour une raison que nous ne connaissons pas, mais que ce n'est cependant pas une œuvre inutile et due au hasard. »

Maïmonide incline donc à penser que le monde a été créé et n'est pas éternel. Mais il n'admet pas pour autant la preuve qu'en donnent les théologiens. Ainsi il réfute, dans le même esprit qu'Averroès, l'argument selon lequel, si le monde est éternel, les révolutions des sphères seront en un nombre infini; mais comme certaines sont plus rapides que d'autres, elles seront en un nombre infini plus grand que le nombre également infini des autres. On ne peut nombrer que ce qui existe en acte. Or ces théologiens font le compte de révolutions individuelles qui sont devenues des néants (*ma'dûma*) « et qu'ils imaginent comme si elles étaient existantes (*mawjûda*) et avaient un commencement ». Or il est évident qu'on ne peut nombrer qu'à partir du nombre « un », qui marque le début de la somme. Par conséquent les philosophes pourront toujours répondre que les mouvements des sphères, étant circulaires, n'ont pas de commencement déterminé, à la différence du mouvement rectiligne qui a un point de départ et un point d'arrivée. Quand on nombre les mouvements des sphères, on ne le fait pas dans le temps de leur propre mouvement, mais dans un temps extérieur qui est celui d'un mouvement rectiligne. Là est l'erreur des théologiens. Leur argument ne porte donc pas et Maïmonide est d'accord avec Averroès pour les critiquer. Il s'applique d'ailleurs à réfuter toutes les thèses des mu'tazilites, en particulier celle qui concerne l'atomicité du temps. Il ne saurait exister une infinité d'instants, c'est-à-dire d'atomes de temps : Aristote a justement montré que l'instant n'est qu'une limite qui marque la continuité temporelle du passé et de l'avenir. Par suite ces théologiens, n'ayant pas saisi la réalité des grandeurs continues, n'ont pas distingué entre l'infini en acte et l'infini en puissance; en ce qui concerne le nombre, ils n'ont pas fait la différence entre un infini numérique simultané, donc en acte, qui est impensable, et l'infini numérique par succession, qui n'est qu'un indéfini, une unité pouvant toujours être ajoutée à un nombre quel qu'il soit.

Un autre argument des théologiens en faveur de la création du monde s'appuie sur l'idée d'une « prépondérance » (*tarjîḥ*) de l'être sur le non-être. « Puisque ce dont l'existence est possible existe en fait, bien qu'il y ait une égale raison en faveur de son existence et de sa non-existence, c'est qu'il y a un facteur de prépondérance qui fait pencher vers l'existence ». Nous avons déjà rencontré cette idée. Maïmonide considère que cette argumentation n'est qu'une variante de celle qui s'appuie sur la nécessité d'une détermination (*takhṣîṣ*) qui fait que ce qui est est tel qu'il est. Il admet d'ailleurs pour sa part que ce principe de détermination est l'intention de Dieu. Mais Yéhuda Halévi, dans le Kuzarî, l'appliquait à la fixation du temps prévu pour la naissance d'un être, et c'est bien ainsi que les mu'tazilites l'entendaient à propos du temps de la création du monde. Nous avons vu les difficultés qui en résultaient, autour de la question : que faisait Dieu avant de créer? Nous n'y revenons pas. Rappelons simplement cette succession formée d'un *murajjiḥ*, du *tark al-murajjiḥ*, du *tark tark al-murajjiḥ*, ainsi de suite à l'infini.

Maïmonide estime que les théologiens qui font intervenir un facteur de prépondérance pour expliquer l'existence du monde, du fait que son existence et sa non-existence sont également possibles, emploient la notion du possible « en un sens absolu », pour désigner ce qui peut avoir lieu aussi bien que son contraire. Or Aristote l'emploie dans le sens d'être en puissance. Si on objecte qu'avec du cuivre il est possible de faire une aiguière ou un chaudron et que par conséquent il faut un artisan qui fasse un choix, on répondra que, dans cet exemple, le cuivre existe déjà. Mais s'il s'agit de savoir, non pas ce que peut devenir le monde existant, mais s'il existera ou n'existera pas, « on ne saurait demander : " Qui a préféré l'existence à la non-existence? ", si ce n'est après avoir reconnu qu'il est arrivé à l'existence après n'avoir pas existé, ce qui est précisément le point sur lequel il n'y a pas accord. » Il y a donc pétition de principe.

Si on reprend l'exemple de l'aiguière et du chaudron, avant que l'artisan ait fabriqué l'un ou l'autre, ces deux objets sont également inexistants, et il s'agit de décider quel est celui qui existera. Mais avant la création du monde, les deux possibles ne sont pas également inexistants : puisque le monde n'existe pas alors, la possibilité de son inexistence est réelle, alors que la possibilité de son existence est purement possible. Le Créateur ne se trouve pas en face de deux possibilités égales, puisque l'une d'elles est déjà réalisée. La question est de savoir si, le monde n'existant pas, son existence est possible. On s'aperçoit que, dans ces conditions, le terme de « possible » a deux acceptions différentes, selon qu'on le rapporte au monde lui-même, et alors dire qu'il est possible signifiera qu'il est existant en puissance, ou selon qu'on le rapporte à Dieu, et alors le sens sera que Dieu a la puissance de le créer. S'il s'agit de la possibilité du monde en lui-même, puisqu'il existe en fait, on a la preuve qu'il existait en puissance. Il suffisait d'un agent qui le fît passer de la puissance à l'acte. C'est le point de vue d'Aristote; mais si l'agent est éternel, le monde sera éternel, ce qui va à l'encontre de ce que les théologiens veulent prouver. S'il s'agit au contraire de la seule puissance qu'a Dieu de créer le monde, il serait vain de chercher *pourquoi* Dieu l'a créé. Il n'y a pas à se demander si l'existence est un bien qui explique qu'elle l'ait emporté sur la non-existence : Dieu ne se propose pas de fins hors de Lui-même, selon des raisons étrangères à Lui-même. Nous l'avons vu, Ses intentions se réduisent à Sa pure volonté : « Ainsi nous devons croire que la création de tout cet univers n'a été déterminée que par la volonté divine; il ne faut lui chercher aucune autre cause, ni aucune autre fin. De même que nous ne saurions chercher la cause finale de l'existence de Dieu, de même nous ne saurions chercher la cause finale de la volonté de Dieu. » Notons à ce sujet que Maïmonide considère comme absurde l'idée que l'homme est la fin de la création.

Mais si Maïmonide critique les théologiens par des arguments analogues à ceux qu'employait Averroès, il n'est pas aussi inconditionnellement aristotélicien que le philosophe musulman. Il écrit : « Tout ce qu'Aristote a dit sur tout ce qui existe au-dessous de la sphère de la lune jusqu'au centre de la terre est indubitablement vrai et personne ne saurait s'en écarter, si ce n'est celui qui ne comprend pas ou qui a des opinions préconçues qu'il veut défendre et qui le conduisent à nier l'évidence. Mais à partir de la sphère de la lune et au-dessus, tout ce que dit Aristote ressemble à peu de choses près à de simples conjectures, et, à plus forte raison, ce qu'il dit de l'ordre des Intelligences, ainsi que quelques-unes de ses opinions métaphysiques qu'il adopte sans pouvoir les démontrer, mais qui renferment de grandes invraisemblances et des erreurs manifestes. » Ces opinions métaphysiques comprennent en particulier la doctrine de l'éternité du monde. Notons que, d'une façon générale, Maïmonide a professé un certain scepticisme à l'égard des théories astronomiques qui étaient d'ailleurs l'objet à son époque d'une importante remise en question. Il ne fait usage que de la structure générale du ciel, telle qu'on le concevait alors, sans accorder aux détails des théories assez de confiance pour les admettre comme bases d'argumentation.

Ainsi, Maïmonide se sépare en définitive et des théologiens et d'Aristote. Il écrit dans un esprit tout à fait averroïste contre les théologiens : « Je dis que je n'accepte pas ces preuves et que je ne veux pas m'abuser moi-même en décorant des méthodes sophistiques du nom de démonstrations. » Mais il ajoute : « Ce que je désire faire, moi, c'est de montrer que la nouveauté du monde, conformément à l'opinion de notre Loi [...], n'est pas impossible et que toutes ces argumentations philosophiques [...] ont un côté par lequel on peut les détruire [...]. Cela étant avéré, et cette question – si le monde est éternel ou créé – restant indécise, j'accepte la solution donnée par la prophétie, qui explique les choses auxquelles la faculté spéculative ne saurait arriver. »

Néanmoins, il pense pouvoir apporter des raisons de croire à la création et il fait une critique pénétrante du raisonnement d'Aristote. « On ne peut en aucune manière partir de la nature qu'a une chose une fois née, achevée et parvenue à son état le plus parfait, pour argumenter sur l'état où elle se trouvait au moment où elle était en mouvement pour naître. On ne peut non plus, à partir de l'état où elle était au moment de se mettre en mouvement, argumenter sur celui dans lequel elle se trouvait avant de commencer à se mouvoir. » Or c'est l'erreur qu'a commise Aristote : « La matière première, dit Maïmonide, n'a pas été engendrée et ne périra pas »; et, argumentant à partir des choses engendrées et périssables, il montre qu'il est impossible qu'elle soit engendrée (de quelque chose). « Et cela est vrai, car nous ne soutenons pas que la matière première ait été formée comme se forme l'homme à partir du sperme, ni qu'elle doive périr comme périt l'homme en devenant poussière. Mais nous soutenons au contraire que Dieu l'a produite du néant, et qu'après sa production, elle est telle qu'elle est, c'est-à-dire que toute chose se forme d'elle et que tout ce qui s'est formé d'elle retourne à elle en périssant. »

Tels sont les traits principaux de la doctrine de Maïmonide sur la création. Ce qu'il écrit à ce sujet dans le *Guide* comporte un exposé très précis des idées des théologiens et des philosophes sur cette délicate question. Maïmonide s'attache à montrer la faiblesse de l'argumentation des uns et des autres. Sa pensée profonde est, semble-t-il, que l'intelligence humaine n'a pas la lumière capable de dissiper l'obscurité de ce mystère. Dans ces conditions, la sagesse est de s'en rapporter à l'enseignement de la Loi. Cette conclusion est au fond conforme à l'attitude d'Averroès partout où, la philosophie n'apportant pas de preuve démonstrative, la Révélation donne une solution. La différence entre les deux penseurs sur ce point est que Maïmonide ne se présente pas d'abord et avant tout comme un philosophe : il est un exégète et c'est en philosophe qu'il examine les problèmes que pose l'exégèse des textes de la Loi. La philosophie lui sert à leur donner leur sens véritable là où il s'agit de dépasser les images matérielles et les anthropomorphismes. Mais elle ne lui fournit pas des démonstrations pour vérifier tous les enseignements de la Bible. L'essentiel est alors, pour Maïmonide, qu'il n'y ait pas de preuve démonstrative qui infirme tout ou partie de cet enseignement. Néanmoins beaucoup des réserves qu'il fait sur la valeur de certaines preuves philosophiques sont peu convaincantes, et les affirmations qu'il leur oppose, au nom de la Loi révélée, paraissent souvent faibles puisqu'elles ne tirent leur valeur que de ces réserves.

La complexité de la pensée de Maïmonide concernant les rapports de la démonstration et de la donnée de foi apparaît bien dans cette remarque : si le monde est créé, il a un créateur dont l'existence est ainsi prouvée. Mais ce qui n'est pas prouvé, c'est qu'il est un et incorporel (dogme qu'exige la foi). « Les preuves de l'existence de Dieu, de son unité, de son incorporéité, il faut les obtenir uniquement de l'hypothèse de l'éternité (du monde), et ce n'est qu'ainsi que la démonstration sera parfaite, que le monde soit réellement éternel, ou qu'il soit créé. » Maïmonide pense ici aux spéculations d'Aristote sur le Premier Moteur unique et incorporel. Ibn Falaquera, dans son ouvrage *Moré ha-Moré*, proteste contre cette démarche : « Comment veut-on démontrer un sujet aussi important au moyen d'une chose douteuse, et à plus forte raison, si cette chose n'est pas vraie? Car si les prémisses de la démonstration ne sont pas vraies, comment la conclusion peut-elle être vraie, et comment avec de telles prémisses peut-on former une conclusion qui ne soit pas douteuse? »

Mais en dépit de toutes les subtilités de ses arrière-pensées, et précisément parce qu'il appuie sa réflexion fondamentalement sur les textes révélés et sur les sentences des « Pères » et des « Sages », Maïmonide exercera sur les penseurs chrétiens du siècle suivant une profonde influence qui contrebalancera celle d'Averroès dans leur opposition aux averroïstes latins.

L'âme humaine : problèmes de la connaissance et de l'immortalité

L'homme n'est pas la fin de la création. Néanmoins, il est l'objet de la Providence divine du fait qu'il a reçu un intellect. Par suite, Dieu peut lui adresser une Loi, le récompenser et le punir pour les actions qu'il commet; mais pour Maïmonide ces récompenses et ces punitions expliquent les biens dont jouissent les hommes, et les maux qui les éprouvent ici-bas. Il ne s'agit pas du bonheur et des peines de l'autre vie. Maïmonide n'admet pas qu'il y ait, après la mort, une compensation pour les malheurs de cette vie qui ne seraient pas des châtiments, et il s'oppose à ce que certains théologiens juifs appelaient « châtiments d'amour » : Dieu frapperait tels ou tels hommes de malheurs ici-bas, par amour, afin que leur récompense soit plus grande au paradis. Ils s'appuient sur un verset des Proverbes (3, 12) : « Car l'Éternel châtie celui qu'Il aime, comme un père l'enfant qu'il chérit. » Mais ils tirent de ce texte plus que ce qu'il dit. En réalité rien, dans la Torah, ne soutient leur point de vue. « Il ne faut pas te laisser induire en erreur par l'idée de l'épreuve. » Sans doute est-il écrit que « Dieu mit Abraham à l'épreuve » (Genèse, 22, 1), de même qu'on peut lire dans le Deutéronome (8, 3) : « Dieu t'a humilié, Il t'a fait avoir faim et t'a nourri de la manne [...], afin de t'apprendre que l'homme ne vit pas seulement de pain... » Mais il n'y a là aucune idée de compensation. Voici donc ce qu'en pense Maïmonide : « Je ne m'appuie pas sur des preuves démonstratives, mais plutôt sur ce qui m'a paru être l'intention du Livre de Dieu [...]. Mais l'opinion que j'admets (que les maux sont des châtiments) offre moins d'invraisemblance que les opinions précédentes et s'approche davantage du raisonnement de l'intelligence. »

Donc l'homme tombe sous la Providence de Dieu du fait de l'intellect qu'il a reçu et dont le domaine d'application ne s'étend que sur la durée de la vie terrestre, où il doit comprendre et observer la Loi. Il s'agit donc ici d'un intellect pratique. Il ne fait aucun doute qu'il est donné individuellement à chaque homme, puisque c'est par rapport à lui qu'il y a, en ce monde, une récompense ou une punition qui ne peuvent être, l'une et l'autre, qu'individuelles. Cet intellect est-il assuré d'une survie après la mort? Maïmonide écrit à propos de l'âme des justes : « C'est là un sujet d'une haute importance [...]. En effet, les âmes qui survivent après la mort ne sont pas identiques à l'âme qui naît dans l'homme au moment de la naissance, car celle qui naît [...] est seulement une chose en puissance et une disposition, tandis que la chose qui reste séparément après la mort est ce qui est devenu intellect en acte. » D'après ce texte, il apparaît que Maïmonide croit à la survie des sages. En eux, l'intellect qu'ils avaient reçu, à leur naissance, comme une puissance dans l'âme, est devenu intellect en acte et c'est lui qui demeure après la mort. Mais a-t-il gardé une individualité, ou bien n'est-il plus qu'un intellect unique pour tous les hommes? On peut penser que l'exercice de l'intellect pratique, grâce auquel l'homme se détache des affections matérielles, favorise le passage à l'acte de l'intellect spéculatif. Dans ce cas, il serait pensable, un peu comme le suggérait Averroès, que l'intellect spéculatif en acte et immortel garde une trace de l'intellect pratique individuel qui a aidé à son actualisation. Voyons de plus près les réflexions que Maïmonide fait à ce sujet.

Comme pour Aristote et Averroès, penser est pour lui se représenter une forme abstraite de la matière. Cela dit, il insiste particulièrement sur l'identité de l'intellect, de l'intelligible et de celui qui intellige. « La chose intelligible est la forme abstraite qui est elle-même l'intellect passé à l'acte; il n'y a pas là deux choses [...]. Car l'intellect en acte n'est pas autre chose que ce qui est pensé; et ce par quoi la forme a été abstraite et pensée, à savoir ce qui intellige, est lui-même indubitablement l'intellect passé à l'acte [...]. En effet, l'essence de tout intellect consiste dans son action. Il ne se peut pas que l'intellect en acte soit une chose et son action une autre [...]. Il ne faut donc pas croire que l'intellect en acte soit quelque chose qui existe de son côté, séparé de la saisie des intelligibles [...] Cela est très clair pour qui s'est occupé de ces sortes de spéculations. » Ainsi, sans avoir besoin de passer par les distinctions faites par les commentateurs d'Aristote entre intellect matériel, intellect agent, intellect acquis, Maïmonide arrive implicitement à cette conclusion que l'intellect en acte étant identique à ce qu'il intellige, comme ce qu'il intellige est l'objet commun de tous les intellects en acte, il ne garde rien qui lui donne une nature individuelle. Et si c'est cet intellect en acte qui survit, l'immortalité ne sera plus celle des âmes individuelles. Est-ce là ce que pense Maïmonide?

Il est difficile de dire si son jugement personnel s'arrête à cette conclusion. Comment, par exemple, interpréter le texte suivant : « Sache qu'il faut que nous comparions la relation de Dieu au monde à la relation de l'intellect acquis à l'homme. Cet intellect n'est pas une faculté dans un corps; il est séparé du corps organique d'une séparation réelle, et il émane sur lui. Et on pourrait comparer la faculté rationnelle avec les Intellects des sphères qui sont dans des corps. » Mais jusqu'où peut aller cette dernière comparaison? Les Intellects des sphères sont reçus, eux aussi, par suite d'une émanation; ils sont dans le corps des sphères; ils sont éternellement attachés à cette sphère qui est la leur. Maïmonide croyait-il que notre faculté rationnelle, éclairée par l'intellect acquis séparé et par conséquent venu de l'extérieur, pourrait subsister dans des corps ressuscités analogues au corps des sphères? Ou faut-il limiter la comparaison au fait que la faculté rationnelle est dans le corps humain, comme les Intellects dans les corps célestes? Il est difficile de trancher. Néanmoins si on prend à la lettre les termes du rapport, si la faculté rationnelle est au corps humain ce que les Intellects sont aux corps célestes, il semble qu'on puisse compter sur sa perpétuité. Mais malheureusement Maïmonide, selon son habitude réservée ou sceptique, ne tranche pas et écrit : « Mais la question des Intelligences des sphères, l'existence des intellects séparés et l'idée de l'intellect acquis sont obscures quelque vraies qu'elles soient; elles sont sujettes à beaucoup de doutes et exposées aux attaques de quiconque veut critiquer et chicaner. »

On sait que Maïmonide avait été accusé par Samuel b. Eli, Gaon de Bagdad, de ne pas reconnaître la résurrection des corps, et il dut écrire une *Lettre sur la résurrection des morts* pour s'expliquer. On ne peut la prouver démonstrativement, mais elle n'est pas impossible théoriquement, étant donné la Toute-puissance de Dieu. Mais il est difficile de juger avec certitude de ce qui est possible et de ce qui est impossible. Absolument parlant, Maïmonide écrit : « L'impossible a une nature consistante, invariable en sa constance; il ne résulte pas de l'action d'un agent et il n'est pas possible qu'il change d'aucune manière. C'est pourquoi on ne peut attribuer à Dieu aucun pouvoir sur lui. » Mais c'est là une définition idéale de l'impossible.

En fait certains considèrent comme possible ce qui est, pour d'autres, impossible. La pensée de Maïmonide sur ce point est, comme toujours en pareil cas, extrêmement fluide. Il se demande s'il existe un critère de l'impossible et du possible « de telle sorte que l'homme soit obligé de déclarer de façon décisive que telle chose est impossible de par sa nature ». La question est au fond de savoir si les jugements qu'on porte relèvent de l'imagination ou de l'intelligence. Quelle est de ces deux facultés, celle au nom de laquelle on jugera qu'une chose est possible ou impossible? « Y a-t-il quelque chose qui puisse servir de critère entre la faculté imaginative et l'intelligence? Ce critère sera-t-il en dehors de l'une et de l'autre, ou bien est-ce par l'intelligence elle-même qu'on distinguera entre ce qui est de son domaine et ce qui est du domaine de l'imagination? » C'est tout le problème de la critique de la connaissance qui se trouve ainsi implicitement posé. Pour Maïmonide il n'y a pas de réponse décisive à toutes ces questions. Il n'en conclut pas moins : « Toutefois il est clair qu'il y a des choses impossibles dont l'existence est inadmissible et sur lesquelles on ne peut attribuer de pouvoir à Dieu. » Il donne quelques exemples : deux contraires ne peuvent coexister dans un même sujet et sous le même rapport; une substance ne peut se transformer en accident ni un accident en substance; Dieu ne peut faire exister un être semblable à Lui; Il ne peut pas être un corps; Il ne peut pas changer. Mais que dire de la résurrection des corps? Quand Maïmonide prétend qu'elle n'est pas impossible, il faut entendre qu'il est possible qu'elle ne soit pas impossible.

Ce qui est vraiment impossible, c'est de saisir exactement ce qu'est la pensée personnelle de Maïmonide. Il professe l'immortalité de l'âme devenue intellect en acte. Mais s'il laisse la possibilité de croire à une survie individuelle, il ne dit pas nettement ce qu'il en est. Il est encore plus imprécis, voire indécis, en ce qui concerne la résurrection des corps. Mais ce qui est sûr, c'est qu'en tous ces problèmes dont il reconnaît l'obscurité, il cherche toujours à ne pas fermer la porte aux croyances fondées sur la révélation prophétique. Or il semble bien qu'il ait réellement cru à la valeur des enseignements de Moïse. Il a toute une doctrine de la prophétie. Elle a certainement subi l'influence des philosophes musulmans comme Fârâbî. Sans nous étendre sur cette question, notons qu'après avoir insisté sur la longueur des études préparatoires qui risquent de lasser beaucoup d'hommes, il conclut : « Si donc nous ne recevions jamais une opinion par la voie de l'autorité traditionnelle [...] et que nous fussions obligés de nous former une idée parfaite au moyen de définitions essentielles, et en n'admettant que ce qui doit être admis comme vrai à la suite d'une démonstration [...], il en résulterait que les hommes en général mourraient sans savoir seulement s'il existe ou non un Dieu pour l'univers, bien loin de Lui attribuer le gouvernement de cet univers et d'écarter de Lui toute imperfection. »

Averroès avait, lui aussi, pensé aux besoins de la masse des hommes, et reconnu une certaine valeur pragmatique aux croyances religieuses, partout où elles ne se heurtent pas à des vérités philosophiquement démontrées. Mais ce souci paraît avoir été plus grand, voire primordial, chez Maïmonide, car en définitive, s'il a pu avoir pour lui-même des convictions fondées sur la philosophie, il semble bien que son œuvre, parallèlement à ses activités, n'ait été foncièrement inspirée que par la sollicitude qu'il ressentait pour sa communauté religieuse menacée et persécutée.

On ne peut donc nier tout ce qui différencie Averroès et Maïmonide en tant qu'hommes et en tant que membres d'une communauté religieuse. Le musulman vivait dans un pays où la religion du Prophète était officielle et où il exerça ses fonctions de juge sans autres problèmes que ceux qui étaient soulevés par des questions d'écoles, encore que le mâlékisme y fût dominant et reconnu par le pouvoir almohade. Il put donc vaquer paisiblement à ses travaux philosophiques sans être inquiété, loin de là, puisqu'il jouit de la faveur du calife 'Abd al-Mu'min et qu'il fut encouragé à commenter Aristote par son successeur Abû Ya'qûb

Yûsuf (ce qui prouve que le Stagirite retenait déjà l'attention de ceux qui s'intéressaient alors à la philosophie en Espagne : nous avons vu en particulier que les astronomes de ce pays revenaient à des conceptions aristotéliciennes). Ce n'est qu'à la fin de sa vie qu'Averroès tomba en disgrâce, pour très peu de temps d'ailleurs : il semble que le calife, engagé alors dans une lutte contre les chrétiens, ait jugé bon de gagner l'appui du parti des docteurs de la Loi (*fuqahâ'*) traditionnellement hostiles à toute pensée étrangère à l'enseignement du Coran. Averroès, en un sens, était l'un d'eux : il connaissait la Loi et l'appliquait. Mais à ses yeux, elle n'avait qu'une utilité d'ordre pratique et s'exerçait dans un domaine que la philosophie avait le pouvoir et l'autorité de circonscrire en interprétant les textes. La foi donnait des réponses aux questions que se pose la masse des hommes qui n'a ni le temps ni les capacités de se livrer à l'étude longue et difficile de la vérité par voie de raisonnements démonstratifs, d'autant que la philosophie ne démontre pas tout. Quoi qu'il en soit, Averroès ne semble pas avoir soupçonné l'existence en l'homme d'un besoin spirituel, ou, en tout cas, il ne lui a fait aucune place dans sa spéculation. Tout pour lui est affaire de connaissance et de logique. Dieu n'est vraiment pour lui que le Moteur Immobile qui soutient et anime l'univers.

Il semble qu'on retrouve chez Maïmonide ces mêmes tendances, cette même mentalité. Pour lui aussi la pensée et le système d'Aristote sont de constantes références; pour lui aussi, le but est de connaître le connaissable; pour lui aussi, l'homme est un être de la nature et ce qui le distingue de tous les autres, c'est qu'il possède un intellect tourné vers la saisie de l'intelligible. Comme Averroès, il ne voit dans les aspirations de l'âme humaine que des affections particulières d'origine sensible et matérielle, en relation avec le corps. On comprend donc que, pour des hommes tels que Maïmonide et Averroès, Platon ne présente pas un intérêt fondamental. Aristote est le penseur qui leur convient : il leur apporte une méthode scientifique qui leur permet de connaître l'univers et qui relègue dans le pur imaginaire toutes les valeurs de la vie mystique. Mais cela étant constaté, Maïmonide se distingue profondément d'Averroès en ce qu'il ne met pas sa Communauté entre parenthèses pour se livrer à la pure philosophie, et ne s'intéresser que par surcroît aux problèmes des croyants qui ne sont pas et ne deviendront pas philosophes. Sans doute les deux penseurs mettent-ils en garde les simples fidèles contre la dialectique et la sophistique des théologiens : mais cette mise en garde est centrale chez Maïmonide; elle n'est qu'adjacente chez Averroès. Cela s'explique par le fait que Maïmonide vit avec son peuple persécuté, menacé de dislocation, voire d'écrasement. Il sait que la Torah est pour lui le lien qui fait son unité, l'ordre qui fait son identité, la force qui fait sa résistance à l'oppression. Il n'a donc pas le loisir de se détourner de la méditation de la Loi de Moïse pour vaquer tranquillement à la réflexion philosophique. Il doit rester au contact constant des textes révélés : la philosophie d'Aristote, en laquelle incontestablement il a mis sa confiance, sera la bienvenue si elle peut servir à éclairer ses coreligionnaires et à les conforter en appuyant leur foi sur un savoir solide. Israël vivra alors derrière le rempart inexpugnable d'une science qui donnera à la Torah son véritable sens, soit au moyen de preuves démonstratives partout où la difficulté des problèmes le permet, soit, quand leur complexité excède les capacités humaines, au moyen d'argumentations qui établissent que l'enseignement de la Bible est pour le moins une vérité possible, donc recevable, et que par conséquent les juifs n'ont pas à s'effacer devant les prétentions des doctrines adverses.

Nous allons voir que, dans l'Europe latine du Moyen Age, Aristote avait pris également le pas sur Platon. Les penseurs chrétiens, grâce aux relations avec l'Espagne, et grâce aux traductions en latin des ouvrages écrits en arabe et en hébreu par des musulmans ou par des juifs, vont rencontrer ces « esprits extraordinairement lumineux » (*praeclara ingenia*), comme dit saint Thomas, et leur faire de nombreux emprunts. Mais ici encore, si les influences sont évidentes, ne serait-ce que par les citations qui sont faites nommément, les situations sont différentes, plus encore qu'elles ne l'étaient entre Maïmonide et Averroès. Quoi qu'il en soit, nous avons maintenant à étudier une des plus riches et des plus fructueuses rencontres qui se soient jamais produites dans l'histoire de la culture occidentale entre les penseurs des trois monothéismes.

CHAPITRE V

La pensée philosophique et théologique dans l'Occident

1. *Situation de la pensée chrétienne*

On a souvent jugé que la pensée occidentale latine devait tout ou presque tout aux Arabes. C'est une idée qui doit être très fortement nuancée. Laissons de côté tout ce qui touche aux sciences : en cette matière l'apport des savants de langue arabe est incontestable et des plus riches. L'astronomie et la médecine en particulier leur doivent l'essentiel. On peut à la rigueur parler de rencontres, bien que l'idée de rencontre au sens le plus propre suppose l'existence de deux ou plusieurs pensées indépendantes animées par des problèmes identiques ou analogues, qui se découvrent dans ce qu'elles ont de convergent ou de différent. Ce fut le cas en philosophie. Mais dans les sciences, les Latins furent surtout des élèves; à quelques exceptions près, comme celle d'Albert le Grand, ils ne rencontrèrent pas à proprement parler des savants arabes au cours même de leurs propres recherches, mais ils les connurent et les suivirent, c'est-à-dire qu'ils cherchèrent à leur suite dans la même voie qu'eux. Il s'agit d'influences, plutôt que de rencontres.

En philosophie, et dans les parties de la théologie en rapport avec des questions philosophiques, il n'en va pas de même. On a pu le constater déjà dans les chapitres précédents. Mais pour déterminer exactement quel fut le fruit de ces rencontres, il faut avant tout tenir compte de la situation de la pensée latine aux époques mêmes où s'est développée la pensée arabo-musulmane, c'est-à-dire avant le XIIIe siècle. Or tandis que florissaient les *falâsifa* d'Orient et d'Espagne, voire bien avant, l'Occident était loin d'être dépourvu de penseurs de valeur, tels saint Anselme (1033-1109), les platoniciens de l'École de Chartres, les victorins, entre beaucoup d'autres, qui, de toute évidence, étaient parfaitement indépendants de leurs contemporains musulmans et leur restaient totalement étrangers. De toute manière, il fallait bien laisser le temps de traduire en latin les ouvrages arabes, et on pensa puissamment en Europe, sans avoir à attendre que ces traductions soient faites et même que les *falâsifa* soient nés. Il suffit de rappeler les noms de Boèce (480-524), d'Isidore de Séville (570-636), Bède le Vénérable (672-735) Raban Maur (780-846), qui tous s'efforcèrent de donner à la pensée chrétienne une armature intellectuelle en vue surtout de la formation des clercs. D'ailleurs l'héritage des Pères de l'Église, grecs et latins, était conservé et exploité. Leurs œuvres véhiculaient bien souvent des idées philosophiques qui étaient nées en Grèce. Rufin d'Aquilée, au IVe siècle, avait traduit en latin des textes d'Origène, mais aussi de Grégoire de Nazianze et de Basile de Césarée. Saint Jean Damascène qui, ainsi que nous l'avons vu, fut un des premiers à initier les Arabes à la pensée grecque, à travers les polémiques, exerça également une grande influence sur les Latins : une partie de ses œuvres (le *De fide orthodoxa*, souvent cité par Pierre Lombard, puis par saint Thomas et d'autres) avait été traduite; Burgondio de Pise, par exemple, avait donné en 1157 une traduction de la *Source de la Connaissance* que le Damascène introduisait par tout un livre sur la dialectique comme instrument de la théologie, en suivant la lettre d'Aristote, tout en gardant sur le plan théologique de nombreux éléments platoniciens. Dès le IXe siècle on connaissait les œuvres de Denys l'Aréopagite, de Maxime le Confesseur et de Jean Damascène. À tout cela il faut ajouter les traités des auteurs latins, Cicéron, Pline l'Ancien et Sénèque en particulier, qui apportaient de nombreux renseignements sur les idées philosophiques et offraient une abondante matière à la réflexion.

Il ne faut jamais oublier, quand on veut comparer les penseurs latins avec les penseurs arabes, que, s'il y avait pour les uns et pour les autres un vaste domaine de rencontres dans la recherche philosophique, caractérisé par leur commun monothéisme, ils étaient séparés par des différences considérables au niveau des dogmes propres à leurs religions respectives. Les philosophes chrétiens étaient d'abord des théologiens et ils admettaient pour la plupart la formule de saint Anselme : *Philosophia ancilla theologiae.* Les *falâsifa* musulmans, en tant que croyants, avaient une foi beaucoup plus simple, qui posait sans doute des problèmes à la raison (problèmes de l'unité et des attributs de Dieu; problèmes de la liberté et de la prédestination), mais qui ne suscitait pas, à la différence des mystères chrétiens, des interrogations aussi graves, aussi centrales et aussi délicates. C'est pourquoi un penseur comme Averroès a pu tenter de recréer un aristotélisme qu'il voulait pur et étranger à toute espèce de dogmes, en situant la foi sur un plan de l'existence humaine différent de celui de la connaissance. Avicenne était plus religieux, mais il s'est contenté d'une philosophie qui s'appuyait sur l'unicité divine (le *tawḥîd* de l'islam) et donnait de l'univers une vision telle qu'elle justifiait pour l'homme existant ici-bas la possibilité d'un retour à Dieu (le *ma'âd* dont parle le Coran). Par suite les penseurs latins chrétiens étaient soumis à beaucoup plus d'exigences contraignantes que leurs confrères musulmans. Ils ne pouvaient donc se rencontrer avec eux que sur des points peu nombreux, quelque importants qu'ils aient pu être.

D'ailleurs les penseurs latins n'ont pas connu directement les théologiens musulmans proprement dits, les *mutakallimûn.* Quand ils font allusion à leurs écoles, ils tiennent leurs informations de penseurs juifs qui étaient mieux placés pour les connaître. En effet les œuvres des théologiens musulmans n'étaient pas parvenues aux Latins, à une exception près, celle des *Maqâsid al-Falâsifa* (*Les buts visés par les philosophes musulmans*) de Ghazâlî. Mais ce livre qui expose les grandes doctrines avicenniennes a été pris pour un ouvrage de philosophie, et la pensée théologique ash'arite de Ghazâlî (Algazel) resta ignorée. D'ailleurs la plus importante école de *Kalâm*, celle des mu'tazilites, dont les doctrines avaient été imposées par le calife Ma'mûn à l'aide d'une véritable inquisition, la *mihna*, fut victime de la réaction du calife Mutawakkil, et la plupart des œuvres maîtresses de ses docteurs furent ou détruites ou dissimulées. Le mu'tazilisme ne se conserva que dans les régions orientales du monde musulman, en Transoxiane et au Khorasan. Nous avons vu que cette école avait autrefois exercé une notable influence sur de nombreux penseurs juifs. Mais si les chrétiens d'Orient, à l'époque de saint Jean Damascène, furent en rapport avec elle, elle n'a plus aucune actualité pour les théologiens chrétiens du Moyen Age. Ils n'en ont qu'une connaissance livresque et indirecte à travers les œuvres des juifs, comme Maïmonide. On en dira autant de l'ash'arisme.

Il a souvent été dit que les Arabes ont joué le rôle de transmetteurs de la pensée grecque au monde latin. C'est vrai pour une large part. Par leurs commentaires des ouvrages d'Aristote, les *falâsifa* faisaient connaître plusieurs livres du Stagirite qui n'avaient pas touché l'Occident, particulièrement la *Physique* et la *Métaphysique*. Ils livraient également des fragments importants des anciens commentateurs grecs. Néanmoins il ne faut pas croire qu'il n'existait aucune traduction latine faite directement sur le grec. Déjà à la suite des relations que Charlemagne avait rétablies avec l'Orient, Théodore de Tassa introduisit en Angleterre l'étude du grec. Mais c'est au XIIIe siècle que Guillaume de Moerbecke, à la demande de saint Thomas, traduisit en 1268 d'importants passages du commentaire de Jean Philopon au troisième livre du *De Anima*, où le Docteur angélique allait trouver confirmation de son interprétation d'Aristote contre Averroès. Guillaume traduisit également plusieurs traités de Proclus, ainsi que ses commentaires sur le *Parménide* et le *Timée* de Platon; la *Politique* d'Aristote que saint Thomas connut grâce à lui et qu'il est sans doute le premier à citer en son siècle dans le *Contra Gentiles*, alors qu'elle n'était pas parvenue aux Arabes qui tiraient les idées politiques d'Aristote de l'*Éthique à Nicomaque*. On pourrait encore évoquer l'œuvre de Barthélemy de Messine. Par conséquent, si les penseurs latins du Moyen Age doivent beaucoup aux *falâsifa* musulmans, ils ne leur doivent pas tout, même en ce domaine pourtant privilégié de la traduction et du commentaire des œuvres grecques. Néanmoins on ne saurait nier l'importance du rôle qu'ont joué les traductions de l'arabe en latin comme celles de Gondisalvi, de Michel Scot, de Hermann l'Allemand, d'Avendaouth, de Johanès Hispanus. Ils font connaître en particulier les livres qui touchent aux diverses questions naturelles : *Le ciel, Les météores, La génération et la corruption,* etc. Il se forme alors en Europe une sorte de creuset où les éléments les plus divers vont se mêler, réagir les uns sur les autres et constituer une remarquable civilisation, d'une grande richesse dans la diversité de ses productions. Il n'est pas du tout question d'enlever aux Arabes la part qui leur revient; elle est importante, mais il faut la préciser.

2. *L'augustinisme et la question de l'augustinisme avicennisant*

Il ne fait aucun doute que les doctrines de saint Augustin ont profondément marqué les penseurs chrétiens d'Occident. Elles représentaient un platonisme accordé aux exigences de la foi, et en effet il semblait que, par bien des côtés, Platon pouvait être christianisé. Quant à Aristote, il ne fut longtemps connu que par ses œuvres logiques qui étaient d'ailleurs fort appréciées. Quand l'ensemble de son système fut révélé grâce aux traductions faites sur le grec et surtout sur les versions arabes, il apparut qu'il ne pouvait satisfaire aux besoins des théologiens aussi aisément que Platon : son Dieu est très éloigné du Dieu des chrétiens ; sa doctrine de l'âme compromet la foi en l'immortalité. Notons d'ailleurs que c'est surtout Aristote tel que le présente Averroès qui était dangereux pour la foi. Mais il se trouve qu'avant les commentaires d'Averroès, ce furent les interprétations d'Avicenne qui furent livrées aux penseurs latins de telle sorte qu'ils furent persuadés qu'elles représentaient l'exacte doctrine du Stagirite. Or la pensée avicennienne sur des points importants a réintégré des éléments platoniciens et par là même pouvait être rapprochée de celle de saint Augustin. Aussi fut-elle accueillie avec une admiration sans réserve, car elle traitait d'un Dieu transcendant, au-delà du monde ; de l'existence des anges ; de la destinée des âmes immortelles ; de l'illumination de l'intelligence humaine par des Puissances intelligibles.

Les traductions de l'arabe ont commencé dès la première moitié du XIIe siècle sous la direction de Raymond, évêque de Tolède. Dominique Gondisalvi, dans le second quart de ce siècle, joua un rôle capital. Non seulement il fit connaître dans son ouvrage sur la division de la science (*De divisione scientiae*) la classification avicennienne, mais il traduisit le *Livre de l'âme* du *Shifâ'*, avec le *De Coelo*, le *Livre des animaux*, des fragments relatifs aux sciences naturelles et la *Métaphysique*. Dans son *De immortalitate animae*, il s'appuie sur l'Aristote d'Avicenne pour démontrer l'immortalité de l'intellect dont les opérations sont présentées par le philosophe musulman, à la suite d'une argumentation minutieuse, comme indépendantes du corps. Les décrets pontificaux de 1210 et de 1215 interdirent à Paris l'enseignement d'Aristote et de « ceux qui le suivaient » (*et sequaces ejus*). Avicenne était donc visé; mais il garda une place importante dans les discussions privées, jusqu'au décret de Grégoire IX qui, en 1231, sans revenir totalement sur la condamnation, rendit la liberté aux enseignants. Peut-on penser que dans cette période se soit constituée, chez les Latins, une pensée philosophique qu'Étienne Gilson a appelée « augustinisme avicennisant »? C'est une question débattue et l'historien de Louvain, De Wulf, a vigoureusement critiqué les idées de Gilson, sans pour autant parvenir à convaincre ses défenseurs. Nous n'entrerons pas dans le détail de cette controverse érudite, mais nous tenterons simplement d'en tirer un point de vue aussi net que possible sur la rencontre de la pensée latine et de la pensée avicennienne, un peu avant l'entrée en scène de saint Thomas.

Pour Gilson, « la préoccupation de lutter contre l'influence des doctrines arabes fut une des causes déterminantes de la réforme thomiste ». C'est ce qu'il déclare dans un long article intitulé : « Pourquoi saint Thomas a critiqué saint Augustin « (*Archives d'histoire doctrinale et littéraire du Moyen Age*, t. I, 1926/7, p. 111). Et voici comment il définit les adversaires que le Docteur angélique avait selon lui à combattre : « Ce sont des théologiens qui, sous l'influence d'Avicenne, empruntent la terminologie d'Aristote pour formuler la théorie augustinienne de l'illumination. Cette coïncidence entre l'enseignement de la philosophie pure et celui du plus savant des Pères de l'Église conférait à leur doctrine l'évidence absolue que ces Docteurs lui reconnaissaient, mais elle liait le sort de l'illumination augustinienne à celui de la philosophie d'Avicenne et d'Alfarabi » (*ibid.*). On le voit, l'augustinisme avicennisant se réduisait essentiellement à une théorie de la connaissance. Dieu illumine l'homme en tant qu'il est l'Intellect agent d'Aristote tel qu'il est interprété par Avicenne. Mais la théorie augustinienne de l'illumination ne s'embarrassait pas de la notion d'un intellect agent extérieur à l'âme humaine. Saint Thomas pense que, puisque l'homme intellige, il a un intellect, et cet intellect qui intellige est forcément actif. Il peut donc donner à la théorie augustinienne de la connaissance par illumination le sens qui lui paraît être le véritable. L'illumination se réduit, comme l'écrit Gilson (*ibid.*), « au don que Dieu nous fait d'un intellect agent avec la lumière naturelle qui lui est propre ».

Si les problèmes soulevés par la connaissance sont traités par la majeure partie des théologiens philosophes, ils ne sont pourtant pas les seuls. C'est ce qui inspire à De Wulf cette importante remarque dans son article : « L'augustinisme avicennisant ». « Quels que soient les liens entre Avicenne et Augustin dans la théorie de l'illumination divine telle que M. Gilson l'expose, on ne peut, sans fausser et sans rapetisser les conflits philosophiques du XIIIe siècle, faire de cette doctrine le nœud vital des discussions, le point de rupture de l'augustinisme et du thomisme [...]. C'est dans la métaphysique qu'il gît d'abord ». Et De Wulf énumère les thèses sur lesquelles saint Thomas se sépare de ses prédécesseurs augustiniens. Il est vrai que certaines d'entre elles se trouvent également chez Avicenne, par exemple la doctrine de la pluralité des formes substantielles que saint Thomas repousse. Robert Grosseteste (1175-1253), qui fut professeur à Oxford, puis évêque de Lincoln, enseigne que la « corporéité » désigne la forme du corps qui s'unit à la matière, et que la réalité corporelle, étant ainsi constituée, reçoit les autres formes qui en font tel ou tel corps. Or Avicenne avait lui aussi soutenu l'existence de cette forme corporelle (*jismiyya*). Mais cette notion se trouve déjà chez Plotin. On peut en dire autant de plusieurs thèses qui sont à la fois chez les augustiniens et chez Avicenne : il n'est pas douteux que l'autorité du philosophe musulman a souvent été alléguée pour les appuyer, mais il n'en résulte pas qu'elles ne sont dues qu'à son influence, car on peut les signaler soit chez Platon, soit chez des néoplatoniciens, et elles faisaient déjà partie du patrimoine des Latins. C'est ici que l'idée de « rencontre » prend toute sa valeur. Les penseurs « arabes » ont été « rencontrés » par les penseurs chrétiens, qui les ont pris en grande considération et ont compris tout ce qu'ils pouvaient tirer de leur étude pour définir et préciser leurs propres conceptions, soit en les critiquant, soit en leur faisant des emprunts. Nous allons donc examiner à titre d'exemple, avant d'aborder saint Thomas, l'attitude exacte de certains de ses prédécesseurs.

Mais auparavant signalons que l'avicennisme, en tant que système du monde, ne pouvait être accepté par des théologiens chrétiens. L'idée chrétienne de création ne pouvait s'accorder avec la théorie des processions successives des intellects et des sphères célestes jusqu'à la sphère de la lune avec son intellect agent, donateur des formes aux êtres matériels du monde d'ici-bas : l'univers « créé » de toute éternité est issu de Dieu par un acte nécessaire, et sa génération suppose la préexistence d'une matière. Par suite, on voit que le prétendu augustinisme avicennisant était contraint de laisser de côté ce qui fait la structure même de l'avicennisme.

3. Guillaume d'Auvergne

Dans le prologue de son *De Anima*, Guillaume d'Auvergne, maître de théologie et évêque de Paris depuis 1228, prend position contre l'idée aristotélicienne que l'étude de l'âme relève de la physique. En effet, l'âme est conçue comme le principe du mouvement volontaire, comme la nature (φύσις) est principe des mouvements naturels vers le haut et vers le bas. Avicenne, au début de son traité de l'âme du *Shifâ'*, se sert de cette conception et du fait de l'existence de mouvements en toutes directions chez les êtres vivants, pour établir l'existence de l'âme. Guillaume d'Auvergne en fait autant, en donnant l'exemple de la marche : « On voit l'un des deux pieds se fixer à terre et l'autre s'élever et se mouvoir jusqu'à ce qu'il se pose lui aussi; puis celui qui était fixé à terre et attendait que l'autre se pose et cesse de se mouvoir s'élève et se porte en avant; puis ils se pose et attend à son tour que le premier s'élève et se meuve [...]. Ne comprends-tu pas qu'il y a là un moteur du corps tout entier et qui dirige ses mouvements? »

Néanmoins Guillaume pose, dès le départ, qu'il y a « de l'âme humaine spécialement une science par soi ». En effet, il n'oublie pas qu'elle a été faite à l'image de Dieu, et qu'en ce sens « le philosophe de la nature ne l'atteint pas ».

Sans doute n'est-il pas plus qu'Avicenne satisfait de la définition qu'Aristote donne de l'âme, à savoir qu'elle est l'entéléchie première d'un corps doué d'organes et possédant la vie en puissance. Mais tandis qu'Avicenne se contente de souligner que ce n'est pas là une véritable définition logique par genre prochain et différence spécifique, Guillaume note qu'elle ne représente qu'une « raison générale » applicable à la fois aux âmes humaines, aux âmes des autres animaux, voire aux âmes végétatives (des plantes). Rejetant « l'autorité » des maîtres, il se propose d'apporter sur cette question une « certitude démonstrative », et il commence par demander ce que signifie « avoir la vie en puissance ». Il écrit : « On ne peut dire convenablement que l'homme ou n'importe quel autre animal a la vie en puissance, alors que la vie lui est essentielle, que vivre est pour lui-même son existence effective et que la vie n'est séparable de lui ni en fait, ni par la pensée ». Sans doute est-ce l'âme qui donne la vie au corps, mais elle ne la donne pas à un être qui ne serait vivant qu'en puissance, c'est-à-dire qui serait en fait mort. Le corps humain, comme tout corps animal, est en tant que tel un corps vivant, c'est-à-dire doué d'une âme qui l'anime. S'il en était autrement, il recevrait l'âme qui en fait un vivant, comme un accident, c'est-à-dire que les hommes et les animaux ne seraient pas essentiellement vivants en tant qu'hommes et animaux. Guillaume critique longuement cette conception, en s'attaquant en particulier à Alexandre d'Aphrodise, célèbre commentateur d'Aristote, pour qui l'âme irrationnelle qui se trouve chez le vivant n'est pas une substance, mais une faculté qui résulte de la composition des parties du corps.

Il faut donc entendre la pensée d'Aristote en ce sens qu'il y a une unité de l'âme et du corps : ce n'est pas le corps animal qui constitue l'homme; mais ce n'est pas non plus l'âme. Puisque l'âme est l'entéléchie, c'est-à-dire la « perfection » (*perfectio*) du corps, Guillaume d'Auvergne considère qu'il n'y a dans l'homme qu'une seule âme et il réfute ceux qui pensent qu'il y a une âme qui préside à chacune des fonctions du corps de sorte qu'il y aurait ainsi une âme végétative, une âme sensitive, une âme rationnelle. De ce point de vue, il est impossible d'expliquer l'unité de l'être humain par la composition de ces différentes âmes. « De même qu'il est impossible de faire de plusieurs actes un seul acte qui en soit composé, de même il est impossible qu'il existe une faculté unique composée de plusieurs. » L'homme a une âme rationnelle : non seulement elle saisit les intelligibles, mais c'est par elle qu'il vit et perçoit les sensations.

De l'existence de l'âme, nous avons une certitude immédiate.

On demandera à celui qui la nie si, oui ou non, il sait et intellige qu'il la nie. « S'il répond qu'il ne comprend ni ne sait qu'il la nie, non plus que ce qu'est nier et affirmer, je l'interrogerai à nouveau pour savoir s'il intellige et sait qu'il intellige et sait. » S'il dit que non, Guillaume se réfère à Avicenne pour déclarer qu'un tel homme est pire que ceux qui se trompent et sont faibles d'esprit : il n'y a pas à discuter avec lui. Mais s'il répond oui, on l'amènera à reconnaître que l'homme qui intellige, ne pouvant ignorer qu'il intellige, sait avec certitude qu'il y a en lui une faculté qui intellige et qui est son âme rationnelle. Bien plus, l'âme ne peut comprendre qu'elle ne soit pas. « S'il était possible pour l'âme humaine d'intelliger qu'elle n'existe pas, comme il est nécessaire qu'elle connaisse et comprenne la totalité de ce qu'elle intellige, elle saurait et intelligerait qu'elle sait et intellige qu'elle n'existe pas. Par conséquent elle intelligerait et saurait qu'elle existe, car il est impossible qu'elle ignore que ce qui intellige existe et qu'il est impossible que ce qui n'existe pas intellige et que ce qui intellige n'existe pas. » Cette réflexion fait penser au *Cogito* cartésien, ou plus exactement au *Cogito* augustinien avec lequel celui d'Avicenne n'est pas sans rapport.

L'âme est une substance, sinon elle serait un accident, et les êtres vivants, animaux et hommes, ne seraient tels que par accident, ce qui est absurde. Sur ce point Guillaume rejoint Avicenne, sans pour autant admettre son argumentation : « Le raisonnement par lequel Avicenne a pensé avoir expliqué que l'âme est une substance et non du tout un accident, ne s'accorde ni à la doctrine ni à la foi chrétienne. Il suppose en effet que le corps de tout animal terrestre ne cesse de se défaire et d'être détruit par la décomposition et la consomption, par le mouvement et la chaleur naturelle, et que par suite aucun corps ne perdure d'aucune manière [...]. Si l'âme ne perdure pas non plus, mais est détruite, l'homme ou quelque animal que ce soit, est détruit tout entier. Par suite aucun homme ne perdure et quiconque existait hier n'existe plus aujourd'hui. Il en résulte que personne n'a été un nouveau-né, personne n'a été un enfant, car autre est l'homme dans son adolescence, autre le jeune homme, autre le vieillard. Mais si l'âme demeure alors que le corps ne demeure pas permanent, il est nécessaire, en raison de la constante consomption susdite et de la constante restauration et réfection, que l'âme soit aujourd'hui dans un corps, ce qu'elle était hier. Si donc l'âme humaine ou animale était un accident, il en résulterait que l'accident a transformé le sujet (en le restaurant), ce qui est impossible. » Tel est l'argument d'Avicenne. Il implique qu'en chaque moment, en tout animal, s'engendre un corps nouveau, par « une génération subite et instantanée qui ne se ferait pas dans le temps ». Mais en outre, selon cette conception, « le corps lui-même ne vivrait pas puisqu'il ne durerait pas, car cela ne vit pas qui ne vit pas au moins en quelque petite partie du temps ». Enfin, si on construisait une maison avec les mêmes matériaux que l'ancienne, la forme restant la même, le résultat serait une autre maison numériquement différente. « C'est pourquoi l'homme sera un autre homme en raison de l'altération et de la diversité du corps, diversité, dis-je, numérique, alors que le corps est matière et l'âme forme; et l'unité ou l'identité de la forme ne pourront empêcher cette diversité numérique. » Autrement dit, selon Guillaume, le corps change sans doute au cours des ans, mais non du tout au tout à chaque instant, car il y a une essence de sa substance corporelle qui subit des transformations sans être détruite. Avicenne ne tient d'ailleurs pas compte de l'œuvre réparatrice de la nutrition qui ne concerne que la conservation du corps à travers les usures qu'il subit.

Mais Guillaume d'Auvergne réfute surtout Avicenne par la considération de la résurrection des corps. « Selon cette erreur, il n'y a aucune raison pour que ce soit l'un de ces corps en nombre infini qui ressuscite plutôt qu'un autre. Il faudrait donc que tous ressuscitent, et par suite un seul homme, surtout parmi les adultes, ressusciterait avec une infinité de corps, c'est-à-dire, avec une seule âme et des corps en nombre infini, monstre tel que les fables des poètes n'en ont jamais imaginé de plus fantastique. » Et Guillaume de conclure : « Il n'est pas nécessaire de disputer davantage sur ce point, et je n'ai fait mention du raisonnement d'Avicenne que pour te faire apparaître ce que son propos a de difficulté, ou pour mieux dire, de fausseté. »

D'autre part, Guillaume d'Auvergne démontre que l'âme n'est pas un corps céleste. On ne peut en effet expliquer comment les âmes descendraient des régions des sphères dans notre monde d'ici-bas. Il est impossible que ce soit par nature, ou par volonté, ou par violence. « C'est impossible par nature, car la descente est un mouvement en ligne droite et n'est par conséquent pas naturellement possible à un corps céleste (dont le mouvement est par nature circulaire). » Ce n'est pas non plus par volonté, car le mouvement volontaire implique un sujet qui veut, ce qui n'est évidemment pas le cas des corps célestes dont tous les mouvements sont réglés. Enfin ce n'est pas par force, sinon les âmes désireraient retourner en leur lieu d'origine, ce que l'on ne constate pas. Ici encore Guillaume se sépare des thèses néoplatoniciennes de l'avicennisme.

Cela étant, il examine la célèbre hypothèse de l'homme volant que fait Avicenne dans le *Shifâ'*, pour montrer que l'homme a une intuition de son *Je*. Il présente ainsi l'idée d'Avicenne : « Il dit donc que si nous supposons un homme en l'air, avec sa face voilée, ne faisant usage d'aucun de ses sens, et qui même n'aurait l'usage d'aucun sens, il ne fait pas de doute qu'il serait possible qu'un tel homme pense et intellige. Aussi saura-t-il qu'il pense et intellige, et il saura qu'il existe. Et s'il se demande s'il a un corps, sans aucun doute il dira qu'il n'en a pas, et par là même, il niera en ce qui le concerne l'existence des parties du corps humain prises ensemble ou chacune à part. Il niera qu'il ait une tête, et des pieds et des mains, et ainsi de tous ses membres. Il accordera qu'il existe, et il niera, dit Avicenne, qu'il ait un corps; or autre sera pour lui l'existence qu'il se reconnaît, autre ce qu'il nie de lui-même [...]. Il est donc nécessaire qu'il ait une existence qui ne relève pas du corps, et par suite il est nécessaire que l'âme elle-même ne soit pas un corps. »

Ce rappel du « *cogito* avicennien » confirme ce qui a été dit sur la connaissance que l'âme a d'elle-même et de son existence. Mais il met aussi en vedette l'idée du *Je*. Les disciples d'Avicenne, Fakhr al-Dîn al-Râzî, et surtout Abû'l-Barakât al-Baghdâdî, partant de cette réflexion sur l'homme volant, avaient nettement dégagé l'idée que l'homme était le *Je* (arabe : *anâ*). L'âme humaine n'est autre que ce « Je pense, je sais, je sens, je veux », etc., et elle est l'unité de tous ces actes de pensée, de connaissance, de perception, de volition. Si Guillaume d'Auvergne n'a pas connu les œuvres de ces philosophes avicenniens, il est du moins parvenu au même résultat qu'eux. Pour lui, l'homme n'est pas le composé de l'âme et du corps. Le corps est l'instrument de l'âme. « Qui dirait que le charpentier est le composé d'un homme et d'une cognée ou d'une hache? » Par suite, « l'âme n'est pas, à proprement parler, une partie de l'homme »; elle est l'homme. Ici Guillaume ne se réfère pas à Avicenne comme il le pourrait, mais il rapporte que Socrate, ayant rencontré un jeune homme qui se promenait au théâtre, lui demanda ce qu'il faisait. « Je me parle à moi-même », répondit le jeune homme. Socrate lui dit : « Prends garde de ne pas parler avec un méchant homme », et cela, « bien qu'il ne proférât aucune parole corporelle et qu'il n'agitât que des pensées qui sont des élocutions spirirituelles ». Le jeune homme a dit : « Je me parle à moi-même » et non : « mon âme se parle à elle-même ». À quoi Guillaume ajoute : « Il comprenait indubitablement et considérait qu'il était un homme qui se parlait ainsi à lui-même, à l'évidence d'une façon spirituelle, c'est-à-dire qu'il était pensant (*cogitantem*) ». C'est pourquoi Socrate lui dit : « Prends garde de ne pas parler avec un méchant homme », et non : « Prends garde de ne pas parler avec une âme mauvaise ». Il comprenait que l'âme était l'homme s'exprimant ainsi.

Bien que Guillaume ne donne aucune source arabe et qu'il se contente de dire que « cette question a agité violemment quelques-uns des théologiens latins modernes parmi les plus remarquables », son argumentation ne se comprend parfaitement que si on se réfère à l'expression souvent employée par les penseurs arabes : *ḥadîth al-nafs*, mot à mot : « l'entretien de l'âme », sous-entendu « avec elle-même ». C'est que dans les langues sémitiques, le mot *nafs* (hébreu : *nép*[h]*esh*) est employé pour exprimer le réfléchi, de sorte que « se parler à soi-même » se dit « parler à son âme ». On comprend alors que, dans une telle tournure, le mot « âme » signifie non une partie composante de l'homme, mais l'homme tout entier. Contre l'idée d'une composition, Guillaume avance l'autorité d'Averroès qui parlait d'une forme dans la matière, là où tous parlent d'un composé de matière et de forme. C'est pourquoi il enseigne que l'âme n'est pas créée en dehors du corps avant d'être introduite dans le corps. Néanmoins on peut soutenir que l'homme est âme et corps quand il s'agit de sa définition, « car il n'est pas possible de définir l'homme en tant qu'homme si on n'intègre pas dans sa définition le corps ou une relation au corps; de même qu'on ne peut définir le cavalier en tant que cavalier, sans introduire dans sa définition le cheval ou une relation au cheval. » L'illusion serait de faire du cheval une partie du cavalier et d'imaginer un sagittaire à l'exemple de la fable des poètes.

L'âme humaine ne provient pas des deux parents ou de l'un des deux : « Elle n'existe que par création et par suite, elle n'a d'autre cause efficiente que le Créateur ». Cela dit, Guillaume se propose de « détruire l'erreur de ceux qui ont posé pour l'âme d'autres causes efficientes que le Créateur, au nombre desquels il y a Aristote et ses sectateurs : Al-Fârâbî, al-Ghazâlî et Avicenne [...] : ils ont posé une intelligence agente productrice (*effectricem*) des âmes humaines » et ils n'ont pas hésité à lui attribuer la puissance créatrice. La réfutation de cette idée se ramène au rejet par le penseur chrétien de tout le système des processions des Intelligences qu'Avicenne avait hérité de Fârâbî. Il critique la conception néoplatonicienne qui est à la base de ce système, à savoir que de l'Un ne peut sortir que l'un; que de Dieu, s'engendre le Premier Intellect à partir duquel s'amorce la pluralité des émanations successives. L'Intellect de la dernière sphère céleste, celle de la lune (l'ange Gabriel selon les *falâsifa* de cette école), identifié à l'Intellect Agent, le Donateur des formes, perd ainsi par cette critique toute réalité, et par conséquent toutes les fonctions qui lui étaient attribuées.

« La puissance intellective est productrice des formes intelligibles. Si elle n'était que réceptrice de ces formes, il n'y aurait plus aucune place pour l'application à l'étude (*studium*). Il n'y aurait de connaissance des choses intelligibles que par la jonction de notre intellect matériel avec l'intelligence agente, ou de l'intelligence agente avec notre intellect [...]. De même que le soleil, par son rayonnement, montre par la vue les choses visibles sans recherche de notre part, de même l'intelligence agente, par son rayonnement, nous montrerait les choses intelligibles par notre intellect [...]. De même que le soleil visible dispense ceux qui voient de tout effort de recherche des choses visibles, de même ce soleil intelligible nous dispenserait de l'effort de chercher des choses intelligibles en nous les montrant par son irradiation. »

Mais là contre, Guillaume insiste sur l'activité de la pensée, car il y a une volonté de penser, et « vouloir savoir, vouloir comprendre, vouloir philosopher, c'est agir ». Par suite, il rejette, comme nous venons de le voir, la théorie d'un intellect agent extérieur à l'âme humaine, mais il critique également celle qui met dans l'âme un intellect agent et un intellect patient, le premier ayant pour fonction de faire passer à l'acte les marques intelligibles qui sont en puissance dans l'intellect patient. Nous avons vu que Guillaume se défie beaucoup de l'expression « être en puissance ». Avoir la vie en puissance, c'est en fait ne pas vivre, de même être visible en puissance, c'est en fait ne pas être vu, et être intelligible en puissance, c'est en fait ne pas être intelligé. Quand on emploie le verbe « pouvoir », il n'introduit aucune « disposition » en plus de l'essence de ce à quoi on l'applique. Quand on dit que les formes de l'imagination sont intelligibles « en puissance », cela ne signifie pas qu'elles ont une « disposition » à devenir intelligibles. Autrement dit, il ne faut pas confondre pouvoir et potentialité. Le verbe « pouvoir » peut en effet signifier, comme le dit Aristote, le principe qui réalise une opération, telle la chaleur qui produit l'échauffement. Or Avicenne entendait la potentialité (le pouvoir être, et non le pouvoir d'être) au sens d'une « proximité » par rapport à l'être, c'est-à-dire « la privation d'un éloignement par rapport à l'être ou au devenir (*privatio elongationis ab esse vel fieri*). « Selon cette signification, pouvoir exister ou être en puissance d'exister, ce n'est pas être quelque chose qui appartienne à l'objet même (qui est en puissance) : ce n'en est ni une partie, ni la matière, ni la forme. » Voilà ce qu'il faut dire des formes de l'imagination, supposées contenir les intelligibles en puissance. Elles n'ont en elles aucun pouvoir de devenir intelligibles. Tout ce qu'on pourrait en dire, c'est qu'elles sont plus proches des intelligibles que les formes de la perception sensible.

Mais Guillaume a une autre raison de s'opposer à la thèse des deux intellects dans l'âme humaine. En effet, elle conduit à considérer que l'intellect agent tire les formes intelligibles de l'intellect patient par un processus d'abstraction. Or, objecte-t-il, une connaissance abstraite, portant sur des concepts généraux ou universels, est moins riche que la connaissance concrète des êtres particuliers. Nous l'avons vu, la puissance intellective est productrice des formes intelligibles : son activité ne se réduit donc pas à les abstraire. Bien plus, « l'âme en sa noble condition peut connaître de façon particulière les êtres sensibles et corporels ». C'est là un gros problème qui s'est posé à tous les philosophes depuis l'Antiquité : on a pensé que l'intelligible est ce qui est absolument sans matière, et qu'un être est un intellect quand il est dépourvu de toute matière. Par suite l'intellect ne pouvait connaître les réalités matérielles, et Dieu ne le pouvait pas davantage. La position que prend Guillaume est donc tout à fait révolutionnaire, non en ce sens qu'il prétendrait que l'intelligence peut connaître la matière qui d'ailleurs n'a aucune existence en elle-même séparée de toute forme, mais en ce sens que l'individuation n'est pas due à la matière : ce n'est pas par la matière en laquelle il se trouve qu'un être est un individu singulier : il est par lui-même cette réalité singulière qui est son être même; d'ailleurs il n'existe que des individus, et ne pas les connaître comme tels, c'est laisser échapper la réalité de l'être. Si l'intelligence est la plus noble des activités de l'âme, elle doit donc connaître la plénitude des êtres, c'est-à-dire les êtres singuliers et individuels.

Guillaume argumente par un cas particulier, mais de la plus haute importance : « Selon cette doctrine (qu'il réfute) aucune substance intelligente ne s'intelligerait elle-même, étant donné que toute substance intelligente est singulière et individuelle; personne en effet n'a jusqu'ici supposé qu'aucune des substances secondes (les genres et les espèces) intellige ou soit intelligente : qui dirait que l'espèce « homme » intellige, discute ou parle? « Par conséquent, lorsque nous concevons l'homme abstrait, nous n'atteignons pas l'homme véritable qui intellige et parle; de même quand nous concevons abstraitement l'intellect, nous ne saisissons pas l'intellect qui intellige et qui s'intellige lui-même, c'est-à-dire l'intellect véritable. Ce ne sont donc pas ces abstractions et ces généralités qui existent.

Guillaume poursuit : « L'intelligible le plus noble semble être le plus désirable et celui qui donne à la puissance intellective sa plus haute perfection. Or le plus noble intelligible ne saurait être d'aucune manière un universel ou une notion commune. S'il était commun, la connaissance ou l'intellection qu'on en aurait ne comporterait aucune gloire et aucune joie, car ce qui est universel et commun peut être connu même par les hommes les plus misérables et les plus insanes. Or combien il est manifeste que rien de ce qui est commun et universel n'est délectable pour celui qui, à partir de la sensation et de l'expérience, porte son attention aux choses singulières! » D'où la conclusion : « La connaissance que l'on a relativement aux choses communes et universelles n'est pas une connaissance propre et véritable. » Si quelqu'un était en tout dépourvu de sensations, bien qu'il pût connaître l'homme en tant qu'homme, c'est-à-dire par une connaissance universelle, il serait pourtant empêché d'avoir la connaissance propre et véritable de Socrate, s'il était empêché, de par une impossibilité naturelle, de connaître chaque être particulier ou singulier. Cela ne signifie pas que la véritable connaissance de Socrate doit être sensible, mais que la puissance intellective, loin de saisir des réalités par abstraction, les intellige en pénétrant les facultés sensibles, car « elle régit toutes les autres puissances comme étant leur souveraine ». D'ailleurs « les puissances de l'âme ne sont pas distinctes de l'âme elle-même », or l'âme humaine est une et c'est une âme rationnelle. Guillaume remarque enfin que ce n'est pas par des notions communes et universelles que l'homme peut connaître Dieu.

Quant à l'âme séparée (par la mort), « dans la condition de sa liberté, elle admet en même temps que la méditation des choses spirituelles la connaissance des sensibles ». Sans doute est-elle occupée des joies de l'esprit et ne se soucie-t-elle pas des choses sensibles, à moins qu'une cause ne l'y incline. L'une d'elles est le fait même de l'« appréhension » qu'elle en a, « car, existant dans la contemplation et la délectation des réalités spirituelles, il ne fait aucun doute qu'elle ne pense et ne connaisse aussi beaucoup l'ordre de l'univers, dont une partie est le monde sensible ». Mais alors, dira-t-on, si la puissance intellective a une luminosité telle qu'elle peut connaître et l'universel et le particulier, pourquoi les facultés sensibles lui ont-elles été surajoutées? La réponse est qu'elles lui ont été données pour vivifier le corps. Il en résulte que leur fonction n'est pas fondamentalement une fonction de connaissance des sensibles particuliers, mais une fonction pratique relative au gouvernement et à l'usage du corps. Mais, en tant que chrétien, Guillaume ajoute que dans l'état présent de misère et de corruption dues au péché, « il est nécessaire que les âmes humaines demandent aux sens la connaissance des choses sensibles, en raison des ténèbres qui enveloppent la puissance intellective et la rendent complètement aveugle aux choses extérieures, particulières et sensibles ». On voit sur cet exemple l'importance que peut avoir le dogme dans la spéculation philosophique d'un penseur chrétien.

Sur la question de l'immortalité de l'âme, Guillaume d'Auvergne retrouve des thèses d'Avicenne. De tout ce qui précède sur le *Cogito* avicennien, il résulte que l'âme humaine, en sa pureté, « voit très clairement que son immortalité ne dépend en rien de la vie du corps, mais que c'est plutôt le contraire ». L'homme peut perdre un membre, une main, un pied, et si on lui demande s'il a perdu quelque chose de lui-même, il répondra que non et il dira : « J'ai tout mon être avec moi. » Guillaume laisse supposer qu'on obtiendrait la même réponse d'un homme qui aurait perdu tous ses membres et son corps tout entier. Mais cette argumentation, qui est purement rhétorique, est suivie d'autres considérations purement avicenniennes. L'une d'elles est que les forces de l'âme sont de nature à garder leur vigueur dans la vieillesse, tout particulièrement les facultés les plus nobles. Le contraire peut arriver à certains hommes, mais c'est non seulement en dépit de la nature, mais à son encontre. Ensuite, ce curieux argument, que ce serait une étrange loi de la nature si le corps, qui a reçu de l'âme la vie, la récompensait en lui apportant la mort. Si le corps représentait un tel danger pour l'âme, elle le fuirait. Mais en fait elle éprouve naturellement pour le corps un amour (*est ei naturaliter amor ad corpus*) qui se manifeste par les soins et les peines qu'elle prend pour lui. Or c'est une idée avicennienne, reprise par ses disciples Fakhr al-Dîn al-Râzî et Abû'l-Barakât al-Baghdâdî, que l'union de l'âme et du corps est une union d'amour.

Puis Guillaume s'en prend spécialement à ceux qui mettent dans l'âme un intellect matériel et un intellect agent. Qu'entendent-ils par ces termes? S'ils veulent dire que ces deux intellects sont deux parties de l'âme, il suffit pour les réfuter de rappeler que l'âme humaine est une et non divisible en parties. Si l'intellect agent est, quant à lui, une substance qui n'est pas l'âme elle-même et qui n'en est pas une partie, on demandera si elle est vivante ou si elle intellige. Si elle n'est ni vivante, ni « intelligente », quel titre a-t-elle pour faire que l'âme humaine intellige de façon effective? Mais si cet intellect agent intellige et donne à notre âme de connaître les intelligibles, comme il intellige par lui-même et non par un autre intellect agent (ce qui irait à l'infini), il faudra qu'il intellige tous les intelligibles. Et comme tout ce qui agit naturellement et par soi produit par son action un effet à sa ressemblance, il en résultera que l'intellect matériel sur lequel il agit aura connaissance de tous les intelligibles et de tous les connaissables. Et cela continuellement. Ce qui est évidemment faux.

« Il n'y a pas à poser entre les intelligibles et l'intellect matériel un intellect agent intermédiaire qui illumine l'intellect matériel ou possible ». Fârâbî, Avicenne et leurs adeptes expliquent leur thèse par l'image de la lumière (*lux*) et des couleurs : les rayons lumineux qui frappent le corps font passer à l'acte les couleurs qui n'y existaient qu'en puissance. Mais, remarque Guillaume, cette image « signifie (par exemple) la lumière verte réfléchie (*lumen viride*) ou la couleur verte lumineuse (*virorem lucidum*) qui est un composé ou un mélange fait de lumière et d'une disposition qui était dans le corps ». Or il n'y a aucune ressemblance entre l'exemple qu'ils produisent de la lumière et de la couleur d'une part, et d'autre part le cas de l'intellect agent et de l'intellect matériel. C'est que l'intellect matériel n'a en fait aucune disposition analogue à la couleur dans les corps; cette couleur en effet y existe comme disposition réelle et non seulement en puissance; elle n'est en puissance que par rapport à la vue qui a besoin pour la percevoir de l'aide de la lumière. L'intellect matériel au contraire ne saurait avoir en lui qu'une simple réceptivité (*receptibilitas*). En effet, « les sciences qui, dans l'intellect matériel, viendraient à exister positivement par l'illumination de l'intellect agent, ne sont pas quelque chose de composé et de mélangé à la manière de ce qui a été dit pour les couleurs. » C'est pourquoi il est alors nécessaire que l'intellect agent donne à l'intellect matériel des sciences complètes venant de lui seul, et non seulement une partie composante de ces sciences. « Ainsi n'y a-t-il pas lieu de prendre l'exemple de l'irradiation du soleil sur les corps colorés, étant donné que cette irradiation du soleil ou de sa lumière (*lux*) sur les corps n'est manifestement pas une couleur. »

Et si l'on veut se reporter aux sensations, « de même qu'il n'y a pas, pour ainsi dire, de sens agent (*sensus agens*) intermédiaire entre les sensibles et la sensation, de même il n'est pas nécessaire qu'il y ait un intellect agent entre les intelligibles et l'intellect matériel ». On peut poursuivre la comparaison : « En effet, le sens, comme l'intellect matériel, est une faculté qui détient en elle les formes sensibles (existant dans les choses) ou des formes qui sont à leur ressemblance. De même l'intellect matériel n'est qu'une faculté qui détient en elle les formes intelligibles ou des formes qui sont à leur ressemblance. » Or on ne peut penser que l'intellect soit inférieur aux sens, et qu'il ait besoin d'un intermédiaire dont les sens se passent. Par conséquent la thèse de l'existence de deux intellects, agent et matériel, est complètement à rejeter, qu'on les mette tous les deux dans l'âme, ou qu'on situe l'intellect agent hors de l'âme.

Mais que faut-il penser de l'intellect acquis (*intellectus adeptus*) ? Il a été introduit par Fârâbî, comme l'intellect qui pense constamment les formes intelligibles et auquel peut s'unir notre intellect quand il est passé de la puissance à l'acte. Guillaume ne le prend guère au sérieux; pour lui, il ne peut être ni une partie de l'âme ni quelque chose de nouveau dans l'âme ou pour l'âme. En effet, d'après lui, « cet intellect est ce par quoi l'âme humaine intellige qu'elle intellige ». Ainsi défini, en un sens qui n'est sans doute pas celui de Fârâbî, il est inutile, « car l'intellect par lequel l'âme intellige qu'elle éprouve de la joie ou de la douleur, n'est rien d'autre que cette joie ou cette douleur par lesquelles l'âme jouit ou souffre. De même aussi l'intellect par lequel l'âme intellige son propre intellect ou son propre acte d'intelliger, n'est rien d'autre que l'intellect lui-même ou son acte même d'intelliger. » S'il n'en était ainsi, il faudrait introduire successivement des intellects à l'infini. En outre ce sera toujours un intellect de même espèce qui intelligera, d'une part, son propre acte d'intellection et, d'autre part, l'acte par lequel il intellige un objet autre que sa propre intellection. Il n'y a donc pas lieu d'introduire un intellect acquis d'une nature différente. Enfin, dans cette hypothèse de l'intellect acquis, il en serait comme de quelque chose de blanc qui, par sa blancheur, imprimerait en soi une autre blancheur. Ce qui est absurde.

Nous n'insisterons pas sur la critique de l'éternité du monde. Ici encore, Guillaume se dresse contre Avicenne en particulier, en montrant que cette thèse rendrait impossible tout changement dans le monde. Il s'appuie en cela sur l'aporie que représente la conception du rapport entre l'éternité et le devenir.

Ainsi Guillaume d'Auvergne pense certainement en une étroite relation avec Avicenne, mais c'est en général pour le critiquer. Il ne garde de lui que ce qui lui paraît conforme aux exigences de sa foi chrétienne et capable de l'étayer rationnellement. On pourrait dire que sa pensée se développe pour une part importante en milieu avicennien. Mais il garde son originalité qui est grande. Comme l'a remarqué E. Bréhier, « ce qui l'oppose à Avicenne [...], c'est l'augustinisme » (*La Philosophie du Moyen Age*, Paris 1937). Mais on ne saurait parler dans son cas d'un augustinisme avicennisant. Guillaume nous offre un bel exemple de rencontre entre un philosophe chrétien et un penseur musulman.

4. *Alexandre de Halès (mort en 1245)*

Alexandre entra vers 1230 dans l'ordre des frères mineurs et fut le premier maître franciscain dont l'autorité fut reconnue par saint Bonaventure lui-même. Dès le départ, à propos de la connaissance que l'homme peut avoir de Dieu, il affirme qu'ainsi que le dit saint Augustin, « il ne s'interpose, entre l'esprit humain et Dieu, aucune nature telle une substance intellectuelle », et il ajoute : « tel un ange par qui serait formé et achevé en perfection cet esprit humain lui-même, selon le mensonge que professent les philosophes qui disent que l'intellect humain est tiré de la puissance à l'acte et reçoit sa perfection de l'intelligence des anges. » Cette prise de position est nettement anti-avicennienne.

L'homme peut connaître Dieu à partir des créatures, bien qu'il n'y ait aucune « convenance » entre Lui et elles. Effectivement si on entend la convenance selon l'univocité, il n'y en a aucune entre Dieu et Ses créatures. Mais si on l'entend selon l'analogie, on peut la prendre en considération. Par exemple on peut parler du bien au sujet de Dieu et au sujet des êtres créés. Il y a là une simple analogie, car le bien se dit de Dieu par nature et des créatures par participation. Par suite, la considération des substances créées peut conduire, non pas à la connaissance de la substance divine en soi, mais à la connaissance de Dieu comme cause. Dieu sera cause efficiente ou cause finale. La causalité divine consiste en ce que Dieu donne à la créature sa fin (*finiens creaturam*); si on considère ce don *a parte ante*, on parle de cause efficiente; si on le considère *a parte post*, on parle de cause finale. Dieu, qui est infini, n'est pas comme tel la fin de la création finie; mais la fin est la perfection achevée définie sur un fond d'infini. « Ainsi on peut admettre un certain mode d'être du fini par rapport à l'infini, non en tant que c'est l'infini en soi, mais en tant qu'il détermine la fin (*sicut est finiens*) », c'est-à-dire qu'elle fixe la perfection des créatures. Dans cet accent mis sur la finalité, il n'est pas impossible de déceler l'idée avicennienne que « la cause finale est la cause efficiente de l'efficience de la cause efficiente », ou plus simplement que la cause efficiente n'agit qu'en vue d'une fin. En effet Alexandre de Halès écrit : « La cause finale est la cause des causes, car la fin meut la cause efficiente et le mouvement efficient cherche pour son œuvre une matière qui convienne à sa fin [...], ensuite il imprime une forme dans cette matière en vue de la fin. » C'est ainsi qu'afin de couper, on cherche du fer dont on puisse faire une scie.

Mais si Dieu, qui est éternel, est cause de l'existence du monde, comment faut-il concevoir la création? D'abord Alexandre distingue la création de la génération du Verbe et de la procession du Saint-Esprit dans la Trinité. Cela dit, il cite le *De Trinitate* de Richard de Saint-Victor : « Tout ce qui est ou peut être, ou bien a l'être de toute éternité, ou bien a commencé à être dans le temps. Tout ce qui est ou peut être, ou bien tient son être de lui-même, ou il le tient d'un autre que lui-même. Donc, universellement parlant, tout être se distingue par une triple raison : ou bien un existant tient son être de lui-même et de toute éternité; ou bien au contraire il ne le tient ni de lui-même ni de toute éternité; ou bien, cas intermédiaire entre les deux précédents, il le tient sans doute de toute éternité, mais non de lui-même. » Il n'y a pas à tenir compte du quatrième cas, où un être existerait par lui-même, mais non de toute éternité : cela est impensable.

Pour ce qui a commencé à exister, il faut un temps où il n'existait pas et pendant lequel il ne possédait rien et ne pouvait rien. Il ne s'est donc pas donné d'être, ni à lui-même ni à quoi que ce soit d'autre, sinon il aurait donné ce qu'il n'a pas et fait ce qu'il ne pouvait pas. Donc ce qui n'a pas été de toute éternité ne peut tenir son être de soi-même. Mais l'expérience quotidienne ne nous permet pas de cacher qu'un très grand nombre d'êtres existants n'ont pas existé de toute éternité. Elle nous convainc donc qu'il y a un être qui existe par lui-même et qui, par conséquent, est éternel. C'est la substance divine.

Mais qu'un être existe de toute éternité sans tenir son être de lui-même, c'est ce qui pourrait sembler possible, puisque les rayons du soleil procèdent du soleil, tirent de lui leur origine, et sont néanmoins ses contemporains. « Si par conséquent la lumière corporelle a des rayons qui lui sont contemporains, pourquoi cette lumière spirituelle et inaccessible n'aurait-elle pas un rayonnement qui lui soit également contemporain? » C'est ici qu'Alexandre fait valoir la différence entre la procession des personnes dans la Trinité et la création du monde. « Ce qui est à partir du Principe, ou bien procède de Dieu dans l'identité de substance [c'est-à-dire est consubstantiel], et alors comme la substance divine elle-même est éternelle, ce qui procède ainsi sera coéternel à Dieu : c'est le cas du Fils qui procède du Père dans l'identité de substance, et de l'Esprit Saint qui procède du Père et du Fils; ou bien cela procède du Principe qui est Dieu dans la diversité de substance, comme le monde vient de Dieu. Selon la première manière, ce qui procède est Dieu; selon la seconde manière, ce n'est pas Dieu, mais un être qui est en substance autre que Dieu. Ainsi donc, ce qui vient de Dieu de cette seconde manière, ou bien vient de Lui à partir du non-être ou bien à partir de quelque chose. Si c'est à partir du non-être qu'il vient de Dieu, il a l'être après n'avoir pas été, et par suite il y a nécessairement un commencement de sa durée dans l'être. Mais s'il vient de Dieu à partir de quelque chose, il en vient soit de quelque chose qui est Dieu, soit de quelque chose qui n'est pas Dieu. Or ce ne peut être de quelque chose qui est Dieu, puisqu'il ne procède pas dans l'identité de substance, mais dans la diversité. C'est donc à partir de quelque chose qui n'est pas Dieu. Mais tout ce qui n'est pas Dieu est créé par Dieu qui est le Principe; il y aura donc à se demander comme précédemment si cette création a lieu à partir du non-être ou à partir de quelque chose. Et cela ira à l'infini, ce que l'intelligence ne conçoit pas, ou bien il faudra concéder que ce qui procède de Dieu dans la diversité de substance est créé par Dieu à partir du non-être, donc qu'il a un commencement de sa durée dans l'être et n'est pas éternel. L'éternité ne convient qu'à Dieu et à ce qui Lui est consubstantiel. »

Alexandre n'ignora pas les objections qu'on peut faire à sa doctrine « de l'incommunicabilité de l'éternité ». La première est des plus curieuses : entre la procession des personnes divines et la création qui sont deux extrêmes, il faut qu'il y ait un intermédiaire, pour que l'ordre de l'univers soit complet. Autrement dit, il faut que toutes les combinaisons soient réalisées. Si d'un côté on a une procession éternelle dans l'identité de substance, et de l'autre, à l'opposé, une production temporelle dans la diversité de substance, il faut qu'il y ait entre les deux une combinaison intermédiaire qui sera ou bien la procession *ab aeterno* d'une réalité consubstantielle qui ne soit pas éternelle, ou bien, si elle est impossible, la procession *ab aeterno* d'une réalité qui diffère en substance de l'Éternel et qui est le monde. Dans ce cas, l'éternité ne conviendra pas exclusivement à Dieu, mais également à la Création. La seconde objection est plus grave et aussi plus courante : il y a en Dieu de toute éternité puissance, volonté et science par excellence; si elles sont suffisantes pour produire l'effet auquel elles se rapportent, « il semble que le monde ait dû exister *ab aeterno*, car on ne peut dire que Dieu n'a pas pu, voulu et su de toute éternité ». Si on objecte que Dieu n'a pas voulu créer le monde de toute éternité, puis qu'Il l'a voulu, Il a donc commencé à vouloir ce qui est un changement du non-vouloir au vouloir, et Dieu n'est plus immuable.

Alexandre se contente d'exposer ces objections sans les réfuter immédiatement. Mais pour lui, il y a une distinction totale entre le Dieu de la Révélation chrétienne qui est connu par grâce, et le Dieu qui est connu naturellement comme Cause. Par conséquent on ne peut mettre la procession des Personnes de la Trinité et la création d'êtres temporels sur le même plan, de sorte qu'il y ait lieu de chercher entre les deux un intermédiaire. Alexandre déclare d'ailleurs sans ambages que « la volonté de Dieu est cause immédiate des choses et qu'il n'intervient aucun intermédiaire entre Sa volonté et son effet ». Dans le système d'Avicenne, entre le Dieu Un qui ne peut engendrer qu'un être unique et un (idée néoplatonicienne qu'Alexandre répudie) et le monde sublunaire créé et soumis à la temporalité, il pouvait y avoir toute une série d'émanations intermédiaires d'intellects et de sphères célestes qui faisaient la jonction entre l'Un et le multiple, l'Éternel et le temporel. Mais le Dieu d'Alexandre étant trine, il vit et agit *ad intra*, indépendamment de son action créatrice *ad extra*. Ce n'est pas, comme pour Avicenne, en se connaissant comme « la pensée de la pensée », selon la formule d'Aristote reprise par les Arabes, qu'Il engendre un premier intellect d'où sortiront successivement tous les êtres de l'univers; les relations de connaissance et d'amour qui sont en Dieu restent à l'intérieur de la Trinité. Néanmoins, le Dieu créateur étant trine, toute créature reflète et représente la Trinité en ce qu'elle est une, vraie et bonne. Quant aux créatures raisonnables, elles sont un reflet de la Trinité par leur puissance, leur sagesse et leur volonté (*potentia, sapientia, voluntas*). Telle est leur perfection. Mais, comme nous l'avons vu, la perfection d'une créature est sa fin délimitée par l'infinité divine. Par conséquent, si créer implique une fin pour toute créature, on conçoit mal que la création soit éternelle puisque l'éternel est forcément infini.

Plus délicate est la réponse à la seconde objection. On peut la tirer d'un ensemble de considérations que fait Alexandre sur la puissance et la volonté divines. Il pose la question de savoir si la puissance de Dieu peut être limitée du côté de l'action et du côté de la volonté. Du côté de l'action, soit A le commencement de la création. Dieu peut-Il en A créer tout ce qui peut être créé? Si c'est non, Sa puissance est limitée. Si c'est oui, il n'y a pas d'empêchement puisqu'il s'agit de ce qui peut être créé. Mais ayant tout créé en A, Il ne peut plus rien créer après A. Par suite, Sa puissance s'accomplit jusqu'au bout; elle peut donc être limitée par l'action qui l'épuise. Notons que ce raisonnement avait été fait par les théologiens muʿtazilites. Il n'est pas impossible qu'Alexandre l'ait connu indirectement. Du côté de la volonté, saint Augustin a dit que « la seule chose que Dieu ne puisse pas, c'est ce qu'Il ne veut pas ». Dieu ne peut donc faire que ce qu'Il veut : Il ne peut pas plus qu'Il ne veut, et Il ne veut pas plus qu'Il ne peut. « De même que la puissance n'est pas plus grande que la volonté, de même la volonté n'est pas plus grande que la puissance. » Mais là contre, il est écrit (Matthieu, 26, 54) : « Crois-tu que je ne puisse invoquer mon Père, qui m'enverrait à l'instant plus de douze légions d'anges? » Donc « le Fils pouvait demander ce qu'il n'a pas demandé, et le Père envoyer ce qu'il n'a pas envoyé. »

Voici en conclusion ce que pense Alexandre sur la question. Du côté de l'action, le « créable » (*creabile*) a deux significations. Du fait que Dieu peut créer en A tout ce qui peut l'être, il ne s'ensuit pas qu'Il ne peut plus rien créer après A, « car le créable impliquait seulement les choses qui étaient dans la disposition du Créateur, et non celles qui sont en Sa puissance : nombreuses sont celles qui sont dans la puissance de celui qui crée, et qui ne sont pas dans sa disposition à créer ». Une puissance finie s'épuise dans son action; mais une puissance infinie peut agir sans s'épuiser. Du côté de la volonté, il faut noter que le verbe « vouloir « concerne parfois le créé, quand Dieu veut que quelque chose soit créé ou fait; mais en ce sens, le pouvoir dépasse le vouloir, « car il y a plus d'objets soumis au pouvoir qu'il n'y en a de soumis à la volonté ». Parfois, au contraire, le verbe « vouloir » s'applique au pouvoir éternel de Dieu, et alors vouloir et pouvoir ont la même ampleur. On peut distinguer la volonté de créer telles et telles créatures, et la volonté de créer en général. C'est de ce second point de vue que la volonté s'identifie avec la puissance. Mais la puissance créatrice de Dieu est infinie et « la Toute-puissance implique la création, au sens d'une production à partir du non-être; car si elle ne pouvait produire qu'à partir de quelque chose, ce ne serait plus la Toute-puissance ». De ce point de vue, dit Alexandre, la création implique la non-éternité relativement à ce qui est tiré du néant; néanmoins on peut parler d'une création éternelle relativement à l'essence du Créateur Lui-même, car étant l'œuvre de l'Éternel, elle doit forcément être dite *ab aeterno*. Ainsi le terme de création « connote un effet temporel, mais qui suppose un acte qui, en Dieu, est identique à l'essence divine ».

L'attitude d'Alexandre sur ce problème est claire : les possibles qui relèvent de la puissance éternelle et infinie de Dieu ne sont pas tous créés. Il y a donc une importante différence d'ordre ontologique entre les possibles non créés et les possibles créés qui forment l'ensemble de l'univers. La volonté créatrice n'est pas équivalente à la puissance. Mais si la puissance est éternelle, faudra-t-il conclure que la volonté créatrice qui s'en distingue est quant à elle créée? Cela irait à l'infini, ce qui est inconcevable. D'autre part, on ne saurait supposer en Dieu une dualité puissance-volonté. Dieu est un; mais d'une part Il est une essence en soi et éternelle, et tout ce qui relève de cette essence, en particulier la puissance ou encore la procession des Personnes, est éternel; d'autre part, Il est une cause qui fait exister des créatures hors de soi, et qui met en œuvre une puissance et une volonté également éternelles, quoique décalées l'une par rapport à l'autre dans la mesure où la puissance est plus étendue que la volonté créatrice. Pourquoi ce décalage? Parce que si toute la puissance de Dieu s'épuisait dans l'acte créateur, la création serait une émanation nécessaire à partir de Dieu. La distinction entre Dieu et le monde s'amenuiserait jusqu'à aboutir à un panthéisme. Or le monothéisme redoute toute forme de monisme existentiel, et se définit essentiellement comme l'affirmation de la transcendance absolue de Dieu. Sans que nous puissions parler d'influence, nous signalerons que la réflexion d'Alexandre rejoint celle d'un disciple infidèle d'Avicenne, Fakhr al-Dîn al-Râzî, qui reprochait au *Shaykh* (le maître) une doctrine présentant l'émanation des êtres à partir de l'Un, sur le modèle de l'émission des rayons lumineux à partir du soleil, c'est-à-dire comme un processus naturel et nécessaire. Au contraire, Râzî montre que le Dieu vivant crée par sagesse, ce qui implique une volonté de choix qui commande la création. Mais choisir suppose qu'on ne prend pas tout. Les possibles créés, ayant été choisis, ne sont donc pas tous les possibles. Ajoutons que la science divine est à la fois la science que Dieu a de Son essence et de Sa puissance, et la science qu'Il a des possibles créés par choix. Cette convergence entre Alexandre et Râzî est très intéressante. En effet, parmi les clivages qui distinguent les philosophies, il y a celui qui oppose le type de pensée pour lequel tout le possible est réel (par exemple chez Spinoza et Hegel), et le type de pensée qui admet qu'il y a des possibles non réalisés et qu'a superbement illustré Leibniz avec sa doctrine du meilleur des mondes possibles, le seul des « compossibles » qui ait été créé. Dans les conditions définies par Alexandre, on voit que la création ne saurait être éternelle, et qu'elle répond aux exigences de la foi monothéiste et chrétienne.

On pense d'autant plus à Leibniz qu'Alexandre pose la question de savoir si Dieu pouvait, d'une façon générale, faire les choses meilleures qu'il ne les a faites. En gros, il faut admettre que Dieu pouvait faire mieux que ce qu'Il a fait, car sa puissance est infinie. Mais les créatures pouvaient-elles être faites meilleures qu'elles ne le sont? Ici, il faut distinguer : on peut considérer les choses en soi, et de ce point de vue, chacune aurait pu être créée meilleure; mais on peut les considérer dans leur universalité (*in rerum universalitate*), et alors il faut accorder que, « relativement à la puissance de ce qui est fait », elles ne peuvent pas être créées meilleures. Pour prendre un exemple, on dirait de même qu'avec des ingrédients qui ne sont pas tous de la meilleure qualité, un cuisinier a fait le meilleur des plats possibles dans ces conditions données. L'univers créé est donc le meilleur, bien que telle ou telle de ses parties, prise en soi, ait pu être meilleure qu'elle n'est. On a là un écho de l'idée aristotélicienne et stoïcienne, que devait reprendre Leibniz, qu'une partie doit souvent être sacrifiée à l'intérêt du tout. Mais s'il y a ainsi une distance infinie entre ce que Dieu peut faire et ce qu'Il a fait, si ce qu'il a fait est néanmoins le meilleur en son universalité relativement à chacune des parties qui pourrait être en soi meilleure, c'est que le monde créé est à un niveau ontologique absolument inférieur à celui du Créateur éternel, et que par conséquent il ne saurait être éternel lui aussi, c'est-à-dire coéternel à Dieu.

Cela étant, Alexandre s'interroge sur la science de Dieu. En accord avec la majorité des philosophes et des théologiens, il enseigne que la science de Dieu ne part pas des choses (*non a rebus*), mais qu'elle va vers les choses (*sed ad res*) dont elle est la cause, et qu'en ce sens elle est *in habitu*, en tant que leur exemplaire, alors que rapportée à Dieu Lui-même, elle est en acte (*in actu*), c'est-à-dire qu'elle leur donne l'être. Mais peut-on dire que Dieu les connaît par leur cause? Il faut ici distinguer une connaissance en raison de la notion de cause (*in ratione causae*), et une connaissance par ce qui est cause (*id quod est causa*). Cette distinction touche au problème de la connaissance des singuliers par Dieu. Avicenne pensait qu'Il les connaît, non pas en soi, dans leur matérialité, mais à travers toute la série des causes dont dépend leur existence et qui déterminent leur essence. Dans ce cas, la cause intervient dans la connaissance comme un intermédiaire entre celui qui connaît et ce qui est connu. Or il est évident que Dieu ne connaît pas ainsi, car là où ce qui intellige est identique à ce qui est intelligé, il n'est pas nécessaire d'avoir recours à un intermédiaire que serait la cause. Notons qu'Alexandre s'appuie sur une identité qui se trouve chez Fârâbî et chez Avicenne, selon une formule trinitaire qui leur venait des théologiens nestoriens : Celui qui intellige est identique à ce qui est intelligé et identique à l'intellect. Mais Alexandre en tire la conclusion que Dieu connaît tout ce qui existe, même les singuliers, du seul fait qu'Il se connaît Lui-même comme cause de toutes choses. C'est de la même manière qu'on explique que Dieu connaît les choses nécessaires et les choses contingentes. « Notre science qui part des choses (*a rebus*), tient compte des conditions de leur existence, mais la science divine qui va vers les choses (*ad res*) ne suit pas leurs conditions [...]; elle ne passe pas par les choses (*per res*), mais elle vient de Dieu Lui-même; par suite, comme Il est la Cause immuable, c'est par une cause immuable et nécessaire qu'Il connaît les contingents. » C'est de la même manière qu'Il connaît les singuliers, et sur ce point Alexandre se sépare donc d'Avicenne.

Un autre problème important est de savoir si la prescience de Dieu confère la nécessité aux choses; autrement dit, laisse-t-elle place à la contingence et à la liberté? Il a été montré que rien n'empêche Dieu de connaître les contingents à condition évidemment qu'il y en ait. « La prescience de Dieu est infaillible; par conséquent elle connaît infailliblement les contingents, bien qu'ils puissent en tant que tels ne pas exister. La nécessité est du côté de la science que Dieu en a, non du côté de la chose qu'Il connaît [et qui reste en elle-même contingente]. » C'est ce qu'Alexandre va démontrer.

Avicenne distinguait l'être nécessaire par lui-même quant à l'existence (*wâjib al-wujûd bi-dhâtihi*) et l'être qui est par lui-même possible quant à l'existence (*mumkin al-wujûd bi-dhâtihi*), mais qui devient nécessaire par une cause autre que lui (*mumkin al-wujûd bi-ghayrihi*). Il en résultait que, de par la causalité universelle de Dieu, tous les possibles devenaient nécessaires. Dans ces conditions on ne pouvait au sens propre sauver la contingence et la liberté. Voici en revanche l'argumentation d'Alexandre : « Quand on dit : " ce qui est connu par avance arrive nécessairement ", on entend la nécessité comme conséquence de la position de la chose dans l'être. Quand on dit : " ce qui relève du libre arbitre ne se produit pas nécessairement ", on nie qu'il y ait une nécessité antécédente. Il peut donc se trouver qu'il y ait une contingence antécédente et une nécessité conséquente, et dans ces conditions, une nécessité qui est conséquence de la position d'une chose dans l'être ne supprime pas la contingence de cette chose. » Ce problème remonte à l'Antiquité même : je peux dire aujourd'hui qu'il est possible qu'il y ait demain une bataille navale. Mais si la bataille a effectivement lieu demain, comme il est impossible ayant eu lieu qu'elle n'ait pas eu lieu, il était nécessaire de dire, dès hier, qu'elle était nécessaire. De même si Dieu sait par avance qu'Adam péchera, une fois qu'il aura péché, on devra dire qu'il devait nécessairement pécher. C'est tout le problème des futurs contingents. Peut-on dire, après qu'ils ont été réalisés, qu'ils étaient auparavant contingents? Alexandre répond : « On doit dire que la proposition : " il est nécessaire que ce qui est connu d'avance se réalise " est vraie, et que la proposition : " il est possible que ce qui est connu d'avance ne se produise pas " est fausse. Mais si on argumente en disant : " ceci est connu d'avance, donc il doit nécessairement se réaliser ", l'inférence ne vaut rien. D'une majeure nécessaire, et d'une mineure assertorique portant sur un fait présent, on ne peut tirer une conclusion nécessaire, mais simplement assertorique. Ainsi c'est un raisonnement sans valeur que de dire : " Si Socrate court, il est nécessaire qu'il se meuve; or il court; donc il se meut nécessairement. " La bonne conclusion est : donc il se meut. » On aurait de même : « Si une chose est connue d'avance, il est nécessaire qu'elle se produise; or elle est connue d'avance; donc elle se produit nécessairement; cette conclusion est fausse; il faut conclure : donc elle se produit. Le fait que Dieu la connaît d'avance ne la rend pas en elle-même nécessaire; il en résulte qu'il est sans doute nécessaire qu'elle se produise, et effectivement elle se produit, mais elle ne devient pas pour autant nécessaire; elle reste en elle-même contingente.

Par suite la Providence divine n'introduit aucune nécessité dans les choses. À cette occasion, Alexandre fait de nombreuses distinctions entre les divers sens du nécessaire. Absolument parlant, est nécessaire ce qui se heurte à l'impossibilité d'être et d'exister autrement qu'il n'est. C'est le cas de Dieu et des premiers principes. Mais il y a un nécessaire relatif, qui, lui-même, a différentes significations : ou bien il est relatif à ce qui le rend nécessaire (*necessarium ab hoc*), c'est ce qui est nécessairement produit par violence; ou bien il est ce qui accompagne nécessairement quelque chose (*necessarium cum hoc*), c'est ainsi que l'animal qui a un cœur et des poumons doit nécessairement respirer; ou bien il est nécessaire à une fin (*necessarium ad hoc*), comme la médecine est nécessaire à la santé, non qu'il ne puisse y avoir de santé sans médecine, mais parce que la médecine est nécessaire pour la conserver ou la retrouver. Or la Providence ne contraint pas la liberté; quant au nécessaire *cum hoc*, Alexandre n'en dit rien, car il est évident qu'on ne voit pas comment il s'appliquerait dans le cas de la Providence. Il en résulte qu'il ne peut être question que de la nécessité *ad hoc,* mais ce n'est pas en tant que Dieu est cause finale qu'Il est Providence, c'est-à-dire en tant qu'Il est le Bien de toute créature, car sa Providence passe par le libre arbitre de l'homme : « qu'il soit bon ou mauvais, il est ordonné par la Providence à quelque bien, je ne dis pas à tel ou tel bien déterminé, mais à un bien indéfini ». Sur ce point, on peut relever une analogie avec la doctrine de Maïmonide qui ne considère pas la Providence comme une volonté particulière en faveur de telles ou telles créatures. Mais Alexandre se distingue de Rabbî Moyses (Maïmonide) en ce qu'il tente d'harmoniser l'idée de Providence avec celle de libre arbitre. Dieu veut le bien de tout être, mais Il ne le lui impose pas; néanmoins le libre arbitre suppose que l'homme n'est libre que dans la mesure où il peut chercher un bien, et s'il se trompe dans le choix de ce qu'il juge être son bien, il reste « ordonné » au bien et c'est là l'œuvre de la Providence qui, par conséquent, ne l'abandonne jamais.

Sur la doctrine des Noms de Dieu, nous serons bref. On pourrait en effet comparer ce qu'en dit Alexandre avec les propos de nombreux théologiens ou philosophes musulmans. En effet, écrit-il, on peut entendre les Noms de Dieu à trois points de vue : soit par détachement ou négation (*per ablationem sive abnegationem*), par exemple : Éternel, Immense, etc.; soit par suréminence (*per eminentiam*), par exemple Transcendant, absolument Bon, etc.; soit par rapport à la causalité (*per causam*), par exemple : Tout-puissant, Omniscient, etc. On trouverait chez les théologiens muʿtazilites, chez les philosophes Fârâbî et Fakhr al-Dîn al-Râzî, des observations du même ordre. Mais s'il n'y a certainement pas à parler d'influence, il y a incontestablement rencontre. Tous ces penseurs monothéistes, affrontés aux mêmes problèmes, se rencontrent sans le savoir.

La doctrine d'Alexandre sur l'âme humaine est originale. Il affirme d'abord qu'elle est une substance, non seulement comme une forme substantielle, mais comme un être en soi (*ens in se*). Rien ne lui préexiste. Elle est donc tirée du néant et créée directement par Dieu, non par l'intermédiaire des intellects célestes à l'encontre de la théorie d'Avicenne. Elle est une et simple, non absolument comme l'est Dieu, mais relativement aux corps composés de matière et de forme. Néanmoins, du fait qu'elle n'est pas en acte pur et qu'il y a en elle de l'être en puissance (par exemple elle acquiert des expériences, elle s'éduque et s'instruit), on peut dire qu'elle est composée de forme et de matière, mais de matière « intellectuelle ». Nous retrouverons cette idée à propos de l'intellect matériel et de l'intellect possible.

Il n'y a donc pas plusieurs âmes : l'âme humaine est rationnelle. À propos de son union avec le corps, voici ce qu'écrit Alexandre : « Bien que l'âme et le corps soient chacun complet en son genre et que selon leur nature, ni le corps ni l'âme ne s'ouvrent, l'un à une perfection corporelle, l'autre à une perfection spirituelle ultérieures, le corps est néanmoins tourné vers une perfection ultérieure d'ordre spirituel, par l'intermédiaire de la vie, et c'est là pour lui une perfection plus noble que sa perfection purement corporelle. » Mais il faut distinguer plusieurs sortes de formes d'après le résultat de leur action sur la matière. Il y a d'abord la « forme première » qui donne sa perfection à la matière première; de cette sorte sont les formes élémentaires qui s'impriment à la fois dans le tout de la matière et dans n'importe laquelle de ses parties : ainsi le feu est feu tout entier et chacune de ses parties est feu. Il en va de même des « formes naturelles », qui constituent les premiers mixtes; c'est le cas des métaux : l'or est tout entier or, et chacune de ses parties est or. Puis viennent les formes naturelles qui s'impriment dans le tout et dans les parties, mais non de la même manière; c'est le cas de l'âme sensible dans les bêtes, et végétative dans les plantes; par exemple; l'animal tout entier est un animal, mais aucune de ses parties n'est un animal; pourtant certaines d'entre elles sont sensibles. Une forme de cette sorte est « plus éloignée de la matière » en ce sens qu'elle est capable non seulement de « l'informer » en s'imprimant en elle comme en un tout, mais de lui imposer, au niveau des parties, une organisation diversifiée. « Elle a en effet une certaine individuation en plus de la matière. » L'idée est importante : en général, beaucoup pensaient que les formes, en soi universelles, ne sont individuées que par la matière : c'est la matière de cette pierre qui fait que la forme de la pierre qui se retrouve en toute pierre est la forme d'une pierre individuelle, singulière. Mais si la forme est capable de commander la présence de tels et tels caractères dans ce qui constitue un être individuel, par exemple de la sensibilité dans la patte d'un animal, il faut reconnaître que son action est constitutive de ce caractère individuel. La forme « animal » s'imprime dans la matière et constitue en un tout un âne ou un cheval. C'est bien la matière qui fait qu'on a cet âne ou ce cheval individuels. Mais ce n'est pas elle qui fait que sa patte est sensible. En somme, c'est la forme « animal » qui travaille, pour ainsi dire, la matière de façon à lui donner ce caractère qui n'appartient pas à l'animal en général, mais bien à tel ou tel animal singulier. Notons qu'Avicenne avait déjà enseigné que l'individuation était due à la fois à la matière et à la forme.

Enfin il y a la forme qui donne perfection au tout, mais ne la donne à aucune de ses parties. C'est le cas de l'âme rationnelle : en effet, le tout, c'est l'homme, mais aucune partie de l'homme n'est homme et aucune n'intellige; le tout, à savoir l'homme, est capable d'intelliger, mais l'acte d'intelliger n'appartient à aucune de ses parties. On voit donc la différence de l'âme rationnelle avec les âmes végétative et sensitive. Sans doute ces deux dernières ne font pas que la partie d'une plante soit plante, ou la partie d'un animal, animal. Mais les parties d'une plante, comme celles d'un animal et de l'homme, participent à la vie végétative; les parties de l'animal et de l'homme participent à la vie végétative, et certaines, à l'exception des os et des poils entre autres, participent à la vie sensitive. Mais aucune partie de l'homme ne participe à la vie intellective. Ainsi cette forme qu'est l'âme rationnelle fait l'homme tout entier; elle fait que ses parties ont la vie végétative et, pour certaines, la vie sensitive; mais elle ne donne à aucune partie de l'homme de participer à la vie de l'intellect. Encore une fois, c'est l'homme en sa totalité qui intellige et par suite, l'acte d'intelliger met en œuvre tout l'homme, non seulement son intellect, mais ses sens, voire sa vie organique. Il n'est donc pas le seul fait d'un intellect qui ne connaîtrait qu'en se séparant du sensible, bien qu'en tant que relevant de cette forme particulière qu'est l'âme rationnelle, il ne fasse participer à son acte propre aucune partie de l'animal humain. Par conséquent, Alexandre distingue l'acte d'intelliger en tant que tel, indépendant du corps, et l'acte d'intelliger « avec une image » (*cum phantasmate*), et « de cette manière on dit que l'âme s'assigne à elle-même une partie du corps dans une partie de la tête ».

En ce qui concerne la connaissance sensible, Alexandre s'intéresse d'abord aux cinq sens externes, sur lesquels il ne dit rien de très original, sauf qu'il les étudie selon que leur objet est proche ou éloigné, dans une seule direction ou dans plusieurs. Quant aux puissances internes, il en distingue cinq, suivant en cela Avicenne. Ce sont le sens commun (arabe : *al-hiss al-mushtarik*), déjà défini par Aristote; l'imagination reproductrice (latin : *phantasia;* arabe : *al-khayâl*) qui conserve les formes imprimées dans le sens commun; l'imagination créatrice (*imaginativa*; *al-quwwat al-mutakhayyila*), parfois appelée cogitative (*excogitativa*; *al-mufakkira*) qui compose les formes sensibles les unes avec les autres; l'estimative (*aestimativa*; *al-quwwat al-wahmiyya*) qui permet de juger, d'après les sensibles, ce dont on n'a pas de sensation, comme c'est le cas de la brebis qui perçoit l'hostilité du loup, ou de l'agneau qui perçoit l'amour de sa mère; enfin la mémoire (*memorativa*; *al-quwwat al-hâfiza*) qui emmagasine les connaissances de l'estimative, comme l'imagination reproductrice emmagasine les connaissances du sens commun. Alexandre se sépare sur ce point de Jean Damascène qui ne comptait que trois facultés, *imaginativa, excogitativa, memorativa.*

La question qui se pose est celle de la cogitative ou imaginative. Avicenne prétend qu'elle compose et divise les images sous la dictée de la raison et que par suite elle appartient à la partie rationnelle de l'âme, puisque penser est un acte de la raison. Là contre, on a assigné des localisations cérébrales pour toutes ces puissances internes. La solution d'Alexandre, partant de ce que dit Avicenne, est que cette faculté reçoit deux noms, tantôt celui d'imaginative, tantôt celui de cogitative. Celui d'imaginative, quand elle agit sous le commandement de l'estimative; ainsi l'homme qui, à partir de certains signes sensibles, juge une situation va pouvoir réfléchir en imaginant la conduite à tenir, la solution à adopter; celui de cogitative, quand par exemple un problème spéculatif étant posé, la réflexion se servira de l'imagination pour le résoudre. On voit donc que l'imaginative peut jouer un double rôle : au service de l'estimative ou au service de la raison. Mais quel que soit le cas et le nom qu'on lui donne, elle relève toujours de la partie sensitive. Néanmoins elle est capable de faire le joint entre la pure pensée par images et la pensée rationnelle appuyée sur des images.

Contrairement à Guillaume d'Auvergne, Alexandre de Halès admet, en accord sur ce point avec les penseurs arabo-musulmans, que la connaissance intellectuelle consiste, au moins en partie, dans l'abstraction que l'intellect agent a le pouvoir d'exercer pour faire exister en acte dans l'intellect possible les formes qui, dans l'imagination, sont intelligibles en puissance. Sa doctrine est d'ailleurs complexe comme nous allons le voir.

La première question qu'il pose concerne l'existence de l'intellect matériel introduit pas plusieurs philosophes, en particulier Averroès, pour expliquer l'obscure doctrine d'Aristote. « C'est lui qui détient les espèces (intelligibles) dans les images (*habet species in phantasmatibus*). » Alexandre considère l'objection selon laquelle « il suffit, semble-t-il, de la faculté sensible qui reçoit les images. Si c'est à partir des images que se fait l'abstraction des espèces intelligibles, il n'est pas nécessaire de poser une faculté autre que l'imagination (*phantastica*) dans laquelle se trouveraient les formes à partir desquelles doit se faire cette abstraction. La solution de cette difficulté consiste à dire que « cet intellect matériel [...] diffère de l'imagination en ce que les images qui sont dans l'imagination n'y sont pas comme ayant la possibilité de s'ouvrir ultérieurement à l'action d'une puissance intellective; elles y sont comme chez les bêtes, qui possèdent bien cette faculté qu'est l'imagination en tant quelle est leur perfection; mais elles n'y sont pas avec cette possibilité de s'ouvrir ultérieurement à une perfection plus noble ». Au contraire, « l'intellect matériel détient dans des images les espèces (intelligibles) qui ont la possibilité d'être abstraites par l'intellect agent, pour être unies à l'intellect possible ».

L'existence de l'intellect agent est nécessaire, parce que rien ne peut passer de la puissance à l'acte sans un agent en acte. De même que le sens de la vue n'atteint pas par lui-même la perfection de la vision, mais a besoin d'une lumière extérieure et intérieure à l'œil, de même en est-il pour l'intellect. Il y aura donc dans l'âme quelque chose qui agit à la manière de la lumière et qui conduit les intelligibles en puissance à être intelligés par l'intellect possible. Mais cet intellect agent est-il séparé, ou est-il une partie de l'âme humaine? Sur ce point Alexandre se sépare des penseurs arabo-musulmans. L'intellect agent n'est pas séparé. S'il l'était, toute la substance intellective de l'âme serait dans l'intellect possible qui ne suffirait pas à l'acte d'intellection, ce qui ne convient pas : en effet les puissances végétative et sensitive se suffisent à elles-mêmes, et la puissance intellective qui est beaucoup plus noble qu'elles ne se suffirait pas!

Mais on objecte qu'il y a des formes séparées, au niveau des réalités divines, plus nobles que l'intellect humain, de sorte que l'homme a besoin, pour les intelliger, du secours d'un intellect qui lui soit extérieur : et c'est là l'intellect agent séparé. Alexandre répond qu'il n'y a pas à introduire un tel intellect qui serait analogue à ce qu'est la lumière pour le sens de la vue, du fait qu'elle est séparée en substance de l'organe sensitif. Mais l'analogie ne joue pas. L'intellect agent « est en effet l'esprit lui-même qui a en lui une certaine lumière naturelle (*lumen quoddam naturale*) en raison de laquelle, dès le début de sa création, il a de quoi connaître en acte les intelligibles, à savoir du côté où il est substance immatérielle, en soi séparée, bien que d'un autre côté il puisse être joint à un corps ». Rappelons-nous ce qui a été dit de l'âme rationnelle qui informe l'homme tout entier, mais qui ne donne à aucune de ses parties d'intelliger et qui, lorsqu'elle intellige, même si elle part de formes sensibles, est parfaitement indépendante du corps dans son intellection. Ainsi Alexandre fait une place à l'illumination augustinienne, car cette lumière naturelle est due à l'illumination divine. Mais elle éclaire un intellect agent humain, et ce n'est pas Dieu ou l'un de ses anges qui est l'intellect agent extérieur à l'âme humaine.

À l'objection qu'il y a des formes intelligibles séparées que l'intellect humain ne peut atteindre par lui-même, Alexandre répond qu'il n'y a pas lieu de poser un agent séparé en vue de la connaissance de tous les intelligibles. On ne dit pas que l'intellect agent est en acte parce qu'il connaît dès le début toutes les formes; il est d'abord illuminé relativement à certaines formes, et une fois ainsi illuminé il peut parfaire l'intellect possible. Cela explique l'acquisition progressive des connaissances.

Enfin, on s'est demandé comment admettre l'existence d'un intellect possible dans l'âme. Certains l'ont niée en disant que l'intellect possible est. posé comme récepteur des formes intelligibles, de même que la matière première est réceptrice en puissance des formes corporelles sensibles. Mais la matière première n'a en soi aucune forme déterminée, sinon on ne la dirait pas possible. « Or l'âme rationnelle a une forme déterminée. » Donc elle ne peut avoir un intellect possible jouant analogiquement le rôle de matière. La réponse est que, dans l'ordre de l'être (*respectu esse*), l'âme rationnelle est sans doute la forme naturelle ultime qui ne laisse aucune potentialité derrière elle, mais que dans l'ordre du « mieux être » (*respectu bene esse*), c'est-à-dire de la connaissance qui perfectionne l'être, elle admet la possibilité.

Dernière question : faut-il considérer que l'intellect possible est dans l'âme selon qu'elle est un acte du corps; ou selon qu'elle est âme rationnelle? En un sens, du fait que l'intellect possible est une faculté qui saisit des formes abstraites des images plutôt que des formes purement et simplement séparées, car s'il intellige des formes séparées il le fait à la manière de formes matérielles (comme le disait Aristote, il n'y a pas de pensée pure sans image), on pourrait penser que l'intellect possible relève davantage de l'âme comme acte du corps. Mais en un autre sens, du fait que l'intellect possible n'intellige pas les espèces des choses matérielles avant qu'elles soient abstraites des images, et du fait qu'une fois abstraites, elles sont comme séparées, il en résulte qu'il se rapporte davantage à l'âme rationnelle en soi. D'ailleurs puisqu'il doit recevoir toutes les formes, il faut que l'intellect possible ne soit mêlé à aucune forme, donc qu'il relève de l'âme rationnelle en soi séparable du corps, et non de l'âme acte du corps.

Telle est la doctrine de l'âme et des trois intellects dans la philosophie d'Alexandre de Halès. On voit combien sa pensée sur ce point, comme sur celui de la création, voisine avec celle d'Avicenne, sans pour autant s'y soumettre; il la cite parfois pour l'utiliser, mais plus souvent pour la critiquer ou pour définir la sienne par opposition ou comparaison. Il se réfère d'ailleurs à beaucoup d'autres sources, la plupart chrétiennes. Si donc on ne peut définir, à cette étape de l'histoire de la pensée médiévale latine, un augustinisme avicennisant, il est certain que saint Augustin, d'une part, (lui surtout) et Avicenne, d'autre part, sont présents à la pensée d'Alexandre de Halès, comme ils l'étaient, quoique d'une manière différente, à la pensée de Guillaume d'Auvergne.

5. Les penseurs franciscains

L'école franciscaine compta de très grands penseurs qui jouèrent surtout un rôle à l'intérieur des discussions qui opposaient entre eux les théologiens et philosophes chrétiens. S'ils n'ont pas ignoré les Arabes, leurs rencontres avec eux ont été plus occasionnelles. Ils les connaissaient peut-être surtout par ce que leurs prédécesseurs chrétiens en avaient dit et tiré. Le grand saint Bonaventure a lui-même reconnu tout ce qu'il devait à Alexandre de Halès. Pour lui, d'ailleurs, le grand problème est de donner les fondements et les jalons de l'itinéraire de l'âme vers Dieu. En ce sens, l'ouverture vers Dieu que nous avons signalée chez Avicenne ne pouvait, en gros, que lui convenir. Quoi qu'il en soit, il semble qu'on puisse dire d'une façon générale que les idées des philosophes arabo-musulmans, en particulier d'Avicenne, étaient alors bien connues, répandues, et faisaient partie du bagage intellectuel de tous les hommes cultivés de l'Occident latin. Nous ne nous arrêterons donc pas, en dépit de leur intérêt, aux penseurs franciscains qui ont marqué, au XIIIe siècle, l'opposition au thomisme, tels Mathieu d'Aquasparta, John Peckham, Guillaume de La Mare, qui publia en 1278 le *Correctorium fratris Thomae*, Roger Marston, Richard de Middletown, Pierre-Jean Olivi. Dans leur critique de saint Thomas, on trouve des idées que nous avons déjà signalées chez Guillaume d'Auvergne ou chez Alexandre de Halès, avec évidemment leurs références aux Arabes. Mais, à moins d'insister sur des nuances quelque importantes qu'elles puissent être philosophiquement, ces auteurs ne nous apporteraient aucune donnée nouvelle sur les rencontres que nous cherchons à définir. Néanmoins nous ne pouvons négliger trois grands noms : Roger Bacon (1214-1294), Duns Scot (1266-1308) et Raymond Lulle (1235-1315).

Roger Bacon

Ce qui distingue le plus nettement Roger Bacon, c'est qu'il ne se cantonne pas dans la pure spéculation, mais qu'il en cherche les applications pratiques. Il parle, dans l'*Opus majus*, de « la lumière de la Sagesse par laquelle est ordonnée l'Église de Dieu, disposée la République des fidèles, procurée la conversion des infidèles ». Son but est de réaliser l'unité de foi et on comprend que, dans ces conditions, il n'est guère disposé à faire des emprunts aux penseurs arabo-musulmans. La Sagesse dont il rêve est celle que Dieu a révélée et qui s'acquiert par la méditation des textes sacrés et des œuvres des Pères, en particulier de saint Augustin. Néanmoins il se réfère très souvent aux auteurs païens, surtout à Sénèque et à Cicéron, et il lui arrive de citer un auteur arabe pour corroborer une de ses maximes. Ainsi, ayant énuméré quatre causes de l'erreur : l'autorité, la coutume, le préjugé populaire et la présomption de savoir, il allègue, contre la coutume, l'opinion d'Averroès qui écrit à la fin du second livre de la *Physique* : « La coutume est la cause principale qui détourne de vérités manifestes. De même que, pour qui en a l'habitude, des opinions, quoique nocives, vont de soi et que, par suite, on les croit utiles, de même quand on est accoutumé depuis l'enfance à croire à des discours faux, cette coutume fait qu'on nie la vérité »; ou encore au second livre de la *Métaphysique* : « Les opinions opposées aux principes, quand elles sont devenues célèbres, sont plus recevables par la foule qui suit le témoignage du grand nombre plutôt que les principes eux-mêmes. » Mais aussitôt après, il cite Sénèque, Cicéron et Adélard de Bath, contre l'autorité comparée à un licou dont on se sert pour conduire les bêtes. Mais le préjugé populaire est encore plus puissant pour propager l'erreur, ainsi que l'enseignent les Écritures et la sagesse des Anciens.

D'ailleurs les hommes les plus sages sont exposés à l'erreur : ceux qui viennent après eux les corrigent; c'est pourquoi Sénèque dit que les plus jeunes sont les plus perspicaces, car ils mettent en lumière ce qui était caché d'abord. Aristote a discuté les opinions des premiers philosophes de la Grèce. Puis Avicenne et Averroès ont redressé certains de ses dires. Quant à Avicenne, il a eu des ignorances sur plusieurs questions des sciences de la nature. En outre, « Il ne fait aucun doute que son livre sur la philosophie contient des erreurs et des thèses fausses, par exemple [...] cette erreur sur la production du monde, là où il dit que Dieu, en raison de l'unité infinie qui est la sienne, ne peut créer qu'un être un et unique, à savoir le premier ange (intellect), qui en créa un second avec le premier ciel; puis que le second en créa un troisième avec un second ciel, et ainsi de suite ». Sur un autre plan, il se trompe manifestement, comme sur beaucoup d'autres points (*et sic in multis*), quand il dit que la purification de tout péché arrive à son terme en une autre vie, et que les âmes pécheresses reviennent à la gloire. Telle est du moins l'interprétation que Roger Bacon donne de la doctrine avicennienne du retour à Dieu (*ma'âd*), et il n'est pas impossible qu'il pense ici, s'il l'a connue, à la conviction de certains théologiens musulmans qui soutiennent que le croyant pécheur, après un séjour de purification en enfer, en sort pour entrer au paradis, car celui qui a attesté l'unité de Dieu (*tawhîd*) ne saurait être éternellement soumis aux peines de la Géhenne. Quoi qu'il en soit, Bacon signale qu'Origène a commis sur ce point la même erreur qu'Avicenne.

D'ailleurs les auteurs chrétiens, et même les saints, ne laissent pas eux aussi, de tomber dans des erreurs. Le grand saint Augustin n'a-t-il pas lui-même écrit ses *Rétractations?* Il reprend saint Jérôme en plusieurs de ses jugements, et saint Jérôme, de son côté, le contredit souvent, bien qu'il lui arrive de se contredire lui-même. Par exemple, il critique à juste titre dans son commentaire de la Genèse, le sens qui avait été donné par Philon d'Alexandrie au nom d'Israël : l'homme qui voit Dieu, mais il l'accepte dans ses commentaires sur Isaïe et Amos (IV, p. 27, et VI, p. 1032). Il y a là comme une loi du progrès de la pensée, que les Anciens sont corrigés pas les Modernes; et c'est ainsi qu'en Islam, Averroès a corrigé Avicenne. Dans ces conditions, on comprend que Bacon ne s'inféode à aucun système, qu'il ne jure sur les propos d'aucun maître, païen, chrétien ou musulman, mais qu'il tienne également et librement compte de leur pensée à tous.

Néanmoins, Roger Bacon, dans cette perspective historique du progrès, fait l'éloge du service rendu par Avicenne : « Car le premier il remit en pleine lumière, parmi les Arabes, la philosophie d'Aristote » (à vrai dire, il aurait dû citer d'abord Fârâbî). « En effet, le commun de ceux qui font de la philosophie (*vulgus philosophantium*) l'ont ignoré. Peu nombreux sont ceux qui ont abordé la philosophie d'Aristote, et encore n'était-ce qu'une partie modique (les œuvres logiques), avant Avicenne, qui philosopha longtemps après le temps du chef (religieux?) Mahomet (*post tempus Machometi imperatoris*). Mais Avicenne, qui est le principal interprète et le plus grand imitateur d'Aristote, a été victime, de la part des autres, de nombreuses attaques. Après eux, Averroès, le plus grand, et d'autres encore, l'ont condamné outre mesure. Mais aujourd'hui, tout ce que dit Averroès a obtenu les bonnes grâces des sages, lui qui longtemps fut négligé, rejeté et réprouvé par les penseurs les plus célèbres dans l'étude, jusqu'à ce que peu à peu se découvre sa sagesse comme suffisamment digne d'attention, encore qu'en certaines questions il ait moins bien parlé qu'en d'autres. » On voit donc, dans ce court exposé historique des influences en matière de philosophie, que Roger Bacon, sans rejeter personne, reconnaît à chacun ses mérites, mais fait preuve d'un relativisme incontestable, dans les jugements qu'il porte sur le mélange de vérités et d'erreurs qu'il découvre chez ses prédécesseurs, chrétiens ou musulmans. L'homme cherche à cacher ses ignorances; or la connaissance parfaite est inaccessible : « Fou est celui qui se targue de sagesse; totalement fou, celui qui fait montre de sa sagesse et s'efforce de la publier comme un prodige! » Néanmoins, selon Averroès, « l'opinion du vulgaire est plus forte que la croyance de ceux qui s'adonnent à la philosophie, parce que le vulgaire n'a pas l'habitude d'entendre professer des doctrines diverses, tandis que ceux qui font de la philosophie en entendent enseigner un grand nombre ». En ce sens, l'avantage de la culture philosophique serait de développer le doute et un esprit critique favorables au progrès dans la recherche de la vérité.

Selon Bacon deux genres de sciences ont été fâcheusement négligées : la connaissance des langues et celle des mathématiques. Il s'est lui-même intéressé aux langues, montrant le rapport qu'elles ont avec l'expression de la pensée. Mais il ne semble pas qu'il les ait pratiquées au point d'avoir accès direct aux textes. Néanmoins il cite plusieurs fautes commises par les traducteurs d'Aristote, notamment sur les textes relatifs à l'intellect agent et à la matière. Quant aux mathématiques, il leur accorde une grande importance. En effet, les réalités de la nature nous sont mal et imparfaitement connues, car, ainsi que le disait Aristote, notre œil est à leur égard comme celui de la chauve-souris à l'égard de la lumière, image souvent reprise par les penseurs arabes. « Mais en revanche, là où les notions que nous avons sont identiques aux traits de la nature, nous faisons beaucoup de progrès dans la connaissance de cette nature et de tout ce qui s'y rapporte, au point que nous pouvons arriver à en avoir une science parfaite. » Mais cela n'a lieu vraiment que dans les mathématiques, ainsi que le dit Averroès. Voici en effet ses propres paroles dans son commentaire du livre I de la *Physique* : « Ce qui nous est connaissable dans les réalités naturelles n'est pas ce qui est connaissable en elles purement et simplement. C'est l'inverse dans les mathématiques : en effet ce qui y est connaissable *simpliciter*, et qui constitue les causes premières de l'existence, est connaissable par nous ». Or Roger Bacon s'est lui-même intéressé aux travaux des savants arabes, Alhazen (Ibn al-Haytham) en optique, Alpetragius (al-Bitrujî) en astronomie.

Il semble que Bacon ait recueilli une idée très ancienne, illustrée par Philon d'Alexandrie, reprise par les Arabes, avec leur image de la « niche de la prophétie », selon laquelle les premiers philosophes auraient été instruits à l'école des Prophètes. Ainsi Bacon, par exemple, note qu'Avicenne « aux principes de la philosophie morale, cite les paroles d'Isaïe sur la vie éternelle, disant qu'elle est ce qu'aucun œil n'a vu et ce qu'aucune oreille n'a entendu; il dit aussi, comme le prophète de vérité, Tobie, que l'aumône enlève les péchés ». Par suite : « Bien qu'en un certain sens, la vérité philosophique soit dite appartenir aux philosophes, il fallut pour qu'ils l'acquièrent que la lumière divine se répande d'abord en leur esprit et qu'elle les éclaire de haut. En effet, dit l'Écriture, Dieu, le Verbe, " illumine tout homme venant en ce monde " (Jean, 1, 9), jugement avec lequel les philosophes eux-mêmes sont d'accord. En effet, ils posent l'existence d'un intellect agent et d'un intellect possible : ils disent que l'âme humaine est possible parce que, d'elle-même, elle est impuissante à acquérir les sciences et les vertus, et qu'elle les reçoit d'ailleurs. Ils disent que l'intellect agent est celui qui exerce son influence sur nos âmes en les illuminant pour acquérir la science et les vertus; car, bien que l'intellect possible puisse être appelé agent de par son acte propre d'intelliger, néanmoins l'intellect agent entendu comme ils l'entendent est dit exercer une influence sur l'intellect possible et l'illuminer en vue de la connaissance de la vérité. » Cela posé, Roger Bacon se range à l'avis des penseurs arabes quand il poursuit en ces termes : « C'est ainsi que l'intellect agent, selon la majorité des philosophes, n'est pas une partie de l'âme, mais une autre substance intellective, séparée par essence de l'intellect possible. Et comme il est nécessaire, pour persuader de la vérité de mon propos, que je démontre que la philosophie n'existe que par l'influence de l'illumination divine, je veux le prouver efficacement, d'autant plus qu'une erreur magistrale a envahi le commun des philosophes, voire une foule considérable de théologiens, car tel est le philosophe, tel est le théologien. » Cette doctrine est celle de Fârâbî et d'Avicenne; mais Roger Bacon estime qu'elle est aussi celle d'Aristote.

Il expose donc que le philosophe enseigne que l'intellect agent est séparé, sans mélange avec le corps, incorruptible en son existence et en sa substance. Au contraire, l'intellect possible est bien incorruptible selon sa substance, mais corruptible selon son existence, « en raison de sa séparation ». Cette expression demande une précision. La séparation en question ne saurait être pour l'intellect possible, partie de l'âme, que celle qui est marquée par la mort. Il ne faut pas en conclure que la séparation de l'âme et du corps entraîne la corruption de cet intellect humain. Il est évident que, dans ce cas, la vie éternelle serait impossible pour l'homme, ce qui contredirait la foi. Mais si, dans les conditions de cette vie, l'intellect possible, en son acte propre d'intellection, a un mode d'existence qui est en relation avec les facultés sensibles liées au corps, ce mode d'existence sera anéanti par la mort. Toutefois la substance de l'intellect possible est et reste incorruptible. D'ailleurs si l'intellect humain est en puissance par rapport à la connaissance des réalités intelligibles, il est aussi en puissance par rapport à l'acquisition des vertus morales qui, pour Roger Bacon, relève fondamentalement de la théologie ou métaphysique : il se divise donc en intellect spéculatif et en intellect pratique. En effet, Bacon écrit : « Toute la philosophie spéculative s'ordonne à sa fin qui est la philosophie morale [...], c'est pourquoi elle peut préparer les fondements de la philosophie morale ». La sagesse a donc deux parties : Aristote et les « philosophes infidèles » l'ont bien vu. « Mais chez les chrétiens adonnés à la philosophie, la science proprement morale et parfaite est la théologie qui, au-delà de ce que la pensée des infidèles a de grand, ajoute une fin qui est le Christ et des vérités qui sont réellement divines. » Par suite on ne peut parler de l'intellect possible sans tenir compte de son rôle essentiel comme intellect pratique.

Roger Bacon fait ici intervenir la logique. Car si l'intellect possible reçoit la lumière de l'intellect agent, il a, nous l'avons vu, un acte propre qui apparaît nettement dans l'activité de raisonnement. « Il n'y a pas à s'étonner si je dis que ces livres de logique ont une valeur supérieure, car il faut qu'il y ait quatre arguments véridiques : deux meuvent l'intellect spéculatif, à savoir l'argument dialectique par un *habitus* initial et incomplet, l'opinion ou disposition à la science qui est, elle, un *habitus* complet et final, acquis par l'argument démonstratif, et dans lequel l'esprit se repose en contemplant la vérité. Mais la volonté, ou intellect pratique, étant plus noble que l'intellect spéculatif puisqu'elle est une faculté en rapport avec le bonheur, dépasse infiniment la science nue et nous est sans comparaison plus utile. Il faut donc que nous ayons des arguments pour exciter l'intellect pratique, d'autant plus que nous sommes ici plus fragiles que dans la spéculation. En effet, nous goûtons tous volontiers de l'arbre de la science du bien et du mal, mais nous sommes réfractaires à l'arbre de vie qui nous attacherait à la valeur des vertus en vue de la béatitude future. Aussi faut-il que l'intellect pratique ait ses propres aides et soit mû par ses propres arguments, comme l'est l'intellect spéculatif par les siens. Car de même que la connaissance spéculative jouit d'arguments spéculatifs au niveau de l'opinion et de la science nue, de même les sciences pratiques, comme la théologie et la philosophie morale, considèrent des arguments par lesquels nous sommes excités à l'action (*praxis*), c'est-à-dire à l'œuvre bonne, et inclinés à l'amour du bonheur éternel. » Ces arguments relèvent de la rhétorique et de la poétique qui font partie de l'*Organon* d'Aristote. Par rapport à l'intellect pratique, la rhétorique joue le rôle de la dialectique par rapport à l'intellect spéculatif : elle se borne à persuader. Mais la poétique, quand elle est entre les mains de vrais poètes, invite les hommes à l'amour du bien et à la haine du péché. Et Bacon de citer Horace (*Art poëtique*, vers 333 sq.) :

Les poètes veulent être utiles ou charmer,
ou dire à la fois ce qui est agréable et convenable à la vie [...]
Mais il enlève tous les suffrages à celui qui mêle l'utile à l'aimable.

« Ces arguments, conclut Bacon, sont très puissants là où le salut est en jeu ; mais ils sont sans force dans les objets de pure spéculation, de même que les démonstrations sont très efficaces dans les questions spéculatives toutes nues, mais parfaitement inopérantes dans les conduites pratiques et dans tout ce qui touche au salut. »

Par conséquent, c'est du côté de l'intellect possible en tant qu'intellect pratique qu'il faut chercher les arguments les plus forts en faveur de la croyance en l'immortalité de l'âme que Dieu destine, en la créant, au bonheur éternel en lui donnant Sa lumière. On voit combien les données de la foi, l'idée de la grâce divine et de la Révélation, sont importantes dans la pensée de Bacon.

Son but fondamental est de prouver qu'il est contraire à la foi de défendre une doctrine selon laquelle l'homme serait capable par sa propre intelligence d'atteindre à la vérité, c'est-à-dire d'admettre l'existence d'une philosophie qui serait, en droit, indépendante de la connaissance révélée, même si on parvient ensuite à montrer qu'il y a accord entre la raison et la foi. « Il faut donc, autant que nous le pouvons, mettre le pouvoir de la philosophie au compte de la vérité sacrée, car la valeur de la philosophie ne vient pas autrement en lumière. C'est que la philosophie, considérée en elle-même, n'est d'aucune utilité : en vérité, les philosophes infidèles sont damnés : " Ils ont connu Dieu, mais ils ne l'ont pas glorifié comme Dieu, aussi sont-ils devenus des fous et se sont évanouis dans leurs pensées. " La philosophie ne peut donc avoir aucune dignité, sauf dans la mesure où la Sagesse divine s'y réfère. Tout le reste est erroné et vain. » Curieusement, Bacon demande confirmation de ce jugement à Fârâbî qui, dans son livre sur les sciences (*De l'énumération des sciences, Iḥṣâ' al-'ulûm*), dit que l'enfant sans instruction est par rapport au plus savant des philosophes ce que l'homme reconnaît être par rapport à la révélation de la Sagesse de Dieu. Ainsi, tout en damnant les infidèles, Bacon admet que Fârâbî et Avicenne, comme également Sénèque, ramènent la philosophie à la théologie, comme le font les chrétiens, quand ils y sont « forcés par la vérité elle-même (*ipsa veritate coacti*) pour autant que cela leur soit donné ». En effet il pense qu'une certaine illumination peut être accordée à tous les hommes, donc également aux païens et aux musulmans. Mais cette illumination n'est pas un effet de la nature humaine; elle est un don gracieux de Dieu à Ses créatures raisonnables.

Voilà pourquoi Bacon soutient que l'intellect agent est extérieur à l'âme. Il en donne plusieurs preuves qu'il tire de son interprétation d'Aristote. L'intellect agent sait tout et il est toujours en acte. Or cela n'est possible ni à l'âme raisonnable ni à l'ange, mais à Dieu seul. Sans doute Bacon admet-il que l'ange joue un rôle dans la Révélation et dans certaines inspirations. Mais, à la différence de ce que pensent les Arabes, il n'est pas l'intellect agent. Pour Roger Bacon, seul Dieu est l'intellect agent.

D'autre part, si cet intellect était une partie de l'âme, elle serait à propos d'une seule et même chose, dans un état de science par son intellect agent, et dans un état d'ignorance par son intellect possible, puisque le premier est en acte ce que le second est en puissance. Enfin, qu'on n'allègue pas ce qui a trompé le vulgaire, à savoir que, selon Aristote, il y a en toute nature quelque chose qui agit et quelque chose qui pâtit, de sorte qu'il en est ainsi dans l'âme. C'est une mauvaise traduction d'un texte du *De Anima*. Le sens est que toute opération naturelle exige un principe actif et un principe matériel. Mais il n'en résulte pas qu'ils doivent appartenir tous deux à la même nature. L'agent est toujours extérieur, et Aristote a clairement expliqué dans la *Physique* que la cause matérielle ne coïncide pas avec les autres causes dans le même sujet. Donc l'intellect agent est extérieur à l'âme.

On peut donc considérer que Roger Bacon ne s'est rallié au système d'aucun des philosophes païens ou musulmans. Mais il les connaissait et les cite fréquemment. Il fait souvent œuvre d'historien, à l'exemple d'Aristote, à seule fin de définir, par accord ou opposition, ses propres doctrines. Il se plaint souvent de ce que plusieurs ouvrages aient été perdus, et il est intéressant de noter qu'il connaissait l'existence de la Philosophie orientale d'Avicenne dont il pense qu'elle devait avoir un intérêt tout particulier dans les questions relatives aux rapports de l'homme à Dieu. Du point de vue d'une histoire de la philosophie médiévale, il est donc indubitable qu'au cours de ses réflexions très personnelles, il a fouillé le passé et qu'il a rencontré les penseurs de l'islam; à un moindre degré, les penseurs juifs, et très souvent les penseurs de l'Antiquité païenne.

Raymond Lulle (Ramon Lull)

L'œuvre de Raymond Lulle est considérable, mais on ne peut y découvrir le témoignage direct de rencontres importantes avec la pensée arabe spéculative des *falâsifa*. Néanmoins il la connaissait et d'une connaissance moins livresque, plus concrète que celle des autres auteurs latins, car ayant appris l'arabe, il fit de nombreux voyages en Afrique du Nord, sans compter qu'il était né à

Majorque et avait eu très tôt son attention attirée vers le monde musulman. Comme Bacon, il pensait qu'il était urgent, en particulier pour les missionnaires, d'étudier les langues orientales; mais en outre, il agit en ce sens et il réussit au Concile de Vienne de 1311 à faire adopter la décision d'enseigner l'arabe et l'hébreu dans les grandes universités. Comme Bacon encore, il a le souci de définir un système philosophique capable de mettre d'accord les chrétiens entre eux, et aussi de convaincre les juifs et les musulmans de la vérité du christianisme. Mais il n'employa pas les mêmes moyens, et il chercha à fonder une méthode originale capable de réaliser ce projet. Elle est bien différente de celle de Bacon qui s'appuyait sur une certaine conception de l'expérience et sur l'emploi des mathématiques. La méthode de Lulle est une sorte de logique combinatoire, qui devait exciter l'ironie de Descartes et l'admiration de Leibniz. C'est l'*Ars generalis.* Dans le prologue de l'*Arbre de science*, Lulle met en scène un moine qui lui dit que l'*Art général* était délicat à comprendre, et qui lui demande d'écrire un livre qui embrasse toutes les sciences et permette de mieux entendre l'*Art général.* Lulle en simplifia donc le mécanisme dans un « art de l'invention » qu'il voulut plus efficace, afin d'éviter toute confusion « car un entendement confus porte en lui un grand danger et prive de la grande dévotion qui fait honorer Dieu, qui fait aimer et servir son prochain et lui procurer le salut ».

Il serait long et difficile d'exposer l'Art de Lulle. Il est fait d'un alphabet symbolique, représentant par exemple Dieu (*a*), la mémoire mémorisante (*memoria membrant* : *b*), l'entendement entendant (*enteniment entenent* : *c*), la volonté qui aime (*volentat amant* : *d*), tandis que *e* est l'acte de *bcd.* Inversement *k* est la mémoire oublieuse (*memoria ublidant*); *l*, l'entendement ignorant (*enteniment innorant*); *h,* la volonté qui n'aime pas (*volentat desamant*). Ces lettres se composent entre elles et chaque composé est à son tour représenté par une lettre. Enfin, *s* représente l'âme intellective; *t*, le principe (*comensament*); *u*, les vertus, *v*, les vices; *y,* la verité; *z*, la fausseté. L'Art emploie aussi des lignes et des figures géométriques diversement colorées, afin de schématiser dans l'espace des relations intelligibles dans la pensée. Donnons-en un exemple. La figure de *a* (Dieu) est double. L'une est circulaire et *a* est au centre (*en la mig*). Elle comprend 16 chambres contiguës pour montrer qu'il n'y a entre elles aucune contrariété, mais que toutes concordent. Dans ces chambres sont inscrites les 16 « dignités », c'est-à-dire les attributs de Dieu : bonté (*bonea*), grandeur (*granea*), éternité, puissance (*poder*), sagesse (*saviesa*), amour, vertu, vérité, gloire, perfection, justice, largesse, simplicité, noblesse, miséricorde, seigneurie. Lulle ne dit pas d'où il tire ces seize dignités. On décèle dans cette énumération un certain arbitraire. Sans doute y retrouve-t-on des attributs reconnus par tous les théologiens tant juifs que chrétiens ou musulmans. Mais il semble que la science de Dieu ait été confondue avec sa sagesse; il n'est fait aucune place à la vie. Enfin certaines de ces dignités pourraient être plus particulièrement inspirées par la pensée musulmane où elles jouent un grand rôle : la largesse, la simplicité, la noblesse et la seigneurie. Mais elles ne sont pas étrangères au christianisme. L'autre figure est triangulaire. On l'obtient en inscrivant les 16 dignités sur une ligne horizontale et sur une ligne verticale. On aura donc sur la seconde ligne horizontale : grandeur, éternité... seigneurie (= 15 dignités); sur la troisième ligne horizontale : éternité, puissance... seigneurie (= 14 dignités); et ainsi de suite jusqu'à la seizième ligne horizontale qui ne portera qu'une seule dignité, la seigneurie. Ces dispositions géométriques sont destinées à faire voir toutes les combinaisons possibles des divers attributs entre eux.

Cette disposition fonde la première espèce de démonstration que Lulle considère comme la plus forte : la démonstration par équivalence (*equiparancia*), les deux autres étant, par ordre d'importance, celle qui va de la cause à l'effet, puis celle qui va de l'effet à la cause. Voici un exemple de la première démonstration : il s'agit de démontrer que Dieu ne peut pécher. « En effet, sa puissance est une essence (*essencia*) unie à Sa volonté qui ne veut pas pécher; et la volonté est une essence unie à la justice, laquelle est opposée au péché qui s'accorde avec l'injustice. En effet les dignités de Dieu sont égales en essence et en nature, c'est pourquoi on peut faire des démonstrations par équivalence. On peut suivre cette méthode même à propos des facultés, des propriétés et des entités des créatures. » C'est la méthode que Lulle suit dans le *Livre des Merveilles,* où il parle d'abord de Dieu, puis des anges, puis du ciel, des éléments, des plantes, des bêtes et de l'homme.

Notons, bien que Lulle n'en dise rien, que cet ordre est

totalement différent de l'ordre que les *falâsifa*, comme Fârâbî et Avicenne, mettent à la base de la structure de l'univers. En effet, Lulle sépare bien les anges et le ciel. Les anges sont créés pour connaître Dieu et l'adorer parfaitement. « Dieu est au plus haut point accessible à la mémoire, intelligible et aimable. C'est pourquoi Il a fait l'ange en le composant de trois essences : la remembrance (*recolència*), l'intelligence (*intelligència*) et la faculté de vouloir (*volència*). Par la remembrance, il a mémoire de Dieu; par l'intelligence, il L'intellige; par la volonté, il L'aime. Ainsi, de tout son être, il contemple Dieu [...]. Et comme cette contemplation est très grande, Dieu veut que l'ange soit un être spirituel, sans un corps qui pourrait gêner sa contemplation. Aucune créature ne peut être plus ressemblante à Dieu que ne le sont la mémoire, l'entendement et la volonté qui composent l'Ange. Ces trois natures de l'ange signifient les trois personnes en Dieu, et l'unité de l'ange signifie l'unité de Dieu, un en trois personnes. Et pour que les anges puissent avoir connaissance de Dieu et de Son œuvre, et que dans la connaissance qu'ils en ont, ils L'aiment, Le louent et L'honorent, Dieu les a créés à Sa ressemblance de telle façon qu'en cette ressemblance ils Le connaissent et L'aiment. » Ce qui caractérise l'ange, c'est le parfait accord entre son entendement et sa volonté : « L'ange intellige par volonté et en lui la volonté veut par intellection; car en aimant Dieu, l'ange L'intellige; et en intelligeant Dieu, il L'aime. C'est pourquoi Dieu lui a donné une vertu telle que dès qu'il aime quelque chose, il l'intellige; et que, dès qu'il intellige quelque chose, il l'aime si elle est aimable, et ne l'aime pas si elle est haïssable. » Nous verrons que cet accord entre ces deux facultés ne se rencontre pas chez l'homme.

Sans doute, d'après le Coran, la fonction (*wazîfa*) des anges est de glorifier Dieu en disant incessamment *subḥân Allâh*! Mais la ressemblance que note Lulle avec la Trinité prouve nettement que son inspiration n'a ici rien de musulman. D'ailleurs ce qui est important, c'est que sa conception des anges n'a aucun rapport avec celle des *falâsifa* qui faisait d'eux des émanations liées à la production des sphères célestes. On peut donc légitimement en conclure que, sur ce point, Lulle réagissait à l'avicennisme comme tous les autres théologiens chrétiens, pour qui la création ne pouvait s'expliquer par l'instauration d'un premier ange ou intellect, et par les processions qui s'ensuivent.

Considérons maintenant la figure de *s*, l'âme intellective. Elle a trois puissances : la mémoire, l'entendement et la volonté, qui peuvent être considérées dans leur acte ou selon la « privation » de leur acte. Le but de Lulle n'est pas de résoudre le problème de la nature de la connaissance intellectuelle, et par suite celui de la nature de l'intellect; il est de déterminer, du point de vue de la vérité, ce qui peut résulter de l'action combinée de ces trois puissances, selon qu'elle est positive, ou négative (cas de la « privation »). Ainsi la combinaison mémoire-entendement-volonté « forme, dans cet Art, les questions, les arguments, les solutions et les propositions nécessaires ». C'est par là que la connaissance humaine est parfaite et se rapproche de la connaissance angélique, sauf qu'elle n'a pas la garantie de la constance. Si la volonté agit, alors que la mémoire et l'entendement sont en défaut, on a les « suppositions, la foi et les croyances ». Il faut entendre ici la foi en un sens purement humain; en effet, pour Lulle, les vérités de foi sont démontrables précisément par son Art. Si la mémoire et l'entendement sont en partie convenables, et en partie défaillants, avec une volonté hésitante, il en résultera des doutes. Ce qui est important, c'est que l'action de la volonté intervient dans les opérations intellectuelles comme un facteur indispensable à leur bonne marche. En somme, de même que Lulle ne distingue pas, dans l'âme, un intellect agent et un intellect possible, de même il ne distingue pas un intellect spéculatif et un intellect pratique. Sa position est très originale : on ne peut penser sans vouloir, et on ne peut bien penser sans bien vouloir.

Qu'est-ce que l'homme selon Lulle? « C'est un être composé d'âme et de corps, en qui se trouvent vie végétative (*vegetacio*) et sensible (*sensualitat*), imagination, raison et mouvement ». Il n'est pas question, comme chez les Arabes, d'âme végétative, d'âme sensitive, d'âme raisonnable, à proprement parler, mais simplement de puissances qui sont les facultés de l'*homme.* « La forme et la matière constituent un corps dans lequel est la *sensualitat* qui fait que l'*homme* a cinq sens [...]. Par l'imagination, l'*homme* imagine les choses sensibles, car il n'a pas toujours en présence celles qu'il a senties par les sens corporels; aussi l'imagination les retient et les lui représente [...] Par l'imagination, l'*homme* imagine la disposition des opérations du corps, comme écrire, peindre, construire des châteaux et des navires, et autres choses semblables. Cette imagination est appelée forme ou puissance imaginative; elle est la faculté d'imaginer [...]. Elle est en elle-même une essence unique, mais elle se diversifie selon les cinq sens corporels en retenant leur disposition et en marquant son opération diversement selon ce qu'a saisi sensiblement la faculté sensitive. » On voit donc qu'il n'est pas question d'une imagination qui porterait en elle des intelligibles en puissance et aurait besoin d'un intellect agent pour les extraire en acte. L'imagination lullienne est tout entière ordonnée à des actions corporelles qu'elle prépare et contrôle. Son domaine est exclusivement le corps.

« Par la raison (*rao*), l'*homme* a une âme raisonnable qui est créée par une création nouvelle au moment où elle est liée avec le corps. Au contraire, la végétative et la sensitive sont engendrées par le père et la mère de l'homme. Cette raison est formée de trois choses, la mémoire, l'entendement et la volonté, et toutes ensemble sont une seule âme qui est raisonnable. » On constate que la mémoire est nettement séparée de l'imagination, contrairement à ce que pensaient les adeptes de la psychologie d'Aristote.

« Par la mémoire, l'*homme* a le souvenir des choses passées. » Ce n'est donc pas le simple emmagasinement des images de l'imagination : c'est la mémoire du passé de l'*homme*, ce qui est beaucoup plus. Cette idée est d'une importance extrême : si Lulle rapporte tout à l'homme, et non à son âme, c'est que l'homme est une mémoire qui est le soutien de sa personne et de tout ce qui l'exprime. Il est très peu probable que Lulle pense ici au « cogito » avicennien, et moins encore à l'idée qu'en ont tirée Fakhr al-Dîn al-Râzî et Abû'l-Barakât al-Baghdâdî, que l'âme n'est autre que le *Je* (*anâ*) du Je pense, et non seulement du Je pense en un sens limité, mais du Je vois, Je sens, Je désire, Je veux, J'éprouve telle ou telle affection, etc. Il faut pourtant noter l'analogie et le parallélisme des intentions.

Cela étant, la fin de l'homme est double : la principale est en raison du fait qu'il a été créé pour se souvenir de Dieu, Le connaître et L'aimer. La seconde raison est qu'il est appelé à la gloire du paradis, où il jouira « perdurablement et sans fin » du souvenir, de la connaissance et de l'amour de Dieu. Ce n'est pas en considérant la nature de l'âme et de l'intellect que Lulle établit l'immortalité, mais en partant de Dieu et de son œuvre. En effet l'homme a été créé pour connaître et aimer Dieu. « Or comme l'homme est formé et composé d'âme et de corps, et qu'il ne pourrait subsister par l'âme seule sans un corps, il convient que l'homme ressuscite (*covê que hom ressuscit*), sinon il perdrait la fin pour laquelle il a été créé, perte qui est impossible, étant donné que Dieu est si puissant, si bon, si juste, si sage, et si volontaire, que tout ce qu'Il a voulu ordonner doit s'accomplir ». Nouvel exemple du recours à une démonstration par les « dignités », de sorte que l'argument de « convenance » qui en est le nerf ne se fonde pas, contrairement à ce qu'on pourrait penser, sur une appréciation subjective, mais précisément sur les concordances qu'établit entre ces dignités l'art combinatoire qui fait découvrir la vérité recherchée.

Nous avons vu qu'à la différence du cas de l'ange, la volonté et l'entendement ne vont pas constamment de pair chez l'homme. C'est ce qui a amené Lulle à écrire son *Arbre de Philosophie d'Amour*. Il se propose de faire le bien par le biais de l'amour (*per manera d'amor*), ne pouvant le faire par le biais du savoir (*per manera de saber*), parce que le savoir « ne peut porter jusqu'au terme final et à l'accomplissement ». Il raconte que, s'étant retiré dans un bois près de Paris, plein d'arbres, de fontaines, de prés et d'oiseaux, il y rencontre une jeune fille en larmes. Elle s'appelle Philosophie d'Amour, et se plaint d'avoir peu d'amants, alors que sa sœur, Philosophie du Savoir, en a beaucoup plus qu'elle. L'amour des sciences et de la vérité oublie le véritable amour qui en est la racine. Nous avons vu, en effet, que la volonté doit intervenir avec l'entendement et la mémoire dans la recherche de la vérité. La jeune fille dit : « L'occasion qui fait que ma sœur a plus de serviteurs que moi est que les hommes, quand ils se mettent à apprendre les sciences, commencent, par moi, à aimer le savoir, car sans moi on ne peut l'aimer. Une fois qu'ils connaissent les sciences, ils en aiment la philosophie, et ils en ont fait beaucoup de livres. Ils se délectent à aimer les sciences et non à m'aimer, moi et ma philosophie d'amour, qui est véritablement mon essence et ma nature. Par suite, quand ils veulent aimer, ils ne savent pas m'aimer [...] comme ils savent comprendre la vérité des choses qu'ils apprennent. C'est qu'ils passent beaucoup de temps à apprendre les sciences de l'entendement et non à apprendre les sciences d'amour et de bonté. » L'arbre d'amour a dix-huit racines : bonté, grandeur, durée, puissance, sagesse, volonté, vertu, gloire, différence, concordance, contrariété, commencement, milieu, fin, supériorité, égalité, infériorité. On imagine aisément toutes les combinaisons qu'on peut faire avec elles et décrire ainsi toutes les formes particulières de l'amour, de sa naissance, de son développement, de son terme. La définition générale de l'amour étant « le lien par lequel l'amant est attaché à son aimé », on considérera le « bon lien d'amour » comme le lien « qui rattache au bon acte d'aimer, un bon amant et un bon aimé ». Il en sera de même pour la grandeur, la durée, la puissance, etc. On fera ainsi une étude de toutes les formes de l'amour, ce qui n'est pas sans évoquer tant d'ouvrages arabes consacrés à cette question et que Lulle a pu connaître.

En effet, il ne faut pas oublier que Lulle n'était pas seulement un penseur, mais aussi un poète, et que jusqu'à sa conversion, il peut être considéré comme un troubadour, bien que par la suite sa poésie ait été inspirée par une expérience mystique. On sait que, d'une façon générale, le problème s'est posé du rapport entre les idées des Arabes sur l'amour, surtout l'amour *'udhrî*, et les œuvres des poètes occitans. Notons d'ailleurs que de nombreux soufis, poètes ou non, ont utilisé pour parler de l'amour de Dieu un langage emprunté aux poèmes profanes. Sans entrer dans la question disputée des influences possibles, il semble certain que de nombreuses analogies se dessinent. Né à Majorque, Lulle a donc pu s'inscrire dans ce mouvement. Quoi qu'il en soit, dans le premier chapitre de l'opuscule intitulé *Livre de l'ami et de l'aimé*, où il se propose d'augmenter la ferveur et la dévotion des ermites qu'il voulait rendre amoureux de Dieu (*los quals volia enamorar de Deu*), Lulle parle d'un « sarrasin » qui apprend à Blanquerna que parmi les musulmans, il y a « des hommes religieux, appelés soufis, qui ont des paroles d'amour et donnent des exemples de dévotion ». Nul doute que Lulle ait connu de tels hommes. Il a pu s'inspirer de quelques sentences des soufis dans la suite de ce texte. Mais il est difficile de le déterminer avec certitude, car elles pourraient être également d'origine chrétienne.

Le but de la vie et de l'œuvre de Lulle fut essentiellement de travailler à convertir les musulmans. Il se rendit plusieurs fois dans leurs pays, à Tunis en 1296; à Bougie, une première fois en 1306, une seconde fois en 1315 et y mourut assassiné. Sur le plan intellectuel proprement dit, il combattit l'influence de l'averroïsme lors de ses séjours à Paris en 1298 et en 1310, et en réfuta le système dans le *Liber de creatione*, écrit à Messine en 1313, et le *Liber De Deo et Mundo*, daté de Tunis (1315). Mais il faut nous arrêter à un très curieux ouvrage intitulé *Livre du gentil et des trois sages*, où Lulle met en scène un païen désespéré à l'idée de la mort et de l'anéantissement, un juif, un musulman et un chrétien. Les trois sages s'accordent pour tenter de réconforter le Gentil en lui prouvant l'existence de Dieu et la réalité de la résurrection. Puis, à sa demande, chacun lui démontre la vérité de sa foi. Lulle fait montre dans ce livre d'une exacte connaissance non seulement de l'islam, mais aussi du judaïsme. Les exposés sont donc objectifs : il ne s'agit pas d'une joute où chacun des Sages chercherait à l'emporter sur l'autre pour convertir le Gentil à sa foi. En cela le livre de Lulle diffère totalement du *Kuzari* dans lequel c'est le docteur juif qui l'emporte sur le chrétien et sur le musulman et qui convertit le roi des Khazars. Résumer ce livre est impossible; nous en retiendrons les aspects principaux.

Dans le prologue, Lulle rappelle qu'il fut longtemps en relations avec des « infidèles », des musulmans certainement, des juifs peut-être aussi. Le nom d'infidèle a, chez lui, une grande extension. Il évoque les erreurs qu'il les a entendus professer, et déclare vouloir faire son possible pour les remettre dans la bonne voie. Il suivra la méthode employée dans le *Livre du gentil* qu'il avait écrit en arabe, sans doute vers 1269, environ deux ans plus tôt. Après avoir donné le plan de son ouvrage, il présente le Gentil, homme d'une grande sagesse en philosophie, qui pensait à sa vieillesse, à la mort et aux biens de ce monde. « Ce Gentil n'avait pas connaissance de Dieu, il ne croyait pas à la résurrection et il pensait qu'après la mort, il n'y a plus rien. » Ces pensées lui causaient de grands tourments. Il quitta son pays pour une terre étrangère en quête d'un possible remède à ses maux. Selon son habitude, Lulle décrit une mise en scène : une grande forêt creusée de nombreuses sources, des arbres, des fleurs, des fruits, des oiseaux. Le Gentil songe à y demeurer pour admirer ces beautés et tenter d'y trouver « un rafraîchissement à ses graves pensées qui le tourmentaient et le souciaient vivement [...]. Il voulut se consoler et se réjouir de ce qu'il voyait, de ce qu'il entendait, des parfums qu'il sentait. Mais il lui vint la pensée de sa mort, de l'anéantissement de son être; aussi la douleur et la tristesse redoublèrent en son cœur. » En vain change-t-il de lieux; il ne trouve rien, dans ce que le monde a de plus beau, qui puisse apaiser son angoisse (*angoixa*).

Puis Lulle fait entrer en scène les trois sages qui se rencontrent à l'extérieur de la ville; ils se saluent, s'accueillent aimablement et font route ensemble, s'enquérant l'un l'autre de leur santé, de leur état, de leurs projets. Ils tombent d'accord, fatigués par leurs études, pour aller se récréer l'esprit. Notons la bienveillance réciproque que le juif, le chrétien et le musulman se témoignent. Tout en marchant, ils s'entretiennent de leurs croyances et des sciences qu'ils enseignent à leurs élèves, et ils arrivent ainsi dans la forêt où se trouvait le Gentil. Il y avait là cinq arbres et une fontaine à laquelle une belle jeune fille, montée sur un cheval, abreuvait sa bête. Elle leur dit s'appeler Intelligence et leur expose la signification et l'utilité des cinq arbres et de leurs fleurs. Ce sont les arbres dont il est question dans l'Art. Intelligence conclut ses explications en disant : « Par la connaissance de ces arbres, on peut consoler les affligés et apaiser les tourmentés. » Puis elle s'en va et les trois sages demeurent seuls. L'un d'eux dit en soupirant : « Ah, Dieu! ce serait un grand bien si, par ces arbres, nous pouvions tous, hommes que nous sommes, vivre sous une seule loi et en une seule croyance! de sorte qu'il n'y eût pas de rancœur, ni de mauvais vouloir entre les hommes qui se haïssent les uns les autres pour des différences et des oppositions de croyances et de sectes! et, de même qu'il n'y a qu'un seul Dieu, Père, Créateur et Seigneur de tout ce qui est, que tous les peuples s'unissent pour ne former qu'un seul peuple, qu'ils soient tous sur la voie du salut, que tous ensemble ils aient une seule foi, une seule loi, et qu'ils glorifient et louent notre Seigneur Dieu! » Puis il propose à ses compagnons de s'asseoir près de la source et de discuter de leurs croyances selon les conditions des arbres, c'est-à-dire selon les règles de l'Art, car, dit-il, « puisque par l'[argument d'] autorité nous ne pouvons nous accorder, essayons de voir si nous y parviendrions par raisons démonstratives et nécessaires (*per raons demostrativas e nesessaris*) ».

C'est alors qu'arrive le Gentil. Passons sur les détails de la rencontre. Ayant appris la cause des tourments du Gentil, les trois sages décident de lui prouver l'existence de Dieu et la vérité de la résurrection, croyances communes aux juifs, aux chrétiens et aux musulmans. Ils conviennent de parler tour à tour en suivant la méthode que Dame Intelligence leur a enseignée en leur expliquant la signification des arbres. Notons que ces démonstrations concernent ce qu'on pourrait appeler le dénominateur commun aux trois monothéismes.

Nous ne pouvons entrer dans les détails des démonstrations. Voici un exemple relatif à la démonstration de l'existence de Dieu : « Comme un bien fini va de pair avec un être moindre, et qu'un bien infini va de pair avec un être plus grand, du fait que l'infinité et la grandeur se conviennent, et que la finitude convient à la petitesse, il en résulte une valeur significative et une démonstration que voici : si un bien fini qui est moindre et qui va de pair avec le non-être existe, combien plus, sans comparaison, convient-il qu'il existe un bien infini ! Or ce bien est notre Seigneur Dieu qui est à la fois le souverain bien et tout l'ensemble des biens, et dont l'inexistence entraînerait tous les maux. »

À une autre question posée sur l'éternité et le pouvoir, voici la réponse fournie par l'arbre : « Il est certain que l'éternité et le pouvoir concordent avec l'être, car si ce qui est éternel n'avait pas le pouvoir d'être éternel, il s'ensuivrait que, par défaut de pouvoir, il ne serait pas éternel. Si l'éternité n'avait pas, de par son pouvoir même, un être éternel, et si elle n'était soutenue dans son être par aucun pouvoir qui ne fût éternel, il s'ensuivrait qu'il y aurait un pouvoir plus grand dans les choses qui ont un commencement que dans celles qui sont éternelles, ce qui est impossible. Cette impossibilité prouve l'existence de Dieu qui est éternel par son pouvoir même. » Mais le gentil objecte qu'il serait possible que le monde fût éternel. À quoi le sage répond que le monde, par défaut de pouvoir, n'a pas une quantité infinie, et qu'elle est donc limitée et finie, alors que l'éternité n'a ni fin, ni commencement.

Au terme des démonstrations des trois sages, le gentil, convaincu et plein d'allégresse, leur demande de lui enseigner à servir Dieu, et il apprend alors qu'ils ne sont pas soumis à une même Loi, ce qui renouvelle ses craintes et sa tristesse, car il ne sait quelle voie suivre pour être sauvé. À sa requête, les sages acceptent de disputer entre eux devant lui et conviennent d'user de la méthode que leur avait indiquée Dame Intelligence. La loi juive étant la plus ancienne, c'est le sage juif qui commence.

Le point primordial est évidemment pour lui de prouver qu'il existe un Dieu unique et non plusieurs. Il donne plusieurs raisons, dont la principale est que, s'il y avait plusieurs dieux, ils se limiteraient les uns les autres. Un détail de l'argument est intéressant, en réponse à une remarque du gentil, qu'il pourrait exister plusieurs dieux, c'est-à-dire plusieurs essences finies, qui, par leur ensemble, réaliseraient une œuvre infinie. Le sage répond : « La perfection de bonté, de grandeur, d'éternité, de pouvoir, etc., va de pair avec l'infinité d'essence en laquelle il y a perfection de bonté, de grandeur, etc., et elle n'a aucune convenance avec une fin qui serait dans des choses limitées localement et multipliées en nombre, car dans un nombre infini, il ne peut y avoir perfection de bonté, de grandeur, etc., en chacune des choses qui sont finies en leur essence; car s'il en était ainsi, perfection, bonté, grandeur, etc., seraient aussi nobles en une chose finie qu'en une chose infinie, ce qui est impossible. » Importante est la distinction entre l'infinité d'essence et l'infinité numérique. On comprend que l'argument détruit l'idée polythéiste que les dieux seraient des puissances naturelles multiples concordant à produire le monde dans l'infinité de ses aspects.

Il n'est pas possible de nous arrêter ici à toutes les argumentations présentées par Lulle. L'exemple précédent suffira à en donner une idée générale. Tenons-nous en aux questions qui touchent proprement au judaïsme. À une question du gentil, le sage juif répond : « Il est certain que les chrétiens et les Sarrasins croient que Dieu a donné une Loi à Moïse, et ils croient tous que notre Loi est vraie. Mais comme ils croient à d'autres choses qui lui sont contraires, dans la mesure où ils les croient, ils ne croient pas en notre Loi [...]. Nous ne pouvons arriver à la concorde par autorité et c'est pourquoi nous cherchons des raisons nécessaires sur lesquelles nous puissions nous accorder. Les Sarrasins sont d'accord avec nous, avec certaines parties du texte, mais en partie ils nous contredisent sur d'autres : aussi disent-ils que nous avons changé le texte de la Loi, et nous disons qu'ils ont un texte contraire au nôtre. » On ne peut mieux exposer la situation.

Les juifs croient à l'avènement du Messie. Il faut donc le

prouver par les « fleurs des arbres ». La grande Sagesse de Dieu a donné la Loi. « Or comme nous sommes esclaves de tous les peuples par la faute de nos premiers parents, et qu'en raison de la servitude où nous sommes, nous ne pouvons observer et accomplir la Loi que Dieu nous a donnée, alors que nous pourrions mieux la garder en l'ordonnance qui lui convient si nous avions la liberté, il est d'une convenance nécessaire que Dieu envoie un Messie pour nous délivrer de la servitude et de la captivité où nous sommes, afin que nous soyons libres et que nous ayons des rois et des princes comme nous avions l'habitude d'en avoir. S'il n'en était pas ainsi, la grande Sagesse de Dieu serait contraire à la Loi qu'Il nous a donnée. »

Notre but n'est pas de chercher si cet exposé correspond exactement à la pensée des juifs. Il est certain que la notion de l'exil a joué dans leurs méditations un très grand rôle. Quoi qu'il en soit, l'idée du châtiment, telle que la présente le sage, et le rôle qu'il lui fait jouer, introduit l'objection que fait le gentil : « Il est possible que vous soyez en un état de péché qui vous met en contradiction avec la bonté de Dieu, état de péché dans lequel vous ne pensez pas être et dont vous ne demandez pas pardon à la bonté de Dieu qui va de pair avec Sa justice. » Il est à noter que le sage juif ne répond pas à cette remarque, du moins directement. Il met en avant la vertu d'espérance : « Comme pouvoir et espérance vont en nous de pair, du fait que nous espérons en Dieu qui nous aide à sortir de la captivité où nous sommes, alors que nous ne pourrions vivre en cette espérance, si nous n'avions pas le pouvoir d'espérer, comme le pouvoir de Dieu est plus grand que le nôtre, si le pouvoir qui est moindre en nous va de pair avec la vertu (d'espérance), combien plus convient-il que le pouvoir de Dieu qui est plus grand, aille de pair avec notre espérance! Sinon, cela signifierait que notre pouvoir et notre espérance, qui se confient au pouvoir de Dieu, auraient entre eux plus de concordance que n'en aurait le pouvoir de Dieu avec notre espérance [...]. Si cela était possible, notre pouvoir s'accorderait à une plus grande perfection que le pouvoir de Dieu. »

Arrêtons-nous ici, et à propos de la résurrection, rappelons simplement que le sage juif expose trois opinions. La première est celle des juifs qui ne croient pas que l'homme ressuscite; la seconde, celle des juifs qui croient que la résurrection aura lieu avant la fin du monde et sera suivie d'une ère de paix; il n'y aura plus d'autre secte que celle des juifs qui ne pécheront plus; puis viendra un temps où tous les hommes mourront et dès lors, il n'y aura plus de résurrection et les âmes seront dans la gloire sans avoir de corps. Le sage dit que cette opinion est celle de beaucoup de juifs et qu'il la partageait avant d'être venu en ce lieu et d'avoir consulté les fleurs. On a pensé que cette opinion était celle de juifs influencés par Maïmonide dont le traité en arabe, *De la Résurrection*, avait pu être connu de Lulle. La troisième opinion est celle des juifs qui croient à la résurrection à la fin du monde : tous les hommes mourront; les bons auront une gloire éternelle; les méchants seront punis jusqu'à ce que Dieu leur pardonne leurs fautes et leur donne accès à une gloire sans fin; néanmoins, certains resteront en enfer, car leurs fautes sont trop grandes pour être pardonnées; mais ils sont peu nombreux. Le sage, qui s'est rallié à cette opinion, reconnaît qu'elle n'est reçue que par peu de juifs.

Le gentil s'étonne de ces divergences et pense qu'elles ne sont dues qu'à un défaut de science et à un mépris de l'autre vie. Le sage lui fait une très intéressante réponse, qui pourrait bien refléter le jugement de Lulle : « Nous avons tellement le désir de recouvrer la liberté en laquelle nous avions coutume de vivre en ce monde, et nous désirons tellement que le Messie vienne nous délivrer de la captivité où nous sommes, que c'est à peine si nous nous préoccupons de l'autre vie. » Néanmoins, le sage parle du Jour du Jugement, du Paradis et de l'éternité d'amour, de l'Enfer et de l'éternité de justice. Il conclut qu'il a prouvé la vérité de sa Loi par la vertu des fleurs des arbres. Vient alors l'argumentation du chrétien.

Démontrer les mystères du christianisme n'est pas chose aisée. C'est impossible si on se propose de les déduire de prémisses. Mais une fois qu'ils sont révélés, il semble, et c'est la conviction de Lulle, qu'on puisse en rendre raison. « Plus un bien est grand, plus intensément il va de pair avec la perfection en éternité, pouvoir, sagesse et amour [...]. Donc s'il y a en Dieu un engendrant (*engenrador*) qui soit bon, qui soit infini en bonté, grandeur, éternité, pouvoir, sagesse, amour et perfection, et qui engendre un bien infini en bonté, grandeur, pouvoir, sagesse, etc., et si, du bien engendrant et du bien engendré, il résulte un bien infini en bonté, grandeur, etc., plus grandes sont alors en Dieu la bonté et la grandeur. » Le gentil réplique qu'elles seraient plus grandes encore, s'il en résultait quatre ou cinq biens, ou même davantage. Le chrétien répond qu'il suffit d'un engendrant, car s'ils étaient plusieurs, aucun d'eux n'aurait une infinité de bonté, de grandeur, etc. Même remarque pour l'engendré. Lulle fait remarquer que si en Dieu, Créateur du monde, il n'y avait pas génération et procession des Personnes divines, « il Lui conviendrait davantage de faire une œuvre qui lui soit extérieure, qu'une œuvre qui Lui soit intérieure à Lui-même, ce qui est impossible. Cette impossibilité signifie qu'il convient au pouvoir de Dieu de faire acte de pouvoir; à Sa sagesse, de faire acte de sagesse; à Son amour, d'aimer, et cela en une bonté, une grandeur, une éternité, [...] une perfection, un amour infinis. Et cette convenance ne pourrait y être sans la distinction de propriétés personnelles (*proprietats personals*), distinctes les unes des autres, qui sont ensemble une essence divine, infinie en bonté, grandeur, éternité, etc. ». On voit, par cet exemple auquel nous nous bornerons, comment Lulle « démontre » le mystère de la Trinité. On peut dire que son idée directrice est que la perfection de Dieu exige qu'il ait une vie, ou comme le dit Lulle, une « opération » (*obra*) intérieure qui rende compte de l'existence des trois Personnes.

Le gentil demande comment les trois Personnes peuvent être une seule essence divine, sans qu'il y ait composition de ces trois Personnes. Le chrétien répond qu'il ne peut y avoir de composition que de choses finies; ce qui n'est pas le cas des Personnes divines. Le gentil demande encore pourquoi on emploie les termes de Père et de Fils, de quelle manière le Père engendre le Fils et comment l'Esprit Saint procède du Père et du Fils. Mais nous ne pouvons nous arrêter à toutes les réponses qui ne concernent que des problèmes intérieurs à la théologie chrétienne.

Traitant ensuite de l'Incarnation, Lulle fait toujours usage de la même méthode. Voici la raison fondamentale qu'il fait valoir : « Tirer un bien aussi noble que l'humanité du Christ de l'espèce humaine corrompue par le péché, est un plus grand bien que ne l'est tout le reste des biens créés. » Quant à la conception virginale, il la justifie par un très curieux argument : « Autant l'entendement humain est loin de comprendre le bien créé par la bonté de Dieu, autant il est loin de comprendre la bonté et la grandeur du bien qu'Il a créé en Notre Dame et en son fils; or ce qui concorde avec l'être, c'est l'existence de ce qui exalte le plus la grande bonté de Dieu en ce qu'elle n'est pas comprise par l'entendement humain ». On pourrait croire que Lulle fait ici une application du célèbre *Credo quia absurdum*!

Le sage chrétien poursuit l'exposé de sa foi avec les raisons qu'il tire des fleurs des arbres et il conclut qu'elles démontrent la vérité de sa Loi. Le gentil lui dit qu'il les a bien comprises, mais qu'avant de lui répondre, il veut d'abord entendre les arguments du musulman.

À propos de la croyance en un Dieu unique, le sage sarrasin veut attaquer la Trinité en disant que les trois Personnes introduiraient une composition en Dieu. Le gentil lui réplique d'une part que le juif a suffisamment démontré l'existence d'un Dieu unique, et d'autre part que l'objection de la composition, qu'il a lui-même soulevée, a déjà été traitée. À propos de la création, le musulman déclare que Dieu a créé toutes choses, en particulier le bien et le mal. C'est en effet la thèse des théologiens ach'arites. Le gentil s'élève contre cette idée, en s'appuyant sur des arguments qui sont ceux-là mêmes de l'école mu'tazilite : « C'est une des conditions du second arbre que ses fleurs ne soient pas contraires à celles du premier. Or si ce que tu dis était vrai, il s'ensuivrait que la volonté de Dieu serait contraire à sa justice et s'accorderait avec l'injustice. Car si Dieu a créé le péché, il convient qu'Il ait aimé le créer, car s'Il ne l'avait pas voulu, Il ne l'aurait pas créé; et s'Il a créé le péché et la faute, c'est à tort qu'Il châtie ceux qu'Il met en enfer pour avoir commis le péché qu'Il a créé. Comme il est impossible qu'il y ait contradiction entre les fleurs du premier et du second arbre, il est impossible que Dieu ait créé le péché. »

Le sarrasin répond que Dieu, ayant par Sa sagesse une science parfaite, connaissait le péché avant que le monde fût, et Il savait que s'Il créait le monde, l'homme pécherait. Comme Il le savait et qu'Il a créé l'homme et le monde, cela signifie qu'il a créé le péché. Le problème est de savoir si la science que Dieu a entraîne nécessairement l'existence de ce qu'Il sait. Nous l'avons maintes fois rencontré, et il se pose à tous les penseurs monothéistes. Le gentil réplique ici que Dieu peut connaître le péché, « sans que son savoir, non plus que son pouvoir et son vouloir, soit une occasion de pécher. Si Dieu avait un pouvoir tel qu'Il ne puisse le connaître sans vouloir qu'il soit occasion de pécher, ni son pouvoir, ni son savoir, ni son vouloir n'aurait perfection. » Autrement dit ni Son savoir ne peut limiter Son pouvoir; ni Son pouvoir, Sa volonté. Lulle ne met aucune réplique dans la bouche du sarrasin. On passe alors à la question de la prophétie de Muḥammad.

Les gens de La Mecque étaient idolâtres et ignoraient Dieu; ils avaient, comme le gentil, besoin d'être consolés de leur tristesse, et Dieu, en Sa bonté, leur envoya un prophète qui leur apporta la lumière et la connaissance. Cette lumière convient à la bonté de Dieu, ce qui ne serait pas si Muḥammad n'était prophète, et ce qui le prouve, c'est que le bien qu'il a apporté va de pair avec le bien qui est en Dieu. Mais, remarque le gentil, comment se fait-il que la bonté de Dieu laisse dans l'ignorance tant de peuples? « Comme la bonté de Dieu ne satisfait pas à tout le bien qui est nécessaire, elle est contraire à Sa grandeur avec laquelle il conviendrait qu'Il donne satisfaction à tout le bien qui est nécessaire. » Le sage musulman répond que Dieu a donné aux hommes le libre arbitre. Si tous les hommes étaient dans la voie de la vérité, ils n'auraient plus matière à user de leur libre arbitre. « Dieu a laissé certains peuples dans l'erreur pour que nous, qui sommes dans la vérité, nous allions, pour l'amour de Dieu, la leur prêcher, les convertir et leur ouvrir la voie du salut. » D'ailleurs Dieu a envoyé plusieurs prophètes, afin de montrer la grandeur de Son pouvoir en imposant en chaque temps une Loi. Moïse et Jésus, né d'une vierge, furent des prophètes. Le gentil répond d'une part que ces Lois ne devraient pas se contredire, et d'autre part qu'il se pourrait que Dieu envoyât d'autres prophètes après Muḥammad. Mais il convient que Dieu aime Son œuvre et par conséquent qu'Il lui donne une perfection conforme à Son pouvoir et à Sa sagesse. Sans donner de réponse à cette remarque, le sage sarrasin poursuit son exposé des croyances de l'islam concernant le Coran, la résurrection et le jugement, l'intercession du Prophète pour sa Communauté, le Paradis et l'Enfer.

Quelle est la conclusion de ce livre? Le gentil, convaincu de l'existence du Dieu unique avec toutes Ses dignités, Lui adresse un fervente prière, en méditant à partir des différentes fleurs des cinq arbres, et sa prière émeut profondément les trois sages. Quant à la Loi qu'il choisira, le lecteur n'en saura rien, et les sages eux-mêmes ne désirent pas le savoir, pour n'avoir pas un nouveau sujet de dispute. Tout ce qui est dit, c'est que le gentil voit venir deux hommes de son pays et qu'il va vers eux pour leur prêcher la vérité. Quant aux sages ils s'en retournent en ville, comprenant combien il serait souhaitable qu'une seule foi rassemble tous les hommes sous une seule Loi; et, en se séparant « très aimablement et très poliment », ils conviennent de se retrouver pour discuter de cette grave question.

L'œuvre de Lulle est donc tout à fait différente de celle des théologiens spéculatifs de son temps. Il est essentiellement un homme de contact; il connaît les musulmans et les juifs, les musulmans surtout, pour les avoir fréquentés et avoir vécu près d'eux. Il a certainement pu lire certains ouvrages en arabe et il connaît le Coran; mais sa science n'est pas livresque. Comme Roger Bacon, il veut servir la foi chrétienne; mais il s'y prend de façon toute différente, grâce à son Art qui est, en son principe, une invention très originale, mais dont la réalisation, telle qu'il l'a conçue, se heurte à de nombreuses objections. Il y a certainement dans les caractéristiques des arbres et dans le choix de leurs fleurs beaucoup d'arbitraire. Surtout, le *Livre du gentil et des trois sages* montre qu'on peut s'en servir pour démontrer des thèses différentes, voire opposées. Néanmoins, il faut remarquer que le gentil soulève des objections aux raisonnements des sages, en s'appuyant lui aussi sur la méthode des arbres et des fleurs. Le juif et surtout le chrétien répondent, toujours selon la même méthode; mais bien souvent le musulman se tait. Il est certain qu'alors, le gentil devient le porte-parole de Lulle lui-même, dont l'intention de critiquer l'islam, par ce procédé indirect et moins offensant, n'est pas douteuse. Mais l'accent est mis sur la civilité des relations entre les trois sages. Il ne s'agit donc pas, pour Lulle, d'attaquer les musulmans par des accusations calomnieuses et par des propos injurieux et fanatiques à l'encontre de ce qui fut souvent le cas chez de nombreux controversistes chrétiens. Il semble que Lulle s'inspire de la charité de Pierre le Vénérable (1094-1156) qui avait fait traduire le Coran et qui écrivait, s'adressant aux sarrasins, qu'il voulait les aborder, non par les armes, mais par l'amour, ce qui ne l'empêchait pas de faire un examen critique des dogmes de l'islam.

Il semble donc qu'on puisse faire un mauvais usage de l'Art et par suite démontrer des erreurs. Peut-être les trois sages, en se donnant rendez-vous pour continuer la discussion, avaient-ils en vue d'en déterminer le bon usage, de façon à réaliser l'unité de foi qu'ils avaient entrevue comme possible à la suite de l'enseignement de Dame Intelligence. Dans ce cas, il semble que l'Art serait capable de faire découvrir non seulement la vérité, mais la règle de son propre usage, c'est-à-dire qu'il serait « autocritique ». Cette condition est nécessaire s'il doit réaliser un accord universel. Mais ce n'est, hélas! qu'un rêve pieux.

Duns Scot

La pensée de Duns Scot n'a rencontré celle des Arabes que dans la mesure où il était engagé dans une problématique et des discussions propres à ceux de ses contemporains chrétiens qui avaient pris position par rapport aux *falâsifa*, tel saint Thomas en particulier. Il s'agit donc plutôt d'une rencontre indirecte. Il est d'autant plus important de le noter que plusieurs de ses thèses font penser à des conceptions fréquemment soutenues en islam : par exemple le problème de l'accord entre la simplicité de Dieu et la multiplicité des attributs trouve chez Duns Scot une solution dans la notion de distinction formelle : les attributs sont une seule et même essence divine, comme le voulaient les mu'tazilites, mais ils se distinguent en tant que modes différents, c'est-à-dire de différentes manières d'être de cette essence unique. Or la doctrine des « modes » (*ahwâl*) a été soutenue par le mu'tazilite Abû Hashîm al-Jubbâ'î. Mais il est incontestable qu'il n'y a aucune influence du penseur musulman sur Duns Scot, non plus que sur les penseurs franciscains qui, à la suite de saint Bonaventure, avaient transmis ce type d'explication. De même le volontarisme de Duns Scot pourrait évoquer les idées de certains *mutakallimîn*, qui pensaient que Dieu connaît tous les possibles, non comme des objets qui s'imposeraient à Lui, mais à travers le pouvoir et la volonté qu'Il a de les créer. En réalité, c'est par rapport à des problèmes posés par les théologiens chrétiens que Duns Scot définit ainsi sa position. S'il juge que Dieu crée les possibles, c'est bien pour sauver Sa liberté absolue; mais leur création n'est pas arbitraire, car Dieu ne peut créer ce qui est logiquement impossible et ce dont la création contredirait Son essence créatrice. En effet, en Son essence, Dieu est absolument déterminé à s'aimer Lui-même. Et tout ce qu'Il a créé s'accorde parfaitement avec Sa sagesse et Sa justice, un peu comme chez Lulle. Et comme chez Lulle également, « la justice de Dieu est aussi large que Sa puissance », c'est-à-dire qu'aucune des deux ne peut limiter l'autre, comme elles ne peuvent, ni l'une ni l'autre, limiter et déterminer la volonté. En d'autres termes, ce n'est pas parce qu'une chose est juste que Dieu la crée, mais il la crée en vertu du concours de Sa sagesse infinie, de Sa justice infinie, et de Sa volonté infinie. Une telle conception s'oppose donc aux théories des *falâsifa* qui voient dans la création un processus d'émanation à partir d'un Principe Premier qui est sans volonté, sans sagesse et sans justice, du fait de sa parfaite transcendance par rapport aux idées de l'intellect.

Nous nous étendrons un peu plus sur les questions relatives à la connaissance. Duns Scot s'interroge sur « la connaissance que j'ai de moi en mon acte d'intelliger ». Tous les philosophes sont d'accord pour définir l'homme en posant le « rationnel » comme différence spécifique. Par « rationnel », ils entendent que l'âme intellective est une partie essentielle de l'homme. « On ne trouve aucun philosophe notable qui l'ait nié, excepté ce maudit Averroès, qui, dans sa fiction inintelligible et pour lui-même et pour personne, pose que l'intellect est une certaine substance séparée, qui peut se joindre à nous par l'intermédiaire des images de l'imagination. Cette conjonction, ni lui ni aucun de ses sectateurs n'ont été capables de l'expliquer, et ils n'ont pu sauver par elle l'acte humain d'intelligence. » Duns Scot reconnaît sans doute qu'Averroès fut un très grand philosophe. Mais il a eu le tort de nier que l'âme intellective soit la forme de l'homme. « Il a posé comme forme ultime et propre de l'homme une forme sensitive noble (l'imagination) à laquelle s'unit l'intellect séparé comme moteur ou forme intellective, par l'intermédiaire des images (ou phantasmes). Car il a posé que l'intellect de tous les hommes est unique, comme cela apparaît dans son commentaire du *De Caelo et Mundo*. Ainsi d'après lui, l'homme est dit intelliger parce qu'il est mû vers son acte propre par un intellect séparé. Mais c'est là de toutes les erreurs des philosophes la plus méprisable et la plus irrationnelle; elle est manifestement contraire à l'intention du

Maître [Aristote]. Elle est la plus irrationnelle, parce que, plus que toute autre, elle déprécie sans nécessité la nature humaine [...]. En effet, selon Averroès, l'homme, du point de vue de la forme, ne serait qu'un animal sans raison, qui dépasserait cependant les autres animaux par une certaine âme irrationnelle et sensitive supérieure. »

Là contre, Duns Scot propose cette argumentation : « On reconnaît la forme à partir de l'opération. Par suite, à partir de l'opération d'intelliger, on peut raisonner ainsi : intelliger est l'opération propre de l'homme; c'est donc sa forme propre; mais l'acte d'intelliger vient d'une âme intellective; donc l'âme intellective est la forme de l'homme. » Néanmoins, les adversaires que Duns Scot attaque ici font une objection à ce raisonnement, en ce qu'ils prétendent que « l'intellect et le fait d'intelliger se comportent passivement et non activement », selon l'adage aristotélicien : ***intelligere est pati***, d'où résulte qu'en disant : « l'opération propre vient de la forme propre », on ne prouve pas que l'âme intellective est la forme de l'homme, si du moins, comme le pensent ces philosophes, l'opération ne vient pas de cette âme, mais d'un objet intelligible ou d'une image. C'est la doctrine de Godefroid de Fontaines, pour qui l'unique cause de l'intellection est l'objet tel qu'il apparaît dans le « phantasme » de l'imagination éclairé par l'intellect agent. Entre cette opinion, et celle, contraire, d'Henri de Gand qui pense que l'activité appartient tout entière à l'âme, Duns Scot, comme nous allons le voir, tente de tenir un juste milieu.

Il distingue l'action (*actio*) ou acte de faire (*factio*) de l'opération (*operatio*). S'il y a un « agent » ou un « facteur » dans l'acte d'intellection, bien qu'intelliger soit un acte propre à l'homme, l'élément actif peut ne pas être son intellect qui est dit intelliger; de même on dit que son œil voit, mais c'est alors la lumière et les couleurs qui agissent en lui. Ainsi est-on amené, par analogie avec l'action de la lumière extérieure à l'œil, à penser que c'est l'intelligibilité de l'objet intelligible qui agit dans l'âme intellective. Mais l'analogie de la connaissance intellectuelle avec la connaissance visuelle est inexacte. En effet « l'intellect [...] est comparé aux images comme la vue aux couleurs, non en ce sens qu'il connaîtrait les images comme la vue les couleurs, mais en ce sens qu'il connaît les réalités dont elles sont les images; c'est vers elles qu'en connaissant il est d'abord et directement porté. » C'est pourquoi, quand il réfléchit sur son acte d'intelliger, ce qu'il saisit n'est pas l'action des images et des formes intelligibles qu'elles sont en puissance, c'est cet acte qui lui est propre en ce qu'il se termine aux réalités connues au-delà des images. Et c'est ce que Duns Scot appelle opération : « L'opération, en tant que distinguée de l'*actio* ou de la *factio*, inhère de par la forme (*formaliter*) à cela même qui opère, et ne dépend de rien d'autre. » Donc quand l'homme intellige, c'est bien lui qui intellige; ce n'est pas quelque chose d'autre qui intellige en lui. Par conséquent on peut à juste titre conclure qu'en connaissant son opération d'intellection, l'homme connaît une forme qui lui est propre et qui est son âme intellective.

Cela étant, Duns Scot se demande de quelle sorte de connaissance l'homme connaît son âme. Il en distingue trois sortes : une connaissance par signe (*arguïtive*), une connaissance par spéculation (*spéculative*), une connaissance par intuition (*intuitive*).

La première va de l'effet à la cause, comme lorsqu'on connaît le feu par la fumée qui en est le signe. Ainsi connaissons-nous que l'âme, végétative, sensitive, rationnelle, existe en partant de ce que nous observons dans les plantes, chez les bêtes, et en nous, en considérant leurs opérations et leurs effets. C'est une connaissance *a posteriori* « par laquelle nous n'avons pas l'intuition de la nature de la chose connue ». C'est ainsi que nous savons que notre âme existe et est en nous, comme nous connaissons aussi l'âme des autres hommes. Saint Augustin a dit : « L'âme ne connaît rien aussi bien que ce qui lui est proche; et rien n'est plus proche de l'âme qu'elle ne l'est d'elle-même. » Comment se connaît-elle? « Du fait qu'elle sait qu'elle voit, qu'elle se souvient, qu'elle veut, qu'elle intellige, qu'elle juge, etc. » Mais c'est à travers ces opérations que nous connaissons que notre âme existe et est en nous, et nous n'en avons pas une connaissance intuitive plus que nous n'en avons une de l'âme des autres hommes, bien que nous ayons, en ce qui nous concerne, une beaucoup plus grande certitude. Saint Augustin dit même que la connaissance par signe que nous avons de notre âme est très certaine (*certissima*). Néanmoins, si cette *cognitio arguïtiva* n'est pas en elle-même intuitive, « elle trouve finalement son terme dans une intuition ».

L'âme se connaît-elle par spéculation? Il s'agit alors d'une connaissance qui n'est pas celle de telle ou telle âme, « de la mienne ou de la tienne », mais d'une connaissance en commun de toutes les âmes rationnelles qui ont la même quiddité. Les signes que sont les opérations nous révèlent que notre âme existe (le *quod est*), mais non ce qu'elle est (le *quid sit*). Or de même qu'en étudiant les accidents propres, on parvient à la substance dont on peut ensuite déduire ces mêmes accidents, de même est-il possible en étudiant les opérations de l'âme d'arriver à connaître sa quiddité, si bien qu'on peut dire que la connaissance par les signes (*cognitio arguïtiva*) se termine (*terminatur*) à la connaissance du *quid sit res*.

On a fait l'objection qu'il est impossible que nous connaissions une chose par son action, sans savoir que cette action est la sienne, ce que nous ne pouvons savoir si nous ignorons ce qu'est cette chose. Ici Duns Scot cite un exemple donné par *le Commentateur*, Averroès, en ces termes : « Si j'avais à poursuivre un esclave fugitif que je ne connaisse pas, et si je voyais plusieurs esclaves qui s'enfuient, je ne pourrais me saisir de lui à moins d'en avoir par avance une certaine idée. » Et de même, comme le dit saint Augustin, pour connaître la cause par l'effet, le signifié par le signe, l'âme par ses opérations, il faut nécessairement que précède une certaine connaissance de la cause, du signifié et de l'âme. Mais il suffit qu'elle soit indéterminée et générale, « et pour ainsi dire habituelle », c'est-à-dire plus implicite qu'explicite. « Or tout homme a une telle notion innée de l'âme, et cette notion est spécifiée par la considération des opérations, jusqu'à ce qu'il arrive à la connaissance de la quiddité de l'âme. »

Enfin, y a-t-il une connaissance intuitive de l'âme? Sur ce point, il y a plusieurs opinions. « Beaucoup disent que l'âme, tant qu'elle est unie au corps, ne se connaît pas elle-même, non plus que ses *habitus*, et, en un mot, qu'elle ne peut voir aucune réalité spirituelle d'une vision directe, c'est-à-dire intuitivement, mais qu'elle ne la voit qu'à travers ses actes et opérations. Ce n'est pas qu'elle ait l'intuition des actes comme objets d'une vision, puisqu'ils sont spirituels comme les *habitus* (de l'âme) eux-mêmes. Mais, du fait que toute sa connaissance commence à partir des sensations, en percevant les espèces (intelligibles) abstraites des images, elle perçoit son acte par une sorte d'expérience. » En effet, comment est-il connu par moi que mon âme est en acte en moi? « Il est certain que personne n'intellige qu'il intellige, sinon en partant du fait qu'il intellige quelque chose : car intelliger quelque chose vient avant intelliger qu'on intellige. » D'autre part, de même que la matière première est en puissance à toutes les formes matérielles, de même l'intellect est-il en puissance à toutes les formes intelligibles. « Par suite, dans l'ordre des intelligibles, l'intellect est une pure puissance, comme l'est la matière dans l'ordre des sensibles. C'est pourquoi de même que la matière n'est sensible que par la forme qui lui survient, de même l'intellect n'est intelligible que par la forme dont il est revêtu et qu'on appelle communément espèce. Donc notre âme ne peut s'appréhender de telle sorte qu'elle se saisisse elle-même immédiatement; mais c'est en saisissant autre chose qu'elle parvient à se connaître, de même que nous ne connaissons la nature de la matière première que du fait qu'elle est capable de recevoir telles et telles formes matérielles. » Voilà donc ce qu'on peut dire si on considère que la connaissance que l'âme a d'elle-même est une saisie (*apprehensio*) d'elle-même par elle-même. En effet, dans cette réflexion sur soi, l'âme qui saisit ou « appréhende » n'est pas l'âme qui est saisie ou « appréhendée », cette dernière n'étant autre que celle qui intellige une espèce intelligible, et non celle qui s'intellige elle-même. En bref, l'âme qui s'intellige en une appréhension de soi est un sujet; l'âme qui est intelligée en cette appréhension est un objet. Or un objet n'est pas identique à un sujet. Donc l'âme ne se connaît pas par intuition directe et immédiate, mais par l'intermédiaire de l'intelligible qu'elle appréhende.

Mais si on considère la connaissance que l'âme a d'elle-même, non comme une « appréhension », mais relativement à un jugement (*quoad judicium*), il en va autrement. En effet, le jugement n'est pas la saisie d'un objet par l'intellect, mais en jugeant, « l'âme se connaît elle-même, en tant qu'elle a l'intuition d'une vérité immuable, qui est une certaine règle imprimée (*impressa*) en notre pensée, règle à laquelle nous sommes ramenés et par laquelle nous discernons la rectitude de tout ce dont nous jugeons ». Alors quand l'âme réfléchit sur elle-même, elle ne se saisit pas dans l'intellection d'un objet, mais dans une « action qui tend (*tendit*) avant tout et principalement vers son objet ». Par le jugement, c'est donc en cet acte de tension (nous sommes tenté de dire en langage moderne : en cette intention) que l'âme se connaît, indépendamment de ce que sera le contenu, la matière de ce jugement (le *Sachverhalt* de la phénoménologie). Or cette « intention » appartient indubitablement à l'âme elle-même, comme la règle du jugement qui est imprimée en elle. Duns Scot cite à ce sujet saint Augustin (*IX De Trinitate,* ch. 6).

Ce point de vue nous rapproche donc de la réalité d'une connaissance intuitive de l'âme par elle-même, par la réflexion sur elle-même. C'est ce qu'enseigne saint Augustin expressément (*XIII De Trinitate,* ch. 1 ; *Épître 72 ad Nebridium,* etc.). Pour lui, « l'acte d'intelliger ne se produit pas en nous par suite d'une conjonction avec des images sensibles (d'où seraient tirées les espèces intelligibles), mais nous intelligeons notre intellect de l'intérieur (*intrinsecus*) par la pensée et la raison elles-mêmes ». L'âme ne se connaît donc par rien qui soit conjoint au corps. Si elle était dans un corps dont elle ne ferait aucun usage, il est certain qu'elle ne manquerait pas de s'appréhender. Ici Duns Scot se réfère à ce que dit Avicenne de l'homme volant dont il a déjà été question. Toute l'activité de la connaissance relèverait ainsi de l'âme seule.

Duns Scot adopte une solution intermédiaire. Toute nature créée, dit-il, a deux niveaux, l'un supérieur, l'autre inférieur. Ainsi la faculté sensible touche d'un côté aux sens particuliers, de l'autre aux images de l'imagination. Il en est peut-être de même de notre faculté intellective : bien qu'elle soit inorganique, elle a un niveau inférieur, celui de l'expérience de nos actes intérieurs, expérience qui passe par l'intellection des espèces abstraites des images de l'imagination, et qui est due à un « sens spirituel intérieur », sans lequel nous n'aurions aucune connaissance de notre âme. Mais à son niveau supérieur, l'âme a une connaissance intuitive de soi et de ses *habitus.* « Je pense qu'elle se réalise par une espèce différente [...], qui n'est pas à proprement parler imprimée (*impressa*) en elle, car on ne parle d'impression qu'à propos des choses extrinsèques, mais par une espèce exprimée (*expressa*), que l'âme exprime à la suite d'une réflexion d'elle-même sur elle-même, comme fait l'intellect agent qui, s'étant tourné vers les images, abstrait l'espèce intelligible et la dépose dans l'intellect possible. » L'intellect possible est celui qui intellige les espèces « impresses », et son acte d'intelliger n'est donc que l'action de ces espèces sur lui, de sorte qu'il ne peut sans elles s'intelliger lui-même. Mais l'intellect agent est ce niveau supérieur de l'âme intellective qui exprime l'intelligibilité des choses elles-mêmes et dont l'intention est tout entière tournée vers ces choses. « Ainsi se révèle-t-il faux que la chose connue, ou objet, n'agisse en rien sur les puissances de l'âme, alors que [...] la connaissance elle-même vient des deux côtés, à savoir du connaissant et du connu. »

Ainsi Duns Scot s'oppose à la fois à Henri de Gand (maître séculier à Paris en 1277), et à Godefroid de Fontaines (maître en théologie qui enseigna à Paris de 1285 à 1303, et mourut en 1306). Henri de Gand attribuait toute l'activité à l'âme et s'appuyait sur saint Augustin : « Tout vivant vaut mieux que le non-vivant ». Or l'effet ne peut dépasser sa cause en perfection. La connaissance qui est opération vivante ne peut résulter que d'un principe vivant. Mais en parlant de la distinction du vivant et du non-vivant, saint Augustin n'a pas eu l'intention de l'appliquer à la distinction du connaissant et du connu puisqu'il affirme au contraire leur concours en d'autres passages.

Quant à Godefroid de Fontaines, il refusait toute activité à l'âme intellective et il niait sa causalité relativement à l'intellection. Duns Scot écrit : « L'intellect possible, qu'il soit informé par une espèce intelligible, ou qu'il soit nu, ne peut exercer une telle causalité, parce que, disent les tenants de cette thèse, rien ne peut agir sur soi-même. » En effet, il y aurait d'un côté ce qui agit et serait en acte, de l'autre ce qui pâtit et serait en puissance. Le même être serait donc à la fois en acte et en puissance. Pour la même raison, l'agent et le patient doivent être distincts quant à leur sujet. Or, puisqu'il est admis (contre les Arabes) que l'intellect agent et l'intellect patient, étant tous les deux dans l'âme, ne sont pas distincts quant à leur sujet, il en résulte que l'intellect agent ne peut rien causer dans l'intellect possible. Pour Godefroid, l'intellect agent n'est en rien la cause efficiente qui fait apparaître dans les images de l'imagination (*phantasmata*) les formes intelligibles. Il n'y a rien d'autre que le « contact spirituel d'une lumière » par laquelle cet intellect éclaire les images et dissipe ce qui les empêche d'être intelligées. Mais ce ne sont que ces « phantasmes » qui exercent une action causale dans l'intellection. S'il intervient une illumination qui irradie sur les images, son efficience sera celle de Dieu qui a créé une telle lumière dans l'intellect possible. Mais créer cette lumière dans cet intellect, ce n'est pas être l'intellect agent séparé qui fait passer à l'acte les intelligibles en puissance dans l'imagination, selon la doctrine avicennienne. La lumière, en éclairant les images, dissipe les ombres de la sensibilité, les fait resplendir et agir sur l'intellect en produisant l'intellection. Par suite, selon cette doctrine, « Rien d'autre que Dieu ne se comporte activement par rapport à l'intellection, si ce n'est le seul *phantasma.* »

Duns Scot oppose à cette doctrine de nombreuses objections. Toutes se ramènent au fait qu'il existe incontestablement une activité de l'intellect dans le raisonnement, l'argumentation syllogistique, la pensée relationnelle. La connaissance ne se limite pas à l'appréhension d'espèces intelligibles agissant sur l'intellect en surgissant dans les images. « Si en effet le phantasme cause toute intellection, toute intellection causée par lui sera réelle (*realis*), ainsi appelée parce qu'elle est causée immédiatement par la chose ou par l'espèce qui représente la chose. » La pensée ne pourra prendre aucun recul qui seul permettrait une intellection capable d'être « cause des intentions logiques et des relations rationnelles ». Duns Scot note enfin que nous n'intelligeons pas en acte de façon continuelle. L'expérience nous apprend que notre intellection est après n'avoir pas été (*habet esse post non esse*). Ce fait exige une cause active qui soit en nous, sinon il ne serait pas en notre pouvoir d'intelliger quand nous le voulons. On retrouve ici cette idée que la volonté n'est pas étrangère à l'acte d'intellection.

Conclusion

On voit que tous ces penseurs, pour la plupart franciscains, ont puisé l'essentiel de leurs doctrines dans l'interprétation que chacun donnait de saint Augustin, afin de résoudre les problèmes théologiques qui se posaient alors à la chrétienté. Ce faisant, ils ont rencontré les *falâsifa* arabo-musulmans, tout particulièrement Avicenne sur qui il leur arrive de s'appuyer pour soutenir leurs thèses, mais qu'ils n'hésitent pas à critiquer au sujet de la création du monde et de la connaissance humaine. Ils citent également Averroès, surtout pour attaquer sa doctrine de la création *ab aeterno* et celle de l'intellect agent séparé et unique pour tous les hommes. Mais il faut remarquer, qu'en tant que commentateur d'Aristote, on le respecte et on a souvent recours à lui, sans pour autant se soumettre aveuglément à son sentiment. D'une façon générale, on peut conclure que la pensée « arabe » est partout présente, qu'elle fait partie de la culture philosophique et théologique de ce temps. Nous allons le constater davantage encore en examinant l'influence de l'aristotélisme qui, en partie à travers Averroès, va supplanter le platonisme augustinien.

6. *Aristotélisme et averroïsme*

Pourquoi au XIIIe siècle l'aristotélisme a-t-il supplanté le platonisme que véhiculaient les œuvres de Denys l'Aréopagite et de saint Augustin, alors que, prise à la lettre, la pensée d'Aristote est contraire aux exigences de toute foi monothéiste, et que, d'ailleurs, elle était en Chrétienté, condamnée par l'Église, avec interdiction de l'enseigner? Il y a là plusieurs raisons. La plus générale est qu'Aristote a été de mieux en mieux connu. Jusqu'alors on ne disposait guère que de son œuvre logique qui pouvait servir le raisonnement théologique sans poser de graves problèmes. Grâce à l'intermédiaire des Arabes, mais aussi grâce à des traductions latines faites directement sur le grec, les idées métaphysiques, morales et physiques du Stagirite viennent à se répandre, et il en résulte, chez les chrétiens, un important changement de point de vue. Auparavant on peut dire qu'ils voyaient la nature à travers certains psaumes qui sont un véritable cantique des créatures célébrant le Créateur. Tous les êtres de ce monde reflétaient la puissance et la richesse de Dieu, dispensateur de tout être et de tout bien. Autrement dit, le monde créé était directement et uniquement considéré dans son rapport à Dieu, dans les signes qu'il porte en lui de l'œuvre créatrice divine. Avec Aristote, l'univers est étudié en lui-même à travers les phénomènes qui révèlent la nature et les lois de ses divers mouvements. Et Dieu, si on peut encore parler de lui comme Premier Moteur immobile, n'est que la clé de voûte qui maintient en place l'édifice du monde. Or si ce type de pensée a prévalu, en dépit de toutes les objections qu'on pouvait élever contre lui, c'est qu'il y a une seconde raison plus contraignante.

En effet, les sciences s'étaient développées, et sur ce point, comme nous l'avons signalé plus haut, les Arabes ont joué un grand rôle. Leurs savants, héritiers de la science grecque, avaient fait faire de notables progrès aux connaissances, en médecine, en astronomie, en physique. N'oublions pas que leurs grands *falâsifa*, Avicenne, Avempace, Ibn Ṭufayl (Abubacer), Averroès, ont été des médecins, voire, à des titres divers, des astronomes. Cette science arabe était très florissante en Espagne et en Sicile. En Espagne, on discute des idées d'Aristote et de Ptolémée et on note un retour à la théorie aristotélicienne des sphères avec al-Bitrujî (Alpetragius). En ce domaine, l'œuvre de Jâbir b. Aflaḥ est considérable. En médecine, il faut citer Ibn Juljul, al-Ghâfiqî et surtout les « Avenzoar » (Marwân ibn Zuhr, ami d'Averroès, et son fils Muḥammad, que connut Maïmonide). Par la Sicile, la science arabe s'infiltre également en Europe chrétienne, sous l'impulsion de l'empereur Frédéric II de Hohenstaufen, célèbre pour la sympathie qu'il marqua en faveur de l'islam et connu surtout par sa correspondance avec le philosophe Ibn Sab'în à qui il posa diverses questions philosophiques : sur l'existence du monde *ab aeterno,* sur la logique et la connaissance, sur la nature de l'âme. Or Albert le Grand et Thomas d'Aquin ont fait leurs études en Italie dans des milieux où se développait, sous cette influence, l'étude de la science arabe.

L'idée que la doctrine d'Aristote convenait seule à l'intégration de cette science ne pouvait que s'imposer. Avicenne lui-même, dont l'ouverture sur la possibilité d'une vie spirituelle par un « retour » (*ma'âd*) à Dieu avait pu séduire certains augustiniens, n'avait-il pas, dans son *Shifâ'* en particulier, fait un exposé complet de la pensée d'Aristote, et n'était-il pas un des plus célèbres médecins en même temps qu'un philosophe? Mais si on devait désormais accorder toute sa place à une étude des lois de la nature, si la raison humaine était faite pour découvrir et énoncer ces lois, le problème de sa relation à la foi devenait des plus délicats. Et il l'était d'autant plus qu'on cherchait davantage à comprendre Aristote comme le théoricien d'une méthode que l'on considérait comme la seule adaptée aux besoins de la science. Or ce point de vue était celui d'Averroès qui avait dénoncé chez Avicenne ce qu'il considérait comme des déviations en un sens néoplatonicien. Dans ces conditions, Averroès apparaissait aux penseurs chrétiens, comme *le commentateur* d'Aristote, et d'un Aristote devenu inévitable, mais en même temps il les plongeait dans des difficultés inextricables. Il fallut le génie d'Albert le Grand et de Thomas d'Aquin pour se tirer de cette inconfortable situation.

Notons enfin que les penseurs juifs ont joué un rôle non négligeable dans cette mise en valeur de l'averroïsme. La plupart des commentaires d'Aristote par Averroès furent traduits en hébreu entre 1189 et 1337. On sait l'influence qu'exerça Maïmonide sur la pensée chrétienne.

Saint Albert le Grand (1206-1280)

Albert le Grand fut précisément, parmi les philosophes chrétiens de cette époque, un de ceux qui s'appliqua aux sciences de la nature, en relation avec la métaphysique. Dans sa *Physique,* il s'intéresse aux idées d'Averroès concernant la réalité des individus. L'œuvre de la nature (entendons bien, par nature, le principe du mouvement qui régit le monde sublunaire) vise toujours la production d'un être naturellement parfait. Mais comme il ne peut subsister que dans un sujet et que ce sujet est individuel, la nature, tendant par soi à ce qui est parfait, produit par accident l'individu. C'est ainsi qu'il faut entendre ce que dit Averroès, que l'œuvre de la nature est l'espèce, et n'est ni cet individu particulier, ni l'être dans le genre. En effet, si elle ne visait que la production de l'individu, son œuvre serait détruite, puisque les individus périssent; mais si elle ne visait que l'universel qui est dans le genre, il lui suffirait de produire n'importe quel être générique, or il existe une multitude d'individus qui alors compteraient pour rien. Donc ces deux conceptions sont toutes deux fausses. Albert fait ici appel à la notion avicennienne d'*individuum vagum*, qui est l'individu d'une espèce. Il est appelé « vague » parce qu'il n'est pas déterminé comme étant tel ou tel; il n'en est pas moins un individu : un homme, un bœuf. Pour comprendre cette idée, on peut partir de la proposition : le bœuf rumine. Il est évident que ce n'est pas l'espèce « bœuf » qui, en tant qu'espèce, rumine. Il ne saurait s'agir que du bœuf individuel, bien qu'il ne soit pas précisé que c'est tel ou tel bœuf déterminé. Par suite, ce qui fait qu'un bœuf est un bœuf, c'est bien sa nature spécifique; mais ce qui fait qu'un bœuf existe et rumine, c'est sa réalité individuelle. À cela pourront s'ajouter des caractères individuels qui préciseront s'il s'agit de tel bœuf ou de tel autre. C'est donc par la distinction du *quod est* (l'être qui est) et du *quo est* (ce par quoi est l'être qui est) qu'Albert résout le difficile problème de l'individuation. Or ce que Dieu crée, c'est le *quod est*, ce qui existe. Par conséquent Il crée des individus et non des genres. En d'autres termes, Dieu ne crée pas la forme commune, générique, puis la matière individuante, puis le composé de la forme et de la matière, de telle sorte que, dans ce composé, la forme serait individuée par la matière, mais il crée directement, par un seul acte de création, le composé forme-matière, c'est-à-dire l'individu; et en le créant, il le connaît.

Ainsi est évitée cette conséquence, contraire à la foi, que l'individualité de chaque homme disparaîtrait avec son corps matériel au moment de la mort. Ce n'est certainement pas ce qu'Averroès voulait ici prouver, car pour lui, comme pour Aristote, la forme ne subsiste pas sans la matière, ni la matière sans la forme, et ce qui est éternel, c'est l'espèce qui se perpétue à travers la succession des individus. Pourtant Albert acceptait, comme aussi saint Thomas, ce principe fondamental de l'hylémorphisme aristotélicien. Car pour lui, si l'individuation ne résulte pas de la matière (la matière est simplement la source de la multiplication numérique), elle n'est pas davantage le fait de la seule forme. Mais l'essentiel à ses yeux était de rejeter la doctrine de l'individuation par la matière. L'homme individuel est matière et forme, corps et âme : composé si on veut des deux, mais en une unité substantielle, non en un agrégat. Voilà ce que la philosophie peut dire. Pour le reste c'est la foi qui enseigne que l'homme ressuscite corps et âme, et ne perd pas son individualité par la mort. Notons néanmoins qu'Albert s'exprime ici en physicien : il parle en effet de l'opération de la nature, non de l'œuvre de Dieu, et il se contente de dire que la nature « tend » vers un être qui est « parfait, divin et perpétuel ». En effet, pour Aristote et pour Averroès, tous les êtres de la nature sont mus par une sorte d'attraction du Premier Moteur immobile, qui, pour Albert, est Dieu.

Quel rapport la science physique a-t-elle donc avec la matière? Avicenne pensait que le physicien ne considère pas la matière première, mais une matière déterminée : celle d'un élément, d'un minéral, d'une plante ou d'un animal. Mais Averroès, « qui », écrit Albert, « s'est toujours appliqué à contredire ses pairs », argumente pour prouver le contraire : il en est, sur cette question, de la physique comme des arts. « S'il y avait un art mécanique général de tous les mécanismes, il considérerait la matière de tous ces mécanismes, qui serait la matière première dans le genre de la mécanique; donc, comme la physique est la science générale de toutes les choses naturelles, de même que la mécanique est l'art général de tous les mécanismes, elle considérera la matière première de toutes les choses naturelles, et c'est ainsi que le physicien s'occupe de la matière première ». En effet, tout mécanisme est matériel; cela étant, ce qui importe, c'est sa structure, non la matière seconde, par exemple tel ou tel métal employé pour la réaliser. Il en va de même de la nature.

Averroès explique donc qu'Avicenne fut trompé par un passage délicat des *Seconds Analytiques,* où Aristote dit qu'aucun savant ne peut démontrer les causes du « sujet » de sa science. Autrement dit, le sujet lui est donné, et il l'étudie en travaillant sur cette donnée. L'erreur d'Avicenne est, selon Averroès, d'avoir compris ce propos d'Aristote comme s'appliquant à tout genre de démonstration. Or si le physicien ne peut démontrer par une cause physique (*per causam*) l'existence de son sujet, à savoir l'être doué de mouvements, il peut la démontrer par un signe physique (*per signum physicum*) et ce signe est la propriété de l'être soumis au changement (*proprium entis transmutabilis*). Or ce signe signifie purement et simplement par lui-même la matière première. Donc le physicien prend en considération la matière première.

Mais Albert critique l'objection d'Averroès. « Il aurait pu voir, s'il l'avait voulu, que la matière première se prend en deux sens : il y a la *materia primo prima*, c'est la matière pure et simple, dont on ne peut rien dire et que le physicien ne peut démontrer ni par une cause, ni par un signe; telle est l'opinion d'Avicenne; mais il y a la *materia secundo prima*, la première à laquelle se réfère le physicien dans le genre des êtres physiques, comme au sujet premier des réalités naturelles. Elle est bien la « chose » soumise au changement, mais elle n'est pas la matière première au premier sens dont on ne peut rien dire et qu'aucun signe ne peut signaler. Elle est matière première dans un genre (*materia in genere prima*), non la matière première *simpliciter*. Et reprenant l'exemple de l'art mécanique, Albert en dégage la conclusion qu'il implique et qu'Averroès n'avait pas remarquée en le proposant :

« De même, si les arts avaient une science universelle des mécanismes, cette science ne s'étendrait pourtant pas au point de parler d'un sujet qui ne relèverait en rien de la mécanique, mais elle éclairerait le sujet premier dans le genre des choses mécaniques [...]. Il se révèle ainsi clairement qu'il n'y a aucune erreur dans les paroles d'Avicenne ».

C'est probablement dans la suite de cette réflexion sur la matière première, qu'Albert critique avec insistance les idées d'Avicébron selon qu'il y a une matière première dans tous les êtres tant corporels qu'incorporels. Il en fait un exposé très détaillé au chapitre 11 du troisième traité du premier livre de sa *Physique*. Il n'est pas nécessaire à notre projet de le suivre en tous ces détails, et il nous suffit de signaler qu'il fait grand cas de la pensée d'Avicébron, puisqu'il lui consacre, fût-ce pour le réfuter, tout un long chapitre. Notons que, du point de vue théologique, la majorité des penseurs chrétiens, les thomistes, les théologiens de Salamanque (*Salmaticences*) et de Coïmbre (*Conimbricences*) se sont élevés contre la doctrine d'Avicébron qui considérait les anges comme faits de matière et de forme. C'est probablement la conséquence de sa doctrine concernant les anges qui a déclenché les attaques dont il fut l'objet.

Voici, à titre d'exemple, le premier argument d'Avicébron, tel que le rapporte Albert : « On peut ramener toutes les substances corporelles et incorporelles à un genre unique qui est la substance. Donc on peut les ramener aux principes de ce genre. Or il est constant que, le genre étant composé, les premiers principes qui le composent sont la matière et la forme. Il est ainsi établi que toutes les substances corporelles et incorporelles qui tombent sous ce genre ont une matière première unique ». Il est évident que cette matière première unique est exactement la *materia primo prima*, la matière prise *simpliciter*, dont nous venons de parler. En effet, selon la raison, tout ce qui prend forme et reçoit distinction se trouve être auparavant informe et indistinct (*ante se habet informe et indistinctum*). Or cet informe indistinct, c'est la matière : « Donc avant toutes les substances corporelles et incorporelles qui ont forme et distinction dans un être substantiel, il y a de l'informe qui est la matière ». La question se pose certes de savoir ce qu'il faut entendre par cet « avant ». Avicébron précise qu'on parvient à reconnaître l'antériorité de l'informe par rapport à ce qui a forme, par une démarche de la raison (*secundum viam rationis*), « bien que selon l'existence il lui advienne de lui être simultané » (*licet forte secundum esse simul sit cum ipso*). Mais cette voie de la raison ne signifie pas que l'antériorité de la matière première, qu'elle fait découvrir, soit une antériorité de raison. Elle est bien réelle : « Donc avant toutes les choses corporelles et incorporelles qui reçoivent forme et distinction dans l'être de la substance, il y a l'informe et l'indistinct, selon la voie de la raison ». Et de cette matière première unique pour tous les êtres, Avicébron dit : « Plus elle est antécédente (*prior*), plus nombreuses sont les formes qu'elle enveloppe en puissance, et c'est pourquoi la matière première contient en puissance toutes les formes ».

Or c'est précisément contre cette antériorité, cette antécédence de la matière première, qu'Albert s'élève, car il n'admet pas que la composition des êtres de ce monde et de l'homme en particulier soit la simple réunion de deux principes d'abord séparés. La création consiste à faire exister directement le composé de forme et de matière. Au contraire, pour Avicébron, la matière et la forme existent séparément dans la pensée de Dieu, avec tout ce qu'elles renferment en puissance, et la création consiste à leur donner l'être pour qu'elles s'unissent en agissant l'une sur l'autre. Mais les formes selon Avicébron, ainsi que le note Albert, sont de deux sortes : « En effet, certaines sont avant le genre; on les appelle principes : ainsi la qualité d'être (*entitas*), l'un (*unum*), la chose (*res* : notons qu'Avicenne faisait du mot « chose », *shay'*, l'équivalent de l'être en tant qu'être). Certaines autres introduisent ce qui est informé par elles dans un genre distinct, telles la substantialité (*substantialitas*), l'accidentalité (*accidentalitas*) et autres semblables. Les premières ne font pas de distinction dans la matière, et, de ce fait, elles ne resserrent pas (*non coarctant*) ses puissances. C'est pourquoi la matière première, par sa puissance, n'enveloppe que l'être (*ens*), tant les corporels que les incorporels. Mais la matière, considérée comme principe de la substance composée, ne peut recevoir les accidents que grâce à la forme substantielle qui lui donne sa perfection; par suite, devenue parfaite par la substantialité, la matière est sujet des accidents [...]. On voit par là que ce qui soutient les formes des accidents, c'est le sujet en tant qu'il est composé de matière et de forme (c'est-à-dire la substance); mais il ne peut être un tel soutien que grâce à la matière qui est en lui et le soutient d'abord ».

Ainsi, dans l'acte créateur, la matière première est unie à la forme universelle de l'être (*entitas*) et devient matière universelle. Les puissances de cette matière et de cette forme, à l'origine fondues en une parfaite unité, se « resserrent », se délimitent progressivement par des distinctions de plus en plus compactes, et il se constitue ainsi une hiérarchie descendante des êtres, ceux qui sont à un niveau supérieur incluant les inférieurs. Ainsi a-t-on la forme de la substantialité; puis la forme des substances incorporelles et celle des substances corporelles : « C'est qu'une puissance unique peut recevoir des distinctions par la forme de la nature incorporelle et par la forme du corps en son acception universelle. » Mais cette hiérarchie n'est pas une classification statique; elle est, comme chez les néoplatoniciens, dynamique : « La forme de la nature incorporelle a pouvoir sur le corps qu'elle meut et qu'elle marque. C'est pourquoi la matière qui a reçu distinction de par la forme de la nature incorporelle qui est ou bien intellectualité (*intellectualitas*), ou bien sensibilité (*sensibilitas*), ou bien végétativité (*vegetatio*), est au-dessus de tout corps. » Par là s'explique la connaissance : « Pour cette raison, la nature intellectuelle possède en soi toutes choses en puissance, et par la lumière de l'intelligence formelle (qui est forme), elle se tourne vers tout ce qu'elle a en soi, car, selon l'ordre de la nature, l'intelligence vient avant le corps. » L'intelligence enveloppe dans sa compréhension tout ce qui vient, dans la hiérarchie, à la suite de sa propre forme, mais ne comprend pas les intelligences qui lui sont antérieures, sauf dans la mesure où elle porte en elle les impressions qu'elles exercent sur les âmes raisonnables. Quant à la faculté sensitive, elle est moins compréhensive car sa forme la resserre davantage et qu'elle se limite à ce qui lui fait suite, c'est-à-dire aux accidents des formes corporelles. On descend d'un degré avec la puissance végétative. Quant au mouvement, il a pour principe l'intelligence, mais « la force motrice est de plus en plus entravée à mesure qu'on descend davantage dans des formes qui introduisent plus de distinctions dans la matière ». Tel est l'essentiel de l'exposé d'Albert le Grand sur la pensée d'Avicébron.

La critique qu'il lui adresse est simple : Avicébron est plus stoïcien que péripatéticien, du fait qu'il admet des êtres matériels qui n'existent en aucun corps. En réalité, les intelligences des sphères (et pour Albert, il s'agit des anges) ne sont pas composées de matière et de forme, mais elles sont simples; elles ne sont pas cependant au comble de la simplicité, car elles peuvent réfléchir sur elles-mêmes et se connaître; relativement à çette réflexion sur soi, on peut dire qu'elles ont un certain mode de composition, mais non de composition essentielle qui résulterait du concours d'une matière et d'une forme, car là où il n'y a pas de puissance qui passe à l'acte, il n'y a pas de matière. C'est pourquoi la matière première, du point de vue de l'existence, ne peut être considérée que dans un corps mû, ou dans un mobile en puissance à un lieu. Or dans les intelligences, il n'y a pas une telle puissance. Elles sont liées à leur sphère comme le moteur au mobile, mais le moteur ne reçoit rien du mobile. Si les sphères ont une matière, il n'en résulte donc pas que leurs intelligences en aient une. L'opinion d'Avicébron n'est donc pas admissible. Il est vrai qu'on peut lui concéder que, dans la définition d'un être, le genre joue le rôle de matière par rapport aux différences spécifiques qui l'actualisent : l'animal est homme ou cheval en puissance. En ce sens tout ce qui tombe sous un genre aura une matière. Mais cela ne concerne que les définitions. Dans la réalité, il n'y a pas une matière du genre animal qui existerait en puissance et qui passerait à l'acte en recevant la différence spécifique « raisonnable » pour engendrer l'homme. Les relations logiques ne doivent pas être confondues avec les relations ontologiques. Quoi qu'il en soit, « si les substances incorporelles ne sont pas ordonnées dans un genre, mais sont simples, ce que dit Avicébron ne doit pas être vrai ». Et si on entend, par matière, non pas la matérialité générique, mais « une substance en puissance, puissance par laquelle elle est sujette au mouvement et au changement », alors « la matière ne peut être considérée que dans un corps mû ».

Sur les questions relatives à l'âme, Albert le Grand expose les doctrines des péripatéticiens arabes et d'Avicébron avec la même minutie. Tous les péripatéticiens estiment que l'intellect possible est « séparé », selon les deux sens du terme. D'abord on qualifie de séparé ce qui est dépouillé des marques qui spécifient et individualisent : c'est le cas des principes universels. Ensuite on entend par là ce qui est une chose en puissance avant de la posséder en acte. Mais Platon a introduit une troisième signification d'après laquelle nous appelons « séparé » ce qui est divisé selon le lieu et le sujet, et c'est ainsi que l'âme intellective est séparée de l'âme sensitive, de l'âme qui meut localement et de l'âme végétative. Mais ce n'est pas en ce dernier sens que les péripatéticiens ont parlé de ce qui est séparé, car ils étaient certains que l'âme est substantiellement une et qu'elle n'est diversifiée que par ses facultés.

Aristote a montré que l'intellect possible est séparé au premier sens du terme, au moyen de deux raisons. La première est que toute connaissance dans l'âme existe en vertu d'une certaine convenance qu'elle a avec cette âme. Ainsi fallait-il qu'il y eût une convenance harmonique (*congruentia harmonica*) du sens au sensible et de l'imagination à l'imaginable. De même donc la connaissance universelle doit avoir une concordance avec l'âme. Or ce qui est spécifique et individué n'a aucune concordance avec l'universel, mais au contraire s'y oppose. La connaissance universelle étant relative à l'intellect possible, il faut que cet intellect soit séparé de tout ce qui pourrait le spécifier et l'individuer, comme l'universel est séparé de ce qui est spécifique et individuel. La seconde raison est que l'universel, en tant que tel, n'est pas dans une chose, car ce qui est dans une chose y est selon ce qu'elle est, par suite il est divisé d'avec les autres choses, il est particulier et n'est universel qu'en puissance. Par suite l'universel n'existe que dans la mesure où il est dans l'âme : « il faut donc qu'il soit universel par l'être grâce auquel il est dans l'âme ». Mais il ne peut avoir cet être dans un sujet joint à des particularités individuantes. Donc le sujet de l'universel, à savoir l'intellect possible, doit être en ce sens séparé.

À ces raisons s'en ajoutent deux autres : l'une est d'Averroès, la seconde d'Avicenne. Voici celle d'Averroès : « Si l'intellect possible n'était pas séparé de la matière et de ses concomitants, il serait soit la forme du corps, soit une forme opérant organiquement dans le corps. Quoi qu'il en soit, il s'ensuivrait que ce qui est dans cet intellect serait individué par lui, de même que toute forme est individuée par son sujet individuel. Mais le particulier individuel n'est intelligible qu'en puissance. Par conséquent, ce que l'intellect intelligerait en acte ne serait intelligible qu'en puissance, ce qui est impossible. Il est donc impossible que l'intellect possible ne soit pas dépouillé (*denudatum*) de toute matière et de ses concomitants. »

Quant à Avicenne, « il tente d'apporter une preuve plus forte ». Il faut, dit-il, que l'universel soit l'universel de quelque chose et en quelque chose : « de quelque chose », parce qu'il se rapporte à ce dont il est prédiqué; « en quelque chose », parce qu'il est dans l'entendement. L'universel tient donc son être ou bien de ce dont il est l'universel (le prédicat); ou bien de ce en quoi il est (l'intellect). Dans le premier cas, il tient son être d'une chose en acte et il est universel en acte, non en puissance. Il n'a donc pas besoin d'un agent qui l'actualise; il peut agir par lui-même, mouvoir l'intellect possible et le conduire à sa perfection en se passant de l'intellect agent. Mais cette conséquence est contraire à ce qu'enseignent tous les péripatéticiens. L'universel n'est dans les choses qu'en puissance et il ne peut passer à l'acte par lui-même, car tout ce qui est en puissance ne peut passer à l'acte que par l'action de ce qui est en acte. Il reste donc que l'universel tient son être de l'intellect dans lequel il est. Et comme précédemment il faut conclure que cet intellect doit être séparé selon les deux significations susdites, sinon ce qu'il intellige serait individué et ne serait pas l'intelligible universel. L'intellect possible est comme une table rase.

Cela dit, Albert attaque l'opinion d'Avempace (Ibn Bâjja) et d'Abubacer (Ibn Ṭufayl). Ils s'accordent pour dire que « dans tous les hommes présents, passés et futurs, il n'y a numériquement et spécifiquement qu'un seul et unique intellect ». Ils ont cherché de quelle manière il est en continuité avec chaque homme et ils ont pensé que cette continuité (*continuatio*) et cette union (*unio*) ne pouvaient être le fait de l'intellect possible et de l'intellect agent, puisqu'ils sont séparés et n'ont rien de commun. Mais ils ont compris que ce qui est spécifiquement et numériquement un chez tous les hommes a une perfection spécifiquement et numériquement unique. Par suite, si un homme acquiert une science, n'importe quel autre homme devra l'avoir également, ce qui n'est pas vrai. Aussi ont-ils dit que dans l'âme humaine, seul l'intellect agent est séparé, tandis que l'intellect possible est lié au corps et n'est autre que l'imagination (*phantasia*). En effet les images de l'imagination sont en puissance l'intellect qui devient intellect en acte quand elles sont abstraites par l'intellect agent. « Et comme l'imagination n'est pas unique pour tous les hommes, c'est en chaque homme particulier que s'unissent cet intellect (non séparé) et ce qu'il intellige. L'intellect possible n'est donc pas en l'homme un sujet qui reçoit les intelligibles; il est la forme de la connaissance spéculative, forme dépouillée et abstraite « dans la lumière de l'intellect agent ». Ainsi Avempace et Abubacer sont en partie d'accord avec Théophraste et Thémistius, en partie en désaccord. Ils sont d'accord quand ils disent que le fait pour l'âme d'intelliger n'est rien d'autre que le fait que les formes sont dépouillées de toute matière dans la lumière de l'intellect agent, et qu'il n'y a pas une partie de l'âme rationnelle qui soit le sujet des intelligibles. Mais ils sont en désaccord parce que Théophraste et Thémistius pensent que si l'intellect possible est une partie de l'âme, et non un sujet en puissance de réception des intelligibles, il a toujours en lui la lumière de l'intellect agent.

Mais ce qui est tout à fait extraordinaire de la part de tels hommes qui ont compris tant de choses avec subtilité, c'est de n'avoir pas vu que le sentiment d'Aristote est que l'image meut l'intellect. Or ce qui meut n'est pas ce qui est mû. Il faut donc que ce qui est mû par l'image ne soit pas l'image elle-même ou l'imagination. D'autre part, l'image, intelligible en puissance, ne peut comme telle mouvoir l'intellect spéculatif qui est en acte. Il faut donc qu'il y ait un certain intellect qui soit une partie de l'âme rationnelle et qui puisse être mû par les images. C'est ce qui a amené Aristote à poser l'existence d'un intellect possible. Ce qui a trompé Avicenne et Abubacer, c'est que ce qui meut et ce qui est mû doivent avoir entre eux une communication, comme communiquent l'agent et le patient en un sujet. Mais alors, ainsi que nous l'avons vu, l'image motrice étant particulière, ce qui est mû dans le sujet devra être particulier et il n'y aura plus de connaissance intellectuelle universelle. La réponse est aisée : « C'est que la communication entre l'agent et le patient, entre ce qui meut et ce qui est mû, est d'ordre physique, et n'est pas celle qui existe entre l'intellect possible et ce qui le meut vers une forme intelligible [...]. Bien que l'image soit particulière et sensible, ce n'est pas en tant qu'elle est particulière et sensible en acte qu'elle meut l'intellect possible, mais c'est en tant qu'elle est en acte de dépouillement et d'abstraction qu'elle reçoit de la lumière de l'intellect agent. » En d'autres termes, l'intellect agent agit sur les images de l'imagination et en abstrait la forme intelligible, et c'est cette forme qui meut l'intellect possible : elle n'est pas particulière et permet une connaissance universelle. Il faut noter que la différence entre la thèse d'Albert le Grand et celle de ses adversaires est subtile quoique importante. Il semble que, pour eux, ce qui se passe est semblable à l'éclairage d'un objet sensible par la lumière; l'objet est alors vu, mais il reste sensible et c'est en tant que tel qu'il est vu. De même, dans la lumière de l'intellect agent, l'image sensible devient intelligible, mais reste sensible, donc particulière. La seule différence est que, dans la vue, l'image sensible éclairée est reçue par un sujet qui est l'œil, tandis que dans la connaissance intellectuelle, l'image sensible dans la lumière de l'intellect agent devient elle-même intellect et n'est pas reçue dans un sujet.

Mais la conséquence est grave, car si les images sensibles, dans la lumière de l'intellect agent commun à tous les hommes, constituent l'intellect possible, que devient la part de l'homme raisonnable individuel dans la connaissance qu'il acquiert? Il semble qu'il soit exclu de sa propre connaissance intellectuelle et qu'il ne lui revienne que les images de son imagination issues de ses sensations et de ses organes corporels, et c'est là ce qu'Albert reproche finalement à ses adversaires. Pour lui, l'intellect possible appartient réellement à chaque homme, ainsi que l'intellect agent. La relation entre ces deux intellects se situe à l'intérieur de l'âme humaine : c'est chaque homme qui, par son intellect agent, abstrait les formes intelligibles contenues en puissance dans les images de l'imagination, et c'est son intellect possible qui est capable de les recevoir selon leur universalité. C'est ce que pensera également saint Thomas d'Aquin. Toutes ces idées vont s'éclaircir à travers la critique de la doctrine d'Averroès.

« Après ces philosophes vint Averroès qui se glorifia d'avoir seul satisfait à tous les doutes en ce qu'il sembla avoir sauvé tout ce que dit Aristote sur l'intellect possible. » Il accorde que l'intellect est, par rapport aux intelligibles qu'il reçoit, comme le sens par rapport aux sensibles. Mais il ajoute que la ressemblance n'est pas totale. En effet, le sensible dans l'objet sensible est semblable au sensible dans la sensation. Au contraire, l'universel a deux sujets différents : celui par lequel il est vrai, l'autre par lequel il est un des êtres du monde. Le premier est la chose dont on le dit avec vérité dans une attribution vraie; mais il n'y est qu'en puissance, et il doit en être abstrait pour être intelligible en acte. Le second est constitué des seuls intellects purs et dénudés de toute matière, par lesquels l'universel est reçu tel quel comme une distinction et une détermination de la pensée, sans qu'il ait à passer dans ce sujet de la puissance à l'acte. « C'est pourquoi l'intellect devient un sujet (*subjicitur*) pour les intelligibles, et il n'en résulte pas une unité de l'intellect possible et des intelligibles comme est l'unité de la matière et de la forme, ou celle de la substance et de l'accident, mais plutôt comme celle de la perfection qui détermine à ce qui reçoit détermination et perfection ». Par suite, l'intellect spéculatif, qui intellige en acte les formes intelligibles, n'est pas une actualisation de l'intellect possible; il résulte de la transformation (*transmutatio*) des images sensibles intelligibles en puissance dans les choses et dans l'imagination, en intelligibles en acte. En d'autres termes, l'intellect possible est « impassible »; il ne bouge pas; il ne se modifie pas; il se contente de recevoir ce qui lui donne sa perfection, tout en restant ontologiquement, c'est-à-dire en son être, ce qu'il est, tel qu'il est et ne cesse d'être. En outre, il n'y a rien qui puisse le diviser ou le multiplier. Par conséquent, pour Averroès, comme pour beaucoup d'autres, il n'y a qu'un seul et unique intellect possible pour tous les hommes. Quant à la question déjà soulevée de savoir comment il se fait que les hommes ont des intellections et des sciences différentes, si l'intellect possible est unique, Averroès y répond par cette affirmation tirée d'Aristote qu'il n'y a pas de pensée sans images, et que les images étant diverses chez des hommes divers, leur pensée se différencie grâce à elles. Notons que ce recours aux images n'a pas ici le même sens que chez Avempace et Abubacer pour qui l'intellect possible n'était que les images dénudées dans la lumière de l'intellect agent. Pour Averroès, comme pour Aristote, les images n'interviennent pour différencier les connaissances des hommes que dans la mesure où elles accompagnent nécessairement toute pensée.

En outre, si l'intellect n'était pas un en tous les hommes, comme il est prouvé qu'il est incorruptible, il demeurerait après la mort et il n'aurait plus rien à faire (*esset otiosus*), car, dans cette hypothèse, il a pour fonction de mouvoir le corps, et il n'aurait plus aucun corps à mouvoir, à moins de penser, avec

Platon, qu'il passe dans un autre corps, ce qui est absurde. Enfin, si l'intellect possible était multiple, il serait individué en chaque homme. Alors, ce qu'il recevrait serait individué et il n'y aurait plus de connaissance de l'universel (argument déjà rencontré). Or, selon Averroès, « tous s'accordent pour convenir que l'universel est universel par l'universalité de l'intellect dans lequel il se trouve, et qu'il n'est uni à tel ou tel homme que par l'image qui meut l'un autrement que l'autre ».

Mais, réplique Albert le Grand, « cela me paraît tout à fait semblable à un délire, et je le prouverai par quatre raisons très fortes. La première est que tout composé devient tel être déterminé (*hoc aliquid*, cf. le τόδε τι d'Aristote) par une forme substantielle unique qui est sa perfection première. Or il est constant que tout individu humain est *hoc aliquid*; donc la forme qui lui donne sa perfection première est unique, et c'est là son âme rationnelle, qu'ils appellent intellect possible. Donc cet intellect est un chez l'un et autre chez l'autre. » La seconde est que l'âme rationnelle est le principe d'un individu particulier, elle doit donc lui être particulière. La troisième est qu'un moteur numériquement et spécifiquement un n'utilise pas deux objets qui seraient en même temps mus par lui. Ainsi aucun pilote ne conduit deux navires en même temps et en une seule navigation, et le tisserand n'emploie pas deux instruments pour une seule et même opération textile. Dans l'hypothèse d'un intellect unique, il pourrait donc mouvoir en même temps plusieurs corps, ce qui est contradictoire. La quatrième est que l'homme est animal par sa partie sensible, selon laquelle il est individué; et qu'il est homme par l'intellect qui n'est pas individué. Par suite, s'il n'y avait qu'un seul intellect, plusieurs hommes auraient une forme unique en nombre, mais non une unique animalité; « et il arriverait que la nature du genre (l'animal) serait individuée, tandis que la différence spécifique (raisonnable) resterait universelle et non individuée ». Mais l'homme individuel est composé d'animalité et de rationalité. Il arriverait donc « que le même être individué comme espèce (l'homme) serait composé de quelque chose d'individué selon l'existence, et de quelque chose de non individué [...], ce qui est au comble de l'absurdité. »

D'ailleurs, Averroès et ses partisans n'échappent pas à la difficulté à laquelle ils s'efforcent de se dérober en expliquant la connaissance particulière à chaque homme, par référence aux images de sa propre imagination. Même si l'image meut l'intellect possible, c'est néanmoins l'intellect seul qui possède la science spéculative, et il la possède en tant qu'il est commun à tous les hommes. Par conséquent cette science sera commune à tous, ce qui est faux. Et comme la substance de l'intellect est indivisible, on ne peut dire que la science qu'il a serait d'un côté commune à tous, et de l'autre particulière à tel ou tel individu.

Puis Albert s'attaque à une doctrine qu'il rattache à Avicenne et à Algazel (Ghazâlî), ce dernier étant connu, on le sait, par son exposé de la philosophie avicennienne, le *Tahâfut al-Falâsifa* (*L'écroulement des philosophes*), dont l'intention critique n'avait pas été perçue. Selon Albert, cette doctrine nie l'existence dans l'âme humaine d'une partie qui serait intellectuelle. C'est une intelligence séparée qui donne les formes et l'âme humaine, étant la plus noble de toutes, reçoit une « splendeur » beaucoup plus intense. « Ils disent que cette splendeur est l'intellect en nous et que l'intellect en nous est identique à la splendeur en nous d'une intelligence séparée ». On reconnaît là cette thèse avicennienne qui a tenté certains augustiniens et qu'ils ont simplement retouchée en faisant de cette intelligence séparée Dieu Lui-même qui éclaire tout homme venant en ce monde. La réfutation, dit Albert, est facile, car de ce point de vue, on ne peut définir l'homme comme un être doué de raison et d'intelligence, puisque la connaissance intellectuelle ne relève plus de son essence. Il est aussi passif sous la lumière divine qu'une surface sous le soleil. Or on ne peut parler d'une connaissance chez l'homme si on lui refuse toute activité propre de connaître. C'est sur cette considération que s'appuiera saint Thomas.

En dernier lieu, Albert réfute la doctrine d'Avicébron sur l'âme. Elle repose tout entière sur son idée que tout ce qui existe, corporel et incorporel, à l'exception de Dieu, est constitué de matière et de forme. En effet, en tout être créé, il y a de l'être en puissance, et selon Avicébron, qui dit puissance, dit matière. Par suite, il considère que « la matière première et l'intellect possible sont de même nature », et pour lui, « toute forme reçue délimite, clot et resserre la communauté (*communitas*) de la puissance », c'est-à-dire que ce qui a reçu une forme substantielle, par exemple celle d'un cheval, ne peut plus recevoir celle d'un chien. Cela étant, la première forme que reçoit la matière première est celle de l'intelligence, ou « intellectualité » qui, dans l'ordre hiérarchique des êtres, est supérieure à l'intellect possible. Par conséquent, la puissance de l'intellect possible ne s'étend pas à la forme de l'intellectualité, mais elle demeure en puissance à tout le reste. Or quand la matière reçoit la forme de la « corporéité », sa puissance est resserrée encore davantage, mais elle reste en puissance à toutes les formes corporelles. Quand, avec la forme de la corporéité, elle a reçu la forme de la « contrariété », selon laquelle les corps se distinguent par des propriétés contraires, elle n'est plus en puissance qu'aux formes des corps physiques. Ainsi, dans un ordre descendant, la puissance de la matière se limite progressivement jusqu'à ce qu'elle arrive à la matière individuelle de tel ou tel corps, matière dont la puissance est si resserrée qu'elle n'est plus commune à plusieurs individus. Cet ordre descendant se retrouve parallèlement dans les formes diverses de connaissances que l'intellect possible a en puissance de par sa matière. « La puissance de l'intellect possible est comme la matière et par conséquent il est séparé de toute détermination par les formes qu'il a en puissance et non en acte. Et comme sa puissance est universelle, il est un universel qui existe ainsi en cette puissance même. » C'est donc de par la nature de la matière première qui est en lui, que l'intellect possible est capable de recevoir les espèces intelligibles.

Mais si telle est la ressemblance de l'intellect et de la matière, comment se fait-il que l'intellect discerne les formes qu'il reçoit, alors que la matière ne discerne pas celles qu'elle reçoit? Cela tient, dit-il, à la forme de l'intellect possible qui est l'intellectualité et qui fait de lui une image de la lumière des intelligences, de sorte que les formes qui sont en lui sont éclairées (*illustratæ*), ce qui n'a pas lieu pour la matière première et pour la matière des corps qui n'ont pas une telle forme. Si on lui objecte que, selon Aristote, la puissance de connaître qu'a l'intellect est absolument simple et n'est pas le fait d'une matière déterminée par une forme, telle l'intellectualité, Avicébron répond que c'est vrai si on entend par là une forme qui resserre l'amplitude et la communauté d'une puissance; mais l'intellectualité, comprenant toutes les formes, n'apporte avec elle aucune détermination limitative : elle n'est qu'éclairante; elle n'est pas « resserrante » (*non est nisi illustrans et non coarctans*). Et Albert de conclure : « Telle est donc l'opinion d'Avicébron selon qu'on peut la comprendre d'après ce qu'il dit. » On ne peut que noter la prudence et la réserve de cette conclusion.

Mais cette opinion ne tient pas debout et Albert l'attaque par huit arguments. Le premier se borne à affirmer que l'âme rationnelle et toutes ses facultés, étant des formes absolues et parmi les plus nobles, ne peuvent comporter de matière. Le second est que, si l'intellectualité est la première forme qui affecte la matière première, elle doit se retrouver à tous les échelons de la hiérarchie descendante, jusque dans la corporéité et la contrariété, ce qui est évidemment faux. Le troisième est que la raison qu'avance Avicébron pour affirmer qu'il y a une matière première pour tous les êtres corporels et incorporels n'est pas une raison suffisante. En effet pour qu'une cause soit la même en plusieurs effets, il faut qu'elle soit unique « univoquement », c'est-à-dire qu'elle existe partout en un seul et même sens. Or le fait d'être en puissance à des formes en qualité de substrat ne se dit pas univoquement de l'intellect et de la matière. Par conséquent la raison d'Avicébron n'aboutit pas. Le quatrième est que si cette forme de l'intellectualité contenant toutes les formes existait, les choses dont elles sont les formes intelligeraient, ce qui est faux. Donc c'est une fiction qui n'existe pas, et ce n'est pas elle qui constitue l'intellect. Le cinquième est que les formes ne sont pas en acte dans la matière, mais en une puissance confuse et indéterminée (*in potentia confusa et indeterminata*). « Si donc elles étaient connues telles qu'elles sont, elles seraient connues d'une manière confuse et indéterminée [...], et une telle connaissance serait inutile à la science réelle des choses. » Inutile est donc également le propos d'Avicébron. Le sixième est que s'il suffit pour intelliger qu'il y ait dans l'intellect des formes en puissance, « comme la puissance est toujours dans l'intellect (de par sa matière), nous intelligerions toujours les formes de toutes choses. » Le septième est que, selon cette opinion d'Avicébron, nous n'aurons plus besoin des sens qui reçoivent les formes sensibles, non plus que des images de l'imagination d'où est tiré l'universel. C'est là un renversement total de la conception aristotélicienne qui fait partir des perceptions sensibles tous les degrés de la connaissance jusqu'à la connaissance des intelligibles. C'est en cela qu'Avicébron est le plus platonicien, comme tous les philosophes qui vont des intelligibles aux sensibles par une connaissance déductive *a priori* à partir de principes universels (et on peut rattacher Avicenne à cette tendance), par opposition à ceux qui partent de l'expérience *a posteriori* et s'élèvent progressivement jusqu'à l'universel intelligible. Enfin le huitième argument est que, selon ce point de vue, l'intellect et l'intelligible formeraient une unité, comme la matière et la forme : « Par suite, l'intellect serait spécifié par l'intelligible et déterminé à être un être de la nature : il serait ainsi tantôt une pierre, tantôt du bois, ce qui est absurde. »

En conclusion, Avicébron ne résout aucun des problèmes posés par la nature de l'intellect possible. On a dit qu'il doit être doublement détaché : d'une part, de ce qui ferait de lui une substance, car alors il aurait une forme qui ferait obstacle à la pure réception de toutes les formes; d'autre part, du corps qui ne lui offre que des images particulières et le détourne de l'universel. Sur ce point, voici ce que pense Albert le Grand : l'intellect ne peut être parfaitement détaché de ce par quoi il est ce qu'il est, sinon, il ne serait absolument qu'une pure puissance qui n'est rien dans la nature. Cela serait absurde. En cela, dit-il, « je suis d'accord avec Avicébron pour dire que sa puissance est déterminée par la forme d'une nature intellectuelle à être un être un dans le monde et dans la nature; mais je suis en désaccord avec lui en ce qu'il ne me semble pas vrai que sa puisssance soit la puissance de la matière et que sa nature soit de la nature de la matière. » La puissance se dit « équivoquement » de la matière et de l'intellect possible. Mais si l'intellect possible est détaché de toute forme propre, il n'est pas rien, et la preuve en est qu'il s'intellige lui-même : « il ne faut donc pas qu'il soit détaché de sa propre nature qui le détermine à être un être un au nombre des êtres du monde ». Tel est l'exposé critique qu'Albert fait de la doctrine d'Avicébron sur l'intellect possible.

Toutes ces discussions ont évidemment un intérêt historique en tant qu'elles se proposent d'expliquer le texte très obscur du *Traité de l'âme* d'Aristote, considéré néanmoins par tous les penseurs d'alors comme faisant autorité. Juifs, chrétiens et musulmans se sont donc trouvés réunis pour le commenter selon ce qu'ils en comprenaient et surtout selon ce que leur foi exigeait d'eux. Dans ce travail difficile, tantôt ils s'appuyaient les uns sur les autres, tantôt ils s'opposaient. Quoi qu'il en soit, de même que l'hellénisme en général a été un lieu de rencontre pour les penseurs des trois monothéismes, de même Aristote a groupé autour de lui d'une façon très intime tous les *falâsifa* musulmans avec les philosophes juifs et chrétiens. Mais l'enjeu véritable, pour les chrétiens en particulier, n'était pas de parvenir à une théorie explicative de la connaissance humaine, mais de sauver, par une argumentation philosophique, la possibilité d'une survie de l'âme humaine personnelle. Ce projet exigeait pour se réaliser que soit prouvée d'une part l'existence d'un intellect approprié à chaque homme, donc de la multiplicité des intellects, et d'autre part la réalité d'un acte d'intellection propre à chacun de ces intellects. C'est ce qu'ont tenté de faire Albert le Grand et saint Thomas.

Dans un chapitre intitulé « De l'unité de l'intellect; contre les Averroïstes », Albert commence par déclarer : « Nous laisserons de côté tout ce que dit notre Loi, en ne retenant que ce qui peut recevoir une démonstration par syllogisme. » Il déclare ainsi nettement qu'il a l'intention d'appliquer la méthode aristotélicienne. Selon son habitude, il expose les doctrines en faveur de l'unité de l'intellect. Il y a d'abord celles qui se rattachent aux intellects des sphères célestes et qui voient dans l'intellect agent le dernier d'entre eux, le plus rapproché du monde sublunaire, dont la fonction est double : donner les formes aux éléments et aux divers êtres qui en sont composés, et éclairer les formes sensibles pour les rendre visibles, c'est-à-dire intelligibles. C'est la doctrine de Fârâbî. L'intellect en puissance passe à l'acte quand, sous la lumière de l'intellect agent, les intelligibles en puissance dans le sensible sont devenus intelligibles en acte. Or il est évident que l'intellect en puissance ne saurait par lui-même subsister après la mort, non plus d'ailleurs que l'intellect en acte puisqu'il ne tire son existence temporaire que de la lumière qui fait apparaître l'intelligibilité des formes contenues dans l'imagination. Mais, selon l'interprétation d'Albert, « l'intellect qui est vraiment l'intellect de l'homme » est, pour Fârâbî, « celui qui est acquis (*adeptus*) », et qu'il définit comme acquis par suite de la dissipation de tout ce qui resserre et limite l'intelligible par les ombres de la sensibilité, et comme celui qui reçoit la lumière de l'intellect agent séparé.

Certes la théorie de Fârâbî est subtile. Albert en a compris que l'intellect en acte ne s'unit pas à l'intellect agent, mais reçoit simplement sa lumière, et encore indirectement, à travers les formes qu'il a d'abord éclairées. Cela explique les intellections qui se distinguent dans le temps où elles se succèdent, et ne saisissent à un moment donné que tel ou tel intelligible particulier, qui n'est d'ailleurs particulier que parce qu'il est tiré par abstraction d'images particulières, par exemple l'espèce « cheval » connue à partir des chevaux multiples donnés dans la perception sensible et l'imagination. Mais l'homme dispose d'idées intelligibles qu'il pense indépendamment des images données dans l'expérience, c'est-à-dire sans être lié aux moments successifs où elles sont éclairées pour lui. L'intellect en acte, encore marqué par la puissance puisqu'il intellige dans le temps de l'expérience et ne saisit les intelligibles que l'un après l'autre selon l'ordre de cette expérience sensible, peut donc être absolument dépouillé de toute puissance et se mouvoir au niveau des intelligibles dans la pure lumière de l'intellect agent : il reçoit alors la forme de l'intellect acquis. Or la lumière de l'intellect agent est « une et sans distinctions »; par suite l'intellect acquis, parfaitement dépouillé de toute puissance dans cette lumière, est lui-même un et n'a rien en lui qui lui permette de se diviser entre les divers individus humains. « Tel est l'intellect humain; par suite ce qui demeure séparé de toutes les âmes des hommes est un et identique. »

Albert passe encore en revue d'autres théories qui aboutissent toutes à nier la survie personnelle de l'âme, comme celle d'Abubacer, selon qui l'intellect, ne pouvant participer à la matière, demeure indivis en tous les hommes, de sorte que ce qui survit après la mort est un et indivis. Mais la plus importante est celle d'Averroès.

Il est certain que ce que plusieurs hommes intelligent est un, puisqu'ils concordent dans la vérité de ce qu'ils intelligent. « Par conséquent l'intellect possible est unique en tous les hommes en qui se trouve la forme intelligible », car « tout ce qui reçoit une forme unique, non multipliée entre plusieurs hommes, est unique ». En effet, « si on accordait que la forme reçue en moi et en toi n'est pas une, il s'ensuivrait plusieurs difficultés ». Par exemple, ce que je reçois serait singulier et de même ce que tu reçois. Il y aurait donc un universel abstrait de ces deux singuliers, « et ainsi il y aurait un intelligible de l'intelligible, et cela irait nécessairement à l'infini ». En outre, si ce que reçoit chaque homme était singulier, il faudrait que l'intellect possible reçoive de la matière. Or toutes ces conséquences sont absurdes.

Aux doctrines de l'unité de l'intellect, Albert oppose trente-six arguments. Nous n'en exposerons que les principaux. La « forme ultime » qui fait qu'un individu existe en acte se multiplie forcément avec les individus. Il faut bien que la forme qui fait que Socrate est homme existe en Socrate, comme aussi en Platon, etc. Or la forme ultime en l'homme est l'âme rationnelle et intellectuelle; donc elle existe multipliée selon le nombre des individus. Mais ce qui est multiplié selon le nombre est aussi multiplié selon la substance. En effet, si on a trois objets en airain, on aura trois substances qui seront chacune de l'airain; s'il n'y avait qu'une substance et trois objets, tout accident qui arriverait à l'un arriverait à l'autre. Ce qui n'est pas. « Donc les âmes rationnelles sont multiples numériquement et substantiellement; et par suite elles demeurent multiples même après la mort. » Par un raisonnement voisin, Albert s'appuie sur le principe évident par soi (appelé *dignitas*) qu'une seule et même nature ne peut constituer la nature et la substance de plusieurs êtres. C'est, dit-il, ce principe qui fait obstacle pour beaucoup à la compréhension de la Trinité : une seule nature divine en trois Personnes, du fait qu'ils entendent par les personnes trois dieux. En tout cas, on ne peut dire ici qu'un seul intellect ferait, « par son acte ou l'influence de sa lumière, que l'homme est homme en sa nature et sa substance ». En effet, l'acte, considéré comme un agir, est second par rapport à l'être qui agit, et il ne serait rien s'il n'y avait pas un acte premier « selon l'être substantiel » de ce qui agit. Autrement dit, puisqu'il est constant que l'intellect seul constitue la nature de l'homme, il ne peut faire que l'homme soit ce qu'il est par un acte second qui le laisserait extérieur à son ouvrage; il ne peut le faire que par un acte premier et substantiel immanent à chaque individu. Et Albert conclut : « Cette raison est, à mon avis, tellement forte, qu'il n'est pas possible d'y répondre. »

Autre argument : vivre, c'est pour les vivants leur être; sentir, c'est pour ceux qui sentent leur être; de même, intelliger pour ceux qui intelligent. Or ce qui constitue l'être de chaque être se multiplie selon le nombre de ces êtres. Par suite l'intelligence ne peut comprendre que, de ces êtres qui sont multiples en acte, il n'en reste qu'un seul. On pourrait sans doute prétendre qu'ils se réduisent à un seul, commun à tous; mais alors ce qui resterait ainsi serait en puissance, comme l'est un genre par rapport à ses espèces et aux individus de ces espèces. Or il n'est pas ici question de genre, mais d'êtres existant en acte.

Un argument à l'emporte-pièce part de cette alternative : ou bien tel homme a un être propre, on bien il n'en a pas. Mais s'il n'en a pas, il n'est ni ceci ni cela. Or il faut reconnaître que celui-ci n'est pas celui-là. « Par suite, la forme ultime de celui-ci n'est pas la forme ultime de celui-là. » Si on objecte que cette « appropriation » vient du côté de la matière et non de la forme, on répondra qu'un être « n'est que l'épanouissement de sa forme (*formae ipsius diffusio*) ». On voit que pour Albert, le principe d'individuation ne se réduit pas à la seule présence de la matière.

Si l'on dit que l'homme n'est pas homme par l'intellect qui lui est conjoint, il en résulte qu'il n'est qu'un « vivant sensible », un animal. Or « animal » est le genre de l'homme. Par conséquent, selon son être, l'homme ne sera relié qu'à son genre. Mais le genre ne détermine rien par rapport à l'existence; il ne signifie qu'une puissance. L'animal, dans l'homme, est simplement en puissance à la rationalité. Donc l'hypothèse est « ridicule », et la raison avancée est « extrêmement puissante » (*valde efficax*). On peut rapprocher de cette raison l'argument suivant : « Si l'intellect, selon l'être, est séparé de l'homme, de sorte qu'il n'en fasse pas partie, on ne peut définir l'homme par l'intellectualité [...]. On ne pourra donc pas savoir parfaitement ce qu'il est. »

Albert fait aussi valoir qu'une forme qui serait d'abord entièrement séparée de la matière, même si elle se joignait ensuite à elle, ne ferait jamais avec elle quelque chose d'un. C'est ce que nous avons déjà vu, à propos de la thèse d'Avicébron : le composé matière-forme n'est pas la réunion d'une matière séparée et d'une forme séparée. C'est ainsi qu'il faut écarter l'idée d'un intellect séparé supposé donner des formes à la matière. Pour une raison analogue, si l'âme rationnelle est séparée du corps, soit avant que le corps existe, soit alors qu'il existe déjà, elle ne pourra jamais donner à l'homme une unité. Et comme l'homme ne peut exister en acte et être un que par elle, il en résultera que ni l'homme ni ses actes ne pourront avoir d'unité. Ce qui est contraire à l'expérience.

Albert insiste d'ailleurs sur l'unité de l'homme : « De même que le triangle est dans le quadrilatère, de même le végétatif est dans le sensitif et le sensitif dans le rationnel. [...]. Ainsi « l'intellectif » (*intellectivum*) n'est pas séparable du sensitif, non plus que le sensitif du végétatif. S'il en est ainsi, il faut qu'il y ait une même substance intellective qui soit sensitive et végétative selon les puissances de la vie et de l'âme. Or il n'est pas compréhensible qu'une substance unique soit propre à un homme particulier selon une puissance, et commune à tous sans être propre à aucun, selon une autre puissance, bien qu'on puisse comprendre que d'une seule substance découlent des puissances dont les unes sont séparées du corps tandis que les autres lui sont unies, telles les facultés qui agissent dans le corps. Il est donc incompréhensible que l'intellect qui, dans le sensible n'est pas séparé de lui, soit commun à tous les hommes en une unité numérique. » Et Albert conclut que les trois âmes de Platon, la végétative, la sensitive et la rationnelle, n'en font qu'une. Dans le même ordre d'idées, puisque toutes les opérations et toutes les passions de l'âme humaine se rapportent à une pensée unique, l'intellect, qui les dirige et les met en ordre, on ne peut concevoir que cette nature intellectuelle soit étrangère à l'âme et complètement séparée d'elle.

D'autre part, le corps est l'instrument de l'âme. Or le flûtiste ne peut se servir de l'instrument de l'architecte pour faire de la musique. De même une âme unique ne saurait se servir de corps autres que le sien pour ses opérations matérielles propres. L'âme rationnelle se rapporte au corps comme son moteur. Or plusieurs mobiles ne peuvent être mus « également et immédiatement » par un seul moteur. On ne peut donc comprendre qu'une seule âme puisse mouvoir tous les corps qui sont mus. Cet argument ne porte que si on considère un moteur qui meut par contact : en effet, Albert précise bien que l'âme ne meut pas un corps par l'intermédiaire d'un autre. Il n'envisage pas le cas d'une force unique attractive qui agirait sur plusieurs êtres, comme par exemple le Premier Moteur d'Aristote, ou d'une force motrice qui se diffuserait dans toutes les directions comme c'est le cas de la lumière. Le plus probable est qu'il pense à un moteur qui produirait une espèce déterminée de mouvement, de sorte que celui qui détermine les mouvements du joueur de flûte ne peut être le même que celui qui détermine les mouvements d'un constructeur de maisons. Quoi qu'il en soit, cet argument paraît assez faible.

Aristote a défini l'âme comme l'entéléchie ou perfection première d'un corps doué d'organes et possédant la vie en puissance. Aussi a-t-on pu prétendre que cette perfection première est commune à tous les hommes; ce n'est que la perfection seconde, marquée par l'acquisition des connaissances et des vertus, qui se diversifie en chacun des hommes et se multiplie selon leur nombre. Albert répond que la perfection seconde, ou acte second, n'est rien d'autre que la propre opération de l'acte premier, « son agir essentiel ». Là où il y a l'acte second, il y a l'acte premier qui est essentiel, et par conséquent si l'acte second est en cet homme-ci ou en cet homme-là, il faut que l'acte premier s'y trouve également et il se multiplie avec le nombre des individus. En outre, si l'intellect n'est lié à l'âme de l'homme que par son acte second et par l'intermédiaire des formes de l'imagination, il s'ensuit que l'âme humaine n'exécute aucune opération intellectuelle. « En effet, la lumière de l'intellect agent qui luit sur les formes de l'imagination les abstrait, les rend universelles et les dépose, non pas dans l'âme de l'homme, mais dans l'intellect possible qui est complètement séparé de l'homme. Donc les formes universelles sont également séparées de lui. Par conséquent, ni l'intellect ni l'intelligible ne sont liés à l'homme. »

Une autre « absurdité » qui résulte de la théorie de l'unité de l'intellect est que cet intellect, qui est incorruptible et perpétuel, meut un mobile, l'homme, engendré et corruptible; et comme cet homme tantôt intellige, tantôt n'intellige pas, tantôt il le meut, tantôt il ne le meut pas, alternative dans l'action qui s'explique mal de la part d'un agent éternel.

Si ce n'est pas l'homme, mais l'intellect possible séparé qui est en puissance à la science de tout le connaissable, il ne reste à l'homme que d'être en puissance aux formes de l'imagination, comme le sont les bêtes. Et puisqu'alors l'intellect possible en passant à l'acte n'intellige pas des intelligibles qui soient propres à chaque homme, il n'y a plus aucun intellect acquis auquel nous puissions nous unir, « car nous ne pouvons atteindre à un intellect qui nous soit propre, que par un intelligible propre ». Par suite, l'âme meurt avec le corps, « car si elle ne touche à l'intellect que par l'imagination, quand la forme de l'imagination aura disparu, le contact avec l'intellect disparaîtra ». Mais si on supposait que les hommes sont tous ensemble détruits, cette substance séparée n'aurait plus rien à mouvoir et plus rien à faire et elle serait dans la nature une existence vaine. Il est vrai qu'Averroès a répondu qu'il n'a jamais cessé et qu'il ne cessera jamais d'y avoir des hommes, des sciences et des arts, et que si les mouvements des astres les faisaient disparaître d'un climat, ils continueraient à exister sous un autre. Il n'en reste pas moins que l'extinction totale de l'humanité est possible, et que la réplique d'Averroès ne va pas au fond de la question.

Telles sont les rencontres d'Albert avec les penseurs arabes. On voit leur importance par le soin qu'il a mis à exposer tout le détail de leurs doctrines et à les réfuter. Sans doute peut-on se demander s'il les a toujours exactement comprises, et si ce qu'il en dit n'est pas parfois marqué par quelques préventions nées de ses croyances personnelles qui le rendaient très sensible à tout ce qu'il croyait pouvoir leur nuire. En outre, n'oublions pas qu'il travaillait sur les versions latines des ouvrages arabes. Ces divers points soulèvent des questions que seules peuvent aborder de difficiles recherches érudites. Mais tel n'était pas le but de cette étude. Dans l'ensemble, on peut dire qu'Albert est bien informé et qu'il fait œuvre d'historien avec toute l'objectivité qu'on peut en attendre. Quoi qu'il en soit, il est un important témoin du rôle que les *falâsifa* ont joué dans la marche de la pensée latine au XIIIe siècle. Notre second grand témoin est saint Thomas qui a réfléchi dans la même ligne.

Saint Thomas d'Aquin (1227-1274)

Bien que la réflexion de Thomas d'Aquin se nourrisse essentiellement de la tradition chrétienne des Pères de l'Église et de tous les théologiens qui l'ont précédé, ainsi qu'il est aisé de s'en convaincre en feuilletant ses écrits, il est certain qu'il s'est souvent rencontré avec les penseurs juifs et arabes et qu'il leur a accordé une grande considération. Ainsi, parlant des graves problèmes que pose la foi monothéiste dans ses rapports avec la raison philosophique, il dit que cette question « a torturé de très illustres esprits » (*praeclara ingenia torsit*). Si la *Somme contre les gentils* ne vise pas exclusivement les doctrines des docteurs musulmans, elle leur fait une large place. En particulier, il y réfute les théologiens appelés en arabe *mutakallimûn*, terme qu'il traduit à la lettre par *loquentes*, ceux qui parlent, et qu'il explicite parfois en disant : *in lege Sarracenorum* (ou *Maurorum*) *loquentes* (ceux qui parlent dans la loi des sarrasins ou des maures). Il les a connus à travers ce qu'en ont dit Averroès et surtout Maïmonide; Averroès les avait critiqués, et Maïmonide était au fait d'une tradition juive très influencée, nous l'avons vu, par le *kalâm* musulman. Saint Thomas les réfute quatre ou cinq fois dans le *Contra Gentiles*.

S'il n'a eu sur la théologie musulmane qu'une information indirecte, peut-on imaginer qu'il ait lui-même lu le Coran qui existait en traduction latine? Ce qui est sûr, c'est qu'il a écrit à propos du Prophète : « Bien plus, il a altéré presque tous les enseignements de l'Ancien et du Nouveau Testament, ainsi que cela apparaît manifestement pour qui examine sa loi. »

Considérons donc certaines des critiques qu'il a adressées aux *mutakallimûn*. D'abord il fait certainement allusion au problème de l'unité divine et de la multiplicité des attributs qui est au centre du *kalâm*, quand il écrit, en citant saint Augustin, qu'il n'y a dans la substance divine parfaitement simple, aucun accident. « Cette vérité montre l'erreur des théologiens musulmans qui posent certaines intentions ajoutées à l'essence divine ». Ce terme d'intention (*intentio*) est la traduction latine ordinaire du mot arabe *ma'nâ* employé pour indiquer ce à quoi se rapporte la signification d'un mot. Or il est dit dans le Coran que Dieu est savant, puissant, etc. À quoi se rapportent ces termes? Les mu'tazilites disent qu'ils se rapportent à l'essence de Dieu; ils nient la réalité des attributs et ils admettent comme saint Thomas qu'une substance peut être dépourvue d'accidents. Mais saint Thomas pense vraisemblablement aux ash'arites. L'un d'eux, Juwaynî, au XIe siècle, écrivait dans un de ses ouvrages, l'*Irshâd* : « De même qu'on ne doit pas dire que les attributs sont autres que l'essence, on ne doit pas dire non plus qu'ils sont l'essence, et nous n'hésitons pas à dire que les attributs sont des choses réelles. » Ils sont un *ma'nâ*, la réalité signifiée par les qualificatifs coraniques de Dieu, et en tant qu'ils ne sont pas l'essence, on peut dire que ce sont des « intentions » qui s'y ajoutent.

Une autre critique vise le docteur ash'arite Bâqillânî, « qui, pour pouvoir soutenir que le monde a besoin d'être conservé par

Dieu (dans l'existence après avoir été créé) », avait posé que toutes les formes sont des accidents portés par des atomes et qu'un accident ne dure jamais deux instants successifs, de telle sorte qu'il doit être sans cesse recréé et que la création est toujours en devenir. C'est l'idée de la création continuée. Certains ont dit que ces atomes dont sont composées les substances sont seuls à avoir de la consistance et qu'ils ne sont détruits que si Dieu crée en eux l'accident de la « cessation » (*desitio*). Tout cela, conclut saint Thomas, est absurde.

Ces mêmes théologiens soutiennent à ce sujet que les accidents ne résultent pas de l'action des corps, parce qu'un accident ne passe pas d'un sujet dans un autre. Cela revient à la négation de la causalité transitive. La chaleur ne passe pas d'un corps chaud dans le corps qu'elle échauffe. Tous ces accidents sont créés par Dieu, seule et unique cause. Cette doctrine évoque celle des causes occasionnelles. Saint Thomas a tiré tous ces renseignements de Maïmonide. C'est de lui également qu'il tient que les *loquentes* prétendent que tout dépend de la simple volonté de Dieu sans aucune raison. Il est certain que le volontarisme est nettement inscrit dans la révélation coranique. Pour ces théologiens donc, si le feu chauffe au lieu de refroidir, c'est que Dieu le veut ainsi. Pour saint Thomas, c'est une erreur que de ramener la providence divine à une volonté pure. Mais la doctrine opposée selon laquelle la providence établit nécessairement l'ordre des choses, comme le pensait Maïmonide, est tout aussi fausse. Tout ce qui est tombe sous la providence de Dieu, car tout répond à Sa bonté, même et surtout les êtres singuliers. En effet, « les singuliers sont des êtres et plus encore que les réalités universelles, car l'universel ne subsiste pas par soi et n'existe que dans les singuliers ».

Ces considérations critiques sont très importantes. En effet, saint Thomas s'élève contre toute philosophie volontariste : selon lui, une vérité qui ne relève pas exclusivement de la révélation relève de la raison, si bien que la philosophie est indépendante de la foi. La foi peut tout au plus orienter la recherche, lui poser des questions que seule la raison résoudra, et la préserver de l'erreur. La raison est donc simplement confortée par la foi (*ratio confortata fide*). C'est pourquoi saint Thomas se tourne vers Aristote : la connaissance ne nous vient pas d'en haut par une illumination qui serait, comme la révélation elle-même, un don de Dieu. Ce que Dieu a donné à l'homme en le créant, ce sont des facultés qui lui permettent de connaître le monde sensible où il vit, et par la connaissance des choses sensibles, de s'élever à la connaissance des intelligibles, mais non à celle des substances immatérielles (les intellects ou anges, l'essence divine).

Saint Thomas s'élève, dans la *Somme* (Prima Pars, quaest. 88, art. 2), contre la doctrine que nous avons déjà trouvée chez des penseurs chrétiens, qui fut soutenue par des Arabes, et selon laquelle « l'âme humaine est du genre des substances immatérielles; or nous pouvons la connaître à travers son acte par lequel elle intellige les choses matérielles. Par conséquent les autres substances immatérielles peuvent être connues de nous à travers leurs effets dans les choses matérielles ». Saint Thomas réfute cet argument en s'attaquant à ce que dit Avempace, d'après ce qu'en rapporte Averroès : il a posé, dit-il, « qu'à travers l'intelligence des réalités matérielles, nous pouvons parvenir [...] à intelliger les substances immatérielles. En effet, puisque notre intellect est naturellement fait pour abstraire de la matière la quiddité de la chose matérielle, s'il reste encore dans cette quiddité quelque trait qui appartienne à la matière, il peut à nouveau l'abstraire. Mais il ne peut répéter cette opération à l'infini et il arrivera finalement à intelliger une quiddité qui sera entièrement sans matière. Et c'est là intelliger une substance immatérielle ». Cet argument, réplique saint Thomas, « serait efficace, si les substances immatérielles étaient les formes et les espèces de ces réalités matérielles comme l'ont posé les platoniciens ». Mais si on n'admet pas cette thèse et que l'on considère que les substances immatérielles sont d'une tout autre nature que les substances matérielles, « si loin que notre intellect puisse abstraire de la matière la quiddité d'une chose matérielle, jamais il ne parviendra à quelque chose de semblable à une substance immatérielle ». Nous ne pouvons en connaître que l'existence et non l'essence, ce qui est également vrai de la connaissance que nous avons de Dieu. Quant à l'idée que notre intellect peut intelliger des substances immatérielles, puisque, étant lui-même immatériel, il s'intellige lui-même, saint Thomas la rejette en précisant que « l'âme humaine s'intellige elle-même par son acte d'intelliger qui est son acte propre et qui démontre parfaitement sa vertu et sa nature ». Autrement dit, l'intellect humain ne se connaît pas en lui-même directement, car, n'étant en lui-même qu'en puissance, il ne peut se connaître que par son acte qui est son intellection des formes abstraites des images matérielles.

Mais qu'en est-il de la connaissance que l'homme peut avoir de Dieu, qui est au suprême degré immatériel? La même conclusion s'impose quoique la question soit ici plus délicate, parce qu'elle interfère avec la croyance à la vision béatifique de Dieu dans la vie future. Ce problème de la vision de Dieu s'était aussi posé aux théologiens musulmans; pour les mu'tazilites, il ne pouvait s'agir que d'une vision spirituelle par le « cœur ». Mais ils n'en donnaient aucune explication philosophique. Saint Thomas note que sur cette question difficile, philosophes et théologiens ont émis des opinions très diverses. Fârâbî, à la fin de son *Éthique*, a déclaré que notre intellect possible ne peut jamais parvenir à intelliger les substances séparées, mais il a soutenu le contraire dans son livre sur l'*Intellect*. Il est vrai que saint Thomas ne fait ici que citer ce qu'en dit Averroès, et ne précise pas qu'il s'agit, dans le second texte, de l'intellect acquis et non de l'intellect possible. Ce serait donc en s'unissant à l'intellect acquis, exempt de toute potentialité, et pour ainsi dire en lui, que notre intellect aurait accès aux substances immatérielles. Mais si on considère que l'intellect humain est l'intellect possible, et si on s'en tient à lui, il est difficile de concevoir qu'il puisse atteindre aux substances immatérielles, puisqu'en tant que faculté dépendante du corps, il ne saisit que des êtres générables et corruptibles.

Mais là contre, « comme la perfection de l'être qui intellige est l'intelligible lui-même, si dans l'opération la plus parfaite de son intellect, l'homme n'arrive pas à voir Dieu, mais quelque chose d'autre, il faudra dire que c'est cette autre chose qui donne à l'homme sa béatitude. Et comme la perfection ultime de tout être est dans sa conjonction avec son principe, il s'ensuivra que le principe effectif de l'homme sera autre chose que Dieu. » Et cela est absurde. « Il faut donc poser, selon nous (les théologiens), que notre intellect peut parvenir un jour à voir l'essence divine, et selon les philosophes, qu'il peut parvenir à voir les essences des substances séparées. » Mais comment?

Nous savons déjà comment saint Thomas a réfuté un argument d'Avempace en faveur de cette possibilité. Il en examine ici un autre, beaucoup plus subtil, qu'on peut résumer ainsi : l'intellection d'une forme intelligible est celle d'une quiddité abstraite, et cette quiddité abstraite a une quiddité qui fait qu'elle est intelligible. Mais le savant ou le philosophe qui connaissent intelligiblement cette quiddité abstraite n'intelligent pas son intelligibilité, c'est-à-dire cette quiddité qui la fait intelligible, ou encore cette quiddité dernière qui n'a pas elle-même de quiddité, puisqu'elle est l'intelligibilité parfaitement simple de la quiddité intelligible. Par suite, quand l'intellect « parvient à la quiddité qui n'a pas de quiddité », il intellige une substance séparée.

Aux yeux de saint Thomas, ce nouvel argument ne satisfait pas et toujours pour la même raison : c'est à partir d'une quiddité abstraite qu'Avempace pense pouvoir accéder à la pure intelligibilité d'une quiddité sans quiddité. Mais il n'y a aucun passage possible de la quiddité d'une substance matérielle composée à la quiddité d'une substance immatérielle séparée. Il examine alors un argument d'Avicenne : « Nous intelligeons les substances séparées par la valeur significative de leurs quiddités qui leur sont semblables sans en être abstraites, puisque ces substances sont immatérielles, mais qui sont par elles imprimées en nos âmes. » On notera en effet que, si notre intellect intellige Dieu, ce ne peut être que « par une similitude qui l'informe », dans la mesure où elle est imprimée en lui. « Mais cette impression ne peut conduire à la connaissance de l'essence de Dieu. » En effet, elle est reçue par l'intellect et « tout ce qui est reçu, l'est à la mesure de ce qui le reçoit ». Or il n'y a pas de commune mesure entre l'essence Divine et l'intellect humain.

Saint Thomas interroge alors Averroès dont il expose ainsi la conception : « Comme il y a nécessairement, en toute connaissance, une forme par laquelle la chose est connue ou vue, cette forme qui donne à l'intellect une perfection pour voir les substances séparées n'est pas une quiddité que l'intellect tire par abstraction des choses composées, ainsi que le disait la première opinion; elle n'est pas non plus une impression laissée en notre intellect par la substance séparée, comme le prétendait la seconde opinion; mais elle est la substance séparée elle-même, jointe à notre intellect comme une forme, de sorte qu'elle soit à la fois ce qui est intelligé et ce par quoi il est intelligé. » Quoi qu'il en soit des autres substances séparées, conclut saint Thomas, « nous devons accepter ce mode d'explication en ce qui concerne la vision de Dieu par l'essence, car s'il intervenait une forme autre que celle-là, quelle qu'elle soit, pour informer notre intellect, elle ne pourrait le conduire à l'essence divine. »

En réalité, cette solution n'est acceptable pour justifier la possibilité de la vision béatifique que si elle est interprétée dans un sens tout à fait contraire à l'averroïsme. Car pour Averroès, quand notre intellect s'unit à cette forme qu'est la substance séparée, il est comme absorbé par elle, puisqu'elle est ce par quoi est intelligé ce qui est intelligé. On subodore ici la doctrine de l'unité de l'intellect. Aussi saint Thomas doit-il donner son interprétation personnelle du propos en question. Il ne faut pas l'entendre, dit-il, « comme si l'essence divine était alors véritablement la forme de notre intellect », ou comme si « à partir d'elle et de notre intellect, il se réalisait purement et simplement une unité ». Néanmoins saint Thomas comprend que l'essence divine se comporte comme la forme d'une matière qui serait l'intellect humain, bien que la citation d'Averroès ne parle pas de matière. Mais il va de soi que l'unité qui en résulte n'est pas du tout celle qui, dans les choses naturelles, est l'unité du composé de la matière et de la forme. Saint Thomas se tire de cette difficulté par une affirmation qui est loin d'être évidente : « Le rapport (*proportio*) de l'essence divine à notre intellect est comme le rapport de la forme à la matière. » Il n'y a donc qu'une analogie. Il l'explicite en ces termes : « En effet, chaque fois que deux choses, dont l'une est plus parfaite que l'autre, sont reçues dans un même réceptacle, le rapport [...] du plus parfait au moins parfait est comme le rapport de la forme à la matière; c'est ainsi que la lumière et la couleur sont reçues dans un corps diaphane et que la lumière est pour la couleur ce qu'est la forme pour la matière. » Or cette dernière comparaison ne concorde pas avec la pensée d'Averroès qui dit, non pas que l'essence séparée est reçue par l'intellect, mais que l'intellect se joint à elle; d'autre part, cette essence séparée n'est pas, dans la pensée du Commentateur, celle de Dieu, mais celle de l'intellect agent qui selon lui est séparé.

Enfin on ne saisit pas exactement ce qui, dans la vision de Dieu par l'intellect, correspondrait analogiquement d'une part au réceptacle qu'est le corps diaphane, et d'autre part à la couleur, d'une nature inférieure, qui est dans ce corps, et à la lumière, d'une nature supérieure, reçue dans ledit corps. Si le corps correspond à l'intellect et la lumière à l'essence divine, qu'est-ce qui correspond à la couleur? Serait-ce la connaissance que l'intellect aurait alors de l'être de Dieu? Il faudrait comprendre dans ces conditions qu'en se joignant à l'intellect humain, l'essence de Dieu y fait naître une science qui est, par rapport à cette essence, comme une matière par rapport à sa forme. Si cette interprétation est exacte, il resterait à savoir quelle *proportio* il peut y avoir entre l'essence de Dieu et un intellect humain, de telle sorte qu'elle puisse s'unir à lui. La seule réponse semble être que c'est par un don de la grâce; par conséquent la question échappe à la philosophie. Quoi qu'il en soit, nous nous bornerons à faire remarquer que saint Thomas ne cherche qu'à rendre admissible la vision béatifique, qui est un article de foi, et que, pour lui, la vision de Dieu ne concerne pas l'homme *in via*, l'*homo viator* qui vit en ce monde, mais l'homme dans la gloire. Voilà donc un cas où, comme l'écrit E. Bréhier, saint Thomas se contente de ce qui peut être une « base naturelle suffisante pour la théologie, mais sur quoi, sans l'appel de la foi, rien ne pourrait s'édifier ». L'homme en ce monde saura que Dieu existe (*quod est*) en réfléchissant sur la création, et il comprendra qu'un Créateur doit être reconnu comme omniscient, tout-puissant, etc. Mais il ne parviendra pas à connaître l'essence de Dieu en elle-même, le *quid est*.

Quant à la critique thomiste du volontarisme des théologiens musulmans, elle entraîne celle de leur conception de l'atomicité de la matière et du temps. Dieu, selon eux, peut à chaque instant, de par Sa seule volonté, disposer les atomes, telles des perles d'un kaléidoscope, en des ensembles arbitraires, c'est-à-dire qui se succèdent dans un temps discontinu sans aucune suite rationnelle. Pour saint Thomas, comme d'ailleurs pour tous les *falâsifa* péripatéticiens, les êtres créés ont une nature connaissable par la raison, composée de matière et de forme, soumise aux lois des divers mouvements dans un temps continu où ils sont engendrés, se développent et se corrompent. En bon aristotélicien, saint Thomas revendique donc la possibilité et la valeur de la connaissance rationnelle.

Notons enfin son opposition à la conséquence qu'a le volontarisme sur la notion de providence divine. Il ne s'agit pas là d'un décret de la volonté, mais d'une connaissance que Dieu a de tous les êtres créés jusqu'aux singuliers. La difficulté est que,

Dieu étant le souverain Bien, on ne comprend pas que Ses créatures soient livrées au mal. Une réponse facile consiste à dire que Dieu ne connaît que le bien, et non le mal qui est une privation du bien. Que ce mal soit l'effet du libre arbitre ou de la déficience naturelle et inévitable des créatures, Dieu n'en est pas responsable puisqu'Il l'ignore. Saint Thomas a le courage de ne pas être de cet avis, sans doute parce qu'il ne peut admettre une ignorance en Dieu, fût-ce celle d'une privation. Il ne faut pas suivre, dit-il, l'opinion d'Averroès, pour qui un intellect toujours en acte ne saurait connaître la privation. Il faut entendre que Dieu ne la connaît pas en ce sens qu'étant le Bien en acte, il n'est pas en puissance à autre chose qui est le mal. Mais Il Se connaît Lui-même, toujours en acte; et si en Se connaissant ainsi, Il n'avait pas connaissance des êtres particuliers qui sont des biens, Il ignorerait parfaitement la privation et le mal. Mais il n'en est rien : en Se connaissant, Il connaît tous les êtres créés et avec eux les privations que comporte leur nature. Dieu sait que l'homme est pécheur; Il sait qu'Il souffre mille maux. C'est ce qui donne force à Sa Providence qui est un secours, en termes chrétiens une grâce, faite à des créatures qui en ont besoin, ou qui la demandent, pour être soutenues sur le chemin de la vie.

Ainsi la réfutation de ce qu'il a connu des doctrines des *mutakallimûn* a conduit saint Thomas à un ensemble de réflexions au cours desquelles il a fréquemment rencontré des *falâsifa*, eux-mêmes hostiles aux thèses de ces théologiens, mais qu'il n'a pas pour autant approuvés. Ses critiques lui permettent d'affirmer, en accord sur ce point général avec l'aristotélisme d'Averroès, que l'homme ne peut connaître qu'en mettant en œuvre une raison qui doit partir de la considération des êtres donnés ici-bas dans le monde sensible et qui, par cette voie, peut arriver à connaître les causes qui expliquent et dirigent l'univers. Elle peut s'élever jusqu'à Dieu. Mais quel est ce Dieu, quelle est la nature de Son acte créateur, quel est le mode de son gouvernement, enfin qui est l'homme? Quelle est la nature de son âme et de sa connaissance? Quelle est sa fin? Voilà autant de questions sur lesquelles saint Thomas se distingue du *Commentator,* auquel cependant, il se réfère très souvent, soit qu'il l'oppose à d'autres *falâsifa* en le soutenant contre eux ou au contraire en les invoquant contre lui (c'est ainsi que tantôt il critique Avicenne par Averroès, tantôt

Averroès par Avicenne, selon les besoins de son argumentation), soit qu'il le repousse au nom de penseurs chrétiens, tels que Denys l'Aréopagite, saint Augustin, saint Jean Damascène, et beaucoup d'autres. Nous examinerons ces rencontres sur trois problèmes fondamentaux, dans l'ordre où nous les avons exposés dans notre chapitre sur Averroès : le problème de la création du monde, le problème de Dieu et du gouvernement divin, le problème de l'âme, de la connaissance et de l'unité de l'intellect.

Le problème de la création du monde

Avant de parler de la création, nous devons noter un certain nombre de conceptions héritées des Anciens, et en particulier d'Aristote, concernant l'univers. Il y a d'une part le ciel, d'autre part le monde sublunaire. Sans doute entretiennent-ils entre eux des relations qui en font un tout unique. Néanmoins, chacun a sa nature, différente de celle de l'autre. Aristote a centré sa réflexion sur la substance qui se divise en deux espèces différentes : la première est la substance sensible qui est mobile et se divise à son tour en deux, celle qui est éternelle, et celle qui est corruptible; la seconde est la substance immobile, qui comprend le Premier Moteur et les Intelligences séparées. Ainsi il y aura à distinguer le mouvement du ciel, circulaire et éternel, et le mouvement des êtres sublunaires, fondamentalement celui des quatre éléments, dont les mouvements sont rectilignes vers le haut ou vers le bas, et, au-delà, à la limite, une substance éternelle, immobile, mais motrice de tout ce qui se meut. Deux autres distinctions capitales étaient celle de l'être en acte et de l'être en puissance, et celle, connexe, de la matière et de la forme, dont sont constitués les êtres. Cette structure de l'univers a été acceptée dans ses grandes lignes par tous les péripatéticiens juifs, chrétiens ou arabes. Saint Thomas est de leur nombre.

En ce qui concerne le problème de la création, on voit tout de suite deux difficultés qui devaient inévitablement surgir. D'une part, si la substance du ciel est éternelle, parce qu'elle est soumise à un mouvement unique, qui n'a ni commencement ni fin puisqu'il est circulaire, et si le ciel est ce qui enveloppe le monde d'ici-bas et commande ses différents mouvements qui sont tous, quant à eux, des changements allant de la génération à la corruption, ne faut-il pas en conclure que l'univers en son ensemble est lui-même éternel, et que si, pour une raison ou une autre, on le considère comme créé, il ne pourra s'agir que d'une création *ab aeterno*? Cette question s'était posée, nous l'avons vu, à Averroès et Maïmonide qui, tous deux en particulier, sont pour saint Thomas de fréquentes références. D'autre part, si tout être est constitué par l'union d'une forme et d'une matière, et si l'être du monde est créé, ne faut-il pas qu'une matière ait préexisté à la création qui ne consisterait alors qu'à donner forme à cette matière? Ces deux questions sont d'ailleurs liées et font l'objet d'examens complémentaires.

Saint Thomas s'interroge d'abord sur la matière en demandant s'il y a une matière unique et sans forme pour tous les corps. Certains l'ont pensé; ils font valoir qu'il n'existe qu'une seule forme pour tous les corps, à savoir la corporéité. Par suite il ne saurait y avoir qu'une seule matière pour tous. Avicenne, suivi, on l'a vu, par Avicébron, avait introduit cette notion de la corporéité. Mais ce n'est là qu'une entité du type des Idées platoniciennes qui n'ont aucune action dans la nature. D'autres, au contraire, considérant que les corps célestes et les corps inférieurs n'ont les uns sur les autres aucune action réciproque, en concluent qu'ils n'ont pas une matière unique. Saint Thomas en donne clairement la raison : « Comme le corps céleste a un mouvement naturel différent du mouvement naturel des éléments, il s'ensuit que sa nature est autre que la nature des quatre éléments. Et de même que le mouvement circulaire, qui est propre au corps céleste, ne comporte aucune contrariété, alors que les mouvements des éléments sont contraires entre eux comme ce qui va vers le haut et ce qui va vers le bas, de même le corps céleste est sans contrariété et les corps élémentaires impliquent contrariété. Et comme la génération et la corruption proviennent de contraires, il s'ensuit que le corps céleste, de par sa nature, est incorruptible, tandis que les éléments sont corruptibles. » Platon, qui n'admettait qu'une seule matière pour tous les corps, expliquait que l'incorruptibilité de certains d'entre eux avait pour cause la volonté de Dieu. Mais ce n'était qu'une hypothèse.

Néanmoins saint Thomas apporte une précision importante : « Il ne faudrait pas pour autant suivre l'opinion d'Averroès, qui a imaginé dans son *De substantia orbis* que c'est le corps céleste lui-même qui est la matière du ciel, étant en puissance au lieu, et non en puissance à l'être, et que sa forme est une substance séparée qui lui est unie comme un moteur. En effet, il est impossible de poser un être en acte qui ne soit tout entier acte ou forme, ou qui n'ait un acte ou une forme. Ainsi donc, en admettant qu'on supprime par la pensée la substance séparée qui est posée comme moteur, si le corps céleste n'a pas de forme (propre), c'est-à-dire s'il n'est pas composé d'une forme et du sujet de cette forme, il s'ensuit qu'il est tout entier forme et acte. Or tout ce qui est tel est un intellect en acte, ce que l'on ne saurait dire du corps céleste, puisqu'il est sensible. »

Certes, cette discussion semble n'être qu'un jeu sur des notions purement abstraites fondées sur la croyance en la permanence immuable des astres. Pourtant, si leur mouvement circulaire est éternel et toujours semblable à lui-même, ils n'en sont pas moins liés à l'espace que leur révolution décrit. Ils sont donc, dit Averroès, « en puissance au lieu », c'est-à-dire que leur être n'est pas en soi et pour soi, et qu'il est relatif au lieu. Mais c'est la seule puissance qu'il leur reconnaît, car s'ils étaient en puissance à l'être, ils seraient engendrables et corruptibles par nature, et tel n'est pas leur cas. Ils ne sont donc pas, comme les êtres sublunaires, des substances composées de matière et de forme, mais des substances corporelles qui n'ont d'autre détermination que d'être soumises au mouvement circulaire; par suite leur forme est le moteur qui leur imprime ce mouvement et qui ne peut être qu'une substance séparée. Ce n'est donc pas en raison de leur mouvement circulaire sans commencement ni fin, que ces corps sont éternels; c'est au contraire parce qu'ils sont éternels par nature, sans être cependant actes purs, qu'ils ne peuvent être en puissance qu'à un mouvement parfait et éternel.

Pour saint Thomas, tous les êtres de l'univers qui ne sont pas des formes séparées, tels les anges, sont également et au même titre composés de matière et de forme et c'est bien ce qu'il affirme en concluant : « La matière du corps céleste, considérée en elle-même, n'est en puissance qu'à la forme qu'elle a, et il n'importe pas de savoir ce qu'est cette forme, une âme ou autre chose. » En étant en puissance à la forme qu'elle a et qui lui donne l'être, elle est en puissance à l'être. La conséquence en est que l'être des corps célestes et du ciel tout entier n'est pas l'effet de l'action motrice de substances séparées qui transmettraient le mouvement suscité par le Premier Moteur, en se tournant vers lui pour l'intelliger. C'est Dieu qui, directement, crée les cieux, leurs mouvements circulaires, leur incorruptibilité conforme à leur nature, de même qu'il crée directement le monde sublunaire et le mouvement des éléments.

Sur ce point fondamental, saint Thomas a bien conscience de se séparer et d'Aristote et aussi de Platon. Faisant un bref historique des doctrines cosmogoniques, il termine en ces termes : « Mais les philosophes allèrent plus loin : ils distinguèrent par l'intelligence, la forme substantielle et la matière qu'ils supposaient incréée; et ils conçurent les transformations dans les corps en fonction des formes substantielles. De ces transformations ils donnaient certaines causes plus universelles, comme le cercle oblique, selon Aristote, ou les Idées, selon Platon. » Il rejette évidemment ce genre d'explications, et il poursuit : « L'un et l'autre ont considéré l'être d'une manière particulière, soit en tant qu'il est cet être-ci, soit en tant qu'il est tel être. C'est ainsi qu'ils ont assigné des causes particulières. Mais plus tard certains se sont élevés jusqu'à prendre en considération l'être en tant qu'être, et ils ont examiné les causes des choses existantes, non seulement selon qu'elles sont ces choses-ci, ou telles choses, mais selon qu'elles sont des êtres. En conséquence, il faut qu'il y ait une cause de ces choses, non seulement en tant qu'elles sont telles choses par des formes accidentelles, ou ces choses-ci par des formes substantielles, mais selon tout ce qui se rapporte de quelque manière à leur être. Ainsi faut-il poser que la matière première est également créée par une cause universelle des êtres. »

Par là saint Thomas démontre que Dieu crée l'univers *ex nihilo*. Pour l'expliquer, il part de la génération, qu'il a bien soin de distinguer de la création, mais qui lui sert néanmoins de point de comparaison. Si l'homme est engendré, cela signifie qu'il n'y avait pas d'homme auparavant, et qu'un homme est devenu homme à partir d'un « non-homme » (*ex non homine*). Mais il s'agit là d'un être particulier, donc d'une génération et non d'une création. C'est ainsi que le blanc est engendré à partir d'un « non-blanc », de ce qui n'était pas blanc. Mais ce qui n'est pas blanc, comme ce qui n'est pas homme, n'est pas rien. C'est un être en puissance à ce qu'il va devenir par génération. « Par suite, si on considère la production universelle de tout l'être à partir du premier principe, il est impossible de supposer un être quelconque antérieur à cette production. Or qui dit *rien*, veut dire *aucun être*. De même donc que la génération d'un homme est génération à partir d'un non-être qui est un non-homme, de même la création qui est production de l'être tout entier est à partir d'un non-être qui est le rien (*nihil*). »

Mais Dieu peut-il créer? Il semble que non, car tous les philosophes de l'Antiquité ont admis comme une notion commune que rien ne peut être fait de rien (*ex nihilo nihil fieri*). Et si c'est là un principe de la raison, Dieu ne peut aller à l'encontre. Mais ces Anciens n'ont considéré que la production d'effets particuliers par des causes particulières. Or ce point de vue est sans valeur quand il s'agit « de la production première par un principe universel de l'existence des choses ». Enfin saint Thomas ne cesse de rappeler que la création n'est pas une « mutation » qui supposerait un devenir (*fieri*) par lequel ce qui est créé finit par être fait, ce qui impliquerait un sujet qui soutienne ce devenir ou cette mutation. Saint Thomas conclut donc que, non seulement il est possible que Dieu crée, mais qu'il est nécessaire de dire que tout est créé par Lui, puisqu'il est la cause universelle de l'être de l'univers en sa totalité.

Cela étant, la grave question se pose de savoir si cette création est éternelle, ou si elle est une « nouveauté ». Saint Thomas reprend ici tous les arguments pour ou contre, que nous avons déjà vus exposés par Averroès et Maïmonide. Voyons pourtant rapidement ce qu'il en dit lui-même.

Le plus simple est de suivre les différents articles qui se rapportent à cette question dans la *Somme*. Le premier s'interroge pour savoir si les créatures dans leur universalité ont toujours existé. Voici d'abord les arguments en faveur de la création *ab aeterno*, suivis de leur réfutation. Avant que le monde existe, il était possible, sinon il ne serait jamais venu à être. Or cette possibilité n'est rien d'autre que la puissance de la matière. Donc la matière préexistait. Mais elle n'existe pas sans forme. Or la matière avec la forme, c'est justement le monde. Donc le monde aurait préexisté à lui-même, ce qui est absurde. Saint Thomas répond : « Avant que le monde soit, il était possible qu'il fût, non pourtant selon une puissance passive telle que celle de la matière, mais selon la puissance active de Dieu. »

Un autre argument contre la « nouveauté » du monde, c'est qu'il contient des êtres incorruptibles, les corps célestes et les substances intellectuelles séparées. Or on ne peut dire de l'incorruptible que tantôt il est, tantôt il n'est pas, à la différence du corruptible qui a un commencement et une fin. Donc le monde n'a pas commencé à être. La réponse est que ce qui ne cesse pas d'être est ce qui a le pouvoir d'être toujours; mais il n'était pas avant de l'avoir reçu. L'incorruptibilité est donc créée par Dieu, et l'argument précédent ne prouve pas que les êtres incorruptibles n'ont pas de commencement, mais qu'ils n'ont pas commencé à être de par le processus naturel qui fait commencer les êtres engendrables et corruptibles. Et saint Thomas de conclure : « Nous disons que la matière et le ciel sont dans l'être par création. »

Autre argument : si le monde a commencé à être, là où est maintenant le corps du monde, il y avait le vide. Donc le vide existait avant le monde, ce qui est impossible. Mais en réalité, le vide ne saurait être défini et exister comme ce en quoi il n'y a aucun corps. C'est toute la question de l'espace, comme d'ailleurs celle du temps, qui est ici sous-jacente. On ne peut concevoir un espace vide, ou un temps vide en dehors du monde existant. D'où la réponse de saint Thomas : « Nous disons, quant à nous, qu'il n'y a eu ni lieu, ni espace avant le monde. »

On fait encore valoir qu'un mobile ne commence « nouvellement » (*de novo*) à être mû que parce que son moteur est à ce moment-là autrement qu'il n'était auparavant. Mais il ne peut se comporter autrement que parce qu'il a changé, c'est-à-dire a été lui-même mû. Donc tout mouvement nouveau qui commence a été précédé d'un autre mouvement. Par conséquent il y a toujours eu du mouvement et des mobiles, car sans mobile, il n'y a pas de mouvement. Donc le monde, ainsi que le mouvement, a toujours existé. Saint Thomas réplique par sa distinction de la mutation et de la création. Le Premier Moteur, Dieu, ne change pas. Mais le premier mobile change en ce qu'il existe alors qu'il n'existait pas. Ce changement, qui résulte d'un acte créateur et n'est pas une mutation, n'exige donc pas d'être précédé d'un changement en Dieu qui le crée.

On pourra dire, il est vrai, que le moteur qui met en mouvement le mobile n'est pas une nature, mais une volonté. Or la volonté ne peut différer ce qu'elle a l'intention de faire sans qu'intervienne une certaine modification, au moins relativement au temps : « Ainsi celui qui veut faire demain une maison, doit au moins attendre que s'écoule le jour d'aujourd'hui et que le lendemain arrive. Et cela n'a pas lieu sans une « mutation », parce que le temps est le nombre du mouvement. Par suite, avant tout mouvement qui commence *de novo*, il y a eu un autre mouvement ». Ce raisonnement est en rapport avec la question que penseurs juifs et musulmans avaient posée de savoir ce qui a amené Dieu à décider de créer alors qu'auparavant Il restait oisif. Voici la réponse que propose saint Thomas à cette difficulté : « L'agent premier est un agent volontaire, et bien qu'il ait eu la volonté éternelle de produire un effet, il n'a pas pour autant produit un effet éternel. Il n'est pas nécessaire de présupposer une mutation (de sa volonté), ne fût-ce qu'en raison de ce nous imaginons du temps. Il en va autrement de l'agent particulier [...]. Il présuppose le temps et la matière. Aussi est-il raisonnable de considérer à son sujet qu'il agit en un temps donné et non plus tôt, selon notre imagination de la succession du temps. Mais dans le cas de l'Agent universel qui produit à la fois le temps et la chose créée, il n'y a pas à se représenter qu'il agit maintement et non plus tôt, par suite de l'imagination d'un temps qui succède à un temps, comme si son action présupposait le temps; mais il faut en ce cas considérer qu'il a fixé pour son effet un temps qui est tel qu'il l'a voulu, selon qu'il convenait à la manifestation de sa puissance. » Et saint Thomas insiste sur cet argument de convenance : « Le monde conduit plus manifestement à la connaissance de la puissance divine s'il n'a pas toujours existé que s'il a toujours été : il est manifeste en effet que ce qui n'a pas toujours été a une cause; mais il n'en va pas de même de ce qui a toujours été. »

On a aussi allégué que la réalité du temps est l'instant présent (*nunc*) qui commence en même temps qu'il finit. Or ce qui est à la fois en son commencement et en sa fin ne commence ni ne finit, car ce qui commence n'est pas arrivé à sa fin, et ce qui finit n'est plus en son commencement. Donc le temps ne peut ni commencer ni finir, non plus que le mouvement dont le temps, comme l'enseigne Aristote, est le nombre nombré. La réplique est que l'avant et l'après sont dans le temps du fait qu'ils sont dans le mouvement. Si le mouvement a un commencement et une fin, chacun de ses moments est un passage de l'avant vers l'après. Mais s'il est éternel, n'importe lequel de ses moments « doit nécessairement être pris comme son principe et son terme ». L'idée de saint Thomas semble être que, dans ce dernier cas, la réalité du mouvement, en s'enfermant dans chaque moment, se réduirait à une suite discontinue de mouvements instantanés, de même que le temps, selon cette hypothèse, ne serait plus qu'une suite discontinue d'atomes temporels que seraient les *nunc*, considérés comme la seule réalité du temps. Cet atomisme était une des thèses des ash'arites. Mais la discontinuité du mouvement avait également été soutenue pas le mu'tazilite al-Nazzâm. En tant qu'aristotélicien, saint Thomas y était hostile.

On demande d'autre part si Dieu est antérieur au monde par Sa nature (*natura*), ou par Sa durée (*duratione*). Si c'est seulement par Sa nature, Son antériorité ne saurait être chronologique, et comme Il est éternel, le monde est *ab aeterno*. Si c'est par Sa durée, comme l'avant et l'après dans la durée constituent le temps, le temps a existé avant le monde, ce qui est inconcevable. Donc le monde est *ab aeterno*. Il est vrai, répond saint Thomas, que Dieu est antérieur au monde par la durée. Mais le mot « antérieur » ne désigne pas une antécédence temporelle; il désigne « l'antécédence de l'éternité (*prioritas aeternitatis*) ». On peut dire aussi « qu'il désigne l'éternité d'un temps imaginaire, non existant réellement ». En effet, c'est pure imagination que de se représenter l'éternité comme un temps infini.

Saint Thomas a gardé pour la fin les deux arguments qui sont les plus clairs et les plus immédiats en faveur de l'éternité du monde. Le premier est que si on pose une cause suffisante (à produire son effet), on pose l'effet. Une cause serait imparfaite si elle n'était pas suivie de son effet. Or Dieu est une cause suffisante du monde, cause finale par Sa bonté; cause exemplaire par Sa sagesse; cause efficiente par Sa puissance. Et comme Il est éternel, le monde est *ab aeterno*. Le second est que ce dont la cause est éternelle a un effet éternel. Or l'action de Dieu est Sa substance même qui est éternelle. Donc le monde est éternel. Saint Thomas répond d'abord par une distinction que nous avons déjà rencontrée : sur le plan de la nature, l'effet résulte de la cause selon sa forme (c'est la chaleur du corps chaud qui cause l'échauffement); sur le plan de la volonté, l'effet résulte de l'agent volontaire selon

« la forme qu'il a conçue et déterminée par avance. [...]. Donc, bien que Dieu soit de toute éternité une cause suffisante du monde, il ne faut pas en conclure que le monde a été produit par Lui autrement que selon ce que Sa volonté a fixé, à savoir qu'il soit après n'avoir pas été ». Au second argument, saint Thomas répond de la même manière : « Une action étant posée, l'effet s'ensuit selon l'exigence de la forme qui est le principe de cette action. Mais chez les agents qui agissent par volonté, ce qui a été conçu et déterminé par avance joue le rôle d'une forme qui est principe de l'action. Par conséquent, de l'action éternelle de Dieu, il ne résulte pas un effet éternel, mais un effet qui est tel que Dieu l'a voulu, à savoir qui soit après n'avoir pas été. »

Tels sont les arguments en faveur de l'éternité du monde, que saint Thomas a tous réfutés. En faveur de la création conçue comme « nouveauté », saint Thomas fait simplement valoir que rien n'est *ab aeterno* si ce n'est Dieu. C'est là une proposition admissible. Il rapporte néanmoins une opinion de Boèce qui remarque à la fin du *De consolatione* (livre V, prose 6) que même si le monde était éternel, il ne serait pas égal à Dieu parce que l'être divin est « tout entier à la fois » (*totum simul*) et sans succession, alors qu'il n'en est pas ainsi du monde. Cette transcendance de Dieu explique en effet que sa volonté n'est soumise à aucune nécessité de vouloir que les choses soient : Dieu ne veut nécessairement que Lui-même. Il n'est donc pas nécessaire que Dieu veuille que le monde soit éternel, donc le monde n'est pas nécessairement éternel, mais il n'est pas davantage nécessaire que Dieu veuille qu'il ait un commencement après n'avoir pas été, donc il n'est pas nécessaire que le monde ait un commencement. Par suite, la pensée humaine n'a, en cette question, aucun principe nécessaire sur lequel appuyer une démonstration en règle dans un sens ou dans l'autre. Donc on ne peut prouver ni que le monde est *ab aeterno*, ni qu'il est créé *de novo*. Il ne reste qu'à s'en remettre à la Révélation, et c'est par la foi seule que l'homme connaît que le monde créé a eu un commencement. On s'étonnera peut-être qu'ayant réfuté tous les arguments en faveur de l'éternité du monde, il n'ait pas conclu que la création avait eu un commencement. Il semble qu'il ait voulu montrer que sur cette question on pouvait également raisonner pour défendre une thèse ou l'autre. Mais l'insurmontable difficulté pour aboutir à une véritable démonstration tient au fait que nous ignorons ce qu'est l'éternité et qu'en opposant l'action divine éternelle à l'action des agents temporels, on peut trouver des différences radicales, sans avoir le moyen de déterminer si elles correspondent à la réalité. D'autre part, les arguments pour ou contre fondés sur la considération du temps ne dépassent pas la simple probabilité, car le temps n'a de sens pour nous qu'au niveau de la sensation et de l'imagination, et son intelligibilité nous échappe. Enfin les deux arguments qui semblent essentiels dans la réfutation de l'éternité du monde, celui qui distingue création et mutation, et celui qui met en cause une volonté éternelle décidant de donner par l'action créatrice éternelle un commencement à la création, supposent démontrer ce qu'il faut justement prouver, à savoir qu'il y a une création distincte de la mutation, et qu'il y a une volonté qui décrète le commencement de la création. Par conséquent, tout ce que saint Thomas a tiré de cette controverse, c'est qu'aucune des deux thèses ne s'impose par une nécessité rationnelle et par preuve démonstrative, mais qu'il n'est pas impensable que le monde ait un commencement. Il n'en demande pas plus pour avoir le droit de laisser parler la foi.

Dieu et le gouvernement divin

Nous avons vu qu'Averroès rejette la conception avicennienne de l'être en tant qu'être, avec les conséquences qu'elle a sur la distinction de l'être nécessaire par soi, et l'être possible par lui-même, quoique nécessaire par une cause autre que lui. La démonstration de l'existence de Dieu par la nécessité de l'existence de l'être nécessaire en résultait immédiatement. Mais par cette voie, Dieu est posé, non pas comme une substance qui meut le monde, lui confère ainsi l'être et en est comme la clé de voûte, mais comme suprasubstantiel, subsistant par soi, par-delà le monde. Ce point de vue d'Avicenne avait séduit bien des penseurs chrétiens qui voyaient là une justification philosophique de la possibilité d'une ascension de l'âme vers ce Dieu séparé en soi de l'univers des créatures. Averroès, au contraire, n'admettait que la preuve par le mouvement et la nécessité d'un Premier Moteur immobile, qu'on pouvait considérer comme étant Dieu. Mais pour des âmes religieuses, il était inadmissible de réduire l'activité de Dieu à celle d'un moteur, fût-il immobile. D'autre part, alors que la pensée d'Avicenne allait de Dieu aux créatures pour remonter vers Dieu par la voie spirituelle d'une mystique intellectualiste, Averroès suit le chemin inverse, et va des réalités sensibles de notre monde vers Dieu, mais uniquement pour découvrir le principe qui les explique philosophiquement en tant que Premier Moteur, et non pour jouir en Sa proximité d'une béatitude dont il serait la source.

Saint Thomas a admis les deux voies d'approche de Dieu. Comme Aristote et Averroès, il part de cette donnée qu'est le mouvement et il conclut, lui aussi, à la nécessité de poser un Premier Moteur immobile qui est Dieu, car, s'il n'y avait que des moteurs mûs, le mouvement serait inexplicable. De cette preuve, on peut rapprocher la seconde par les causes efficientes. Elle est à la fois chez Avicenne et chez Averroès. Mais saint Thomas l'applique à la manière d'Averroès et d'Aristote : il considère des causes ordonnées à leur effet et conclut qu'il est impossible de rester dans une succession de causes qui toutes seraient elles-mêmes des effets. Il faut s'arrêter à une cause première qui n'est que cause et qui est Dieu. Saint Thomas ne semble pas avoir aperçu, comme Avicenne, qu'une telle cause première devait se trouver à l'extérieur de l'ensemble des causes-effets, ce qui lui aurait permis de situer immédiatement Dieu hors du monde. Il arrive d'ailleurs à ce résultat, nous allons le voir, par un autre procédé qui corrige grâce aux idées de Platon ce qu'Aristote et Averroès avaient d'insatisfaisant du point de vue de la vie spirituelle. Quoi qu'il en soit, à côté de cette voie qui remonte à Dieu par les implications des mouvements et des causes efficientes, saint Thomas a reconnu la valeur de la voie qui part de la distinction de l'être nécessaire et de l'être possible. Ainsi son Dieu est à la fois celui qui donnne par la création l'existence aux possibles, et celui qui, par l'organisation des mouvements et des causes, gouverne l'univers.

Que sont ces possibles pour saint Thomas? Au sens propre, ce sont les objets de la Puissance créatrice de Dieu. Mais la puissance divine n'est pas un pouvoir arbitraire : elle est identique à la Sagesse, à la Bonté, à la Science, en un mot à la substance de Dieu ou à Dieu Lui-même. Il ne faut donc pas chercher ce qui fait la réalité des objets de la puissance divine en dehors de Dieu : les possibles sont en Dieu, en Sa Sagesse, en Sa Bonté, en Sa

Substance. Ils sont ce qu'on appelle les exemplaires de toutes les créatures. Mais existe-t-il des exemplaires des êtres créés en dehors de Dieu? On voit que ce serait poser, comme l'avait fait Platon, l'existence d'Idées dans un « lieu intelligible ». Saint Thomas, suivant d'ailleurs un mouvement déjà amorcé à la fin de l'Antiquité, a repris la théorie des Idées, mais en les plaçant en Dieu et en considérant qu'elles sont les différents modes selon lesquels il est possible aux créatures de participer à l'essence divine. Ainsi il y a bien une possibilité du côté des créatures, dans leurs capacités différentes à exprimer quelque chose de Dieu; mais c'est dans l'essence de Dieu que cette possibilité a le fondement et la garantie de sa réalité.

Certains ont pensé que la cause exemplaire est en dehors de Dieu. En effet, ce qui est fait sur un exemplaire (*exemplum*) a une ressemblance avec cet exemplaire. Or la créature est très éloignée de ressembler à Dieu. Donc Dieu ne saurait être cause exemplaire. Mais comme il y a, dans toutes les choses sensibles, une participation à une espèce (*species*) à laquelle se joignent des principes d'individuation, il faut poser ces espèces comme existantes par soi, telles que l'homme en soi, le cheval en soi, etc. Ce sont elles qu'on appelle exemplaires. Or elles sont en dehors de Dieu : ce sont les Idées platoniciennes. En outre, les sciences et les définitions portent sur ces espèces, non sur les individus : elles sont donc des réalités qui se trouvent dans les êtres singuliers, ce qui conduit à la même conclusion que ci-dessus. Enfin saint Thomas cite en ce sens l'opinion de Denys l'Aréopagite (*Des Noms divins*, ch. 5), qui parle « de la Bonté, de la Vie, de la Sagesse en soi suprasubstantielles de la divinité elle-même suprasubstantielle en soi, qui est au-dessus de toute bonté, de toute vie, de toute sagesse, et qui a son fondement dans un au-delà caché ». Cette transcendance est telle qu'elle rend impossible toute participation, et c'est en ce sens que saint Thomas utilise ici ce passage, puisqu'il écrit que, selon Denys, « l'être qui est lui-même en soi, est antérieur à ce qu'est la vie en soi et à ce qu'est la sagesse en soi », c'est-à-dire antérieur à ce qu'on nomme des Idées. Là contre, saint Thomas fait appel à saint Augustin qui dit que l'exemplaire est l'Idée et que « les Idées sont les formes-principes contenues dans l'intelligence divine », et il conclut : « Dieu est la cause exemplaire première de toutes choses [...]. Manifestement, ce qui se produit de manière naturelle, résulte de formes déterminées. Il faut que leur détermination se ramène, comme à leur premier principe, à la Sagesse divine qui a conçu en Sa pensée l'ordre de l'univers, lequel consiste dans la distinction des choses. Aussi faut-il dire que les raisons de tout ce qui est, raisons appelées Idées, ou formes exemplaires, existent dans la Sagesse divine. Bien qu'elles soient multipliées selon leur relation aux choses, elles ne sont en réalité rien d'autre que la divine Sagesse, dans la mesure où sa ressemblance peut être diversement reçue en participation par des êtres divers. C'est ainsi que Dieu est le premier exemplaire de tout ce qui existe. »

Sans doute, cette exemplarité ne fait pas que les créatures ressemblent à Dieu selon Sa nature, comme l'homme engendré ressemble à celui qui l'engendre. Néanmoins, elles atteignent une certaine similitude par rapport à l'intelligence que Dieu a des êtres qu'Il crée, au sens où la maison faite de matériaux ressemble à la maison dans la pensée de l'architecte. En outre, bien que tel homme singulier existe dans la matière par participation à une espèce, il n'en résulte pas que cette espèce existe en soi; en réalité, elle n'existe que dans l'individu et n'est, en elle-même, qu'une abstraction opérée par notre intellect. Il en va de même des sciences et des définitions : « Les choses, dans l'ordre de l'être, n'ont pas le même mode d'existence que dans l'ordre du connaître [...]. Par suite les notions universelles n'ont pas à subsister en dehors des êtres particuliers en tant qu'exemplaires de ces particuliers. » Enfin, quand Denys écrit que la vie en soi, la sagesse en soi désignent tantôt Dieu Lui-même, tantôt des facultés données aux créatures, il n'en résulte pas, en ce second sens, qu'elles subsistent en soi. D'ailleurs Denys le confirme quand il explique qu'il n'y a pas de contradiction entre dire que Dieu est la Vie en soi et dire qu'il est le « support » (ὑποστάτης) de la vie en soi. En d'autres termes, le fondement de l'exemplarité divine est Dieu Lui-même, et il contient en lui, tel un support, les exemplaires de tous les êtres en tant qu'ils peuvent participer à Son essence.

Mais Dieu n'est pas seulement cause efficiente et cause exemplaire, il est cause finale de la création. Certains l'ont nié par divers arguments.

Premièrement, Dieu n'a besoin de rien, donc Il n'agit pas en vue d'une fin. Avicenne avait déjà considéré cette raison, et il répondait que Dieu agissait par libéralité (*jûd*). C'est exactement la même réponse que fait saint Thomas : « Dieu est le seul qui soit parfaitement libéral (*liberalis*), car Il n'agit pas en raison de sa propre utilité, mais en raison de sa Bonté. »

Deuxièmement, dans la génération, la fin et la forme d'une part, et l'agent d'autre part ne se rencontrent pas en un seul et même sujet numériquement un. Or Dieu est l'Agent premier de toutes choses; Il n'en est donc pas la cause finale. Saint Thomas répond que « la forme de l'engendré n'est la fin de la génération que dans la mesure où elle est semblable à la forme de l'engendrant, autrement la forme de l'engendré serait plus noble que l'engendrant puisque la fin est plus noble que ce qui y concourt ». En d'autres termes, quand un agent agit pour se procurer ce qu'il n'a pas, il poursuit une fin (l'idée de ce qui lui manque) qui le fait agir de façon à produire dans une matière la forme qui correspond à sa fin. C'est pourquoi Avicenne disait que la cause finale est cause efficiente de l'efficience de la cause efficiente. Elle est donc plus noble que la cause agente qu'elle détermine à agir. Mais il n'en est pas de même dans le cas de l'action divine, puisque, précisément, Dieu n'agit pas pour se procurer ce qui pourrait Lui manquer. Il n'agit qu'en vue de cette similitude qu'il veut donner aux créatures par rapport à Lui-même en tant qu'il est leur cause exemplaire, comme nous l'avons vu.

Troisièmement, tous les êtres désirent leur fin (*finem appetunt*). Or ils ne désirent pas tous Dieu. Donc... la réponse est une négation pure et simple de la mineure de ce raisonnement. « Tous les êtres désirent Dieu comme leur fin, du fait qu'ils désirent un bien quel qu'il soit, par un désir intellectuel, ou par un désir sensible, ou par un désir naturel sans connaissance. » On retrouve là cette idée aristotélicienne, reprise telle quelle par Averroès, que le Premier Moteur immobile meut l'univers entier par une sorte d'aspiration et de désir. Mais ce n'est guère là, chez le penseur arabe, qu'une tendance physique qui se traduit uniquement par le mouvement circulaire des sphères célestes, lesquelles, en tant que moteurs supérieurs, deviennent causes des moteurs inférieurs en constituant ainsi l'ordre hiérarchique de l'univers. Au contraire pour saint Thomas, ce désir est mû par le Bien, c'est-à-dire par la volonté qu'a Dieu de communiquer son Bien à tous les êtres, à la mesure de la capacité qu'ils ont de le recevoir.

Quatrièmement, la cause finale est, comme le disait Avicenne, la première des causes. Si donc Dieu est cause agente et finale, il s'ensuit qu'il y a en Lui de l'avant et de l'après. Voici la réponse : « Comme Dieu est cause efficiente, exemplaire et finale de tous les êtres, et que la matière première est créée par Lui, il en résulte que le premier principe de l'univers est un du point de vue de la réalité; mais rien n'empêche de considérer en lui une multiplicité du point de vue de la raison, selon que notre intellect appréhende telle cause avant telle autre. » En conclusion, « toute créature tend à poursuivre sa propre perfection, qui est ressemblance à la Perfection et à la Bonté de Dieu. Ainsi donc, la divine Bonté (*divina Bonitas*) est la fin de toutes choses ».

Nous avons vu que la Providence qui gouverne le monde est fondée dans cette Bonté de Dieu. Comme chaque être particulier a un bien propre, cette Providence s'étend jusqu'à lui et ne se limite pas à la conservation de l'espèce, comme le pensait Averroès. Par suite, Dieu connaît chaque être singulier, en tant qu'Il est son Créateur, et en tant que l'acte créateur lui communique son bien propre. Sur cette question de la connaissance des individus, saint Thomas s'oppose à Avicenne qui pensait que Dieu ne connaît pas les réalités particulières en elles-mêmes, mais seulement à travers la notion générale de leur essence. Averroès critiquait sur ce point Avicenne, en disant que la connaissance des êtres singuliers par Dieu ressemble plus à celle que nous en avons par la perception sensible, qu'à la connaissance générale que nous en tirons par abstraction. Autrement dit, Dieu, selon Averroès, ne connaît pas les individus au moyen d'une connaissance qui serait générale et abstraite comme l'est celle de nos intelligences. Mais il est difficile de préciser ce qu'Avicenne a exactement voulu dire. Tout repose sur la doctrine de l'individuation à laquelle on se réfère. Si l'individuation est le fait de la matière seule, il est certain qu'il est difficilement concevable que Dieu connaisse la matière en tant que telle, et par conséquent les individus. Mais Avicenne a admis que la matière coopère avec la forme à la constitution des individus. Dans ce cas, Dieu pourrait connaître les formes individuelles reçues, non pas par la matière première, mais par des matières qui leur correspondent. De son côté, Averroès ne pouvait admettre que Dieu connaît la matière car pour lui, elle n'est pas créée. Il n'y a donc aucun rapport entre elle et Dieu. En outre, il est partisan de l'individuation par la matière. Sa situation était donc délicate, et s'il critique Avicenne, il ne donne pas une réponse nette à la question; quand il dit que la connaissance de Dieu n'est ni abstraite comme celle de notre intellect, ni concrète comme celle de la perception sensible, bien qu'elle ressemble plus à la seconde qu'à la première, il ne nous explique pas ce qu'elle est. Mais pour saint Thomas, Dieu créant à la fois l'ensemble matière et forme, il n'y a plus d'impossibilité à soutenir qu'Il connaît en leur totalité les êtres singuliers dont Il est à la fois cause efficiente, exemplaire et finale.

Mais alors se pose le terrible problème du mal, face à l'affirmation de la Bonté de Dieu. Il faut bien reconnaître que sur ce point, saint Thomas n'a pas donné de solution plus satisfaisante que celles qu'avaient proposées les autres théologiens monothéistes, et il n'a pas fait preuve de beaucoup plus d'originalité. À la question de savoir si le mal est une nature déterminée, il répond : « Comme toute créature désire son être et sa perfection, il faut nécessairement dire que l'être et la perfection de chacune a un rapport déterminant à la Bonté. Par suite, il ne peut se faire que le mal signifie un être, une forme ou nature. Il reste donc que sous le nom de mal est signifiée une certaine absence de bien. » Le mal est aussi éloigné de l'être pur et simple que du non-être pur et simple, car il n'est ni un mode d'être, un *habitus*, ni une négation pure : il est une privation. Mais alors y a-t-il du mal dans les choses? On a pensé que non, car Dieu fait toujours le meilleur, et le meilleur est ce qui n'est pas mêlé au mal. Par conséquent il ne se trouve aucun mal dans les choses créées par Dieu. Les tenants de cette thèse sont vraisemblablement ceux qui estiment que le mal vient de la liberté humaine. Nous en avons trouvé plusieurs représentants sur notre chemin, et nous avons pu voir que leur doctrine est bien faible. Quoi qu'il en soit, saint Thomas répond d'une manière fort décevante, mais qui n'est pas nouvelle : « Dieu, la nature et quelque agent que ce soit, font ce qui est meilleur dans le tout, mais non ce qui est meilleur en chaque partie, sauf à le prendre relativement au tout auquel il est ordonné [...]. Or ce tout lui-même, qui est l'universalité des créatures, est meilleur et plus parfait, s'il y a en lui des parties qui peuvent être en défaut par rapport au bien, et qui le sont effectivement de temps en temps, sans que Dieu les en empêche. »

La Providence, en effet, doit sauver et non détruire la nature. Mais, ainsi que le dit saint Augustin, « Dieu est si puissant qu'il peut tirer d'un mal un bien. Par suite beaucoup de biens seraient supprimés, si Dieu ne permettait l'existence d'aucun mal [...]. En effet, la vie du lion ne se conserverait pas, si l'âne n'était pas tué, et on ne louerait pas la justice qui punit et la patience qui supporte (l'injustice), s'il n'y avait pas d'iniquité. » Saint Thomas, sur ce thème, trouve beaucoup de penseurs chrétiens sur lesquels il s'appuie; il trouverait tout autant de penseurs juifs ou musulmans, ainsi que nous avons pu le constater dans les chapitres précédents. Nous n'insisterons pas davantage. Ces problèmes, comme l'a dit saint Thomas lui-même, ont torturé de très remarquables esprits. Ils se retrouvent tous devant les solutions qu'ils ont tenté d'y apporter, mais qui sont toutes, hélas! d'une extrême faiblesse. Leurs efforts communs n'en sont pas moins des plus respectables.

Les problèmes de l'âme, de la connaissance et de l'unité de l'intellect

L'idée fondamentale qui commande toute la doctrine de l'âme de saint Thomas, c'est que l'âme humaine est une, et non formée de trois âmes comme le pensait Platon. Mais la conséquence immédiate de cette conviction, c'est qu'il n'y a pas dans l'homme d'autre forme que l'âme intellective. C'est donc elle, et elle seule, qui dirige et « informe », non seulement la connaissance spéculative et la pensée intellectuelle, mais aussi le corps en sa vie végétative et sensible, les organes des sens, les sensations et perceptions, l'imagination et enfin l'intellection. L'âme, en d'autres termes, n'est pas une forme qui s'ajouterait à la forme substantielle du corps, ainsi que le voulait la doctrine de la pluralité des formes. Du point de vue de la connaissance, l'âme humaine a plusieurs facultés qui se complètent dans son unité. Par conséquent, l'intellect possible appartient à chaque âme particulière, et de même l'intellect agent.

À cette idée de l'unité de l'âme correspond celle de l'unité de l'homme. En effet, saint Thomas insiste fortement sur le fait que, dans toute connaissance, l'homme qui connaît est celui qui intellige par un intellect qui est le sien; que dans tout effort orienté vers l'acquisition des sciences, c'est l'homme qui prend l'initiative de sa recherche; que dans tout raisonnement, il y a une activité de la pensée qui est celle de l'homme qui raisonne. Les doctrines qui soutiennent que l'intellect possible est unique pour tous les hommes, et que l'intellect agent est une substance séparée de l'âme humaine, sont incapables de rendre compte du fait que celui qui intellige doit agir, et qu'à défaut de cette action propre à lui, l'homme ne sera pas l'être qui intellige, qui connaît et qui raisonne. Il ne sera plus qu'un animal humain, supérieur peut-être aux autres animaux dans le genre animal, mais non un homme raisonnable.

Puisque la substance de l'intellect, comme on vient de le dire, s'unit au corps comme une forme, il est impossible que la matière d'une forme unique ne soit pas unique, car l'acte est toujours proportionné à la puissance, et réciproquement. « Or, de même que l'opération propre de l'animal est de sentir, de même l'opération propre de l'homme est d'intelliger. Par suite, de même que tel individu est animal en raison de sa sensibilité, de même faut-il qu'il soit un homme en raison du fait qu'il intellige. Mais ce par quoi l'âme, ou l'homme par son âme, intellige, c'est l'intellect possible. Cet individu est donc un homme par l'intellect possible. Par conséquent, si cet homme a une âme sensitive différente de celle d'un autre, mais s'ils ont tous deux un même et unique intellect possible, il en résultera qu'ils sont deux animaux, mais non deux hommes. » C'est impossible et il n'y a donc pas un seul intellect possible pour tous les hommes. Autrement dit, on ne peut espérer, comme le voulait Averroès, individualiser l'acte d'intellection en le mettant en rapport avec des impressions sensibles différentes d'un individu à l'autre. Il faut que cet acte d'intellection soit vraiment celui de l'homme individuel qui intellige. C'est d'ailleurs une illusion de croire que l'union de l'intellect possible commun à tous avec des images (*phantasmata*) individualisées peut produire une intellection propre à chaque homme en qui sont ces images. L'image individuelle reste une image et, même si elle est intelligible en puissance, ne sort pas du domaine de la sensibilité. Et si l'intellect qui les intellige en acte est commun à tous les hommes, son acte d'intelliger sera commun et ne sera nullement individualisé par des images qui ne sont intelligibles qu'en puissance.

On dira peut-être que tel homme n'est pas spécialement déterminé par les images, mais par les facultés où résident ces images :

l'imagination, la mémoire et la « cogitative », propre à l'homme, et qu'Aristote appelle « intellect passif ». Mais les mêmes difficultés demeurent. La faculté cogitative n'a affaire qu'aux images particulières dont elle divise et compose les significations. Donnons un exemple : la vue des nuages signifie pour nous la pluie; la perception du vent signifie une force qui déplace les nuages; nous pouvons ainsi supputer par la cogitative que le ciel se dégagera ou se couvrira. Cela reste du domaine du sensible et saint Thomas juge, à l'encontre d'Averroès, que la cogitative n'est pas le propre de l'homme, mais qu'elle appartient aussi aux bêtes, quoiqu'à un degré différent. Il pense néanmoins que si la cogitative est ordonnée à l'intellect possible, c'est uniquement dans la mesure où elle prépare les images à devenir intelligibles par la vertu de l'intellect agent. Mais cette action de la cogitative n'est pas constante en nous, et elle ne peut donc être ce qui fait que l'homme est spécifiquement homme.

Nous ne passerons pas en revue les arguments particuliers que saint Thomas fait valoir contre la doctrine de l'unité de l'intellect, parce qu'ils sont du même ordre que ceux que nous avons déjà rencontrés chez Albert. De même, nous renvoyons aux discussions que nous avons exposées sur la possibilité pour l'homme de connaître les substances séparées, et en particulier Dieu. Saint Thomas critique le système d'Averroès d'après lequel plus nombreux seront en nous les objets devenus intelligibles par l'action de l'intellect agent, plus parfaite sera notre conjonction avec lui : quand donc tous les intelligibles en puissance seront devenus en nous intelligibles en acte, alors nous intelligerons par l'intellect agent, comme maintenant nous intelligeons par l'intellect en *habitus* qui tient à notre disposition ceux des intelligibles spéculatifs passés de la puissance à l'acte. Et comme il appartient à l'intellect agent de saisir les substances séparées, nous les connaîtrons alors comme maintenant nous connaissons les intelligibles spéculatifs. Et ce sera pour l'homme le bonheur ultime, dans lequel il sera comme un dieu.

Mais ce bonheur, lié à l'activité de l'intellect agent qui nous est extérieur et qui ne sera uni qu'à un intellect possible commun à tous les hommes, ne saurait être un bonheur individuel. Il paraît évident que, dans tous ces processus compliqués, l'homme, sur lequel saint Thomas insiste tant, disparaît complètement au terme, comme il était déjà absent au départ. Les critiques du Docteur angélique s'appuient toutes essentiellement sur cette revendication en faveur de la réalité de l'homme qui n'est tel que par son intellect. Mais il reconnaît que le problème, hérité d'Aristote, est difficile à résoudre de façon satisfaisante. Et en définitive, il se tourne cette fois encore vers la vérité de la foi : « Nous serons libérés de ces embarras inextricables, si nous posons [...] que l'homme peut parvenir au véritable bonheur après cette vie, son âme existant immortelle, en un état dans lequel elle intellige comme intelligent les substances séparées. »

On voit donc combien la pensée de saint Thomas, sur ces graves questions à la fois philosophiques et religieuses, voisine avec celle des penseurs arabes, en particulier avec celle d'Averroès. S'il les critique, c'est néanmoins en union avec leurs démarches et leurs efforts qu'il mène sa propre réflexion. Même là où il les traite, parfois durement, en adversaires, il ne manque jamais de les respecter profondément.

Siger de Brabant et l'averroïsme latin

Rappelons que nous n'avons voulu parler de rencontres que là où des penseurs juifs, chrétiens et musulmans, réfléchissant sur leurs propres problèmes, tels qu'ils se posaient à eux par rapport aux dogmes de leur religion, sont arrivés à se retrouver tous dans un « milieu » intellectuel, voire spirituel, commun, ce qui permettait et favorisait les échanges, et cela soit de façon tout à fait indépendante, quoique en s'appuyant tous sur les données de la philosophie grecque, soit en s'inspirant mutuellement et en s'aidant les uns les autres des doctrines soutenues par tel ou tel d'entre eux, ou telle ou telle de leurs écoles. Là au contraire où il y avait emprunt pur et simple et développement à partir de cet emprunt, nous avons estimé qu'il n'y avait pas lieu de parler de véritable rencontre, c'est-à-dire d'une rencontre de penseurs originaux, mais qu'il n'existait qu'une relation du type de celle qui rattache un élève à son maître, même si l'élève a, par la suite, affirmé sa personnalité dans ses propres recherches. C'est le cas, nous l'avons signalé en passant, de l'influence que les savants arabes ou juifs ont exercée sur les savants latins du Moyen Age, parfois même au-delà du Moyen Age. Par exemple la médecine d'Avicenne fut très longtemps enseignée et a laissé sa marque en Occident jusqu'à l'instauration de la médecine moderne.

Il faut en dire autant de ce qu'on a fort proprement appelé l'averroïsme latin qui n'est rien d'autre que l'installation de la philosophie d'Averroès dans le monde de la Chrétienté. Siger de Brabant ne pense qu'en disciple. Comme son maître, il adopte un aristotélisme, pur de tout élément néoplatonicien, qu'il considère comme constituant la véritable méthode de penser, voire comme étant la source de la vérité dans toutes les questions où cette méthode permet d'apporter la preuve démonstrative. Comme Averroès, Siger examine et critique la pensée d'Avicenne, en particulier sa doctrine de l'être nécessaire et de l'être possible, son idée du caractère accidentel de l'existence par rapport à l'essence, et sa démonstration de l'existence de Dieu à partir de cette ontologie : pour lui, comme pour Averroès et Aristote, c'est à partir de la physique que l'on arrive à Dieu, comme Premier Moteur. Il suit de même son maître en ce qui concerne le problème de la création et la théorie de l'âme : en ces matières, bien que l'homme ne puisse éluder les questions d'origine et de fins dernières qui se posent à lui, Siger, comme Averroès, constate que la philosophie est incapable d'apporter une solution fondée sur des preuves démonstratives. Arrêtons-nous aux doctrines qui touchent à l'âme, à sa nature et à son immortalité, en partant des textes du *De anima intellectiva* de Siger de Brabant.

L'âme est ce par quoi vit un corps animé. L'animé se distingue de l'inanimé par le fait qu'il vit. Vivre, c'est se mouvoir, croître, engendrer, sentir, désirer, intelliger, etc. Toutes ces actions qui expriment la vie doivent provenir du vivant lui-même, et non de l'extérieur. L'âme est le principe de ces actions et de ces mouvements dans les corps animés, la cause qui fait que le vivant vit. Mais l'idée de vivre a deux sens : d'abord elle exprime l'être propre du corps vivant; ensuite elle désigne l'ensemble des opérations du corps vivant et de l'âme. L'âme est principe à la fois de l'être et des opérations du vivant.

Siger reprend la définition d'Aristote qu'il exprime ainsi : l'âme est l'acte premier, forme ou perfection d'un corps naturel capable de vivre (*Anima est actus – forma seu perfectio – primus corporis naturalis vivere potentis*). Mais, selon Siger, si l'âme est forme du corps, il faut préciser qu'elle doit être délimitée par sa matière (*definienda per suam materiam*) et non par la substance composée qu'est le corps organisé. On constate en effet que Siger parle, dans la définition de l'âme, d'un corps naturel, et non, comme le fait Aristote, d'un corps « doué d'organes ». C'est qu'à ses yeux, un corps organisé est déjà un corps vivant ayant une âme. Par suite, dire que l'âme est l'acte d'un corps, c'est dire qu'elle est l'acte de la matière corporelle, c'est-à-dire de la matière première du corps (*ita quod animam esse actum corporis, est eam esse actum materiae corporalis*).

Néanmoins, certaines déclarations de Siger pourraient laisser entendre que le corps se constitue d'abord avec les dispositions nécessaires à la venue de l'âme qui viendrait ensuite y habiter comme dans une maison bâtie d'avance. En effet, il note qu'une âme ne saurait être l'acte de n'importe quel corps naturel : dans la mesure où le corps est l'instrument de l'âme, l'âme est pour lui un « art immanent » (*ars insita*). Et de même qu'un art n'utilise pas n'importe quel instrument, de même l'âme requiert un corps déterminé. Sur ce point, Siger dénonce les « fables pythagoriciennes », c'est-à-dire les théories de la métempsycose. Mais en réalité, la disposition à recevoir l'âme ne saurait être l'effet de la matière, qu'elle soit première ou seconde. C'est l'âme qui, par son *ars insita*, se prépare elle-même sa demeure. Et Siger le précise bien : une forme, dit-il, n'est que dans une matière appropriée; mais que faut-il entendre par la puissance de la matière à une forme appropriée? Siger considère ici la semence dont on peut dire qu'elle est le corps vivant en puissance et il déclare : « L'âme n'est pas l'acte du corps capable de vivre de cette sorte de puissance qui est celle de la semence vivante en puissance, car la semence est comme un vivant en puissance qui n'a pas d'âme, tandis que le corps dont l'acte est l'âme a déjà une âme (*Semen enim est sicut potentia vivens quod non habet animam; corpus autem cujus actus est anima jam habet animam*). Néanmoins nous disons que le corps dont l'acte est l'âme est vivant en puissance, d'abord parce que, tout en ayant l'âme et la vie primordiale, il lui arrive d'être lui-même en puissance aux opérations de la vie; ensuite parce que, si le corps dont l'acte est l'âme a bien la vie, du moins en acte premier, il ne l'a pas de lui-même, mais de l'âme; par suite, pris en lui-même, on peut dire qu'il est en puissance à la vie.

Cela étant, l'âme intellective, chez l'homme, est-elle l'acte, la perfection et la forme du corps? Il apparaît que l'âme intellective est l'acte du corps en tant qu'elle donne l'être (*ut dans esse*), et ainsi elle lui est unie dans l'être, et non uniquement dans l'opération, comme l'est l'artisan avec l'instrument dont il se sert pour œuvrer. Il n'en reste pas moins vrai qu'elle est unie au corps, après lui avoir donné l'être de corps vivant, dans toutes les opérations qui sont liées à ce corps : mouvement, sensation, imagination. Mais que dire de l'acte par lequel l'âme intellige? En un sens, elle n'agit pas alors par un organe corporel; en un autre sens, quand elle intellige, c'est l'homme qui intellige par son âme intellective; or cet homme qui intellige n'est pas, dans son acte d'intellection, séparé de son corps, c'est-à-dire qu'il n'est pas un autre être que celui qui sent et imagine par son corps; en d'autres termes, l'âme qui donne au corps vivant son être, et qui est pour lui un *ars insita*, est bien celle-là même qui intellige sans faire usage d'organe. Par suite, l'acte d'intelliger est en un sens uni à la matière, sinon on ne pourrait pas dire que c'est l'homme, à la fois corps et âme, qui intellige; mais en un autre sens, il en est séparé, parce qu'il ne s'effectue pas dans un organe matériel : *Anima igitur intellectiva est aliquo modo unita corpori, et aliquo modo separata ab eo.* D'un autre point de vue, si l'intellect dépend du corps et des images dans l'acte d'intelliger, il n'en dépend pas comme il dépendrait d'un sujet dans lequel s'effectuerait son acte; il en dépend comme d'un objet, les images étant pour l'intellect ce que sont les sensibles pour les sens. En effet, la sensation que l'on a d'une couleur, par exemple, est par nature séparée de la couleur elle-même; néanmoins l'acte de vision est lié à la couleur qui est vue. Il en va de même pour l'intellect et l'acte d'intelliger.

En tant que séparée du corps en son acte propre d'intelliger, l'âme intellective n'est pas corruptible comme le corps. Elle est donc incorruptible et éternelle. En effet, elle n'est ni un composé de matière et de forme, ni une forme matérielle. Cela dit, quel est le statut de l'âme intellective séparée? Il est difficile de dire ce qu'Aristote a pensé à ce sujet. Les textes du *Traité de l'Ame* ne donnent aucune réponse décisive, et nous ne trouvons pas que le Stagirite ait jamais examiné le statut de l'âme séparée *ex professo*. Dans ces conditions Siger ne se prononce pas. Comme Averroès, il admet que sur ce point la philosophie n'a aucune preuve démonstrative à avancer et, comme lui, il estime que la question restant posée à l'homme sans réponse rationnelle, il lui est loisible de la demander à la révélation religieuse. Il en est de même de la question, fort débattue, de l'unité de l'intellect. Y a-t-il un seul intellect pour tous les hommes, ou bien l'âme intellective est-elle multipliée par la multiplication des corps humains? On peut alléguer des raisons en faveur de chacune des deux thèses opposées. Ici donc il est normal de se tourner vers le donné révélé.

Pour Siger, comme pour Averroès, la raison humaine a son domaine propre, et dans ce domaine, elle est maîtresse absolue. À la différence de la doctrine thomiste qui pense que la lumière de la Révélation élève et illumine la raison, comme la surnature élève la nature, la doctrine de Siger laisse la raison enfermée dans son pur état de raison naturelle. Mais comme pour Averroès, cette raison n'est pas souveraine en ce sens que son domaine est limité par les capacités de la nature humaine finie. Néanmoins c'est son privilège d'être capable de déterminer les limites de son pouvoir. Mais par là même elle laisse se profiler un autre domaine, celui d'un questionnement qui ne s'ouvre sur aucune réponse rationnelle en conclusion de preuves démonstratives, et qui demeure à l'état de questions. C'est ainsi que cette raison peut admettre qu'une vérité révélée puisse fournir une réponse à une question qu'elle se sait incapable de résoudre. Il devient alors légitime d'accepter le donné de foi, mais sans chercher à l'intégrer dans le système des vérités rationnellement démontrées. Pour Siger, une philosophie qui se propose d'accorder et de combiner un dogme religieux avec les principes de la raison n'est plus une philosophie : c'est une théologie; et s'il n'a pas été aussi violent que le Commentateur dans la condamnation de toute méthode théologique, accusée de se réduire à une pure dialectique, on peut affirmer qu'il a, quant au fond, professé la même conviction que lui.

Ainsi, Siger écrit à propos de l'interprétation des textes du *Traité de l'Ame* sur l'intellect : « Nous cherchons ici l'intention des philosophes et principalement d'Aristote, quoique peut-être la philosophie ait eu une opinion qui n'est pas conforme à la vérité, et que la Révélation nous donne sur l'âme des enseignements qui ne peuvent être conclus par la raison naturelle; mais nous n'avons rien à faire maintenant des miracles divins, puisque nous discutons en physicien des choses naturelles. » Voici donc sa conclusion personnelle en cette délicate situation : « Depuis longtemps, j'ai été dans le doute sur ce qu'on pouvait affirmer dans ce problème par l'emploi de la méthode rationnelle naturelle, et sur ce que le Philosophe a bien pu penser à ce sujet. Dans un tel doute, il faut adhérer à la foi qui surpasse toute raison. »

Conclusion

Avec le XIVe siècle, la communauté de pensée qui avait été assurée par la communauté du « milieu » philosophique et théologique où se rencontraient les représentants des trois monothéismes, se dissout. Les causes en sont multiples et d'ailleurs se combinent les unes avec les autres.

D'abord, nul doute que l'influence de l'averroïsme qui s'était répandu en Europe n'ait eu pour résultat de séparer par une cloison étanche les vérités de la foi tirées d'une Révélation, et les vérités de la philosophie tirées de la raison. Sans doute, jusqu'au XVIIe siècle au moins, et parfois au-delà, peut-on trouver du côté de l'Occident des penseurs qui ont été amenés à aborder des questions religieuses, ou touchant à des dogmes religieux, soit pour montrer comme le faisait Descartes que leurs doctrines pouvaient rendre compte des données de la foi, soit pour réfléchir, comme l'a fait Leibniz, sur les problèmes philosophiques posés par les dogmes. Néanmoins la philosophie ne rencontre plus la théologie que d'une façon marginale.

D'autre part les trois monothéismes, peut-être en conséquence de la cause précédente, en tout cas en concomitance avec elle, s'isolent en eux-mêmes. La pensée juive va mettre de plus en plus l'accent sur l'aspect ésotérique représenté par la Kabbale. Il est vrai que l'historien des idées pourra trouver des analogies entre ce mode de pensée et certaines conceptions mystiques développées par des chrétiens, et surtout avec la persistance d'une gnose éternelle qui a resurgi ici et là en différentes époques, dans la pensée occidentale. Mais ces analogies ne naissent pas d'une véritable rencontre vécue et vivante entre les hommes. En outre, les penseurs juifs, sans se couper radicalement de leurs traditions, vont désormais s'insérer purement et simplement dans les courants d'une philosophie de plus en plus étrangère à la théologie et aux croyances religieuses. C'est par exemple le cas de Spinoza et du cartésianisme, de Moses Mendelssohn (1729-1786) et de l'*Aufklägrung*. S'il y a encore des rencontres entre penseurs, c'est au sein de systèmes philosophiques qui n'ont plus ou presque plus de caractère religieux déterminé.

Quant aux musulmans, la période de leurs activités philosophiques s'achève avec Averroès. Sans doute Henry Corbin a-t-il énergiquement dénoncé l'erreur qui consiste à croire que l'islam n'a plus connu de grands penseurs après la mort du Commentateur. C'est à juste titre qu'il a fait connaître le très riche développement doctrinal qui a eu pour centre l'Iran. Mais, comme il le dit lui-même, il s'agit là d'une théosophie, plus que d'une philosophie ou une théologie au sens traditionnel des termes. En outre l'Occident ne l'a pas connu directement en de véritables rencontres, mais, et encore tardivement, par des études historiques « objectives », et par les propres écrits d'Henry Corbin. En fait, il s'est produit dans l'Islam occidental et proche-oriental un véritable déclin culturel qui s'amorce dès le XIVe siècle et détermine une rupture avec la pensée européenne.

Du côté chrétien, la connaissance de l'islam, amorcée et encouragée par Pierre le Vénérable, s'est poursuivie, tantôt animée par un désir de controverse qui perpétuait d'ailleurs d'anciennes et vaines polémiques, tantôt soutenue par le goût de la recherche et la volonté de connaître cette religion en traduisant ses textes et en interrogeant ses docteurs. Dans les deux cas, les conditions d'une rencontre ont disparu. Peu à peu on s'est orienté vers l'islamologie.

Parmi les causes de ce changement de situation, il faut surtout noter l'influence de la naissance et du développement des sciences expérimentales, avec la transformation de la vision du monde et de l'homme qui en est résultée. Un mode de penser nouveau, l'application de méthodes nouvelles ont mis un terme à un type de réflexion appuyé sur la mise en œuvre de tout un ensemble de concepts qui étaient alors communs à tous les penseurs et qui formaient une véritable machine à penser construite essentiellement sur l'aristotélisme, mais aussi sur les différents syncrétismes qui étaient nés à la fin de l'Antiquité, entre le platonisme, le péripatétisme, le stoïcisme. Chacun utilisait cette « machine » à sa façon, mais tous en connaissaient les rouages, c'est-à-dire les concepts et leurs relations universellement en usage. Il est certain que la réflexion sur les méthodes expérimentales a encouragé un nominalisme qui, apparu dès le XIIe siècle, s'est amplifié au XIVe et a contribué à ruiner le conceptualisme à la base de cet ensemble de concepts communs qui définissait précisément le « milieu de rencontres » que nous avons étudié.

Il serait vain, devant l'imposante grandeur des œuvres qui ont illustré ces *praeclara ingenia* que furent les penseurs monothéistes des siècles passés, de regretter l'époque où ils se rencontraient, travaillant en une étroite relation en dépit de leurs divergences doctrinales particulières. Cet extraordinaire moment de notre civilisation est passé. Des cloisons étanches se sont dressées. La science et la technique ont substitué leur puissance d'unification impersonnelle de l'humanité en dehors de toute religion à l'unité vivante et interpersonnelle du « milieu de rencontre » d'autrefois. Aujourd'hui juifs, chrétiens et musulmans peuvent également et avec un égal succès se livrer à l'étude et aux recherches dans les sciences mathématiques et dans la logique moderne, dans la physique nucléaire, l'astronomie et l'astrophysique, dans l'informatique. Ils sont uniformisés par les techniques de ces recherches et leur génie personnel doit commencer par s'y plier. On dira qu'ils peuvent se rencontrer dans ces travaux communs. Ce n'est pas si sûr, car les spécialisations sont si poussées qu'elles isolent. Quoi qu'il en soit, et dans les meilleurs cas, il ne saurait s'agir que de coordination de spécialistes, mais non de véritables rencontres d'hommes.

Que sont devenus les théologiens et les philosophes? Il en existe encore qui tentent de subsister en prétendant introduire dans leurs activités des méthodes scientifiques de critique des textes, d'études du langage, de sociologie culturelle. Beaucoup se perdent dans les « sciences humaines » dont le propre est de déshumaniser et de « robotiser » l'être humain. Mais tant qu'il y aura des hommes, on peut espérer que se manifestera de nouveau une pensée humaniste. Alors juifs, chrétiens et musulmans pourraient une fois encore se rencontrer, coopérer, et peut-être sauver l'humanité.

Bibliographie

Introduction

Aristée (Lettre d'), trad. A. Pelletier, collection « Sources chrétiennes », Paris 1962.

Basile de Césarée, *Homélies sur l'Hexahéméron,* introduction et traduction de Stanislas Giet, « Sources chrétiennes », Le Cerf, Paris 1950.

Clément d'Alexandrie, *Stromates,* « Sources chrétiennes », I, Paris 1951; II, Paris 1954.

Cohn (L.), « Prolégomènes » à l'édition complète des *Œuvres* de Philon d'Alexandrie par Cohn et Wendland, Berlin 1896-1913.

Eusèbe de Césarée, « Préparation évangélique », dans *Patrologie grecque XXI,* « Sources chrétiennes », liv. I, trad. I. Sirinelli et E. des Places, Paris 1974, nº 206; liv. 2 et 3, trad. E. des Places, Paris 1976, nº 228; liv. 5 et 6, E. des Places, 1980, nº 266; liv. 7 (G. Schneider et E. des Places), Paris 1975, nº 215; liv. 8, 9, 10) *(id.),* Paris 1991, nº 262; liv. 11 (G. Favrelle et E. des Places), Paris 1982, nº 292; liv. 12 et 13 (E. des Places), Paris 1983, nº 307; liv. 14 et 15 *(id.),* Paris 1987. *Histoire ecclésiastique,* « Sources chrétiennes », liv. 1-4 (G. Bardy) vol. 31, Paris 1957; liv. 5-7 *(id).* vol. 41, Paris 1955; liv. 8-10 *(id).* vol. 73, Paris 1987.

Guillaumont (A.), Traduction annotée du Livre de la Sagesse, dans La Bible, Ancien Testament, II, Pléiade, Paris 1959.

Héraclite, *Fragments,* traduction et commentaire par Abel Jeannière, 3ᵉ éd., Aubier, Paris 1985.

Josephe (Flavius), *Antiquités judaïques,* Paris 1902-1932.
Contre Apion, Les Belles Lettres, Paris 1930.
La guerre des juifs, trad. P. Savinel, Paris 1977.

Lagrange (P.), *Le judaïsme avant Jésus-Christ,* Études bibliques, Paris 1931.

Lods (A.), *Histoire de la littérature hébraïque et juive,* Payot, Paris 1950.
Nikiprowetzky (V.), « Les oracles sibyllins », dans La Bible, Écrits intertestamentaires, Pléiade, Paris 1987.
La troisième sibylle, Mouton, Paris-La Haye 1970.
Numenius d'Apamée (sur les fragments conservés de son œuvre, cf. Thedinga (F.), *De Numenio philosopho platonico,* Bonn 1875).
Fragmenta, texte et trad. E. des Places, Les Belles Lettres, Paris 1973.
Paul (A.), *Le monde des juifs à l'heure de Jésus,* Desclée, Paris 1981.
Philon d'Alexandrie, *Œuvres complètes,* Textes et traductions, Le Cerf, Paris 1961-1988.
Simon (Marcel), *Verus Israël,* Paris 1948.
Sénèque, *Lettres à Lucilius,* I, Les Belles Lettres, Paris 1955.
Théodoret de Cyr, *Questions sur le Lévitique, PG LXXX.*

Chapitre I

Assemani, *Bibliothèque orientale,* Rome, 1719-1728.
Cheikho (L.), *Le Christianisme et la littérature chrétienne en Arabie avant l'Islam,* 2 vol., Beyrouth 1912-1919.
Cyprien (saint), *Sur l'unité de l'Église, Patrologie latine, PL IV.*
Cyrille de Jérusalem (Saint), *Catéchèse, Patrologie grecque, PG XXXIII.*
Denis d'Alexandrie, *Fragmenta ex libris adversus Sabelium, PG* X, col. 1269-1270.
Épiphane, *Adversus haereses, PG XLI-XLII.* Chap. contre les Ébionites, *XLI,* col. 406 sq.
Gregentius, *Lois des Homérites, PG LXXXVI* (1); *Controverse avec le juif Herban (ibid).*
Hamza al-Isfahânî, *Histoire des rois de la terre et des prophètes (Ta'rîkh sinî Mulûk al-Ard wa'l-Anbiyä),* texte arabe et traduction latine par I.M.E. Gottwald, Saint-Pétersbourg-Leipzig, 1844-1848; Édition de Beyrouth, 1961; trad. anglaise partielle de U.M. Daudpota, dans *Journal Cama. Or. Inst. XXI,* 1932.
Irénée de Lyon (saint), *Contre les hérésies, PG VII.* Trad. partielle dans la collection « Sources chrétiennes » : liv. III, trad. F. Sagnard, Paris 1952; liv. IV et V, trad. A. Rousseau, 2 vol., Paris 1965-1969.
Commentaire sur Matthieu, PG VII.
Jean Damascène (saint), *Adversus haereses, PG XCIX,* col. 677-780; *De Fide orthodoxa, PG XCIX,* col. 790-1228.
Justin (saint), *Dialogue avec Triphon, PL VI.*
Léonce de Byzance, *De Sectis, PG LXXXVI.*
Loofs (F.), *Paulus von Samosata,* 1944.

Massignon (L.), « La mubahâla de Médine et l'hyperdulie de Fatima », in *Opera minora,* I, pp. 550-572, Beyrouth 1963.

Montgomery Watt (W.), *Muhammad at Mecca,* Oxford 1953, 1960; trad. fr. (F. Dourveil), *Mahomet à La Mecque,* Paris 1977, *Muhammad at Medina,* Oxford 1956, 1966; trad. fr. (S.M. Guillemin et F. Vaudou) *Mahomet à Médine,* Paris 1978; *Mahomet,* Petite Bibliothèque Payot, 13, Paris 1962.

Nestorius, *Le livre d'Héraclide de Damas,* trad. F. Nau, Paris 1910.

Rodinson (M.), *Mahomet,* Le Seuil, Paris 1968.

Sozomène, *Histoire ecclésiastique, PG LXVII.*

Torrey (Ch. C.), *The Jewish Foundation of Islam,* 1933.

Strabon, *Géographie,* éd. H.I. Jones, coll. « Loeb », 1917-1932.

Ya'qûbî, *Histoire,* éd. T. Houtsma, 2 vol., 1883.

Chapitre II

'Abd al-Jabbâr (Cadí), *Sharh al-usûl al-khamsa* (Explication des cinq principes mu'tazilites), éd. Dr. 'Abd al-Karîm Othmân, Le Caire 1965.

Abû Qurra (Théodore), *Traité de l'existence du Créateur et de la vraie religion,* texte arabe, éd. Ignace Dick, Jounieh (Liban) 1978. Œuvres grecques : *Theodori Abucarae Opuscula, PG CXVII.*

Augustin (saint), *De Civitate Dei,* Bibliothèque augustinienne, 33-37, Desclée de Brouwer, Paris 1959-1960.

De duabus animabus, Bibliothèque augustinienne, 17, Desclée de Brouwer, Paris 1961.

Baqillânî, *Kitâb al-Tamhîd,* texte arabe, éd. Khudayri et Abû Rida, Le Caire, 1366 H/1947 C; éd. (plus complète) de R. J. McCarthy, Beyrouth 1957.

Gershom G. Scholem, *Les grands courants de la mystique juive,* Paris 1977; *Les origines de la Kabbale,* Paris 1966.

Graetz, *Gnosticismus und Judentum,* Krotoschin 1848.

Ibn Hazm de Cordoue, *Kitâb al-Fisâl,* trad. espagnole partielle par Miguel Asin Palacios dans *Abenhazam de Cordoba y su historia critica de las ideas religiosas,* Madrid 1927-1932.

Le collier de la colombe (Tawq al-Hamâma), texte arabe et traduction française de L. Bercher, Alger 1949.

Épîtres morales : (Kitâb al-Akhlâq wa'l-Siyar), trad. Nadia Tomiche, Beyrouth 1961.

Kitâb al-Radd 'alâ ibn Naghrîla 'l-Yahûdî (Réfutation d'Ibn Naghrila le juif), texte arabe, Le Caire 1380-1960.

Cf. Arnaldez R., « Controverse d'Ibn Hazm avec Ibn Naghrila le juif », dans *Revue de l'Occident musulman et de la Méditerranée* (Mélanges Le Tourneau), n° 13-14, Aix-en-Provence, 1er semestre 1973.

Jähiz, *Kitâb al-Hayawân (Livre des animaux)*, 8 vol., texte arabe, éd. 'Abd al-Salâm Muḥammad Hârûn, Le Caire, sans date.

Jamblique, *Theologoumena arithmeticae*, Leipzig 1922; *De Mysteriis*, éd. E. des Places, Paris 1966; trad. Quillard, Paris 1948.

Jean Damascène (Saint), *De Fide orthodoxa, PG XCII.*

Lewy (Hans), *Chaldean Oracles and Theurgy : Mysticism, Magic and Neoplatonism in the later Roman Empire* (Recherches d'archéologie, de philologie et d'histoire, IFAO, Le Caire 1956).

Michel (P.H.), *De Pythagore à Euclide*, Paris 1950.

Nicomaque de Gerasa, *Introductio arithmetica.*

Plutarque, *De Iside et Osiride.* Trad. Marie Meunier, *Isis et Osiris*, Paris 1924.

Saadia Gaon, *Livre des opinions et croyances*, trad. anglaise de S. Rosenblatt, *The Book of Beliefs and Opinions*, New Haven 1948.

Till (Walter); *Koptish-gnostische Schriften*, Band 1 : Die *Pistis Sophia*, Berlin 1959.

Vadja (G.), *Sa'adyâ, commentateur du Livre de la création*, Annuaire de l'EPHE, section des sciences religieuses, 1959-1960.

Chapitre III

Abû 'Alî Aḥmad Miskawayh, *Le petit livre du Salut*, texte arabe, éd. Sâlah 'Udayma, trad. française de R. Arnaldez, Maison arabe du livre, Carthage 1987. (Cf. M. Arkoun, *Miskawayh, philosophe et historien*, Paris, Vrin 1970); *Traité d'éthique*, trad. M. Arkoun, Damas 1969.

Abû Sulaymân al-Sijistânî al-Mantiqî, *Le coffret de la sagesse (Siwân al-Hikma)*, texte arabe éd. par 'Abd al-Rahmân Badawî, Téhéran 1974.

Abû Ḥayyân al-Tawḥïdî, *Kitâb al-Imtâ' wa'l-mu'ânasa*, texte arabe, éd. A. Amîn et A. al-Zayn, Le Caire 1939-1944.
Al-Muqâbasât, texte arabe, Le Caire, 1929.
Al-Sadâqa wa'l-Sadîq (De l'amitié et de l'ami), Istanbul 1301/1884.
Al-Ishârât al-ilâhiyya, texte arabe, édition 'Abd al-Rahmân Badawî, sous le titre latin *Divinae invocationes.*
Cf. Bergé (Marc), *Pour un humanisme vécu : Abû Hayŷañ al-Tawhîdî*, Damas 1979.

Arnaldez (R.), *Aspects de la pensée musulmane*, Paris 1987; *Les grands siècles de Bagdad*, vol. 1, Alger 1985; « Apories sur la prédestination dans la pensée de Râzî », in *MIDEO* n° 6, Le Caire 1959-1961;

« L'œuvre de Fakhr al-Dîn al-Râzî, commentateur du Coran et philosophe », in *Cahiers de civilisation médiévale,* Poitiers 1960; « La louange à Dieu dans le Coran d'après le *Commentaire* de Fakhr al-Dîn al-Râzî », in *Annales islamologiques,* tome IV, IFAO, Le Caire 1963; « Un précédent avicennien du *Cogito* Cartésien »? in *Annales islamologiques,* tome XI, IFAO, Le Caire 1972; « La doctrine de l'âme dans la philosophie d'Abû'l-Barakât al-Baghdâdî », in *Studia islamica,* fasc. LXVI, Paris 1987.

Graf, *Geschischte des christlichen arabischen Literatur,* Studi e testi, Citta del Vaticano 1944-1953.

Ibn Abî Usaybi'a, *Sources d'informations sur les classes des médecins ('Uyûn al-anbâ' fî tabaqât al-aṭibbâ'),* Beyrouth 1955-1956.

Ibn al-Nadîm, *Al-Fihrist,* éd. Gustav Flügel, Beyrouth 1964.

Kindi, *Épîtres philosophiques (Rasâ'il al-Kindi al-falsafiyya),* texte arabe, éd. M.A. Abû Rîda, Le Caire 1950-1953.

Massignon (L.), « Note sommaire sur la formation des mots abstraits en arabe », dans *Opera Minora,* Beyrouth 1963.

Pinès (S.), « La conception de la conscience de soi chez Avicenne et chez Abû'l-Barakât al-Baghdâdî », in *Arch. Hist. Doctr. et litt. du Moyen Age,* année 1954, Paris, Vrin 1955.

Proclus, *The Elements of Theology,* éd. et trad. anglaise par E.R. Dodds, Oxford 1963.

Qifṭî, *Histoire des philosophes (Ta'rikh al-Hukamâ'),* texte arabe, éd. Julius Lippert, Leipzig 1903.

Rescher (N.), *The Development of Arabic Logik,* Pittsburgh 1964.

Tabarî (Alî Rabbân al-), *Le Paradis de la sagesse sur la médecine (Firdaws al-Hikma fî'l-tibb)* texte arabe, éd. Muhammad Zayn al-Sadîqî, Berlin 1928.

Yahyâ b. 'Adî, *Le traité de l'Unité,* texte arabe, étude et édition critique, par Khalil Samir S. J., Jounieh (Liban) 1980.

Chapitre IV

Alvaro de Cordoue, *Indiculus luminosus, PL CXXI.*

Averroès (Ibn Rushd), *Commentaire de la Métaphysique (Tafsîr mâ ba'd al-Tabî'a),* Livre XII, texte arabe, éd. M. Bouyges, Beyrouth 1948; *L'écroulement de l'Écroulement (Tahâfut al-Tahâfut),* texte arabe, éd. M. Bouyges, Beyrouth 1930; *Le traité décisif (Fasl al-Maqâl),* trad. L. Gauthier, Alger 1942.

Avicenne (Ibn Sînâ), *Métaphysique du Shifâ',* trad. G. Anawati, 2 vol. Paris, Vrin, 1985; *Kitâb al-Najât (Livre de la délivrance),* texte arabe, éd. Muhy al-Dîn Sabrî al-Kurdî, 1357/1938; *Al-Ishârât wa'l-Tanbîhât,* 3 vol., Le Caire 1958-1971; trad. M. A. Goichon, « Livre des Directives et remarques », Beyrouth-Paris 1951; *Livre de science,* trad. H. Massé et Achena, Paris.

Bahya ibn Paqûda, *Introduction aux devoirs des cœurs,* traduit et présenté par A. Chouraqui, préface de J. Maritain, Desclée de Brouwer, Paris 1952.

Carmody (F.J.), *Al-Bitrûjî, De motibus coelorum,* Berkeley 1952.

Fârâbî (Abû Nasr), *Les idées des habitants de la Cité vertueuse (Arâ' ahl al-madînat al-fâdila),* trad. Youssef Karam, J. Chlala et A. Jaussen, Le Caire 1949; *Ihsâ al-'ulûm*; éd. et trad. espagnoles des versions latines de Dominique Gondissalinus et de Gérard de Crémone par A. Gonzales Palencia : *Catalogo de las sciencias,* Madrid 1932; *Fî'l-'aql (De intellectu),* version latine médiévale et trad. par Étienne Gilson, in *Arch. Hist. doct. et litt. M.A.* 1929, pp. 108-142; 151-158.

Fenton (P.), *The Treatise of the Pool* : *Al Maqâla al-Ḥawdiyya by Obadyâh Maimonides* (trad. P. Fenton), London 1981.

« La *hitbodedut* (solitude, retraite) chez les premiers qabbalistes en Orient et chez les soufis », dans *Actes du Colloque international Prière, mystique et judaïsme* (Strasbourg 10-12 sept. 1984), Strasbourg 1986.

Contribution à la connaissance d'une secte juive peu connue. Les Soufis juifs d'Égypte, Mémoire de synthèse présenté en vue du doctorat d'État, en manuscrit, Lyon 1985.

Garciaz Gomez (E.), *Poemas arabigoandaluces,* Coleccion Austral, Buenos Aires 1943.

Cinco poetas musulmanes, Coleccion Austral, Buenos Aires 1944.

Ghazâlî, *L'écroulement des philosophes (Tahâfut al-Falâsifa),* texte arabe, éd. Bouyges, Beyrouth 1927; éd. Sulaymân Duniâ, Le Caire 1366/1947.

Guilhem de Cabestang, *Chansons,* éd. Arthur Langfors, Paris 1924.

Ibn Bâjja (Avempace), *Le régime du solitaire (Tadbîr al-Mutawahhid)* éd. M. Asin Palacios : *El Régimen del Solitario,* Madrid-Grenade 1946.

Traité de la conjonction de l'Intellect avec l'homme (Risalat ittisâl al-'Aql bi'l-Insân), éd. Asin Palacios dans *Al-Andalus,* VII *(Tratado de Avempace sobre la union del intelecto con el hombre),* Madrid-Grenade 1942; éd. Al-Ahwânî, Le Caire 1950.

Ibn Djanah de Cordoue, *Opuscules et traités,* texte arabe et trad. française, par Joseph Derenburg et Hartwig Derenbourg, Paris 1880.

Ibn Gabirol (Avicébron), *La source de vie,* extraits publiés par S. Munk dans *Mélanges de philosophie juive et arabe* (texte hébreu en fin de volume), Paris 1857; éd. C. Bäumker, *Avicebrolis Fons Vitae,* Munster 1892; trad. française de J. Shlanger, *Salomon Ibn Gabirol, Livre de la source de vie,* Paris 1970.

Ibn Qutayba, *De la formation du secrétaire (Kitâb adab al-Kâtib),* éd. Grünert, Leyde 1900.

Ibn Sîda, cf. M. Talbî, *Al-Mukhaṣṣaṣ d'Ibn Sîda, étude, index,* Tunis 1956; D. Cabanelas Rodriguez, *Ibn Sîda de Murcia, el mayor lexicografo de al-Andalus,* Grenade 1966.

Ikhwân al-Ṣafâ' (Les Frères de la Pureté), *Épîtres (Rasâ'il),* éd. du Caire 1928 (4 vol.); de Beyrouth 1957 (12 vol.).

Isidore de Séville, *Etymologiarum libri* (livres I à V sur les différentes disciplines; livre VIII, De Ecclesia et sectis, ch. 6, De philosophis gentium), *PL LXXXI.*

Juan Ruiz, archiprêtre de Hita, *El Libro de buen Amor.*

Junayd, *Enseignement spirituel,* trad. R. Deladrière, Sinbad, Paris 1981.

Maïmonide, *Guide des égarés,* texte arabe et trad. française par S. Munk, Paris 1856-1866; trad. anglaise de S. Pines, *The Guide of the Perplexed,* Chicago 1963.

Le livre de la connaissance, traduction V. Nikiprowetzky et A. Zaoui, Étude préliminaire de S. Pinès, PUF, Paris 1961.

Menendez Pidal (R.), *Poesia arabe y poesia europea,* Coleccion Austral, Buenos Aires 1943.

Neher (A.), *La philosophie juive médiévale,* dans *Histoire de la philosophie,* Encyclopédie de la Pléiade.

Raban Maur, *De clericorum institutione, PL CXVII,* tome I.

Shahrastânî, *Le Livre des religions et des sectes (Kitâb al-milal wa'l-nihal),* texte arabe, Le Caire 1317-1320/1900-1903 (en marge du *Fisal* d'Ibn Hazm). En cours de traduction par D. Gimaret et G. Monnot, tome I, Peeters 1986.

Sirat (Colette), *La philosophie juive au Moyen Age,* Paris 1983 (avec une abondante bibliographie).

Yehuda Halévi, *Livre du Kuzari,* trad. française M. Ventura, Rieder, Paris 1932.

Le Diwan, traduit et présenté par Yaacov Arroche et Joseph G. Valensi, éd. bilingue, Éditions de l'Éclat, Montpellier 1988.

Vajda (G.), *Introduction à la pensée juive du Moyen Age,* Paris 1947; *L'amour de Dieu dans la théologie du Moyen Age,* Paris 1957.

Chapitre V

Albert le Grand (saint), *Opera omnia,* IV, *Physique,* Münster 1987/ XVII, *De unitate intellectus,* Münster 1975.

Alexandre de Halès, *Somma theologica,* Florence 1924-1930.

Bacon (Roger), *Opus Majus,* Oxford 1897-1900; *Part of Opus tertium,* éd. A.G. Little, Aberdeen 1912.

Bréhier (E.), *La philosophie au Moyen Age,* coll. Évolution de l'Humanité, Paris 1937; *Les idées philosophiques et religieuses de Philon d'Alexandrie,* Paris 1908; *La théorie des incorporels dans l'ancien stoïcisme,* 2e éd., Vrin, Paris 1928.

Boèce, *Commentaires à l'Organon d'Aristote, PL LXIV; De consolatione PL LXIII.*

Bonaventure (saint), *Itinerarium mentis ad Deum* (Itinéraire de l'esprit vers Dieu), trad. H. Dumery, Vrin, Paris 1960.

De Wulf, « L'augustinisme avicennisant », dans *Revue néo-scolastique de philosophie,* Louvain, février 1931; *Histoire de la philosophie médiévale,* Paris 1900.

Duns Scot, *Capitalia opera,* 2 vol., Le Havre 1908.

Gilson (E.), « Pourquoi saint Thomas a critiqué saint Augustin », dans *Arch. Hist. doct. et litt. du M.A.,* tome I, Paris 1926.

Lulle (Raymond), *Obres essencials* 2 vol., Barcelona 1960; *L'Art bref,* trad. A. Llinarès, Le Cerf, Paris 1991; *Principes et questions de théologie,* trad. R. Prévost et A. Llinarès, Le Cerf, Paris 1989; *Le livre du gentil et des trois sages,* trad. A. Llinarès, Le Cerf, Paris 1992.

Mandonnet (P.), « Polémique averroïste de Siger de Brabant et de saint Thomas d'Aquin », dans *Revue thomiste,* 1895, 1896, 1897.

Saint Thomas d'Aquin, *Somme théologique,* Paris, Desclée, 1925... *Somme contre les gentils,* 4 vol., Lethielleux, Paris 1953-1957.

Richard de Saint-Victor, *De Trinitate, libri sex, PL CXCVI*; texte et trad. dans *Sources chrétiennes* nº 63, Paris 1959.

Siger de Brabant, *Quaestiones in tertium de anima, de anima intellectuali, de aeternitate mundi,* éd. critique par Bernardo Bazan, Paris 1972. Cf. P. Mandonnet, « Siger de Brabant et l'averroïsme latin » (avec le texte du *De anima intellectiva*), Louvain 1911.

Index des noms propres

Index thématique

Table

DU MÊME AUTEUR

Jésus, fils de Marie
prophète de l'Islam
Desclée, 1981

Le Coran, guide de lecture
Desclée, 1983

Trois messagers pour un seul Dieu
Albin Michel, 1983; rééd. 1991

Aspects de la pensée musulmane
Vrin, 1987

L'Islam
Desclée, 1988

Jésus dans la pensée musulmane
Desclée, 1988

Réflexions chrétiennes
sur les mystiques musulmans
L'Œil, 1989

en collaboration

Islam, civilisations et sociétés
ouvrage collectif
sous la direction de Paul Balta
Éditions du Rocher

Dans la même collection

ISTVAN BIBO
Misère des petits États d'Europe de l'Est

ISAIAH BERLIN
À contre-courant. Essais sur l'histoire des idées
Les Penseurs russes
Le Bois tordu de l'humanité. Romantisme, nationalisme et totalitarisme

JACQUES BERQUE
Relire le Coran

MANUEL DE DIÉGUEZ
Essai sur l'universalité de la pensée française

JEAN GODIN
La Nouvelle Hypnose

GILLES LAPOUGE
Utopie et Civilisations

SERGE LECLAIRE et L'APUI
État des lieux de la psychanalyse

LOUIS SALA-MOLINS
Sodome. Exergue à la philosophie du droit

DARYUSH SHAYEGAN
Qu'est-ce qu'une révolution religieuse?

DANIEL SIBONY
Du vécu et de l'invivable. Psychopathologie du quotidien

GEORGE STEINER
Après Babel

COLLOQUE DE CERISY
La Terre et le Souffle. Rencontre autour de Claude Vigée

*Cet ouvrage a été transcodé
et achevé d'imprimer sur Roto-Page
par l'Imprimerie Floch à Mayenne,
pour les Éditions Albin Michel
en décembre 1993.*

N° d'édition : 13243. N° d'impression : 34894.
Dépôt légal : décembre 1993.

Imprimé en France